教材+教案+授课资源+考试系统+题库+教学辅助案例

一站式IT系列就业应用课程

Photoshop CS6图像处理案例教程

Photoshop CS6 TUXIANG CHULI ANLI JIAOCHENG

传智播客高教产品研发部 编著

中国铁道出版社有限公司
CHINA RAILWAY PUBLISHING HOUSE CO., LTD.

内 容 简 介

本书共分 10 章，结合 Photoshop CS6 的基本工具和基础操作，提供了 35 个精选案例及 2 个综合实例。

本书具有 5 个特色：（1）项目驱动式教学，以每节一个案例的形式，按节细化知识点，用案例带动知识点的学习；（2）精美实用的商业案例，案例精美，且商业实用性强，为读者日后工作奠定理论与实践基础；（3）知识点细且全，用 9 章的篇幅全面而循序渐进地介绍了 Photoshop CS6 的基础工具；（4）彩色印刷，全彩印刷，不仅案例效果的展现更清晰，也更能抓住读者眼球，激发其学习兴趣；（5）配套资源丰富，教材、资源、服务三合一，高效教学。

本书附有配套视频、素材、教学课件等资源，而且为了帮助初学者更好地学习本书讲解的内容，还提供了在线答疑，希望得到更多读者的关注。

本书既可作为高等院校本、专科相关专业的平面设计课程的教材，也可作为 Photoshop 的培训教材，是一本适合网页制作、美工设计、广告宣传、包装装帧、多媒体制作、视频合成、三维动画辅助制作等行业人员阅读与参考的优秀读物。

图书在版编目（CIP）数据

Photoshop CS6图像处理案例教程 / 传智播客高教产品研发部编著. —北京：中国铁道出版社，2016.1（2024.8重印）

国家信息技术紧缺人才培养工程指定教材

ISBN 978-7-113-21208-7

Ⅰ. ①P… Ⅱ. ①传… Ⅲ. ①图像处理软件-高等学校-教材 Ⅳ. ①TP391.41

中国版本图书馆CIP数据核字（2016）第003321号

书　名：Photoshop CS6 图像处理案例教程

作　者：传智播客高教产品研发部

策　　划：翟玉峰　　**编辑部电话：**（010）51873135

责任编辑：翟玉峰

编辑助理：祝和谊

封面设计：徐文海

封面制作：白　雪

责任校对：王　杰

责任印制：樊启鹏

出版发行：中国铁道出版社有限公司（100054，北京市西城区右安门西街 8 号）

网　址：https://www.tdpress.com/51eds/

印　刷：北京盛通印刷股份有限公司

版　次：2016 年 1 月第 1 版　　2024 年 8 月第 17 次印刷

开　本：787 mm×1 092 mm　1/16　**印张：**17　**字数：**406 千

印　数：95 001 ～ 97 000 册

书　号：ISBN 978-7-113-21208-7

定　价：58.00 元

序

本书的创作公司——江苏传智播客教育科技股份有限公司（简称“传智教育”）作为第一个实现 A 股 IPO 上市的教育企业，是一家培养高精尖数字化专业人才的公司，公司主要培养人工智能、大数据、智能制造、软件、互联网、区块链、数据分析、网络营销、新媒体等领域的人才。公司成立以来紧随国家科技发展战略，在讲授内容方面始终保持前沿先进技术，已向社会高科技企业输送数十万名技术人员，为企业数字化转型、升级提供了强有力的人才支撑。

公司的教师团队由一批拥有 10 年以上开发经验，且来自互联网企业或研究机构的 IT 精英组成，他们负责研究、开发教学模式和课程内容。公司具有完善的课程研发体系，一直走在整个行业的前列，在行业内树立起了良好的口碑。公司在教育领域有两个子品牌：黑马程序员和院校邦。

一、黑马程序员——高端IT教育品牌

“黑马程序员”的学员多为大学毕业后想从事 IT 行业，但各方面条件还不成熟的年轻人。“黑马程序员”的学员筛选制度非常严格，包括了严格的技术测试、自学能力测试，还包括性格测试、压力测试、品德测试等。百里挑一的残酷筛选制度确保了学员质量，并降低了企业的用人风险。

自“黑马程序员”成立以来，教学研发团队一直致力于打造精品课程资源，不断在产、学、研三个层面创新自己的执教理念与教学方针，并集中“黑马程序员”的优势力量，有针对性地出版了计算机系列教材百余种，制作教学视频数百套，发表各类技术文章数千篇。

二、院校邦——院校服务品牌

院校邦以“协万千名校育人、助天下英才圆梦”为核心理念，立足于中国职业教育改革，为高校提供健全的校企合作解决方案。主要包括：原创教材、高校教辅平台、师资培训、院校公开课、实习实训、协同育人、专业共建、传智杯大赛等，形成了系统的高校合作模式。院校邦旨在帮助高校深化教学改革，实现高校人才培养与企业发展的合作共赢。

（一）为大学生提供的配套服务

（1）请同学们登录“高校学习平台”，免费获取海量学习资源。平台可以帮助高校学生解决各类学习问题。

（2）针对高校学生在学习过程中的压力等问题，院校邦面向大学生量身打造了 IT 学习小助手——“邦小苑”，可提供教材配套学习资源。同学们快来关注“邦小苑”微信公众号。

高校学习平台

“邦小苑”微信公众号

（二）为教师提供的配套服务

（1）院校邦为所有教材精心设计了“教案＋授课资源＋考试系统＋题库＋教学辅助案例”的系列教学资源。高校老师可登录“高校教辅平台”免费使用。

（2）针对高校教师在教学过程中存在的授课压力等问题，院校邦为教师打造了教学好帮手——“传智教育院校邦”，可搜索公众号“传智教育院校邦”，也可扫描“码大牛”老师微信（或 QQ：2770814393），获取最新的教学辅助资源。

高校教辅平台

“码大牛”老师微信号

三、意见与反馈

为了让教师和同学们有更好的教材使用体验，如有任何关于教材的意见或建议请扫描下方二维码进行反馈，感谢对我们工作的支持。

“教材使用体验感反馈”二维码

黑马程序员

前言

Photoshop因其强大的图像处理功能，已经成为最为流行的图像处理软件之一，备受使用者的青睐。虽然在25年的时间里，Adobe旗下媒体、图像处理软件数不胜数，但Photoshop始终是Adobe的主流产品，对于设计人员和图像处理爱好者来说，Photoshop都是不可或缺的工具，具有广阔的发展空间。本书将对Photoshop CS系列的版本——Photoshop CS6进行详细讲解，带领读者领略其强大的图像处理功能。

本书在编写的过程中，结合党的二十大精神，设计案例时优先考虑目前紧跟时代的话题，包括低碳生活、环境保护、烟雨江南等，让学生在学习新技术的同时了解美丽中国，提升学生的民族自豪感；在章节描述上加入素质教育的相关描述，引导学生树立正确的世界观、人生观和价值观，进一步提升学生的职业素养，落实德才兼备的高素质卓越工程师和技术技能人才的培养要求。此外。编者依据书中的内容提供了线上学习的资源，体现现代信息技术与教育教学的深度融合，进一步推动教育数字化发展。

全书采用全彩色印刷，不仅案例效果的展现更清晰、更具有感染力，还可以加深读者对色彩的认知能力。在教材编写上，本书摒弃了传统Photoshop书籍讲菜单、讲工具的教学方式，采用了理论联系实际的“案例驱动”方式，通过案例教学，将基础知识点、工具的操作技巧融入每一个案例中，使读者在实现案例效果的同时，掌握Photoshop CS6基础工具的操作，真正做到寓学于乐。全书共分为10个章节，具体介绍如下。

第1章介绍了图像处理基础知识与Photoshop CS6的工作界面；

第2、3章介绍了图层与选区工具的基本操作与高级技巧，主要包括图层与选区的概念、常用的选区工具、渐变工具等；

第4章介绍了形状与路径的创建及文字工具的应用；

第5章介绍了画笔工具绘制图像的方法；

第6章介绍了图层样式的编辑与应用；

第7章介绍了图像修饰与通道的应用；

第8章介绍了图层混合模式与蒙版的使用方法；

第9章介绍了常见滤镜效果的应用；

第10章为综合实例，结合前面学习的基础工具，带领读者设计两个实用的商业案例。

在上面提到的10个章节中，第2到9章以每节一个案例的形式来呈现，按节细化知识点，用案例带动知识点的学习，在学习这些章节时，读者需要多上机实践，认真体会各种工具的操作技巧。第10章为商业综合案例，在学习时，读者需要仔细琢磨其中的设计思路、技巧和理念。

在学习过程中，读者一定要亲自实践教材中的案例。如果不能完全理解书中所讲知识，读者可以登录博学谷平台，通过平台中的教学视频进行深入学习。学习完一个知识点后，要及时在博学谷平台上进行测试，以巩固学习内容。如果在实践的过程中遇到一些难以实现的效果，读者也可以参阅相应的案例源文件，查看图层文件并仔细阅读教材的相关步骤。

致谢

本教材的编写和整理工作由传智播客教育科技有限公司高教产品研发部完成，主要参与人员有王哲、赵艳秋、李晨、张鹏、刘晓强等，全体人员在这近一年的编写过程中付出了很多辛勤的汗水，在此一并表示衷心的感谢。

意见反馈

尽管我们尽了最大的努力，但教材中难免会有不妥之处，欢迎各界专家和读者朋友们来信来函给予宝贵意见，我们将不胜感激。您在阅读本书时，如发现任何问题或有不认同之处可以通过电子邮件与我们取得联系。

请发送电子邮件至：itcast_book@vip.sina.com

传智播客教育科技有限公司　高教产品研发部

2023.7于北京

目 录

第1章 概　述

◆ 了解图像处理基础知识，能够掌握图像处理的基本概念。
◆ 掌握 Photoshop 工作界面，熟悉 Photoshop 的基本操作。

扫一扫

坚韧不拔，持之以恒

Photoshop CS6 是 Adobe 公司旗下最为出名的图像处理软件之一，它提供了灵活便捷的图像制作工具，强大的像素编辑功能，被广泛运用于数码照片后期处理、平面设计、网页设计以及 UI 设计等领域。本章将带领读者了解图像处理基础知识、认识 Photoshop CS6 的工作界面，为全书的学习奠定一定的基础。

1.1 图像处理基础知识

在使用 Photoshop CS6 进行图像绘制与处理之前，首先需要了解一些与图像处理相关的知识，以便快速、准确地处理图像。本节将针对位图与矢量图、图像的色彩模式、常用的图像格式等图像处理基础知识进行详细讲解。

1.1.1 位图与矢量图

计算机图形主要分为两类，一类是位图图像，另一类是矢量图形。Photoshop 是典型的位图软件，但也包含一些矢量功能。

1. 位图

位图也称点阵图（Bitmap Images），它是由许多点组成的，这些点称为像素。当许多不同颜色的点组合在一起后，便构成了一幅完整的图像。

像素是组成图像的最小单位，而图像又是由以行和列的方式排列的像素组合而成的，像素越高，文件越大，图像的品质越好。位图可以记录每一个点的数据信息，从而精确地制作色彩和色调变化丰富的图像。但是，由于位图图像与分辨率有关，它所包含的图像像素数目是一定的，若将图像放大到一定程度后，图像就会失真，边缘会出现锯齿，如图 1-1 所示。

2. 矢量图

矢量图也称向量式图形，它是用数学的矢量方式来记录图像内容，以线条和色块为主。矢量图像最大的优点是无论放大、缩小或旋转都不会失真，最大的缺点是难以表现色彩层次丰富且逼真的图像效果。以图 1-2 为例，将其放大至 600% 后，局部效果如图 1-3 所示。通过图 1-3 可以看到，放大后的矢量图像依然光滑、清晰。

另外，矢量图占用的存储空间要比位图小很多，但它不能创建过于复杂的图形，也无法像位图那样表现丰富的颜色变化和细腻的色彩过渡。

原图

局部放大

图 1-1　位图原图与放大图对比

图 1-2　矢量图原图

图 1-3　矢量图局部放大

1.1.2　图像的色彩模式

图像的色彩模式决定了显示和打印图像颜色的方式，常用的色彩模式有 RGB 模式、CMYK 模式、灰度模式、位图模式、索引模式等。

1. RGB 模式

RGB 颜色被称为真彩色，是 Photoshop 中默认使用的颜色，也是最常用的一种颜色模式。RGB 模式的图像由 3 个颜色通道组成，分别为红色通道（Red）、绿色通道（Green）和蓝色通道（Blue）。其中，每个通道均使用 8 位颜色信息，每种颜色的取值范围是 0~255，这 3 个通道组合可以产生 1670 万余种不同的颜色。

另外，在 RGB 模式中，用户可以使用 Photoshop 中所有的命令和滤镜，而且 RGB 模式的图像文件比 CMYK 模式的图像文件要小得多，可以节省存储空间。不管是扫描输入的图像，还是绘制图像，一般都采用 RGB 模式存储。

2. CMYK 模式

CMYK 模式是一种印刷模式，由分色印刷的 4 种颜色组成。CMYK 4 个字母分别代表青色（Cyan）、洋红色（Magenta）、黄色（Yellow）和黑色（Black），每种颜色的取值范围是 0%~100%。CMYK 模式本质上与 RGB 模式没有什么区别，只是产生色彩的原理不同。

在 CMYK 模式中，C、M、Y 这 3 种颜色混合可以产生黑色。但是，由于印刷时含有杂质，因此不能产生真正的黑色与灰色，只有与 K（黑色）油墨混合才能产生真正的黑色与灰色。在 Photoshop 中处理图像时，一般不采用 CMYK 模式，因为这种模式的图像文件不仅占用的存储空间较大，而且不支持很多滤镜。所以，一般在需要印刷时才将图像转换成 CMYK 模式。

3. 灰度模式

灰度模式可以表现出丰富的色调，但是也只能表现黑白图像。灰度模式图像中的像素是由

8 位的分辨率来记录的，能够表现出 256 种色调，从而使黑白图像表现得更完美。灰度模式的图像只有明暗值，没有色相和饱和度这两种颜色信息。其中，0% 为黑色，100% 为白色，K 值是用来衡量黑色油墨用量的。使用黑白和灰度扫描仪产生的图像常以灰度模式显示。

4. 位图模式

位图模式的图像又称黑白图像，它用黑、白两种颜色值来表示图像中的像素。其中的每个像素都是用 1 bit 的位分辨率来记录色彩信息的，占用的存储空间较小，因此它要求的磁盘空间最少。位图模式只能制作出黑、白颜色对比强烈的图像。如果需要将一幅彩色图像转换成黑白颜色的图像，必须先将其转换成“灰度”模式的图像，然后再转换成黑白模式的图像，即位图模式的图像。

5. 索引模式

索引模式是网上和动画中常用的图像模式，当彩色图像转换为索引颜色的图像后会包含 256 种颜色。索引模式包含一个颜色表，如果原图像中的颜色不能用 256 色表现，则 Photoshop 会从可使用的颜色中选出最相近的颜色来模拟这些颜色，这样可以减少图像文件的尺寸。颜色表用来存放图像中的颜色并为这些颜色建立颜色索引，且可以在转换的过程中定义或在生成索引图像后修改。

1.1.3 常用的图像格式

在 Photoshop 中，文件的保存格式有很多种，不同的图像格式有各自的优缺点。Photoshop CS6 支持 20 多种图像格式，下面针对其中常用的几种图像格式进行具体讲解。

1. PSD 格式

PSD 格式是 Photoshop 工具的默认格式，也是唯一支持所有图像模式的文件格式。它可以保存图像中的图层、通道、辅助线和路径等信息。

2. BMP 格式

BMP 格式是 DOS 和 Windows 平台上常用的一种图像格式。BMP 格式支持 1~24 位颜色深度，可用的颜色模式有 RGB、索引颜色、灰度和位图等，但不能保存 Alpha 通道。BMP 格式的特点是包含的图像信息比较丰富，几乎不对图像进行压缩，但其占用磁盘空间较大。

3. JPEG 格式

JPEG 格式是一种有损压缩的网页格式，不支持 Alpha 通道，也不支持透明。最大的特点是文件比较小，可以进行高倍率的压缩，因而在注重文件大小的领域应用广泛。例如，网页制作过程中的图像如横幅广告（Banner）、商品图片、较大的插图等都可以保存为 JPEG 格式。

4. GIF 格式

GIF 格式是一种通用的图像格式。它不仅是一种无损压缩格式，而且支持透明和动画。另外，GIF 格式保存的文件不会占用太多的磁盘空间，非常适合网络传输，是网页中常用的图像格式。

5. PNG 格式

PNG 格式是一种无损压缩的网页格式。它结合 GIF 和 JPEG 格式的优点，不仅无损压缩，体积更小，而且支持透明和 Alpha 通道。由于 PNG 格式不完全适用于所有浏览器，所以在网页中比 GIF 和 JPEG 格式使用得少。但随着网络的发展和因特网传输速度的改善，PNG 格式将是未来网页中使用的一种标准图像格式。

6. AI 格式

AI 格式是 Adobe Illustrator 软件所特有的矢量图形存储格式。在 Photoshop 中可以将图像保存为 AI 格式，并且能够在 Illustrator 和 CorelDRAW 等矢量图形软件中直接打开并进行修改和编辑。

7. TIFF 格式

TIFF 格式用于在不同的应用程序和不同的计算机平台之间交换文件。它是一种通用的位图文件格式，几乎所有的绘画、图像编辑和页面版式应用程序均支持该文件格式。

TIFF 格式能够保存通道、图层和路径信息，由此看来它与 PSD 格式并没有太大区别。但实际上，如果在其他程序中打开 TIFF 格式所保存的图像，其所有图层将被合并，只有用 Photoshop 打开保存了图层的 TIFF 文件，才可以对其中的图层进行编辑修改。

1.2 Photoshop工作界面

启动 Photoshop CS6 后，即可进入软件操作界面。执行“文件→打开”命令，打开一张图片，如图 1-4 所示。

图 1-4 Photoshop CS6 工作界面

1.2.1 菜单栏

“菜单栏”作为一款操作软件必不可少的组成部分，主要用于为大多数命令提供功能入口。下面将针对 Photoshop CS6 的菜单分类及如何执行菜单栏中的命令进行具体讲解。

1. 菜单分类

Photoshop CS6 的菜单栏依次为“文件”菜单、“编辑”菜单、“图像”菜单、“图层”菜单、“文字”菜单、“选择”菜单、“滤镜”菜单、“3D”菜单、“视图”菜单、“窗口”菜单及“帮助”菜单，如图 1-5 所示。

Ps 文件(F) 编辑(E) 图像(I) 图层(L) 文字(Y) 选择(S) 滤镜(T) 3D(D) 视图(V) 窗口(W) 帮助(H)

图 1-5 菜单栏

其中各菜单的具体说明如下。

- “文件”菜单：包含各种操作文件的命令。
- “编辑”菜单：包含各种编辑文件的操作命令。
- “图像”菜单：包含各种改变图像的大小、颜色等的操作命令。
- “图层”菜单：包含各种调整图像中图层的操作命令。
- “文字”菜单：包含各种对文字的编辑和调整功能。
- “选择”菜单：包含各种关于选区的操作命令。
- “滤镜”菜单：包含各种添加滤镜效果的操作命令。
- “3D”菜单：用于实现 3D 图层效果。
- “视图”菜单：包含各种对视图进行设置的操作命令。
- “窗口”菜单：包含各种显示或隐藏控制面板的命令。
- “帮助”菜单：包含各种帮助信息。

2. 打开菜单

单击一个菜单即可打开该菜单命令的下拉列表，不同功能的命令之间采用分隔线隔开。其中，带有▶标记的命令包含子菜单，如图 1-6 所示。

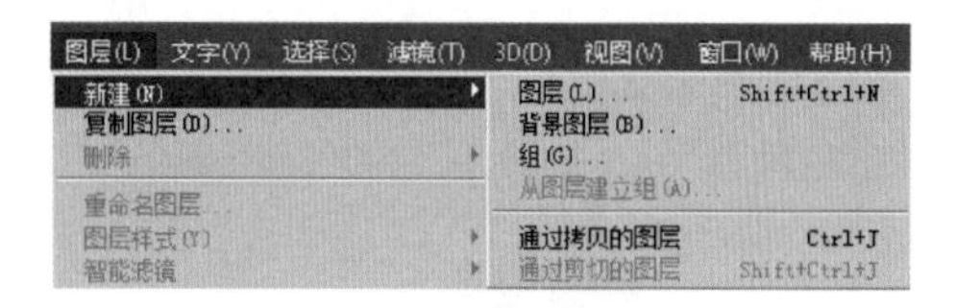

图 1-6 子菜单

3. 执行菜单中的命令

选择菜单中的一个命令即可执行该命令。如果命令后面有快捷键，按快捷键可快速执行该命令。例如，按【Ctrl+A】组合键可执行“选择→全部”命令，如图 1-7 所示。

有些命令只提供了字母，要通过快捷方式执行这样的命令，可按【Alt】键 + 主菜单的字母打开主菜单，然后再按下命令后面的字母执行该命令。例如，按【Alt+L】组合键，弹出“图层”下拉列表，再按【D】键，即可执行“图层→复制图层”命令，如图 1-8 所示。

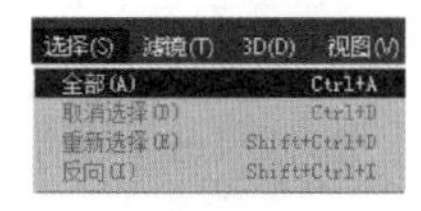

图 1-7 “选择→全部”命令

图 1-8 “图层→复制图层”命令

注意：如果菜单中的某些命令显示为灰色，表示它们在当前状态下不能使用。此外，如果一个命令的名称右侧有“…”状符号，则表示执行该命令时会弹出一个对话框。

1.2.2 工具箱

"工具箱"是 Photoshop 工作界面的重要组成部分。Photoshop CS6 的工具箱主要包括选择工具、绘图工具、填充工具、编辑工具、快速蒙版工具等，如图 1-9 所示。下面针对 Photoshop CS6 的工具箱进行具体讲解。

1. 移动工具箱

默认情况下，工具箱停放在窗口左侧。将光标放在工具箱顶部，单击并向右拖动鼠标，可以将工具箱拖出，放在窗口中的任意位置。

2. 显示工具快捷键

要了解每个工具的具体名称，可以将光标放置在相应工具的上方，此时会出现一个黄色的图标，上面会显示该工具的具体名称，如图 1-10 所示。工具名称后面括号中的字母，代表选择此工具的快捷键，只要在键盘上按下该字母，就可以快速切换到相应的工具上。

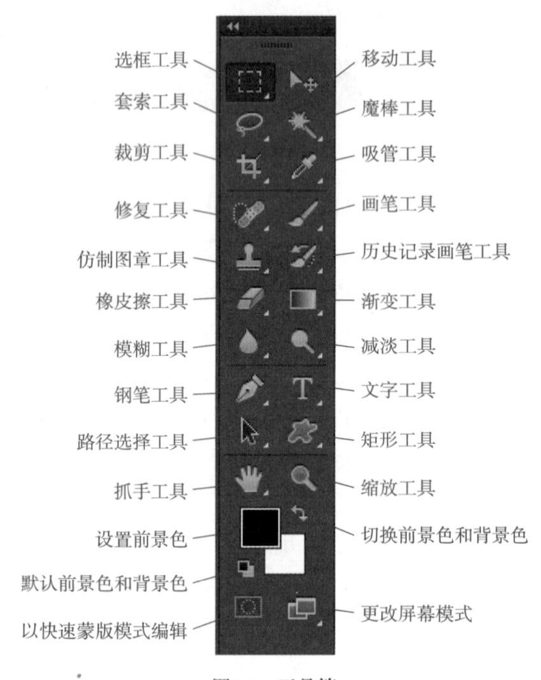

图1-9 工具箱

3. 显示并选择工具

由于 Photoshop CS6 提供的工具比较多，因此工具箱中并不能显示所有的工具，有些工具被隐藏在相应的子菜单中。在工具箱的某些工具图标上可以看到一个小三角符号◢，表示该工具下还有隐藏的工具。在工具箱中带有◢的工具图标上右击，就会弹出隐藏的工具选项，如图 1-11 所示。将光标移动到隐藏的工具上然后单击，即可选择该工具，如图 1-12 所示。

图1-10 显示工具箱快捷键

图1-11 隐藏的工具选项

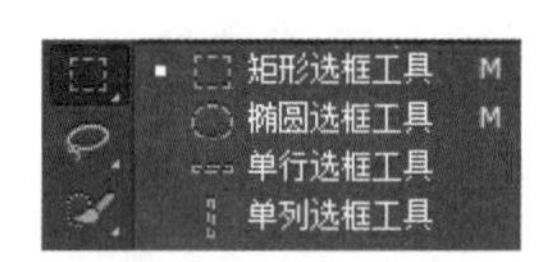

图1-12 选择隐藏工具

1.2.3 选项栏

"选项栏"是工具箱中各个工具的功能扩展，可以通过选项栏对工具进行进一步的设置。当选择某个工具后，Photoshop CS6 工作界面的上方将出现相应的工具选项栏。例如，选择"魔棒工具"时，其选项栏如图 1-13 所示，通过其中的各个选项可以对"魔棒工具"做进一步设置。

图 1-13 选项栏

1.2.4 控制面板

“控制面板”是 Photoshop CS6 处理图像时不可或缺的部分，它可以完成对图像的处理操作和相关参数的设置，如显示信息、选择颜色、图层编辑等。Photoshop CS6 界面为用户提供了多个控制面板组，分别停放在不同的面板窗口中，如图 1-14 和图 1-15 所示。下面针对与控制面板相关的操作进行具体讲解。

1．选择面板

面板通常以选项卡的形式成组出现。在面板选项卡中，单击一个面板的名称，即可显示该面板。例如单击“色板”时会显示“色板”面板，如图 1-16 所示。

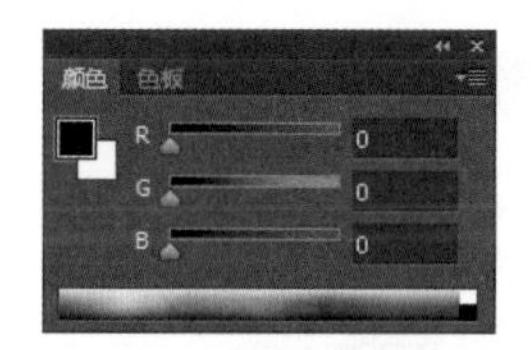

图 1-14 “颜色”面板

图 1-15 “调整”面板

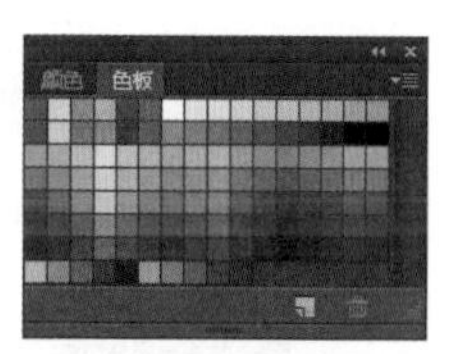

图 1-16 选择面板

2．折叠 / 展开面板

面板是可以自由折叠和展开的。单击面板组右上角的三角按钮，可以将面板进行折叠，折叠后的效果如图 1-17 所示。折叠后，单击相应的图标又可以展开该面板，例如单击“颜色”图标，即可展开“颜色”面板，如图 1-18 所示。

图 1-17 折叠面板

图 1-18 “颜色”面板

3．移动面板

面板在工作界面中的位置是可以移动的。将光标放在面板的名称上，单击并向外拖动到窗口的空白处，如图 1-19 所示，即可将其从面板组中分离出来，从而独立成为一个浮动面板，如图 1-20 所示。拖动浮动面板的名称，可以将它放在窗口中的任意位置。

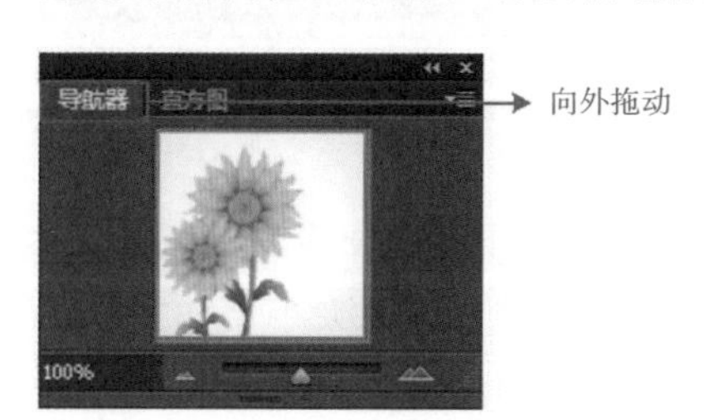

图 1-19 移动面板

图 1-20 浮动面板

4. 打开面板菜单

面板菜单中包含了与当前面板有关的各种命令。单击面板右上角的按钮，可以打开面板菜单，如图 1-21 所示。

5. 关闭面板

在一个面板的标题栏上右击，可以显示快捷菜单，如图 1-22 所示。选择“关闭”命令，可以关闭该面板。选择“关闭选项卡组”命令，可以关闭该面板组。对于浮动面板，单击右上角的按钮即可将其关闭。

图 1-21 面板菜单

图 1-22 面板快捷菜单

1.2.5 图像编辑区

在 Photoshop CS6 窗口中打开一个图像，会自动创建一个图像编辑窗口。如果打开了多个图像，则它们会停放到选项卡中，如图 1-23 所示。单击一个文档的名称，即可将其设置为当前操作的窗口，如图 1-24 所示。另外，按【Ctrl+Tab】组合键，可以按照前后顺序切换窗口；按【Ctrl+Shift+Tab】组合键，可以按照相反的顺序切换窗口。

图 1-23 打开多个图像

图 1-24 当前操作窗口

选择一个窗口的标题栏单击并将其从选项卡中拖出，它便成为可以任意移动位置的浮动窗口，如图 1-25 所示。拖动浮动窗口的一角，可以调整窗口的大小，如图 1-26 所示。另外，将一个浮动窗口的标题栏拖动到选项卡中，当图像编辑区出现蓝色方框时释放鼠标，可以将窗口重新停放到选项卡中。

图 1-25 浮动窗口

图 1-26 调整窗口大小

动手实践

学习完前面的内容，下面来动手实践一下吧。

请打开 Photoshop CS6，新建一个 400 像素 *400 像素的画布。

第2章 图层与选区工具

扫一扫

加强版权意识

学习目标

- 掌握图层的基本操作，学会新建、删除、复制、显示及隐藏图层。
- 掌握选区工具的使用，可以绘制矩形、椭圆及不规则形状的选区。
- 掌握选区的布尔运算，可以对选区进行加、减及交叉运算。

通过对第1章的学习，相信读者对 Photoshop CS6 这款功能强大的绘图软件已经有了一个基本的了解。在 Photoshop CS6 中，"图层"和"选区"作为最基础的工具，经常被用于图形图像的制作。但是为什么要应用"图层"？又该如何使用"选区工具"呢？本章将通过案例的形式对"图层"和"选区工具"进行详细讲解。

2.1 【案例1】果蔬自行车

在神奇的"图层"面板里，可以进行缩放图像、删增图形、更改颜色、改变透明度等常用操作。本节将通过移动"图层"和"图像"（素材如图 2-1 和图 2-2 所示），得到"果蔬自行车"的效果，如图 2-3 所示。通过本案例的学习，读者能够掌握"移动工具"的基本应用并对"图层"有一个基本的认识。

图 2-1　素材图像

图 2-2　素材"荔枝"

图 2-3　"果蔬自行车"效果展示

实现步骤

1. 制作自行车车架

【Step01】执行“文件→打开”命令（或按【Ctrl+O】组合键），在弹出“打开”对话框中选择“【案例 1】果蔬自行车 .psd”，单击“打开”按钮，打开所选文件，如图 2-4 所示。

【Step02】在“图层”面板中，单击选择“大葱 2”图层，选择“移动工具”，在画布中按住鼠标左键并拖动，将“大葱 2”的一端移动到画面中小橘子的中心处，如图 2-5 所示。

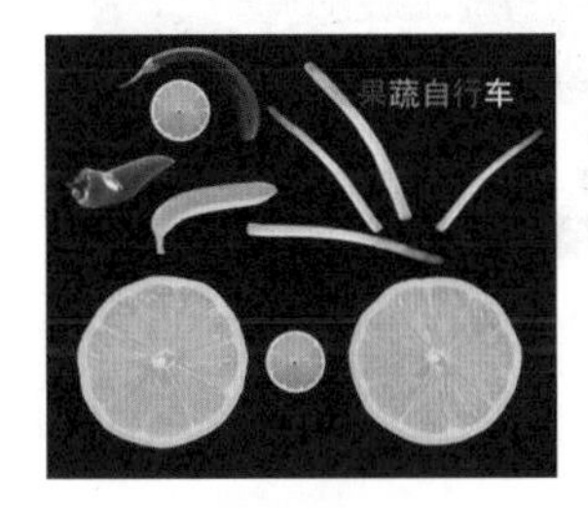

图 2-4 打开素材文件

图 2-5 移动“大葱 2”图层

【Step03】在“图层”面板中，选择“大葱 3”图层，将其一端移动到画面中小橘子的中心处，如图 2-6 所示。

【Step04】在“图层”面板中，选择“大葱 5”图层，将其一端移动到画面中右侧柠檬的中心处，如图 2-7 所示。

图 2-6 移动“大葱 3”图层

图 2-7 移动“大葱 5”图层

【Step05】在“图层”面板中，单击“大葱 4”前的“指示图层可见性”图标，图标变为，“大葱 4”为显示状态。

【Step06】选择“大葱 4”图层，将其一端移动到画面中左侧柠檬的中心处，如图 2-8 所示。

【Step07】在“图层”面板中，选择“大葱 1”，按【←】键将其向左轻移，效果如图 2-9 所示。

图 2-8 移动“大葱 4”

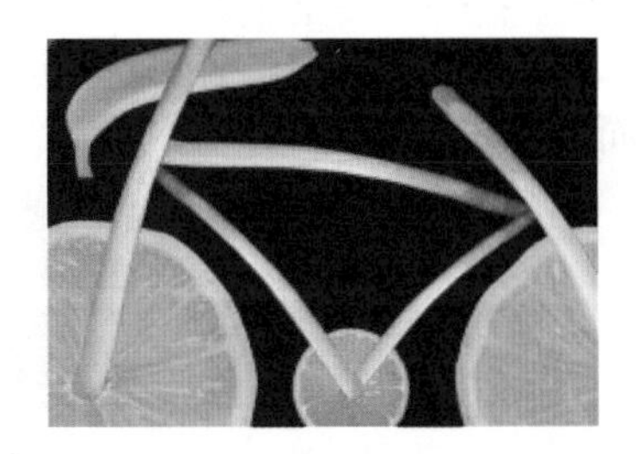

图 2-9 轻移“大葱 1”图层

2. 制作自行车其他部分

【Step01】选择“移动工具”，将指针移至画布中“红辣椒”上，按住【Ctrl】键不放的同时单击“红辣椒”即可选中该图层，移动“红辣椒”至车座部位，如图 2-10 所示。

【Step02】重复运用 Step01 中的操作方法，将“香蕉”和“茄子”分别移动至适当位置，效果如图 2-11 所示。

图 2-10　移动“红辣椒”图层

图 2-11　移动“香蕉”和“茄子”图层

【Step03】在“图层”面板中，选中“茄子”图层并将其拖动到“大葱 4”图层之上，改变其图层顺序，效果如图 2-12 所示。

【Step04】在“图层”面板中，选中“橘子 2”图层，按【Delete】键即可将多余图层删除。

【Step05】打开素材“荔枝 .png”，如图 2-13 所示。

【Step06】选择“移动工具”，将其拖至“【案例 1】果蔬自行车”的画布中，移动至适当位置并调整图层顺序，如图 2-14 所示。

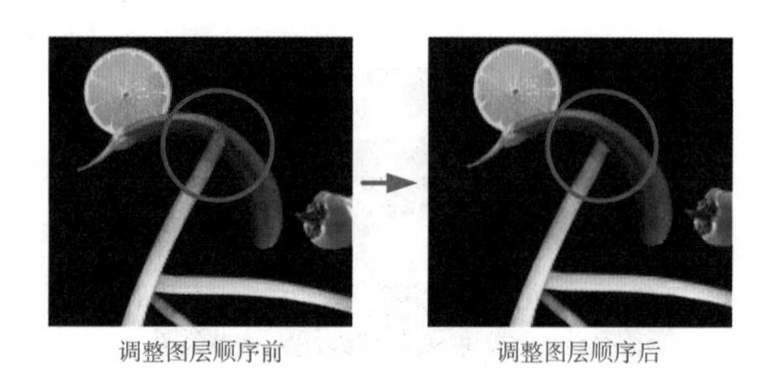

图 2-12　调整“茄子”图层顺序

图 2-13　素材“荔枝”

图 2-14　移动“荔枝”

知识点讲解

1. 图层的概念和分类

“图层”是由英文单词 layer 翻译而来，layer 的原意即为“层”。使用 Photoshop 制作图像时，通常将图像的不同部分分层存放，并由所有的图层组合成复合图像。如图 2-15 所示，即为多个图层组合而成的复合图像。

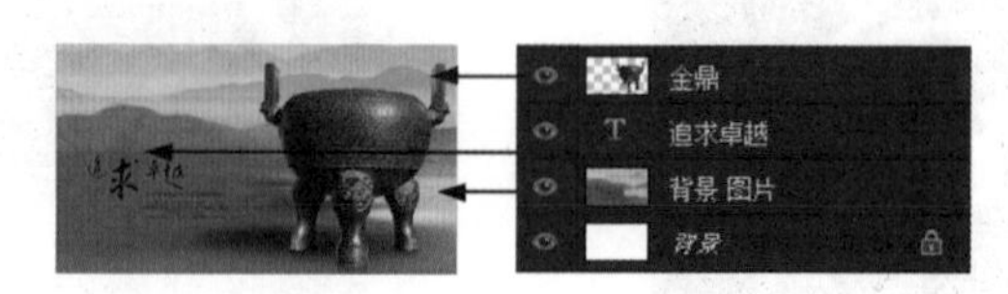

图 2-15　多个图层组成的图像

多图层图像的最大优点是可以单独处理某个元素，而不会影响图像中的其他元素。例如，可以随意移动图 2-15 中的“金鼎”，而画面中的其他元素不会受到任何影响。

仔细观察图 2-15，不难看出其中各图层的显示状态不同，例如“金鼎”所在的层为透明状态，“追求卓越”所在的层显示为T。这是因为在 Photoshop CS6 中可以创建多种类型的图层，它们的显示状态和功能各不相同。

（1）“背景”图层

当用户创建一个新的不透明图像文档时，会自动生成“背景”图层。默认情况下，“背景”图层位于所有图层之下，为锁定状态，不可调节图层顺序和设置图层样式。双击“背景”图层时，可将其转换为普通图层。在 Photoshop CS6 中，“背景”图层的显示状态为□。

（2）普通图层

用户还可以通过复制现有图层或者创建新图层来得到普通图层。在普通图层中可以进行任何与图层相关的操作。在 Photoshop CS6 中，新建的普通图层的显示状态为▨。

（3）文字图层

通过使用“文字工具”可以创建文字图层，文字图层不可直接设置滤镜效果。在 Photoshop CS6 中文字图层的显示状态为T。

（4）形状图层

通过使用“形状工具”和“钢笔工具”可以创建形状图层，在 Photoshop CS6 中，形状图层的显示状态为■，其中黑色部分是形状的缩略图。

2. 图层的基本操作

在 Photoshop CS6 中，用户可以根据需要对图层进行一些操作，例如创建图层、删除图层、选择图层、显示与隐藏图层。

（1）创建普通图层

用户在创建和编辑图像时，新建的图层都是普通图层，常用的创建方法有以下两种。

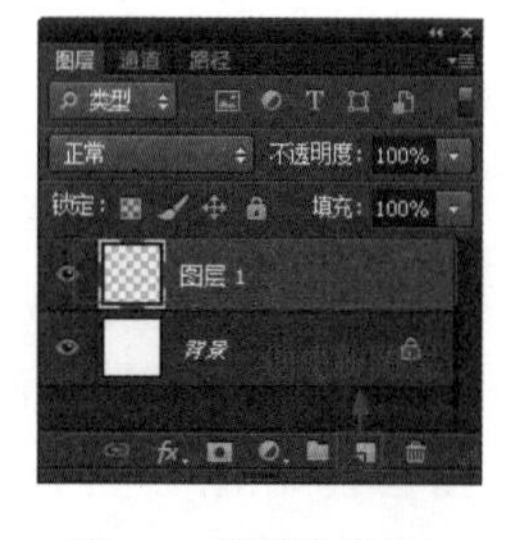

图 2-16 新建普通图层

· 单击“图层”面板下方的“创建新图层”按钮，可创建一个普通图层，如图 2-16 所示。

· 按【Ctrl+Shift+Alt+N】组合键，可在当前图层的上方创建一个普通图层。

（2）删除图层

为了尽可能地减小图像文件的大小，对于一些不需要的图层可以将其删除，具体方法如下。

· 选择需要删除的图层，将其拖动到“图层”面板下方的“删除图层”按钮上，即可完成图层的删除，如图 2-17 所示。

· 按【Delete】键可删除被选择的图层。

· 执行“文件→脚本→删除所有空图层”命令，将删除所有未被编辑的空图层。

（3）选择图层

制作图像时，如果想要对图层进行编辑，就必须选择该图层。在 Photoshop CS6 中，选择图层的方法有多种。

· 选择一个图层：在“图层”面板中单击需要选择的图层。

图 2-17 删除图层

· 选择多个连续图层：单击第一个图层，然后按住【Shift】键的同时单击最后一个图层。

· 选择多个不连续图层：按住【Ctrl】键的同时依次单击需要选择的图层。

· 取消某个被选择的图层：按住【Ctrl】键的同时单击已经选择的图层。

· 取消所有被选择的图层：在“图层”面板最下方的空白处单击或单击其他未被选择的图层，即可取消所有被选择的图层，如图 2-18 所示。

图 2-18 取消所有选择图层

注意：按住【Ctrl】键进行选择时，应单击图层缩览图以外的区域。如果单击缩览图，则会将图层中的图像载入选区。

（4）图层的显示与隐藏

制作图像时，为了便于图像的编辑，经常需要隐藏 / 显示一些图层，具体方法如下。

· 单击图层缩览图前的“指示图层可见性”图标，即可显示或隐藏相应图层。显示的图层为可见图层，不显示的图层为隐藏图层，具体效果如图 2-19 所示。

图 2-19 显示和隐藏图层

· 选中要显示或隐藏的图层，将鼠标指针移动到“指示图层可见性”图标上并右击，在弹出的快捷菜单中可选择“隐藏本图层”或“显示 / 隐藏所有其它图层”命令。

（5）图层的排列

在“图层”面板中，图层是按照创建的先后顺序堆叠排列的。将一个图层拖动到另外一个图层的上面（或下面），即可调整图层的堆叠顺序。改变图层顺序会影响图层的显示效果，如图 2-20 和图 2-21 所示。

图 2-20 “图层 2”位于“图层 1”之上

图 2-21 调整图层顺序后的效果

选择一个图层，执行“图层→排列”子菜单中的命令，如图 2-22 所示，也可以调整图层的堆叠顺序。其中，“置为顶层”（快捷键【Shift+Ctrl+]】）为将所选图层调整到最顶层；“前移一层”（或按【Ctrl+]】组合键）或“后移一层”（快捷键【Ctrl+[】）为将所选图层向上或向下移动

排列(A) | 置为顶层(F) Shift+Ctrl+] | 前移一层(W) Ctrl+] | 后移一层(K) Ctrl+[| 置为底层(B) Shift+Ctrl+[| 反向(R)
合并形状(H)
对齐(I)
分布(T)

图 2-22 “图层→排列”子菜单

一个堆叠顺序；“置为底层”（快捷键【Shift+Ctrl+[】）为将所选图层调整到最底层。

3. 移动工具

“移动工具”（快捷键【V】）主要用于实现图层的选择、移动等基本操作，是编辑图像过程中用于调整图层位置的重要工具。选择“移动工具”后，选中目标图层，按住鼠标左键在画布上拖动，即可将该图层移动到画布中的任何位置。

使用“移动工具”时，有一些实用的小技巧，具体如下。

- 按住【Shift】键不放，可使图层沿水平、竖直或 45° 的方向移动。
- 按住【Alt】键的同时移动图层，可对图层进行移动复制。
- 在“移动工具”状态下，按住【Ctrl】键不放，在画布中点击某个元素，可快速选中该元素所在的图层。在编辑复杂的图像时，经常用此方法快速选择元素所在的图层。
- 选择“移动工具”后，可通过其选项栏中的“对齐”及“分布”选项，快速对多个选中的图层执行“对齐”或“分布”操作，如图 2-23 所示。

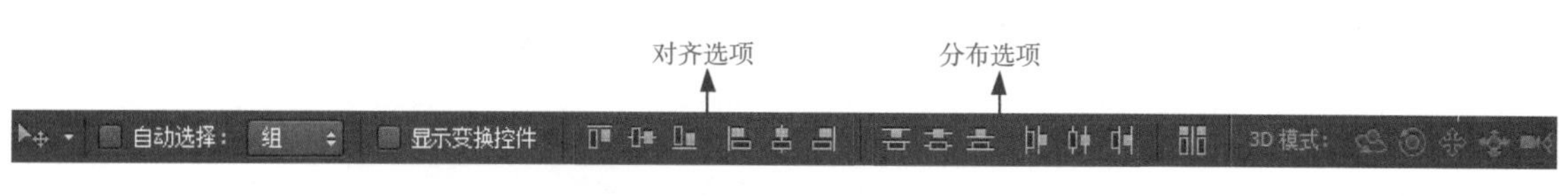

图 2-23 对齐与分布选项

多学一招 如何对图像进行小幅度的移动

使用“移动工具”时，每按一下方向键【→】、【←】、【↑】或【↓】，便可以将对象移动一个像素的距离；如果按住【Shift】键的同时再按方向键，则图像每次可以移动 10 个像素的距离。

2.2 【案例2】超级电视

“矩形选框工具”作为最基础的选区工具，常用来绘制一些形状规则的图形。本节将使用“矩形选框工具”绘制“超级电视”，其效果如图 2-24 所示。通过本案例的学习，读者能够掌握“矩形选框工具”和“自由变换”的基本应用。

图 2-24 “超级电视”效果展示

实现步骤

1．绘制电视外壳

【Step01】执行“文件→新建”命令（或按【Ctrl+N】组合键），在“新建”对话框中设置“宽度”为800像素、“高度”为600像素、“分辨率”为72像素/英寸、“颜色模式”为RGB颜色、“背景内容”为白色，单击“确定”按钮，如图2-25所示，完成画布的创建。

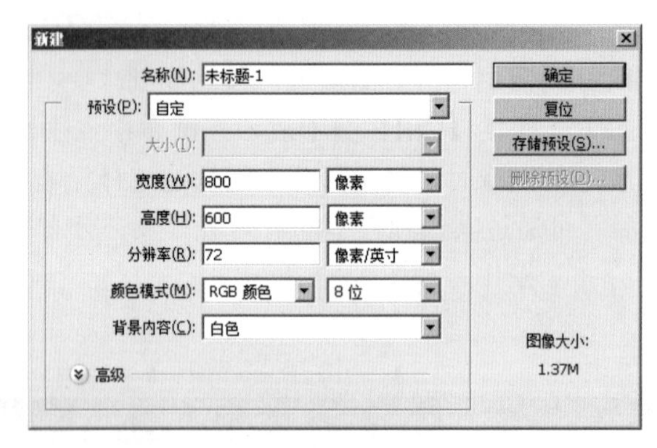

图2-25 “新建”对话框

【Step02】执行“文件→存储为”命令（或按【Ctrl+Shift+S】组合键），以名称“【案例2】超级电视.psd”保存图像，即可生成一个psd格式的文件，如图2-26所示。

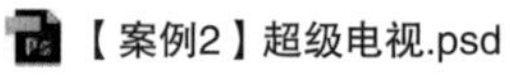

【案例2】超级电视.psd

图2-26 “psd”格式的文件

【Step03】单击“图层”面板下方的“创建新图层”按钮（或按【Ctrl+Shift+Alt+N】组合键）创建一个新图层。这时“图层”面板中会出现名称为“图层1”的透明图层，如图2-27所示。

【Step04】选择“矩形选框工具”（或按快捷键【M】），在画布中绘制如图2-28所示的矩形选区。

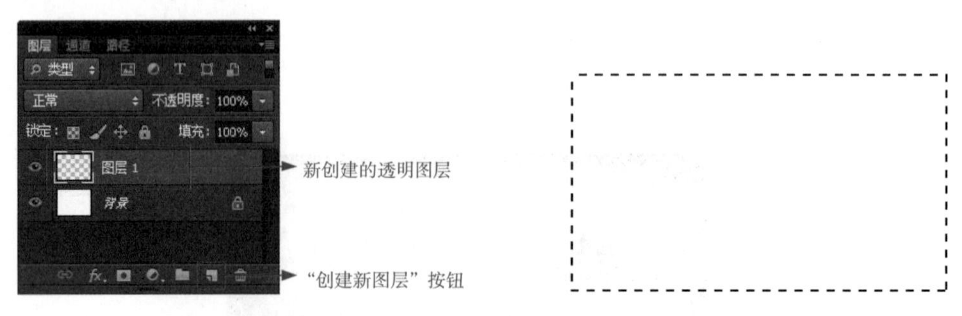

图2-27 创建新图层　　图2-28 创建矩形选区

【Step05】选择“油漆桶工具”，在绘制的选区内单击（或按【Alt+Delete】组合键填充黑色前景色），效果如图2-29所示。

【Step06】执行“选择→取消选择”命令（或按【Ctrl+D】组合键）取消选区，效果如图2-30所示。

图 2-29　填充选区

图 2-30　超级电视外壳

2．绘制电视屏幕

【Step01】按【Ctrl+Shift+Alt+N】组合键，新建“图层 2”。接着在外壳上合适的位置，绘制一个比外壳略小的矩形选区，如图 2-31 所示。

【Step02】单击工具箱中的“设置前景色”图标■，在弹出的“拾色器（前景色）”对话框中拖动光标，将前景色设置为灰色，单击“确定”按钮，如图 2-32 所示。

图 2-31　绘制矩形选区

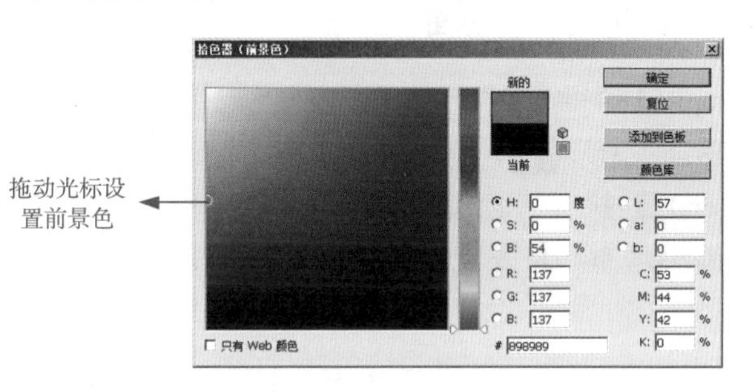

图 2-32　设置前景色

【Step03】按【Alt+Delete】组合键填充灰色前景色，接着按【Ctrl+D】组合键取消选区，效果如图 2-33 所示。

图 2-33　填充灰色前景色

3．绘制支架、底座和开关

【Step01】单击工具箱中的“默认前景色和背景色”按钮■（或按快捷键【D】），重置前景色和背景色。这时前景色恢复为默认的黑色，背景色恢复为默认的白色。重置前后的对比效果如图 2-34 所示。

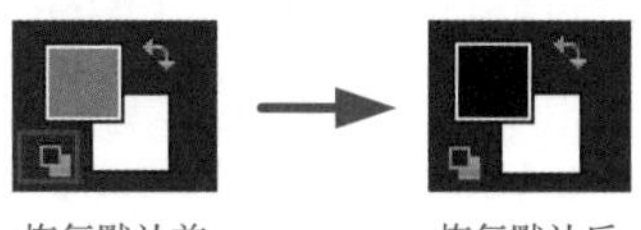

图 2-34　默认前景色和背景色

【Step02】按【Ctrl+Shift+Alt+N】组合键，新建“图层 3”。接着绘制一个大小合适的矩形选区，按【Alt+Delete】组合键填充黑色前景色。按【Ctrl+D】组合键取消选区，作为电视支架。

【Step03】按【Ctrl+Shift+Alt+N】组合键，新建“图层 4”。接着绘制一个稍长的矩形选区，按【Alt+Delete】组合键填充黑色前景色。按【Ctrl+D】组合键取消选区，作为电视底座。

【Step04】按【Ctrl+Shift+Alt+N】组合键，新建“图层 5”。接着绘制一个较小的矩形选区，设置前景色为红色，按【Alt+Delete】组合键填充颜色。按【Ctrl+D】组合键取消选区，作为电视开关。【Step02】【Step03】和【Step04】的绘制效果如图 2-35 所示。

【Step05】按住【Ctrl】键不放，分别单击选中“开关”“支架”和“底座”所在的图层。选择“移动工具”将它们移动至合适的位置，如图 2-36 所示。

【Step06】按住【Ctrl】键不放,依次单击选中所有图层。执行“图层→对齐→水平居中”命令,使页面中的元素水平居中排列，效果如图 2-37 所示。

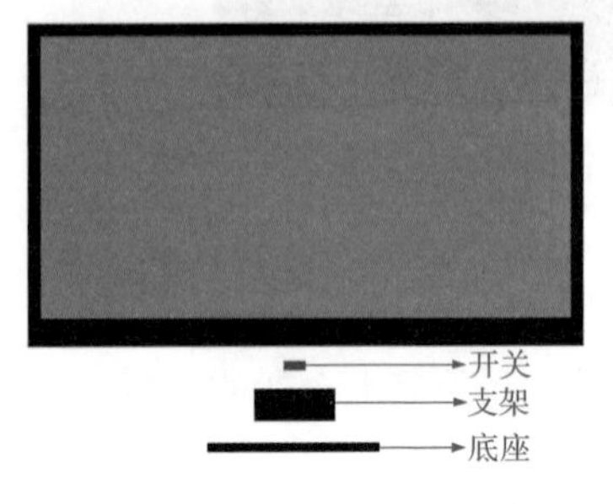

图 2-35　超级电视开关、支架和底座

图 2-36　移动开关、支架和底座

图 2-37　移动和对齐图层

4. 制作超级电视画面

【Step01】执行“文件→打开”命令(或按【Ctrl+O】组合键),打开素材图像“变形金刚 .jpg”。选择“移动工具”，将素材拖动至“超级电视”画布上，得到“图层 6”，如图 2-38 所示。

【Step02】执行“编辑→自由变换”命令（或按【Ctrl+T】组合键），接着按【Ctrl+ 减号】组合键缩小画布，将发现画面四周出现了带有角点的框（一般称之为“定界框”），如图 2-39 所示。

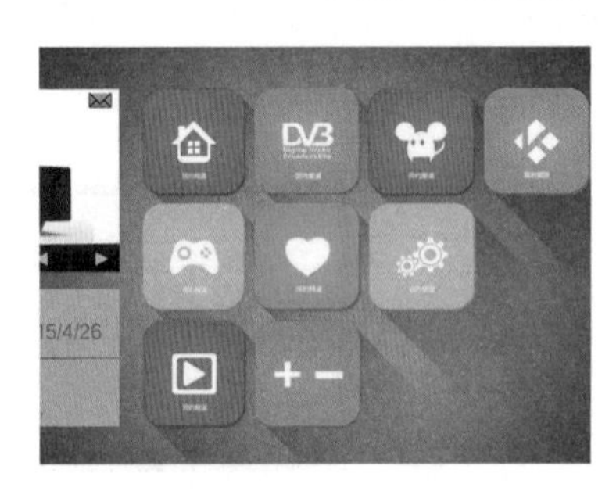

图 2-38　调入素材

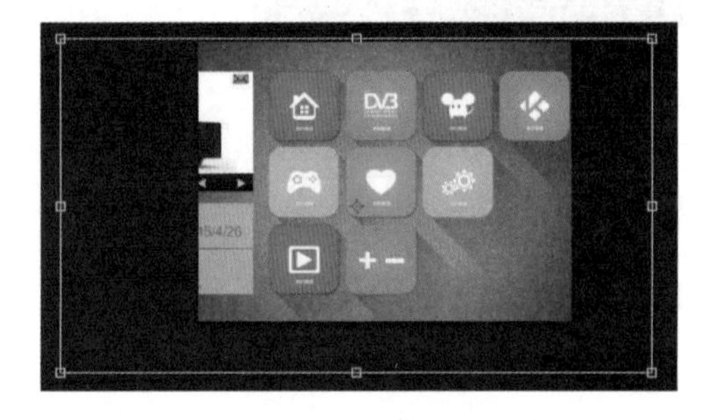

图 2-39　定界框效果

【Step03】按住【Alt+Shift】组合键不放，向画面中心拖动定界框的角点，将素材缩小到合适的大小，如图 2-40 所示。

【Step04】按【Enter】键，确认自由变换，效果如图 2-41 所示。

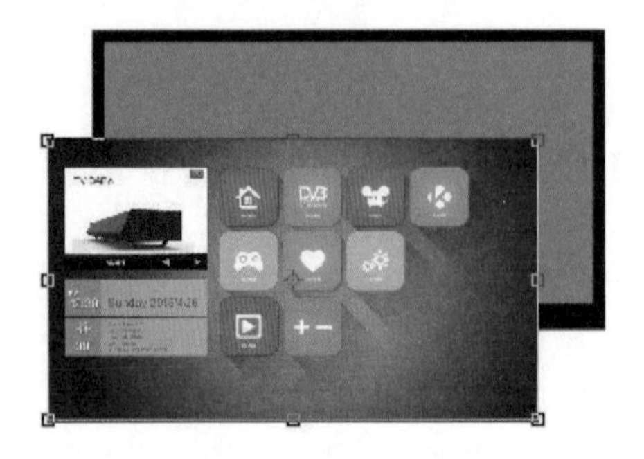

图 2-40　缩放素材图像

图 2-41　调入调整素材

【Step05】单击“图层”面板中的“指示图层可见性”按钮，隐藏“图层 6”。选择“矩形选框工具”，沿灰色屏幕边缘绘制矩形选区，如图 2-42 所示。

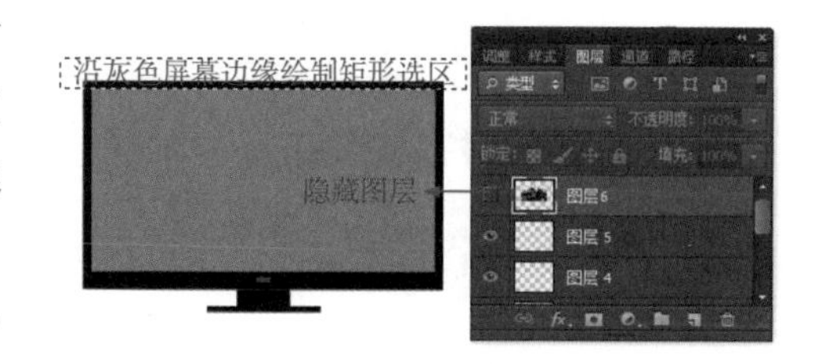

图 2-42　隐藏图层

【Step06】再次单击“指示图层可见性”按钮，显示“图层 6”。按【Delete】键删除选区中的元素。

【Step07】重复运用 Step05 和 Step06 中的方法裁切超出电视屏幕的素材部分，即可得到图 2-24 所示的效果。

知识点讲解

1．矩形选框工具的基本操作

“矩形选框工具”作为最常用的选区工具，常用来绘制一些形状规则的矩形选区。选择“矩形选框工具”（或按【M】键），按住鼠标左键在画布中拖动，即可创建一个矩形选区，如图 2-43 所示。

使用“矩形选框工具”创建选区时，有一些实用的小技巧，具体如下。

· 按住【Shift】键的同时拖动，可创建一个正方形选区。

· 按住【Alt】键的同时拖动，可创建一个以单击点为中心的矩形选区。

· 按住【Alt+Shift】组合键的同时拖动，可以创建一个以单击点为中心的正方形选区。

· 执行“选择→取消选择”命令（或按【Ctrl+D】组合键）可取消当前选区（适用于所有选区工具创建的选区）。

图 2-43　创建矩形选区

2．矩形选框工具选项栏

选择“矩形选框工具”后，可以在其选项栏的“样式”列表框中选择控制选框尺寸和比例的方式，如图 2-44 所示。

图 2-44　矩形选框工具的选项栏

可以将“矩形选框工具”的“样式”设置为“正常”“固定比例”和“固定大小”3 种形式。

· 正常：默认方式，拖动鼠标可创建任意大小的选框。

· 固定比例：选择该选项后，可以在后面的“宽度”和“高度”文本框中输入具体的宽高比。绘制选框时，选框将自动符合该宽高比。

· 固定大小：选择该选项后，可以在后面的“宽度”和“高度”文本框中输入具体的宽高数值，以创建指定尺寸的选框。

对于“矩形选框工具”选项栏中的“羽化”等其他选项，读者可参阅 2.4 和 2.6 节。

3. 图层的对齐和分布

为了使图层中的元素整齐有序地排列，经常需要对齐图层或调整图层的分布，具体方法如下。

（1）图层的对齐

打开素材图像“球类.psd”，如图 2-45 所示。选择需要对齐的图层（两个或两个以上），执行“图层→对齐”命令，在弹出的子菜单中选择相应的对齐命令，如图 2-46 所示，即可按指定的方式对齐图层，效果如图 2-47 所示。

图 2-45 素材图像“球类”

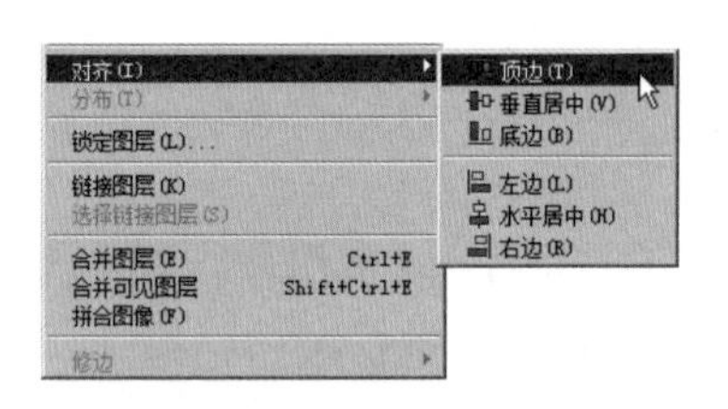

图 2-46 图层的“对齐”子菜单

图 2-47 顶边对齐图层

对于图 2-46 中的对齐命令，具体解释如表 2-1 所示。

表 2-1 图层对齐命令

图层对齐命令	说 明
顶边	所选图层对象将以位于最上方的对象为基准，顶部对齐
垂直居中	所选图层对象将以位置居中的对象为基准，垂直居中对齐
底边	所选图层对象将以位于最下方的对象为基准，底部对齐
左边	所选图层对象将以位于最左侧的对象为基准，左对齐
水平居中	所选图层对象将以位于中间的对象为基准，水平居中对齐
右边	所选图层对象将以位于最右侧的对象为基准，右对齐

（2）图层的分布

打开素材图像“手机图标.psd”，如图 2-48 所示。选择需要分布的图层（3 个或 3 个以上），执行“图层→分布”命令，在弹出的子菜单中选择相应的分布命令，如图 2-49 所示，即可按指定的方式分布图层，效果如图 2-50 所示。

图 2-48 素材图像“手机图标”

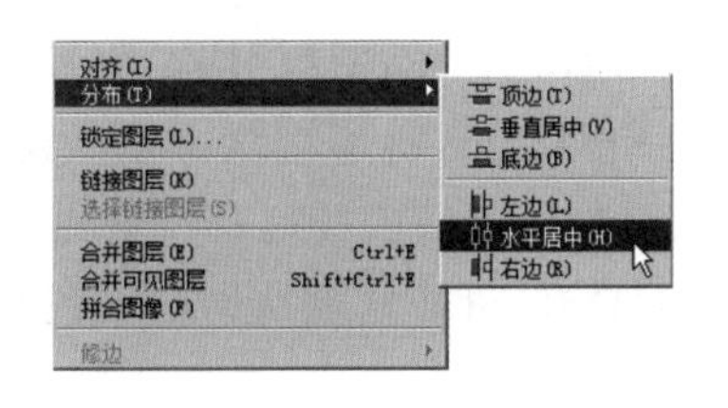

图 2-49 图层的“分布”子菜单

图 2-50 水平居中分布图层

对于图 2-49 中的分布命令，具体解释如表 2-2 所示。

表 2-2 图层分布命令

图层分布命令	说　明
顶边	以每个被选择图层对象的最上方为基准点，等距离垂直分布
垂直居中	以每个被选择图层对象的中心点为基准点，等距离垂直分布
底边	以每个被选择图层对象的最下方为基准点，等距离垂直分布
左边	以每个被选择图层对象的最左侧为基准点，等距离水平分布
水平居中	以每个被选择图层对象的中心点为基准点，等距离水平分布
右边	以每个被选择图层对象的最右侧为基准点，等距离水平分布

4. 前景色和背景色

在 Photoshop CS6 工具箱的底部有一组设置前景色和背景色的图标，如图 2-51 所示，该图标组可用于设置前景色和背景色，进而进行填充等相关操作。

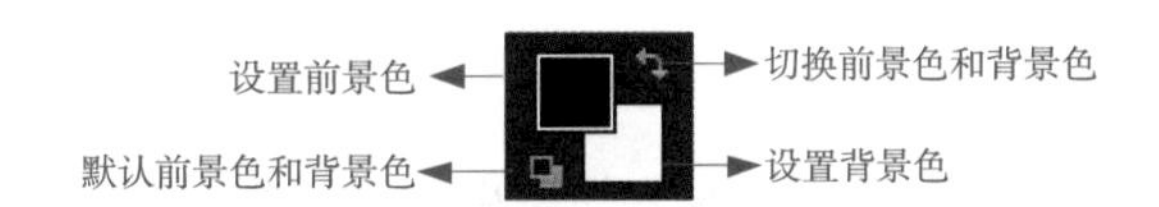

图 2-51 前景色和背景色设置图标

通过图 2-51 容易看出，该图标组由 4 个部分组成，分别为“设置前景色”“设置背景色”“切换前景色和背景色”以及“默认前景色和背景色”。

（1）设置前景色：该色块所显示的颜色是当前所使用的前景色。单击该色块，将弹出如图 2-52 所示的“拾色器（前景色）”对话框。在“色域”中拖动鼠标可以改变当前拾取的颜色，拖动“颜色滑块”可以调整颜色范围，按【Alt+Delete】组合键可直接填充前景色。

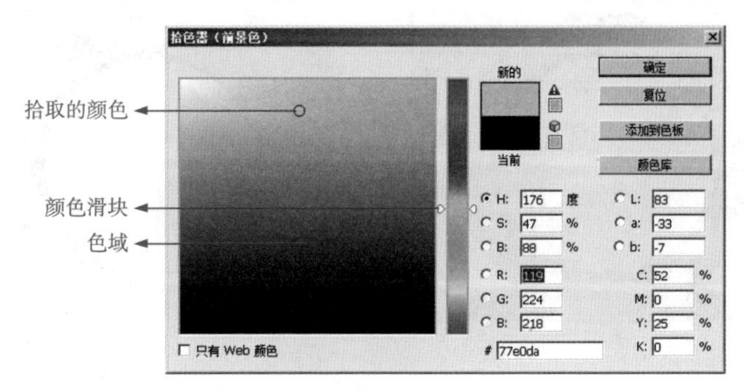

图 2-52 “拾色器”对话框

（2）设置背景色：该色块所显示的颜色是当前所使用的背景色。单击该色块，将弹出“拾色器（背景色）”对话框，可进行背景色设置。按【Ctrl+Delete】组合键可直接填充背景色。

（3）切换前景色和背景色：单击该按钮（或按快捷键【X】），可将前景色和背景色互换。

（4）默认前景色和背景色：单击该按钮（或按快捷键【D】），可恢复默认的前景色和背景色，即前景色为黑色，背景色为白色。

5. 油漆桶工具

在 Photoshop CS6 的工具箱中，如果当前未显示“油漆桶工具”，可右击“渐变工具”，在弹出的快捷菜单中即可选择“油漆桶工具”。使用“油漆桶工具”可以在图像中填充前景色或图案。如果创建了选区，则填充的区域为所选区域；如果没有创建选区，则填充与鼠标单击点颜色相近的区域。

图 2-53 所示为“油漆桶工具”的选项栏。单击“前景”右侧的按钮，可以在下拉列表中选择填充内容，包括“前景色”和“图案”。调整“不透明度”可以设置所填充区域的不透明度。

前景　模式：正常　不透明度：100%　容差：32　消除锯齿　连续的　所有图层

图 2-53 “油漆桶工具”选项栏

注意： 油漆桶工具与“填充”命令非常相似，主要用于在图像或选区中填充颜色或图案，但油漆桶工具在填充前会对鼠标单击位置的颜色进行取样，所以常用于填充颜色相同或相似的图像区域。

6. 自由变换的基本操作

制作图像时，常常需要调整某些图层对象的大小，这时就需要使用“自由变换”命令。选中需要变换的图层对象，执行“编辑→自由变换”命令（或按【Ctrl+T】组合键），图层对象的四周会出现带有角点的框（一般称之为“定界框”），如图 2-54 所示。

定界框 4 个角上的点被称为“定界框角点”，4 条边中间的点被称为“定界框边点”，如图 2-55 所示。用户可以根据需要，拖动定界框的边点或角点，进而调整图层对象的大小，具体操作如下。

图 2-54 定界框

图 2-55 定界框角点与边点

（1）自由缩放：将鼠标指针移动至“定界框边点”或“定界框角点”处，待光标变为↖↘状，按住鼠标左键不放，拖动鼠标即可调整图层对象的大小。

（2）等比例缩放：按住【Shift】键不放，拖动“控制框角点”，即可等比例缩放图层对象。

（3）中心点等比例缩放：按住【Alt+Shift】组合键不放，拖动“定界框角点”，即可以中心点等比例缩放图层对象。

（4）旋转：将鼠标指针移动至“定界框角点”处，待光标变为↩状，按住鼠标左键不放，可拖动光标，对图层对象进行旋转。

7．自由变换选项栏

当执行“自由变换”命令时，选项栏会切换到该命令的选项设置，具体如图 2-56 所示。

图 2-56 “自由变换”选项栏

图 2-56 展示了自由变换工具的相关选项，对其中一些常用选项的解释如下。

- W: 100.00%：设置水平缩放，可按输入的百分比，水平缩放图层对象。
- ⊖：保持长宽比，点击此按钮，可按当前元素的比例等比缩放。
- H: 100.00%：设置垂直缩放，可按输入的百分比，垂直缩放图层对象。
- △ 0.00 度：输入需要旋转的角度值，图层对象将按照该角度值进行旋转。

2.3 【案例3】猴哥形象

通过上一节的学习，相信读者已经对“矩形选框工具”以及“自由变换”有了一定的认识，接下来将继续介绍 Photoshop 中基础的选框工具——椭圆选框工具。本节将使用“椭圆选框工具”绘制一个“猴哥形象”，其效果如图 2-57 所示。通过本节的学习，读者还将掌握“图层”的复制。

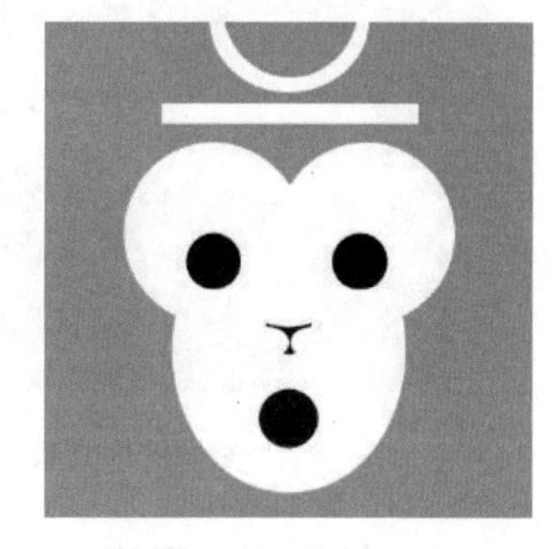

图 2-57 “猴哥形象”效果展示

1．绘制猴哥脸部轮廓

【Step01】按【Ctrl+N】组合键，在“新建”对话框中设置“宽度”为 800 像素、“高度”为 800 像素、“分辨率”为 72 像素 / 英寸、“颜色模式”为 RGB 颜色、“背景内容”为白色，单击“确定”按钮，完成画布的创建。

【Step02】按【Ctrl+Shift+S】组合键，以名称“【案例 3】猴哥形象 .psd”保存图像。

【Step03】设置前景色为橘色（RGB: 255、150、5），按【Alt+Delete】组合键为背景填充橘色。

【Step04】按【Ctrl+Shift+Alt+N】组合键，新建“图层 1”。将鼠标指针定位在“矩形选框工具”▪上右击，会弹出选框工具组，如图 2-58 所示，单击“椭圆选框工具”◯。

【Step05】按住【Shift】键不放，在画布的左侧拖动鼠标，可绘制正圆选区，如图 2-59 所示。

【Step06】按【Ctrl+Delete】组合键为选区填充白色，如图 2-60 所示。

【Step07】按【Ctrl+D】组合键取消选区。在“图层”面板中，选中“图层 1”并右击，在弹出的快捷菜单中执行“复制图层”命令（或按快捷键【Ctrl+J】），生成“图层 1 副本”。

图 2-58 选框工具组

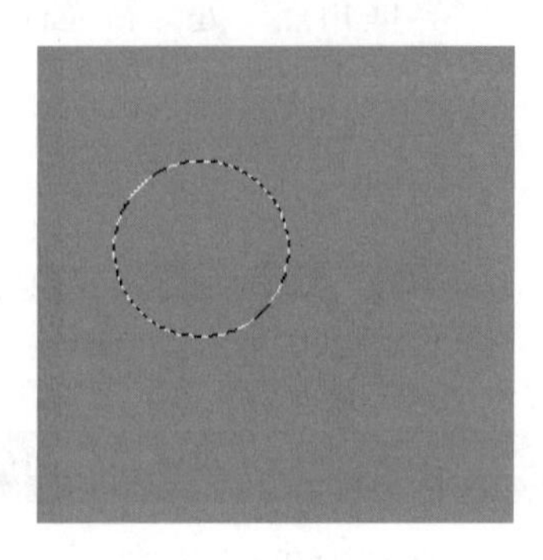

图 2-59 创建正圆选区

图 2-60 填充白色

【Step08】选择“移动工具”，按住【Shift】键不放，将“图层 1 副本”移动至“图层 1”右方合适的位置，如图 2-61 所示。

【Step09】按【Ctrl+Shift+Alt+N】组合键新建“图层 2”。 选择“椭圆选框工具”，在画布中心绘制一个椭圆，效果如图 2-62 所示。

【Step10】按【Ctrl+Delete】组合键为选区填充白色，按【Ctrl+D】组合键取消选区，效果如图 2-63 所示。

图 2-61 移动复制的图层

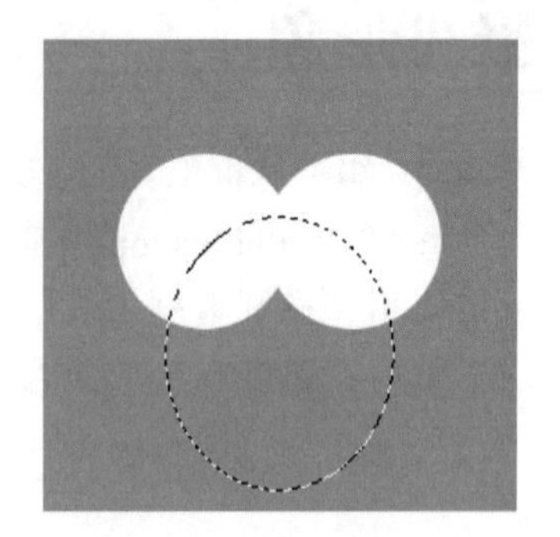

图 2-62 创建椭圆选区

图 2-63 填充白色

2. 绘制猴哥五官

【Step01】按【Ctrl+Shift+Alt+N】组合键新建“图层 3”，按住【Shift】键不放，绘制正圆选区，如图 2-64 所示。

【Step02】设置前景色为黑色，按【Alt+Delete】组合键为选区填充黑色，效果如图 2-65 所示。

【Step03】按【Ctrl+D】组合键取消选区。按【Ctrl+J】组合键对“图层 3”进行复制 ，得到“图层 3 副本”。选择“移动工具”，按住【Shift】键不放，将其移动右侧合适位置，如图 2-66 所示。

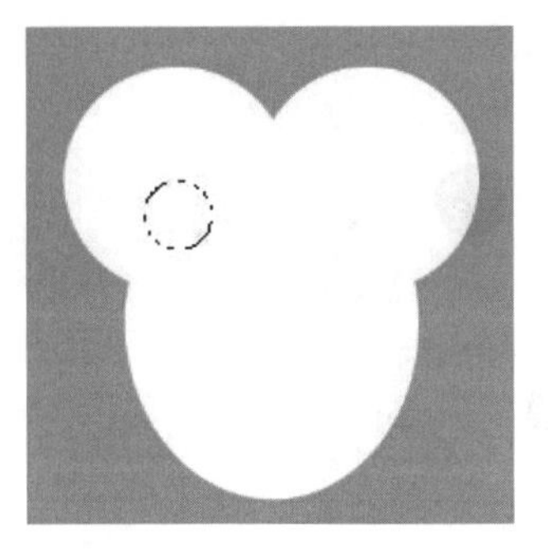

图 2-64 创建正圆选区

图 2-65 填充黑色

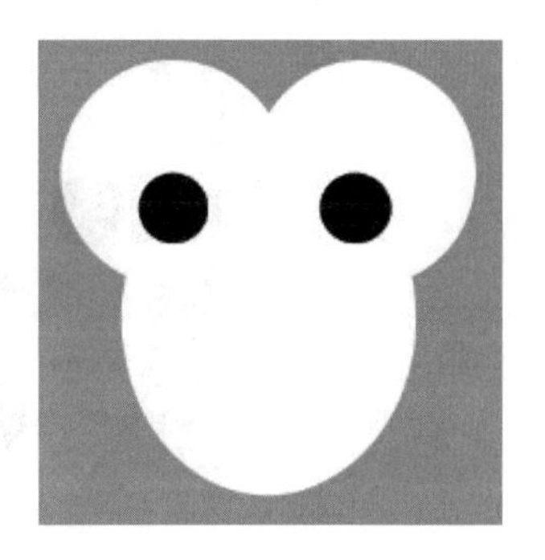
图 2-66 移动“图层 3 副本”

【Step04】按【Ctrl+Shift+Alt+N】组合键新建“图层 4”,在“图层 4”上绘制黑色正圆图形，效果如图 2-67 所示。

【Step05】按【Ctrl+Shift+Alt+N】组合键新建“图层 5”,在“图层 5”上绘制黑色椭圆图形，如图 2-68 所示。

【Step06】在“图层 5”中的椭圆图形上创建一个椭圆选区，如图 2-69 所示。按【Delete】键，删除椭圆图形的一部分，如图 2-70 所示。

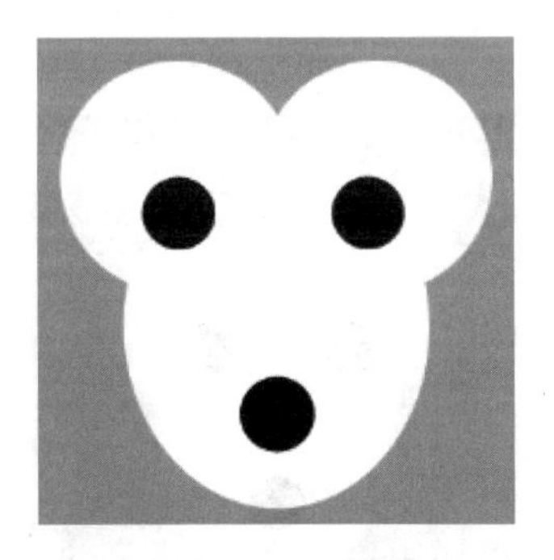
图 2-67 绘制黑色正圆

图 2-68 绘制黑色椭圆

图 2-69 创建椭圆选区

【Step07】将光标置于选区内，当指针由十状变为▷状时，向右拖动选区的同时按住【Shift】键，将选区平移至右侧并按【Delete】键，删除椭圆图形的一部分，如图 2-71 所示。

【Step08】在“图层 5”中的椭圆图形上再次创建一个椭圆选区，如图 2-72 所示。按【Delete】键，删除椭圆图形的一部分并取消选区，如图 2-73 所示。

图 2-70 删除鼻子左侧多余图形

图 2-71 删除鼻子右侧多余图形

图 2-72　创建椭圆选区

图 2-73　删除鼻子顶侧多余图形

3. 绘制猴哥紧箍咒

【Step01】按【Ctrl+Shift+Alt+N】组合键新建“图层 6”，选择“椭圆选框工具”，绘制如图 2-74 所示的椭圆选区。按【Ctrl+Delete】组合键为选区填充白色。

【Step02】再次绘制一个椭圆选区，如图 2-75 所示。按【Delete】键，删除椭圆图形的一部分。

【Step03】选择“矩形选框工具”，在画布上部绘制一个长矩形并填充白色，效果如图 2-76 所示。按【Ctrl+D】组合键取消选区。

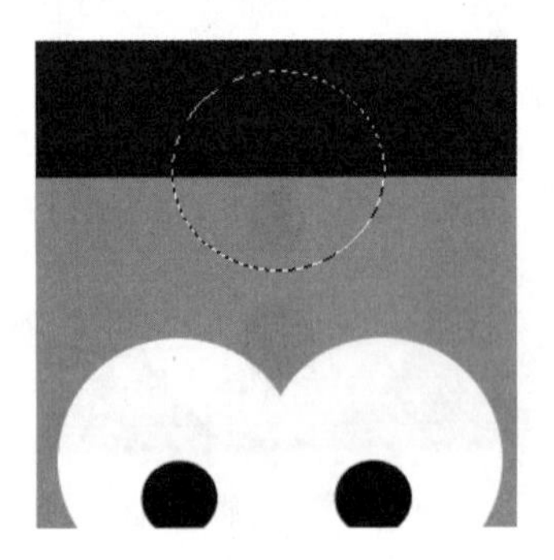
图 2-74　绘制椭圆选区并填充

图 2-75　绘制椭圆选区并删除

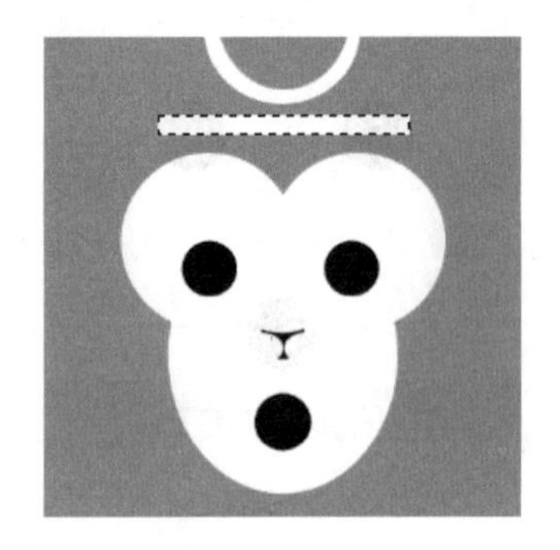
图 2-76　绘制矩形

知识点讲解

1. 椭圆选框工具的基本操作

与“矩形选框工具”类似，“椭圆选框工具”也是最常用的选区工具之一。将鼠标指针定位在“矩形选框工具”上并右击，会弹出选框工具组，选择“椭圆选框工具”，如图 2-77 所示。

选中“椭圆选框工具”后，按住鼠标左键在画布中拖动，即可创建一个椭圆选区，如图 2-78 所示。

使用“椭圆选框工具”创建选区时，有一些实用的小技巧，具体如下。

· 按住【Shift】键的同时拖动，可创建一个正圆选区。

· 按住【Alt】键的同时拖动，可创建一个以单击点为中心的椭圆选区。

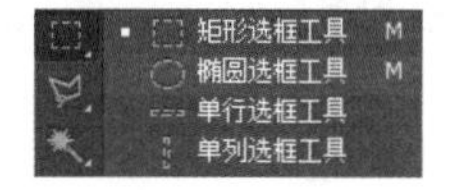

图 2-77 选中“椭圆选框工具”

图 2-78 椭圆选区

· 按住【Alt+Shift】组合键的同时拖动，可以创建一个以单击点为中心的正圆选区。
· 使用【Shift+M】组合键可以在“矩形选框工具”和“椭圆选框工具”之间快速切换。

2. 椭圆选框工具的选项栏

熟悉了“椭圆选框工具”的基本操作后，接下来看其选项栏，具体如图 2-79 所示。

图 2-79 “椭圆选框工具”选项栏

仔细观察“椭圆选框工具”选项栏，不难发现其选项与“矩形选框工具”基本相同，只是该工具可以使用“消除锯齿”功能。

为什么要针对椭圆选框“消除锯齿”呢？这是因为像素是组成图像的最小元素，由于它们都是正方形的，因此在创建圆形、多边形等不规则选区时便容易产生锯齿，如图 2-80 所示。而勾选“消除锯齿”后，Photoshop 会在选区边缘 1 个像素的范围内添加与周围图像相近的颜色，使选区看上去光滑，如图 2-81 所示。

图 2-80 未勾选“消除锯齿”的效果

图 2-81 勾选“消除锯齿”后的效果

对于“椭圆选框工具”选项栏中的其他选项，这里不再具体介绍，读者可查阅 2.2 节中“矩形选框工具的选项栏”。

3. 图层的复制

一个图像中经常会包含两个或多个完全相同的元素，在 Photoshop 中可以对图层进行复制来得到相同的元素。复制图层的方法有多种，具体如下。

（1）在“图层”面板中，将需要复制的图层拖动到“创建新图层”按钮上，即可复制该图层，效果如图 2-82 和图 2-83 所示。

（2）对当前图层应用快捷键【Ctrl+J】，可复制当前图层。

（3）在“移动工具”状态下，按住【Alt】键不放，选中需要复制的图层，并拖动即可复制当前图层。

（4）选择一个图层并右击，在弹出的快捷菜单中执行“复制图层”命令，弹出“复制图层”对话框，单击“确定”按钮，即可复制该图层。

图 2-82 复制前的图层

图 2-83 图层的复制

4. **撤销操作**

在绘制和编辑图像的过程中，经常会出现失误或对创作的效果不满意。当希望恢复到前一步或原来的图像效果时，可以使用一系列的撤销操作命令。

（1）撤销上一步操作

执行“编辑→还原”命令（或按快捷键【Ctrl+Z】），可以撤销对图像所做的最后一次修改，将其还原到上一步编辑状态。如果想要取消“还原”操作，再次按【Ctrl+Z】组合键即可。

（2）撤销或还原多步操作

执行“编辑→还原”命令只能还原一步操作，如果想要连续还原，可连续执行“编辑→后退一步”命令（或按快捷键【Alt+Ctrl+Z】），逐步撤销操作。

如果想要恢复被撤销的操作，可连续执行“编辑→前进一步”命令（或按快捷键【Alt+Shift+Z】）。

（3）撤销到操作过程中的任意步骤

“历史记录”面板可将进行过多次处理的图像恢复到任何一步（系统默认前 20 步）操作时的状态，即所谓的“多次恢复”。执行“窗口→历史记录”命令，将会弹出“历史记录”面板，如图 2-84 所示。

这时，选择“历史记录”面板下的任何一步操作，图像即恢复到该操作时的状态。值得一提的是，在“历史记录”面板的右下方有 3 个按钮，对它们的具体解释如下。

- “从当前状态创建新文档”：基于当前操作步骤中的图像状态创建一个新的文件。
- “创建新快照”：基于当前的图像状态创建快照。
- “删除当前状态”：选择一个操作步骤，单击该按钮可将该步骤及后面的操作删除。

单击“历史记录”面板右上方的按钮，将弹出“历史记录”面板菜单，如图 2-85 所示。对于其中的命令，读者可自行尝试，本书不再做具体讲解。

图 2-84 “历史记录”面板

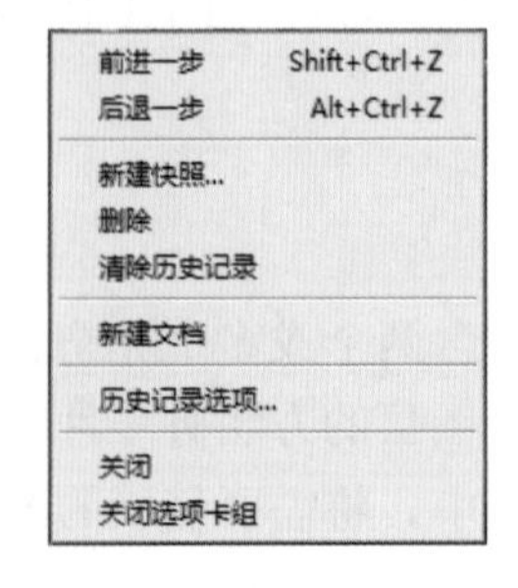

图 2-85 “历史记录”面板菜单

2.4 【案例4】时尚手机

随着电子技术的发展，手机已成为一款大众化的通信设备，本案例将带领大家绘制一款时尚手机，其效果如图 2-86 所示。通过本案例的学习，读者能够掌握栅格化图层、选取的修改相关知识。

图 2-86 “时尚手机”效果展示

1. 置入手机屏保

【Step01】按【Ctrl+N】组合键，在“新建”对话框中设置“宽度”为 600 像素、“高度”为 800 像素、“分辨率”为 72 像素 / 英寸、“颜色模式”为 RGB 颜色、“背景内容”为白色，单击“确定”按钮，完成画布的创建。

【Step02】按【Ctrl+Shift+S】组合键，以名称“【案例 4】时尚手机 .psd”保存图像。

【Step03】打开素材图像“手机桌面 .jpg”，将其拖入画布中，效果如图 2-87 所示。然后，双击图片即可置入素材，效果如图 2-88 所示。

【Step04】在“图层”面板中，右击素材图片的图层，在弹出的快捷菜单中，执行“栅格化图层”命令，如图 2-89 所示。此时，素材图片所在的图层由智能对象转换为普通图层。

【Step05】设置前景色为粉色。选中“背景”图层，按【Alt+Delete】组合键为“背景”图层填充粉色，效果如图 2-90 所示。

图 2-87 打开素材图像

图 2-88 置入图片素材

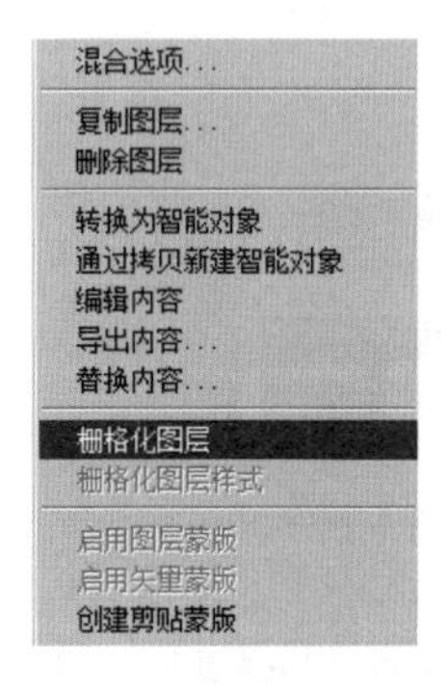

图 2-89 栅格化图层

图 2-90 填充“背景”图层

2. 绘制手机外壳

【Step01】按【Ctrl+Shift+Alt+N】组合键，新建“图层 1”。选择“矩形选框工具”绘制一个矩形选区，如图 2-91 所示。

【Step02】执行“选择→修改→平滑”命令，在弹出的“平滑选区”对话框中，设置“取样半径”为 20 像素，如图 2-92 所示。

【Step03】单击“确定”按钮，此时，矩形选区的形状将会发生变化，如图 2-93 所示。

【Step04】按【Ctrl+Delete】组合键将“图层 1”填充为白色。按【Ctrl+D】组合键取消选区，效果如图 2-94 所示。然后，选中“所有图层”，执行“垂直居中对齐”和“水平居中对齐”操作。

图 2-91 绘制矩形选区

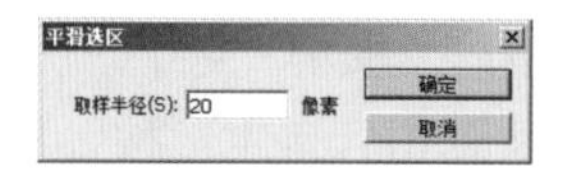

图 2-92 设置“取样半径”

图 2-93 设置“平滑”选区后的效果

图 2-94 填充“图层 1”

3．绘制摄像头、听筒及主键

【Step01】按【Ctrl+Shift+Alt+N】组合键新建“图层 2”。选择“椭圆选框工具”，按住【Shift】键不放，在手机外壳左上方适当的位置绘制一个正圆选区，并填充为灰色，效果如图 2-95 所示。

【Step02】按【Ctrl+Shift+Alt+N】组合键新建“图层 3”。选择“矩形选框工具”，在手机上方绘制一个小长方形选区。

【Step03】执行“选择→修改→平滑”命令，在弹出的“平滑选区”对话框中，设置“取样半径”为 3 像素，单击“确定”按钮，如图 2-96 所示。

图 2-95 绘制正圆

图 2-96 “平滑”选区

【Step04】将选区填充为灰色，并按【Ctrl+D】组合键取消选区。然后选中“图层 2”和“图层 3”，执行“垂直居中对齐”操作，效果如图 2-97 所示。

【Step05】根据【Step02】～【Step04】的步骤，在手机底部绘制一个圆角矩形选区，并填充为灰色，效果如图 2-98 所示（注意：不要取消选区）。

【Step06】执行“选择→修改→收缩”命令，在弹出的对话框中设置“收缩量”为 3 像素，单击“确定”按钮。

【Step07】按【Delete】键进行删除，接着按【Ctrl+D】组合键取消选区，效果如图 2-99 所示。

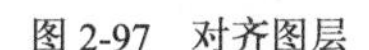

图 2-97　对齐图层

图 2-98　绘制圆角矩形选区

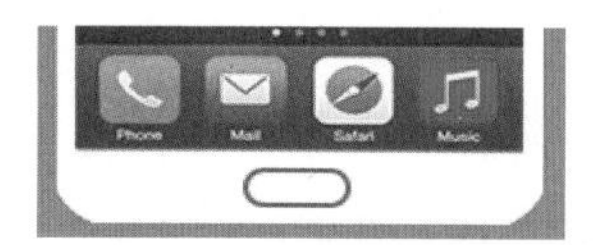

图 2-99　删除圆角矩形

4. 绘制侧边小按钮

【Step01】按【Ctrl+Shift+Alt+N】组合键新建“图层 5”。选择“矩形选框工具”，在手机左上角绘制一个小长方形选区，并填充为白色，效果如图 2-100 所示。

【Step02】按【Ctrl+J】组合键复制“图层 5”，得到“图层 5 副本”。按住【Shift】键不放，水平向下移动“图层 5 副本”至合适的位置，效果如图 2-101 所示。

【Step03】再次按【Ctrl+J】组合键复制“图层 5 副本”，得到“图层 5 副本 2”。按住【Shift】键不放，水平向下移动“图层 5 副本 2”至合适的位置，效果如图 2-102 所示。

图 2-100　绘制并填充选区

图 2-101　复制并移动图层 1

图 2-102　复制并移动图层 2

【Step04】在“图层”面板中，同时选中“图层 5”、“图层 5 副本”和“图层 5 副本 2”，执行“水平居中对齐”操作。

5. 制作手机阴影

【Step01】按住【Ctrl】键不放，单击“图层 1”前方的“图层缩览图”，将“图层 1”载入选区，效果如图 2-103 所示。

【Step02】执行“选择→修改→羽化”命令，在弹出的对话框中，设置“羽化半径”为 20 像素，如图 2-104 所示，单击“确定”按钮。

【Step03】按【Ctrl+Shift+Alt+N】组合键新建“图层 6”。设置前景色为黑色，按【Alt+Delete】组合键填充选区，然后按【Ctrl+D】组合键取消选区，效果如图 2-105 所示。

图 2-103　“平滑”选区

图 2-104　“羽化”选区

图 2-105　“羽化”选区后的效果

【Step04】将“图层 6”置于“图层 1”的下方，按【Ctrl+T】组合键，使用“自由变换”命令调整阴影的大小，如图 2-106 所示。调整完成后，按【Enter】键确定“自由变换”操作，效果如图 2-107 所示。

图 2-106　执行“自由变换”操作

图 2-107　自由变换后的效果

知识点讲解

1. 智能对象

智能对象是一个嵌入到当前文档中的文件，它可以包含图像，也可以包含在 Adobe Illustrator 中创建的矢量图形。智能对象与普通图层的区别在于，它能够保留对象的源内容和所有的原始特征，在 Photoshop 中对其进行缩放及旋转时，图像不会失真。

在“图层”面板中选择一个或多个普通图层，如图 2-108 所示，右击，在弹出的快捷菜单中执行“转换为智能对象”命令，可以将一个或多个普通图层打包到一个智能对象中，如图 2-109 所示。

值得一提的是，智能对象图层虽然有很多优势，但是在某些情况下却无法直接对其编辑，例如使用选区工具删除智能对象时，将会报错，如图 2-110 所示。这时就需要将智能对象转换为普通图层。

图 2-108　选择多个普通图层

图 2-109　智能对象图层

图 2-110　编辑智能对象报错

选择智能对象所在的图层，如图 2-111 所示，右击选择“栅格化图层”命令，可以将智能对象图层转换为普通图层，原图层缩览图上的智能对象图标会消失，如图 2-112 所示。

图 2-111　栅格化前

图 2-112　栅格化后

2. 修改选区

在 Photoshop CS6 中，可以执行“选择→修改”命令，对选区进行各种修改，主要包括“边界”“平滑”“扩展”“收缩”和“羽化”。对它们的具体讲解如下。

（1）创建边界选区

在图像中创建选区，如图 2-113 所示，执行“选择→修改→边界”命令，可以将选区的边界向内部和外部扩展。在“边界选区”对话框中，“宽度”用于设置选区扩展的像素值，例如，将“宽度”设置为 30 像素时，原选区会分别向外和向内扩展 15 像素，如图 2-114 所示。

图 2-113　创建选区

图 2-114　创建边界选区效果

（2）平滑选区

创建选区后，执行“选择→修改→平滑”命令，弹出“平滑选区”对话框，在“取样半径”选项中设置数值，可以让选区变得更加平滑。

使用“魔棒工具”或“色彩范围”命令选择对象时，选区边缘往往较为生硬，可以使用“平滑”命令对选区边缘进行平滑处理。

（3）扩展与收缩选区

创建选区后，如图 2-115 所示，执行“选择→修改→扩展”命令，弹出“扩展选区”对话框，输入“扩展量”可以扩展选区范围，如图 2-116 所示。单击“确定”按钮，效果如图 2-117 所示。

图 2-115　创建选区

图 2-116　设置扩展量

图 2-117　扩展选区效果

执行“选择→修改→收缩”命令，则可以收缩选区范围，对话框设置如图 2-118 所示。单击“确定”按钮，效果如图 2-119 所示。

图 2-118　设置收缩量　　图 2-119　收缩选区效果

（4）羽化选区

“羽化”命令（或按【Shift+F6】组合键）用于对选区进行羽化。羽化是通过建立选区和选区周围像素之间的转换边界来模糊边缘的，这种模糊方式会丢失选区边缘的一些图像细节。

图 2-120 所示为创建的选区，执行“选择→修改→羽化”命令，弹出“羽化”对话框，设置“羽化半径”值为 20 像素，如图 2-121 所示。然后按【Ctrl+J】组合键选取图像，隐藏“背景”图层，查看选取的图像，效果如图 2-122 所示。

图 2-120　创建选区

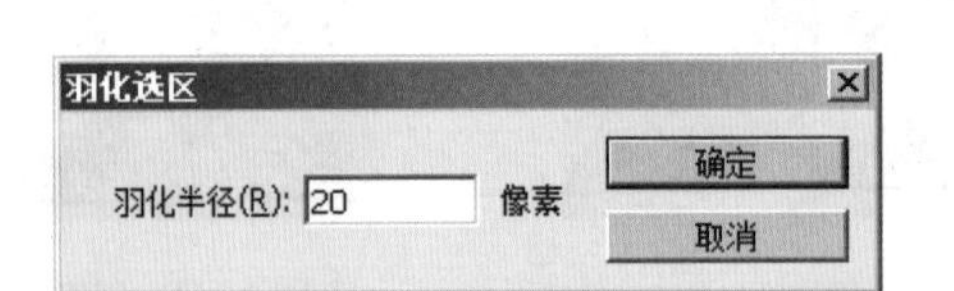

图 2-121　羽化选区对话框

图 2-122　羽化后选取的图像

脚下留心

如果选区较小而羽化半径设置得较大时，则会弹出一个羽化警告框，如图 2-123 所示。单击“确定”按钮，表示确认当前设置的羽化半径，这时选区可能变得非常模糊，以至于在画面中看不到，但是选区仍然存在。如果想避免出现该警告，则应减少羽化半径或增大选区的范围。

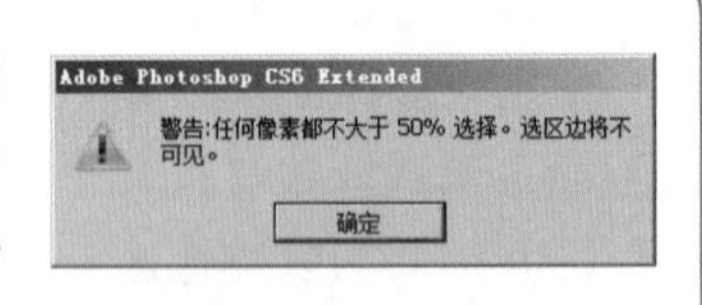

图 2-123　羽化警告框

2.5 【案例5】纸风车Logo

“Logo”是“商标”的英文缩写，是企业最基本的视觉识别形象，通过商标的推广可以让消费者识别企业主体和品牌文化。Logo 的设计和制作是平面设计中经常涉及的内容之一。本节将通过一个纸风车 Logo 的制作，使读者掌握“多边形套索工具”的使用。案例效果如图 2-124 所示。

实现步骤

1．绘制纸风车的扇叶

图 2-124　"纸风车 Logo"效果展示

【Step01】按【Ctrl+N】组合键，在"新建"对话框中设置"宽度"为 700 像素、"高度"为 700 像素、"分辨率"为 72 像素 / 英寸、"颜色模式"为 RGB 颜色、"背景内容"为白色，单击"确定"按钮，完成画布的创建。

【Step02】按【Ctrl+Shift+S】组合键，以名称"【案例 5】纸风车 Logo.psd"保存图像。

【Step03】设置前景色为天蓝色（RGB: 70、170、255），按【Alt+Delete】组合键为"背景"层填充天蓝色。

【Step04】将鼠标指针定位在"套索工具" 上右击，会弹出套索工具组，如图 2-125 所示，选择"多边形套索工具" 。

图 2-125　套索工具组

【Step05】将光标置于画布中心位置，单击以确定起始点。然后，按住【Shift】键不放，向左拖动光标至适当位置，再次单击即可绘制一条横向直线，如图 2-126 所示。

【Step06】继续按住【Shift】键不放，水平向上拖动鼠标指针至合适的位置，单击以确定另一个节点，如图 2-127 所示。接着按【Enter】键，即可创建一个直角三角形选区，如图 2-128 所示。

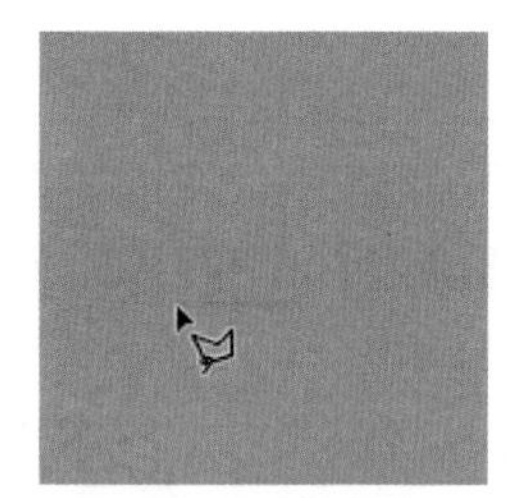

图 2-126　绘制横向直线

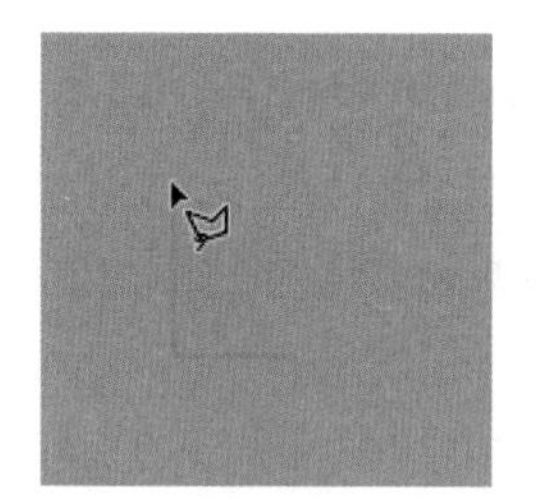

图 2-127　绘制竖向直线

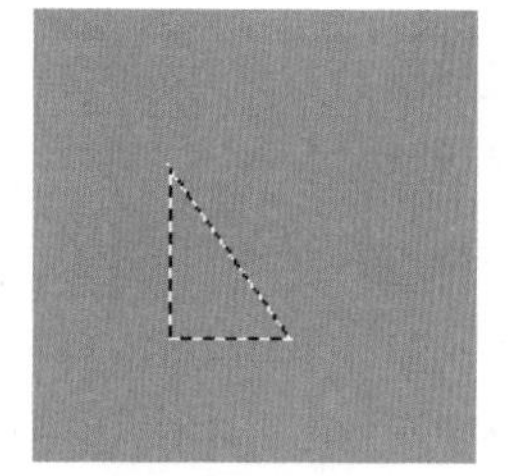

图 2-128　直角三角形选区

【Step07】按【Ctrl+Shift+Alt+N】组合键新建"图层 1"。设置前景色为红色（RGB：225、65、55），按【Alt+Delete】组合键为选区填充红色，效果如图 2-129 所示。

【Step08】选择"多边形套索工具" ，在红色直角三角形旁边绘制一个效果如图 2-130 的选区。

【Step09】按【Ctrl+Shift+Alt+N】组合键新建"图层 2"，为选区填充白色，按【Ctrl+D】取消选区，效果如图 2-131 所示。

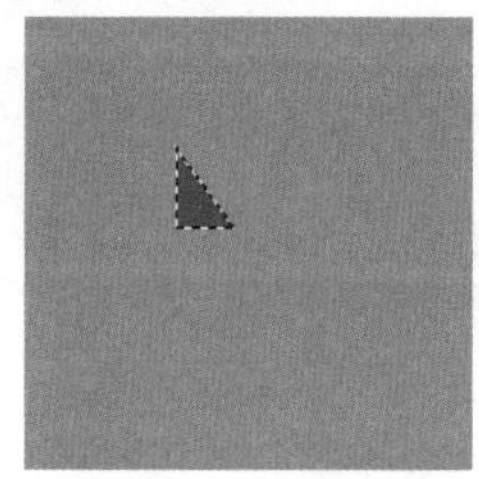

图 2-129　填充选区

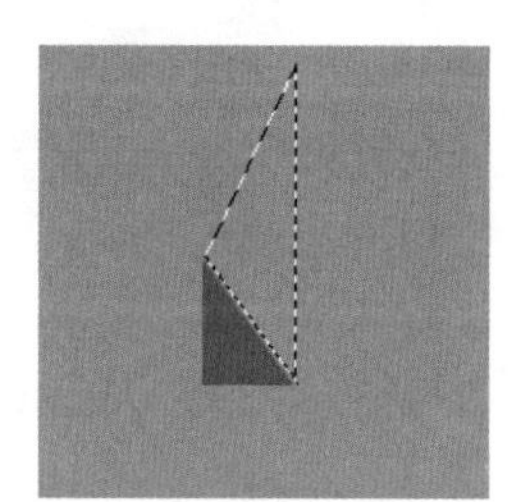

图 2-130　绘制三角形选区

图 2-131　填充选区

2．绘制第二片扇叶

【Step01】按住【Ctrl】键，在“图层”面板中，依次选中“图层 1”和“图层 2”。按【Ctrl+J】组合键，得到“图层 1 副本”和“图层 2 副本”。

【Step02】按【Ctrl+T】组合键，调出定界框，然后将定界框的中心点拖至右下角点处，如图 2-132 所示。

【Step03】在选项栏中设置“旋转”度数 △ 0.00 度 为 90 度，按【Enter】键确定“旋转”操作，效果如图 2-133 所示。再次按【Enter】键，确定“自由变换”操作。

【Step04】设置前景色为黄色（RGB：220、210、50）。在“图层”面板中，选中“图层 1 副本”。选择“油漆桶工具”，在红色三角处单击改变其颜色，效果如图 2-134 所示。

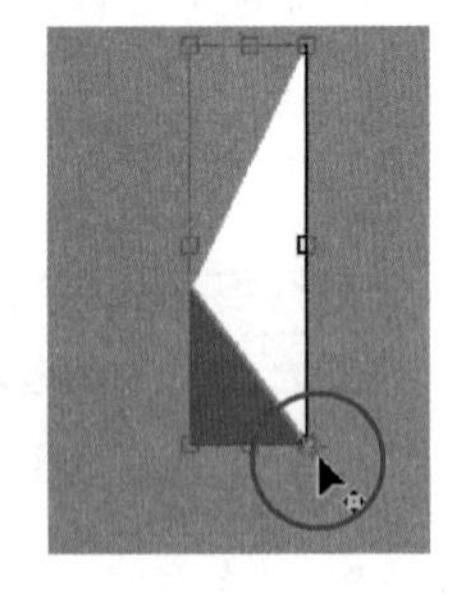

图 2-132　移动中心点

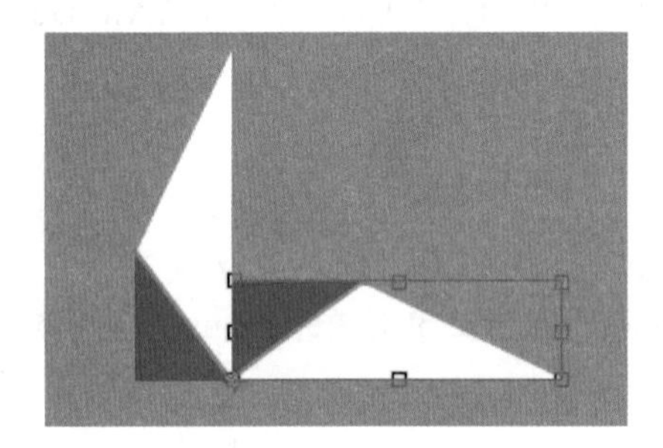

图 2-133　设置旋转

图 2-134　更改颜色

3．绘制其余扇叶及投影

【Step01】选中除“背景”层以外的所有图层，按【Ctrl+J】组合键对其进行复制。

【Step02】按【Ctrl+T】组合键，调出定界框右击，选择“水平翻转”命令，再右击，选择“垂直翻转”命令，如图 2-135 所示。移动至适当位置，按【Enter】键确定自由变换，效果如图 2-136 所示。

【Step03】选中除“背景”层以外的所有图层，按【Ctrl+E】组合键将其合并为一个图层。在“图层”面板中，双击图层名称，将其重命名为“纸风车”。

【Step04】在“背景”层之上新建“图层 1”。选择“多边形套索工具”，沿风车边缘绘制选区并填充为深蓝色（RGB：30、105、175）作为投影效果，效果如图 2-137 所示。

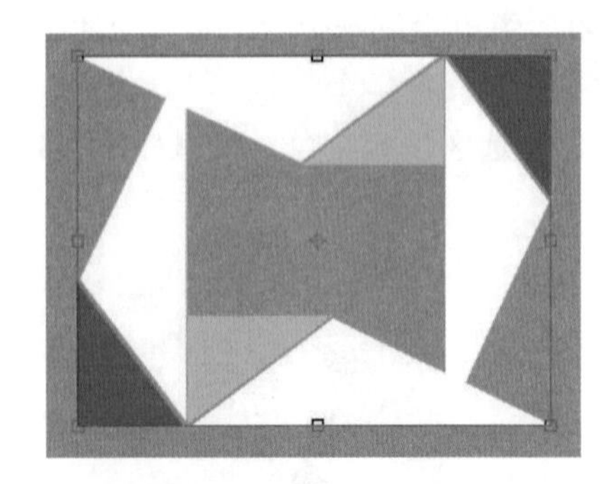

图 2-135　执行“自由变换”操作

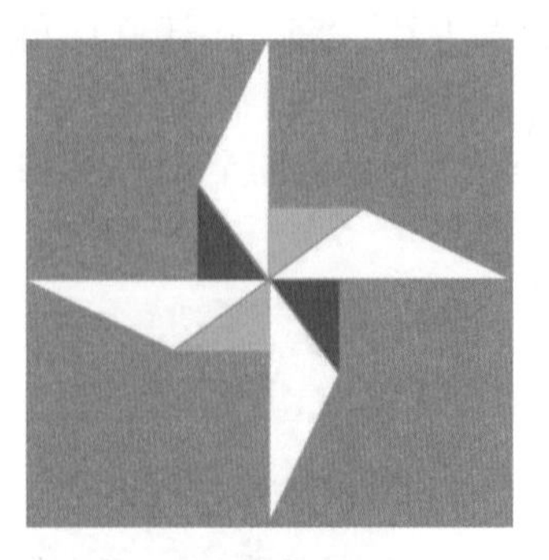

图 2-136　移动复制的图层

图 2-137　阴影效果

【Step05】在“图层”面板中，双击名称“图层 1”，将其重命名为“投影”。

知识点讲解

1．多边形套索工具

Photoshop CS6提供了“多边形套索工具”，用来创建一些不规则选区。在工具箱中选择“套索工具”后并右击，会弹出套索工具组，如图 2-138 所示。

选择“多边形套索工具”后，鼠标指针会变成形状，在画布中单击确定起始点。接着，拖动鼠标指针至目标方向处依次单击，可创建新的节点，形成折线，如图 2-139 所示。然后，拖动鼠标指针至起始点位置，当终点与起点重合时，鼠标指针状态变为，这时，再次单击，即可创建一个闭合选区，如图 2-140 所示。

套索工具　L
多边形套索工具　L
磁性套索工具　L

图 2-138　选取多边形套索工具

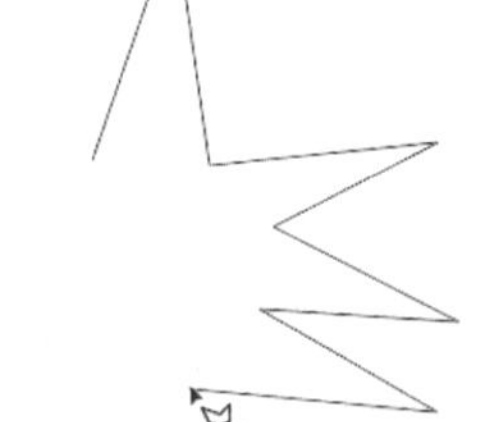

图 2-139　绘制多边形选区

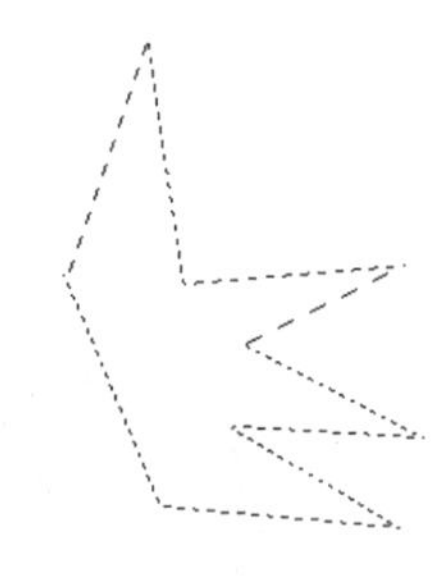

图 2-140　闭合多边形选区

使用“多边形套索工具”创建选区时，有一些实用的小技巧，具体如下。

· 未闭合选择区的情况下，按【Delete】键可删除当前节点，按【Esc】键可删除所有的节点。

· 按住【Shift】键不放，可以沿水平、垂直或 45° 方向创建节点。

打开素材图像“城市天空 .jpg”，如图 2-141 所示。选择“多边形套索工具”，在高楼的任一楼顶处单击创建起点，拖动鼠标指针在每一个转折处依次单击创建节点，待终点与起点重合时，即可形成天空选区，效果如图 2-142 所示。

图 2-141　素材图像“城市天空”

图 2-142　创建选区

2．图层的合并

合并图层不仅可以节约磁盘空间、提高操作速度，还可以更方便地管理图层。图层的合并主要包括“向下合并图层”“合并可见图层”和“盖印图层”。

（1）向下合并图层

选中某一个图层后，执行“图层→向下合并”命令（或按【Ctrl+E】组合键），即可将当前图层及其下方的图层合并为一个图层，如图 2-143 所示。

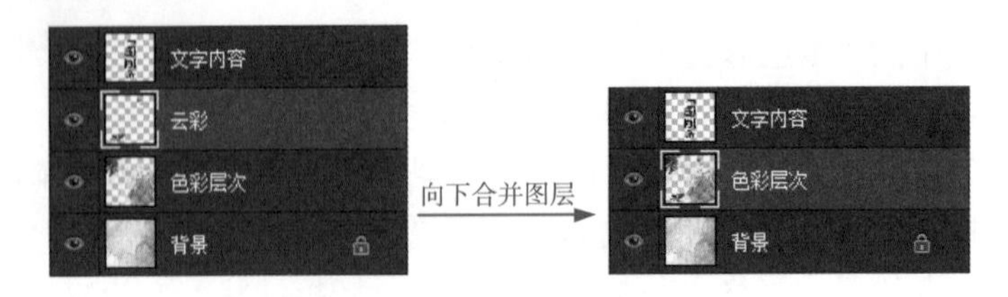

图 2-143 向下合并图层

（2）合并可见图层

选中某一个图层后，执行“图层→合并可见图层”命令（或按【Shift+Ctrl+E】组合键），即可将所有可见图层合并到选中的图层中，如图 2-144 所示。如果选中的图层中包含“背景”层，那么所有可见图层将会合并到“背景”层中，如图 2-145 所示。

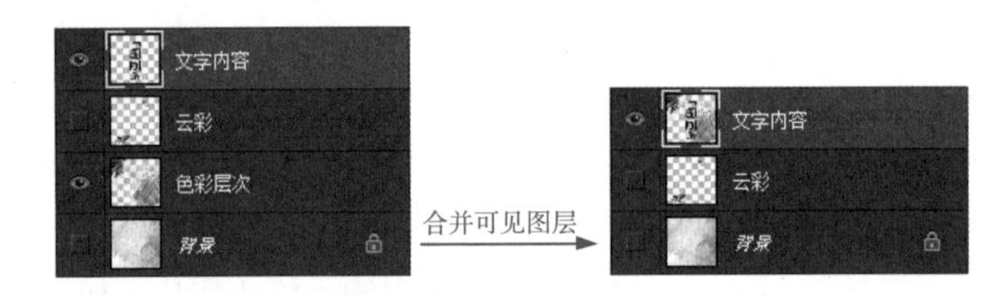

图 2-144 合并可见图层

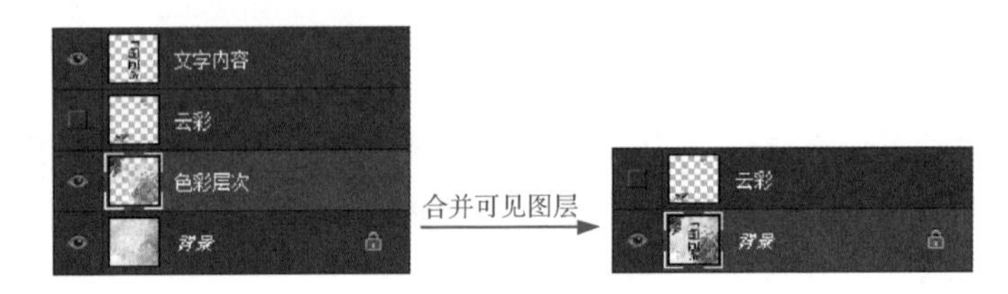

图 2-145 合并可见图层

（3）盖印图层

“盖印图层”可以将多个图层内容合并为一个目标图层，同时使其他图层保持完好。按【Shift+Ctrl+Alt+E】组合键可以盖印所有可见的图层，如图 2-146 所示。

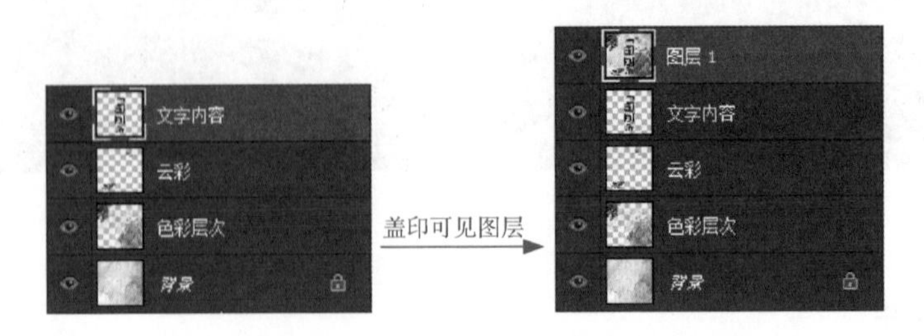

图 2-146 盖印可见图层

另外，按【Ctrl+Alt+E】组合键可以复制合并选中图层。这时，在所选图层的上面会出现它们的合并图层，且原图层保持不变，如图 2-147 所示。如果选中的图层中包含“背景”层，那么选中的图层将会盖印到“背景”层中。

文字内容
云彩
色彩层次
背景
盖印选中图层
文字内容（合并）
文字内容
云彩
色彩层次
背景

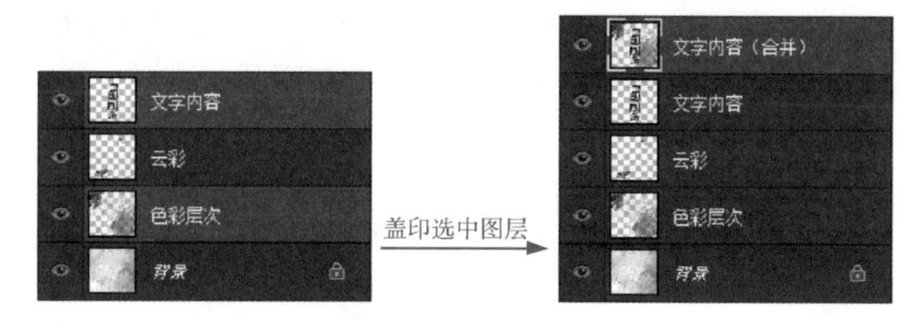

图 2-147　盖印选中图层

3. 图层的重命名

在 Photoshop 中，新建图层的默认名称为“图层 1”“图层 2”“图层 3”……为了方便图层的管理，经常需要对图层进行重命名，从而可以更加直观地操作和管理各个图层，大大提高工作效率。

执行“图层→重命名图层”命令，图层名称会进入可编辑状态，如图 2-148 所示，此时输入需要的名称即可，如图 2-149 所示。另外，在“图层”面板中，直接双击图层名称，也可以对图层进行重命名操作。

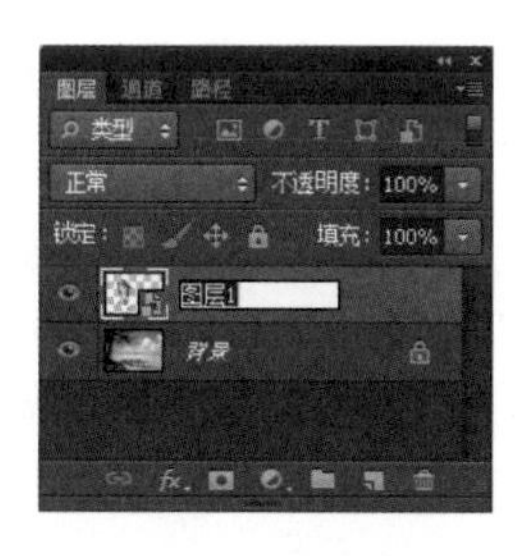

正常
不透明度: 100%
填充: 100%
图层1
背景

图 2-148　图层可编辑状态

正常
不透明度: 100%
填充: 100%
女孩
背景

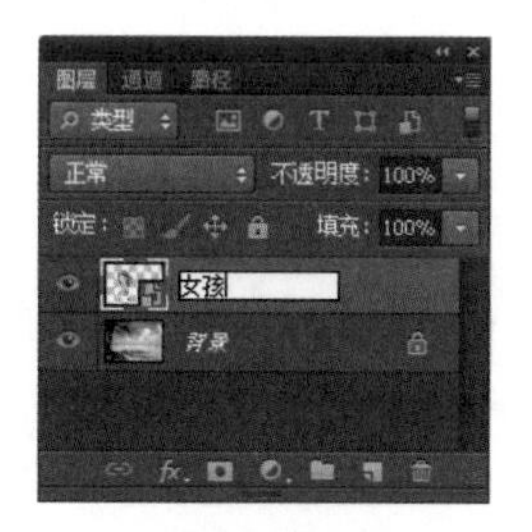

图 2-149　重命名图层

4. 旋转变换

“旋转变换”是以定界框的中心点为圆心进行旋转的，也可以根据旋转需求移动中心点。执行“编辑→变换→旋转”命令（或按【Ctrl+T】组合键）调出定界框，这时，将鼠标指针移动至定界框角点或边点处，待光标变成↷形状时，按住鼠标左键不放，拖动鼠标指针即可旋转图像，如图 2-150 所示。

另外，在“自由变换”选项栏中，可以设置旋转角度，如图 2-151 所示，此数值为 -180 到 180 之间。按住【Shift】键的同时进行旋转，图像会以 -15° 或 15° 的倍数为单位进行旋转。

加油

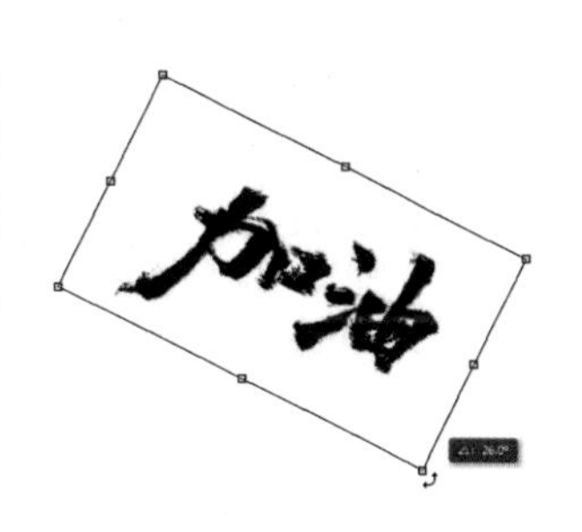

图 2-150　旋转变换

设置旋转
X: 300.00 像
Y: 326.00 像
W: 100.00%
H: 100.00%
120
度
H: 0.00
度
V: 0.00
度

图 2-151　设置旋转

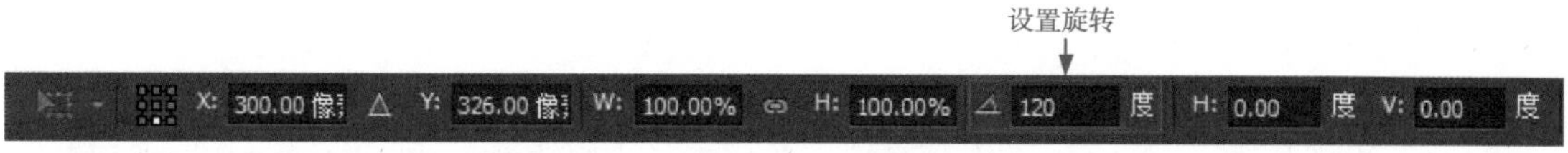

5. 水平翻转和垂直翻转

变换操作中提供了“水平翻转”和“垂直翻转”命令，常用于制作镜像和倒影效果。按【Ctrl+T】组合键调出定界框，右击，在弹出来的快捷菜单中选择“水平翻转”或“垂直翻转”命令，即可对图像进行水平或垂直翻转，效果如图 2-152 所示。

图 2-152 水平翻转和垂直翻转效果

值得一提的是，在实际工作中，经常通过对图层进行复制，然后对复制后的图层副本执行“水平翻转”或“垂直翻转”命令，得到镜像或倒影效果。

多学一招　通过“自由变换”的复制绘制星光

对图像进行变换操作后，按【Ctrl+Shift+Alt+T】组合键，可以复制当前图像，并对其执行最近一次的变换操作，示例如下。

【Step01】按【Ctrl+N】组合键，弹出“新建”对话框，设置宽度为 600 像素、高度为 600 像素、分辨率为 72 像素 / 英寸、颜色模式为 RGB 颜色、背景内容为白色，单击“确定”按钮。

【Step02】按【Ctrl+Shift+Alt+N】组合键新建“图层 1”。选择“椭圆选框工具”，在画布中绘制一个椭圆选区。设置前景色为粉色，按【Alt+Delete】组合键为选区填充粉色，接着按【Ctrl+D】组合键取消选区，效果如图 2-153 所示。

【Step03】选中“图层 1”，按【Ctrl+T】组合键，调出定界框。将鼠标指针移动至定界框角点处，待鼠标指针变成形状时，按住【Shift】键的同时拖动，将“图层 1”旋转 30°。接着，按【Enter】键确定自由变换，效果如图 2-154 所示。

【Step04】按【Ctrl+Shift+Alt+T】组合键，复制“图层 1”，并执行最近一次的变换操作，效果如图 2-155 所示。

【Step05】重复使用【Ctrl+Shift+Alt+T】组合键，最终效果如图 2-156 所示。

图 2-153 创建椭圆选框　图 2-154 旋转“图层 1”　图 2-155 自由变换复制　图 2-156 再次自由变换复制

2.6 【案例6】微笑气泡

通过前面案例的学习，读者已经对选区的创建及基本操作有了一定的了解。接下来将介绍绘制选区时的重要运算——布尔运算。布尔运算是绘制选区时常见的运算，也是初学者学习的重点和难点。本节将通过制作一款微笑气泡图标来学习布尔运算的用法。案例效果如图 2-157 所示。

图 2-157 "微笑气泡"效果展示

1. 绘制蓝色气泡的外形

【Step01】按【Ctrl+N】组合键，在"新建"对话框中设置"宽度"为 600 像素、"高度"为 600 像素、"分辨率"为 72 像素 / 英寸、"颜色模式"为 RGB 颜色、"背景内容"为白色，单击"确定"按钮，完成画布的创建。

【Step02】按【Ctrl+Shift+S】组合键，以名称"【案例 6】微笑气泡 .psd"保存图像。

【Step03】选择"椭圆选框工具"，绘制一个椭圆选区，如图 2-158 所示。

【Step04】选择"多边形套索工具"，单击选项栏中的"添加到选区"按钮，如图 2-159 所示。

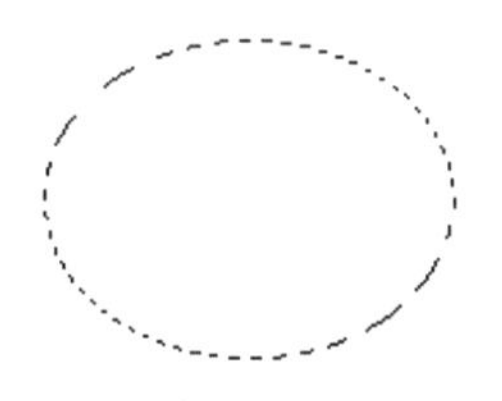

图 2-158 创建椭圆选区

图 2-159 添加到选区

【Step05】将光标置于椭圆选区中的左下方，单击确定起始点。拖动鼠标指针到合适位置，再次单击，依次创建节点，如图 2-160 所示。

【Step06】拖动光标至起始点位置，待鼠标指针变为状时，再次单击，即可形成一个新的选区，如图 2-161 所示。

【Step07】按【Ctrl+Shift+Alt+N】组合键新建"图层 1"。设置前景色为蓝色，按【Alt+Delete】组合键为选区填充蓝色。按【Ctrl+D】组合键，取消选区，效果如图 2-162 所示。

图 2-160 绘制选区

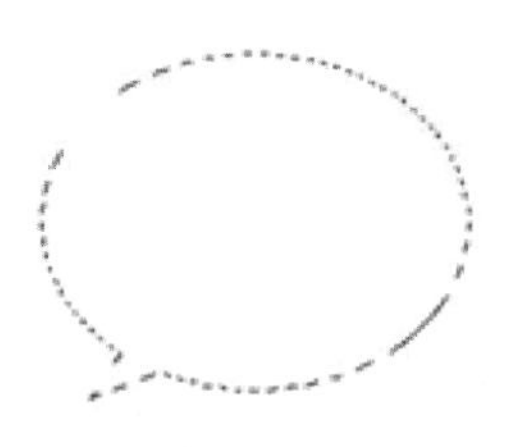

图 2-161 完成选区添加

图 2-162 填充蓝色

2. 绘制绿色气泡的外形

【Step01】按【Ctrl+Shift+Alt+N】组合键新建“图层 2”。选择“椭圆选框工具”绘制一个椭圆选区，并移动至合适的位置，如图 2-163 所示。

【Step02】将鼠标指针置于椭圆选区中的右下方，单击确定起始点。拖动鼠标指针到合适位置，再次单击，依次创建节点，如图 2-164 所示。

【Step03】拖动鼠标指针至起始点位置，待光标变状时，再次单击，即可形成一个新的选区，如图 2-165 所示。

【Step04】设置前景色为绿色，按【Alt+Delete】组合键为选区填充绿色。然后，按【Ctrl+D】组合键取消选区，效果如图 2-166 所示。

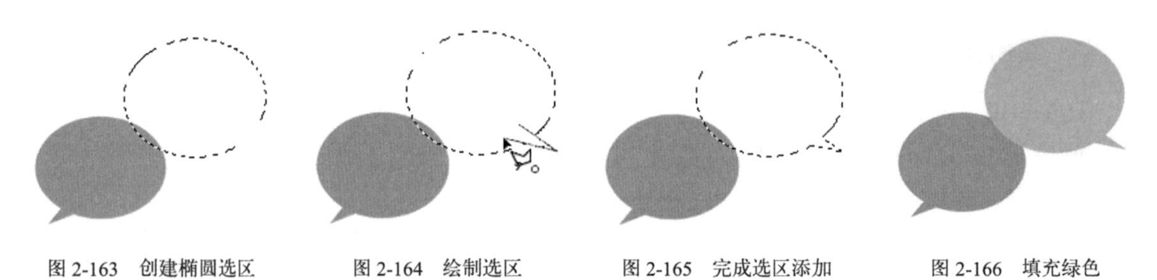

图 2-163　创建椭圆选区　　图 2-164　绘制选区　　图 2-165　完成选区添加　　图 2-166　填充绿色

3. 绘制微笑气泡的眼睛

【Step01】按【Ctrl+Shift+Alt+N】组合键新建“图层 3”。选择“椭圆选框工具”，绘制一个椭圆选区，设置前景色为白色，按【Alt+Delete】组合键为选区填充白色。按【Ctrl+D】组合键取消选区，效果如图 2-167 所示。

【Step02】按【Ctrl+J】组合键对“图层 3”进行复制，得到“图层 3 副本”。选择“移动工具”将“图层 3 副本”移动至合适的位置，如图 2-168 所示。

【Step03】按【Ctrl+Shift+Alt+N】组合键新建“图层 4”。选择“椭圆选框工具”绘制一个椭圆选区，按【Alt+Delete】组合键为选区填充白色。接着按【Ctrl+D】组合键取消选区，效果如图 2-169 所示。

【Step04】选中“图层 4”，按【Ctrl+J】组合键对其进行复制，得到“图层 4 副本”。使用“移动工具”将“图层 4 副本”移动至合适的位置，如图 2-170 所示。

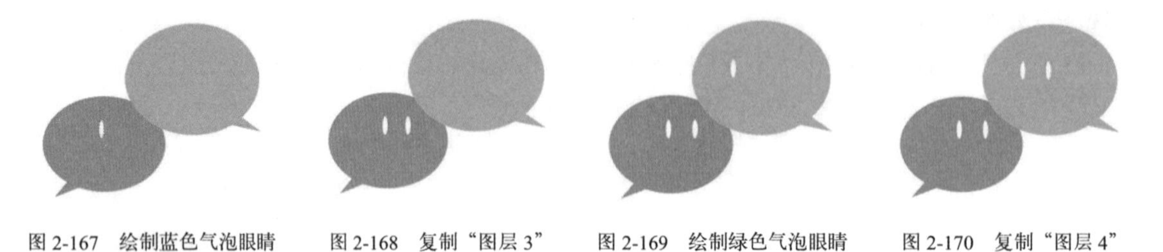

图 2-167　绘制蓝色气泡眼睛　　图 2-168　复制“图层 3”　　图 2-169　绘制绿色气泡眼睛　　图 2-170　复制“图层 4”

4. 绘制微笑气泡的嘴巴

【Step01】按【Ctrl+Shift+Alt+N】组合键新建“图层 5”。选择“椭圆选框工具”，按住【Shift】键不放，在蓝色气泡上合适的位置绘制一个正圆选区，如图 2-171 所示。

【Step02】选择选项栏中的“从选区减去”按钮，如图 2-172 所示。然后，拖动鼠标绘制一个与正圆选区相交的椭圆选区，如图 2-173 所示。接着，释放鼠标，即可得到一个新选区，如图 2-174 所示。

图 2-171　创建正圆选区

图 2-172　单击“从选区减去”按钮

图 2-173　绘制选区

图 2-174　新选区

【Step03】设置前景色为白色，按【Alt+Delete】组合键为选区填充白色，如图 2-175 所示。按【Ctrl+D】组合键取消选区。

【Step04】选中“图层 5”，按【Ctrl+J】组合键对其进行复制，得到“图层 5 副本”。使用“移动工具”将“图层 5 副本”移动至绿色气泡上合适的位置，如图 2-176 所示。

图 2-175　填充选区

图 2-176　移动“图层 5 副本”

知识点讲解

布尔运算

在数学中，可以通过加减乘除来进行数字的运算。同样，选区中也存在类似的运算，称之为“布尔运算”。布尔运算是在画布中存在选区的情况下，使用选框、套索或者魔棒等工具创建选区时，新选区与现有选区之间的运算。通过布尔运算，使选区与选区之间进行相加、相减或相交，从而形成新的选区。

“布尔运算”可通过“选框工具”“套索工具”或“魔棒工具”等选区工具的选项栏进行设置，如图 2-177 所示。

通过图 2-177 容易看出，选区工具的选项栏包含 4 个按钮，从左到右依次为新选区、添加到选区、从选区减去、与选区交叉。

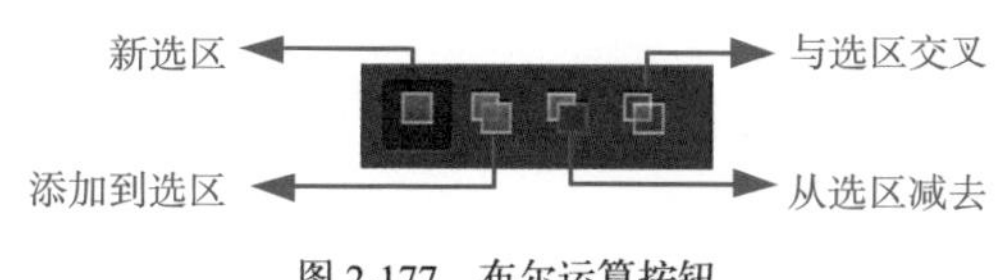

图 2-177　布尔运算按钮

①新选区

“新选区”按钮为所有选区工具的默认选区编辑状态。选择“新选区”按钮后，如果画布中没有选区，则可以创建一个新的选区。但是，如果画布中存在选区，则新创建的选区会替换原有的选区。

②添加到选区

“添加到选区” 可在原有选区的基础上添加新的选区。单击“添加到选区”按钮后（或按【Shift】键），当绘制一个选区后，再绘制另一个选区，则两个选区同时保留，如图 2-178 所示。如果两个选区之间有交叉区域，则会形成叠加在一起的选区，如图 2-179 所示。

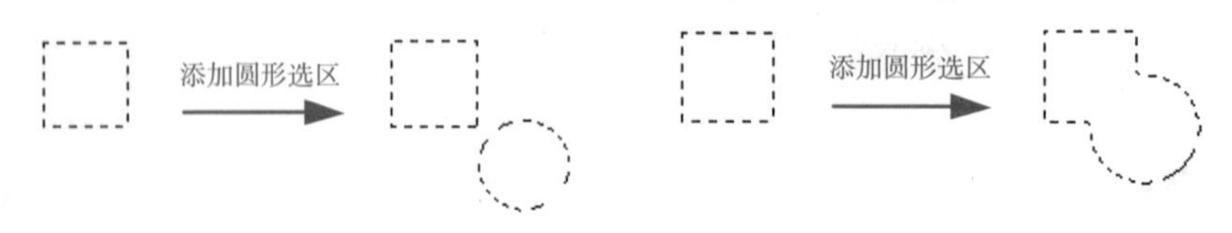

图 2-178　添加到选区　　图 2-179　叠加选区

③从选区减去

“从选区减去” 可在原有选区的基础上减去新的选区。单击“从选区减去”按钮后（或按【Alt】键），可在原有选区的基础上减去新创建的选区部分，如图 2-180 所示。

④与选区交叉

“与选区交叉” 用来保留两个选区相交的区域。单击“与选区交叉”按钮后（或按【Alt+Shift】组合键），画面中只保留原有选区与新创建的选区相交的部分，如图 2-181 所示。

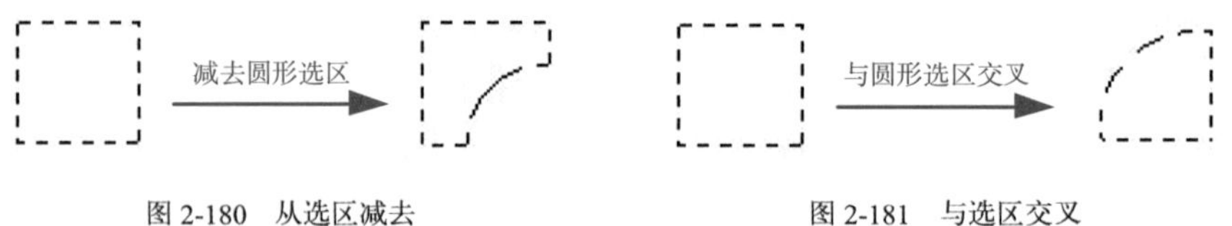

图 2-180　从选区减去　　图 2-181　与选区交叉

动手实践

学习完前面的内容，下面来动手实践一下吧。

请绘制如图 2-182 所示的 3 个有意思的表情。

图 2-182　表情

第 3 章 图层与选区工具高级技巧

学习目标

- 掌握渐变工具的使用，可以绘制常见的渐变效果。
- 掌握魔棒工具的使用，学会使用魔棒工具抠图。
- 熟悉图像的变形操作，会使用斜切、扭曲、透视、变形实现一些特殊效果。

在第 2 章中我们可以使用"图层"与"选区"来绘制一些基础图形，然而要想实现一些特殊效果，例如渐变填充、变形操作、特殊选区的绘制等，还需要对"图层"和"选区"工具有一些更深的认识。本章将对"图层"与"选区"工具的高级技巧进行详细讲解。

3.1 【案例7】机器人图标

"图标"的设计与制作是平面设计与 UI 设计领域经常涉及的内容之一，本案例将带领大家绘制一款"机器人图标"，其效果如图 3-1 所示。通过本案例的学习，读者能够掌握图层的透明度、吸管工具、缩放工具及裁剪工具等相关知识。

图 3-1 "机器人图标"效果展示

1. 绘制机器人头部与身体

【Step01】按【Ctrl+N】组合键，在"新建"对话框中设置"宽度"为 1200 像素、"高度"为 600 像素、"分辨率"为 72 像素 / 英寸、"颜色模式"为 RGB 颜色、"背景内容"为白色，单击"确定"按钮。

【Step02】按【Ctrl+Shift+S】组合键，以名称"【案例 7】机器人图标 .psd"保存图像。

【Step03】设置前景色为绿色（RGB：151、192、60），按【Alt+Delete】组合键将画布填充为绿色。

【Step04】选择"矩形选框工具"，在选项栏中设置"样式"为固定大小、"宽度"为 230 像素、"高度"为 230 像素，如图 3-2 所示，在画布中单击即可创建一个 230 像素 *230 像素的矩形选区。

【Step05】执行“选择→修改→平滑”命令，在弹出的“平滑选区”对话框中，设置“取样半径”为 15 像素，如图 3-3 所示。单击“确定”按钮，此时，矩形选区的形状将会发生变化，如图 3-4 所示。

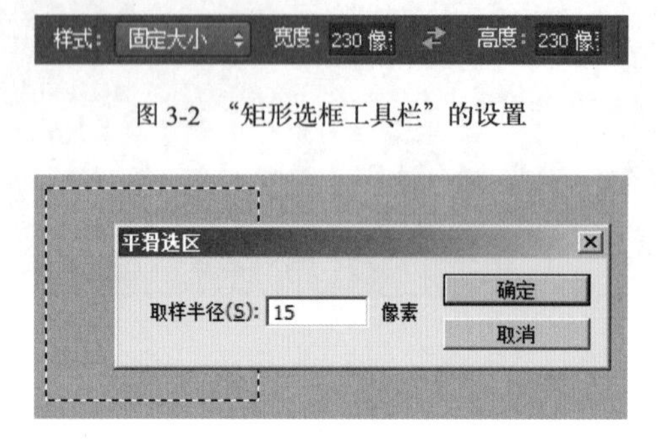

图 3-2 “矩形选框工具栏”的设置

图 3-3 设置取样半径

图 3-4 矩形选区形状变化

【Step06】按【Ctrl+Shift+Alt+N】组合键新建“图层 1”。设置前景色为白色，按【Alt+Delete】组合键填充选区，接着按【Ctrl+D】组合键取消选区，效果如图 3-5 所示。

【Step07】将“矩形选框工具”选项栏中的“样式”设置为正常，框选“图层 1”上方的圆角部分，如图 3-6 所示，并按【Delete】键进行删除，然后按【Ctrl+D】组合键取消选区，效果如图 3-7 所示。

图 3-5 填充“图层 1”

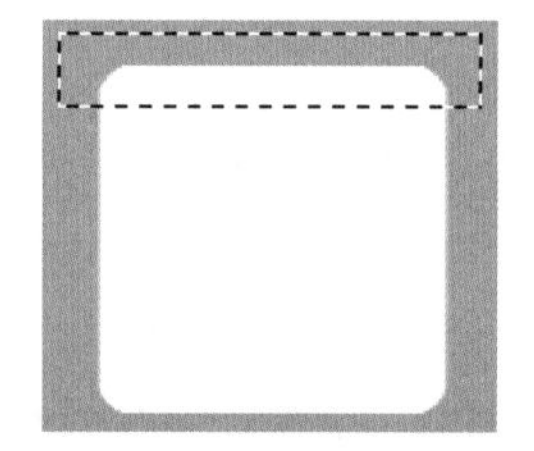

图 3-6 框选圆角部分

图 3-7 删除圆角部分

【Step08】选择“椭圆选框工具”，在画布中“图层 1”上方合适的位置绘制一个正圆选区，使其直径与“图层 1”中的矩形等宽，如图 3-8 所示。

【Step09】按【Ctrl+Shift+Alt+N】组合键新建“图层 2”。接着按【Alt+Delete】组合键将椭圆选区填充为白色，然后按【Ctrl+D】组合键取消选区，效果如图 3-9 所示。

【Step10】选中“图层 2”，在“图层”面板中将其“不透明度”设置为 50%，如图 3-10 所示。这时，“图层 2”变为半透明状态，效果如图 3-11 所示。

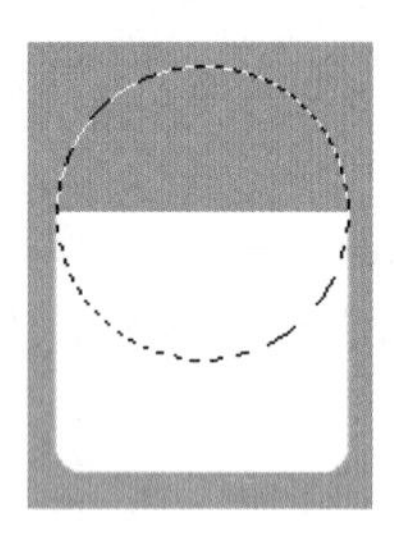

图 3-8 绘制正圆选区

图 3-9 填充正圆选区

图 3-10 设置不透明度

图 3-11 不透明状态

【Step11】使用"矩形选框工具"框选"图层 2"的下半部分，如图 3-12 所示，并按【Delete】键进行删除，然后按【Ctrl+D】组合键取消选区，效果如图 3-13 所示。

【Step12】在"图层"面板中将"图层 2"的"不透明度"调整为 100%，这时，"图层 2"恢复为不透明状态，效果如图 3-14 所示。

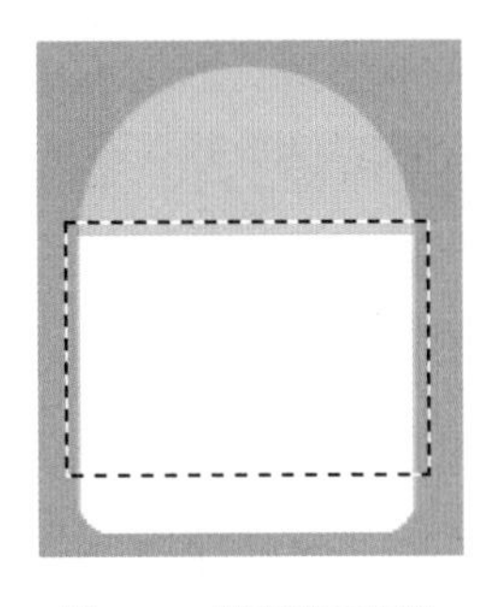

图 3-12 矩形选框框选

图 3-13 删除"图层 2"的下半部分

图 3-14 不透明度状态

2. 绘制机器人天线与眼睛

【Step01】选择"矩形选框工具"，在选项栏中设置"样式"为固定大小、"宽度"为 7 像素、"高度"为 70 像素，在画布中单击即可创建一个 7 像素 *70 像素的矩形选区。

【Step02】执行"选择→修改→平滑"命令，在弹出的"平滑选区"对话框中，设置"取样半径"为 3 像素，单击"确定"按钮。

【Step03】按【Ctrl+Shift+Alt+N】组合键新建"图层 3"。设置前景色为白色，按【Alt+Delete】组合键进行填充，接着按【Ctrl+D】组合键取消选区。

【Step04】按【Ctrl+T】组合键调出定界框，对"图层 3"进行适当旋转，得到机器人的"左天线"，如图 3-15 所示。

【Step05】选择"椭圆选框工具"，在其选项栏中设置"宽度"为 35 像素、"高度"为 35 像素，在画布中单击即可创建一个 35 像素 *35 像素的正圆选区，如图 3-16 所示。

【Step06】将"椭圆选框工具"选项栏中的"样式"设置为正常，按住【Alt】键不放，在图 3-16 所示的正圆选区之上绘制一个椭圆选区，如图 3-17 所示。释放鼠标和【Alt】键，可得到一个新选区，如图 3-18 所示。

图 3-15 绘制"左天线"

图 3-16 绘制正圆选区

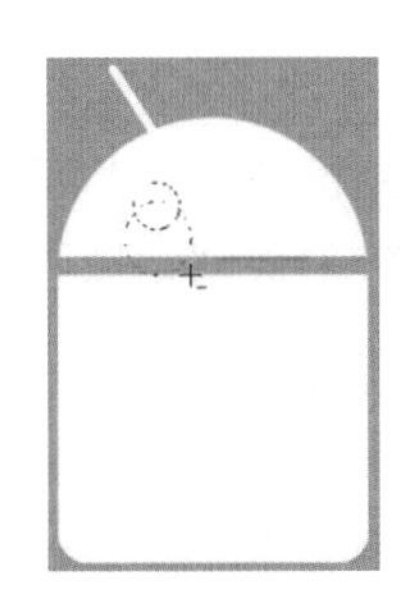

图 3-17 选区的布尔运算

图 3-18 新选区

【Step07】选择"吸管工具"，在画布背景上单击，这时前景色将变为绿色。

【Step08】按【Ctrl+Shift+Alt+N】组合键新建"图层 4"。接着按【Alt+Delete】组合键进行填充，然后按【Ctrl+D】组合键取消选区，得到机器人的"左眼睛"，效果如图 3-19 所示。

【Step09】选中“图层 3”和“图层 4”，按【Ctrl+J】组合键进行复制，得到“图层 3 副本”和“图层 4 副本”。按【Ctrl+T】组合键调出定界框右击，在弹出的快捷菜单中执行“水平翻转”命令。接着按【Enter】键确认，效果如图 3-20 所示。

【Step10】选择“移动工具”，按住【Shift】键不放，将“图层 3 副本”和“图层 4 副本”向右移动至合适的位置，效果如图 3-21 所示。

图 3-19　绘制“左眼睛”

图 3-20　确认“自由变换”

图 3-21　移动“图层 3 副本”和“图层 4 副本”

3．绘制机器人手臂与腿

【Step01】选择“矩形选框工具”，在选项栏中设置“样式”为固定大小、“宽度”为 43 像素、“高度”为 130 像素，在画布中单击即可创建一个 43 像素 *130 像素的矩形选区。

【Step02】按【Ctrl+Shift+Alt+N】组合键新建“图层 5”。将前景色设置为白色，按【Alt+Delete】组合键进行填充，接着按【Ctrl+D】组合键取消选区，效果如图 3-22 所示。

【Step03】按【Ctrl+ 加号】组合键放大画布，接着按【Space】键不放，按住鼠标左键在画布上拖动，使图 3-22 所示的矩形呈现在画布中。

【Step04】选择“椭圆选框工具”，在其选项栏中设置“样式”为固定大小、“宽度”为 43 像素、“高度”为 43 像素，在画布中单击即可创建一个 43 像素 *43 像素的正圆选区。

【Step05】按【Ctrl+Shift+Alt+N】组合键新建“图层 6”。将前景色设置为白色，按【Alt+Delete】组合键进行填充，接着按【Ctrl+D】组合键取消选区。使用“移动工具”将“图层 6”移动至“图层 5”上方合适的位置，使其与“图层 5”拼接，形成圆角效果，如图 3-23 所示。

【Step06】选中“图层 6”，按【Ctrl+J】组合键进行复制，得到“图层 6 副本”。选择“移动工具”，并按住【Shift】键不放，将“图层 6 副本”移动至“图层 5”下方合适的位置，使其与“图层 5”的下方拼接，形成圆角效果，这样即得到机器人的“左胳膊”，如图 3-24 所示。

图 3-22　填充矩形选区

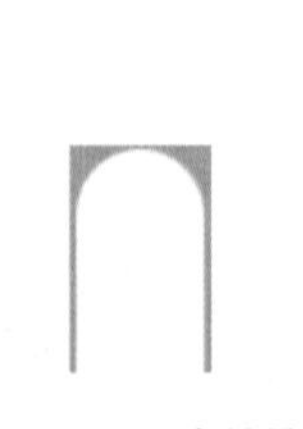

图 3-23　圆角效果

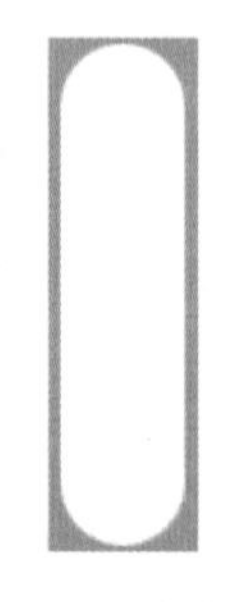

图 3-24　左胳膊

【Step07】按【Ctrl+1】组合键,使画面 100% 显示。接着选中"图层 5""图层 6""图层 6 副本",按【Ctrl+E】组合键将它们合并,得到默认名为"图层 6 副本"的新图层。双击"图层 6 副本"名称,将其重命名为"左胳膊"。

【Step08】选中"左胳膊"图层,按【Ctrl+J】组合键进行复制,得到"左胳膊副本"图层。选择"移动工具",并按住【Shift】键不放,将"左胳膊副本"图层移动至机器人身体的右侧,得到机器人的右胳膊。

【Step09】同时选中"左胳膊"和"左胳膊副本"图层,选择"移动工具"将它们移动至合适的位置,效果如图 3-25 所示。

【Step10】选中"左胳膊副本"图层,继续按【Ctrl+J】组合键进行复制,得到"左胳膊副本 2"图层。选择"移动工具"将"左胳膊副本 2"图层移动至机器人身体下方合适的位置,即得到机器人的"左腿"。

【Step11】重复 Step10 中的操作,可得到机器人的"右腿",这时整个画面效果如图 3-26 所示。

【Step12】选择"裁剪工具"(或按快捷键【C】),按【Ctrl+ 减号】组合键缩放画布,这时画面的四周会出现类似于自由变换定界框的边框。

【Step13】将光标定位在边框的边点或角点处,向内拖动至合适的画布大小,如图 3-27 所示。

【Step14】选择"移动工具",在弹出来的对话框中单击"裁剪"选项,完成画布的裁剪。裁剪后的画面效果如图 3-28 所示。

图 3-25 机器人胳膊

图 3-26 画面效果

图 3-27 裁剪画布

图 3-28 裁剪画布后的画面效果

知识点讲解

1. 图层的不透明度

"不透明度"用于控制图层、图层组中绘制的图像和形状的不透明程度。通过"图层"面板右上角的“不透明度”数值框可以对当前“图层”的透明度进行调节，其设置范围为 0% 到 100%。

打开素材图像“沙滩女孩 .psd”，如图 3-29 所示。在“图层”面板中选中“女孩”图层，将其“不透明程度”设置为 50%，这时“女孩”图层将变为半透明状态，露出其下面的图层内容，如图 3-30 所示。

图 3-29　不透明度为 100%

图 3-30　不透明度为 50%

值得一提的是，在使用除画笔、图章、橡皮擦等绘画和修饰之外的其他工具时，按键盘中的数字键即可快速修改图层的不透明度。例如，按下“3”时，不透明度会变为 30%；按下“33”时，不透明度会变为 33%,；按下“0”时，不透明度会恢复为 100%。

2．吸管工具

在图像处理的过程中，经常需要从图像中获取某处的颜色，这时就需要用到“吸管工具”。选择“吸管工具”（或按【I】键)，如图 3-31 所示。将鼠标移动至文档窗口，当光标呈形状时在取样点单击，工具箱中的前景色就会替换为取样点的颜色，如图 3-32 所示。

图 3-31　选择“吸管工具”

图 3-32　吸取前景色

值得一提的是，使用“吸管工具”时，按住【Alt】键单击，可以将单击处的颜色拾取为背景色。

3．缩放工具

编辑图像时，为了查看图像中的细节，经常需要对图像在屏幕中的显示比例进行放大或缩小，这时就需要用到“缩放工具”。选择“缩放工具”（或按【Z】键)，当光标变为形状时在图像窗口中单击，即可放大图像到下一个预设百分比；按住【Alt】键单击，可以缩小图像到下一个预设百分比。

在 Photoshop CS6 中编辑图像时，有一些缩放图像的小技巧，具体如下。

· 按【Ctrl+ 加号】组合键，能以一定的比例快速放大图像。

· 按【Ctrl+ 减号】组合键，能以一定的比例快速缩小图像。

· 按【Ctrl+1】组合键，能使图像以 100% 的比例（即实际像素）显示。

· 选择“缩放工具”后，按住鼠标左键不放，在图像窗口中拖动，可以将选中区域局部放大。

4. 抓手工具

当图像尺寸较大，或者由于放大窗口的显示比例而不能显示全部图像时，窗口中将自动出现垂直或水平滚动条。如果要查看图像的隐藏区域，使用滚动条既不准确又比较麻烦。这时，可以使用“抓手工具”进行画面的移动。

选择“抓手工具”（或按快捷键【H】），鼠标指针状态变为，在画面中按住鼠标左键不放并拖动，可以平移图像在窗口中的显示内容，以观察图像窗口中无法显示的内容，如图 3-33 所示。

图 3-33 平移视图

注意：在使用其他工具时，按住【Space】键不放，鼠标指针状态变为，即可快速实现抓手工具的切换，拖动查看画面。释放【Space】键，即可切换回原工具的使用状态。

5. 裁剪工具

在对数码照片或者扫描的图像进行处理时，经常需要裁剪图像，以便删除多余的内容，使画面的构图更加完美。“裁剪工具”可以对图像进行裁剪，重新定义画布的大小。

选择“裁剪工具”（或按快捷键【C】），画面的四周会出现边框（类似于自由变换中的定界框）。将光标定位在边框的边点或角点处，向内拖动，会发现边框以外的区域变成灰色，如图 3-34 所示。单击“移动工具”，在弹出来的对话框中单击“裁剪”按钮，即可完成图像的裁切，效果如图 3-35 所示。

值得一提的是，在“裁剪”图像时，除了可以通过控制裁剪框的范围来调整图像的范围外，还可按住鼠标左键不放拖动，以框选的方式来确定目标图像范围。

图 3-34　裁剪图像

图 3-35　裁剪图像效果

图 3-36 所示为“裁剪工具”的选项栏，其中常用的参数及其作用如表 3-1 所示。

图 3-36　“裁剪工具”选项栏

表 3-1　“裁切工具”选项说明

序号	参　　数	说　　明
❶	裁剪方式	包括“不受约束”、“原始比例”等选项，用户可以输入宽度、高度和分辨率等，裁剪后图像的尺寸由输入的数值决定
❷	拉直	单击该按钮，可以通过在图像上画一条线来拉直该图像，常用于校正倾斜的图像
❸	视图	设置裁剪工具视图选项
❹	删除裁剪的像素	不勾选该选项，Photoshop CS6 会将裁剪工具裁掉的部分保留，可以随时还原；如果勾选“删除裁剪的像素”复选框，将不再保留裁掉的部分

注意：如果在裁剪框上向外拖动鼠标，可增大画布，且增大的画布区域的颜色为当前的背景色。

3.2　【案例8】水晶球

“渐变”在 Photoshop 中的应用非常广泛，运用“渐变工具”可以进行多种颜色的混合填充，从而增强图像的视觉效果。本节将通过一个水晶球的制作，使读者掌握“渐变工具”和“渐变编辑器”的使用。案例效果如图 3-37 所示。

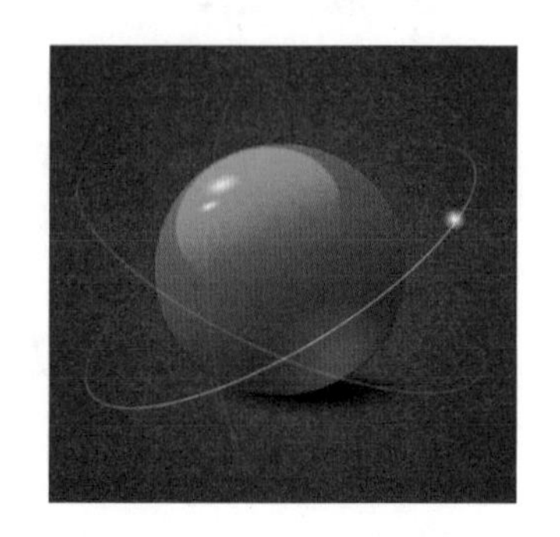

图 3-37　“水晶球”效果展示

1．绘制球体

【Step01】按【Ctrl+N】组合键，在“新建”对话框中设置“宽度”为 600 像素、“高度”为 600 像素、“分辨率”为 72 像素 / 英寸、“颜色模式”为 RGB 颜色、“背景内容”为白色，单击“确定”按钮。

【Step02】按【Ctrl+Shift+S】组合键，以名称“【案例 8】水晶球 .psd”保存图像。

【Step03】设置前景色为浅蓝色（RGB：21、99、160），背景色为深蓝色（RGB：9、45、99）。

【Step04】选择“渐变工具”（或按【G】键），在其选项栏中单击“径向渐变”按钮，再单击“渐变颜色条”，将弹出“渐变编辑器”对话框，如图 3-38 所示。

【Step05】在“渐变编辑器”的“预设”选项中选择第一项，单击“确定”按钮。

【Step06】将光标移至画布中心，按住【Shift】键，向下拖动光标至画布下方，如图 3-39 所示。释放鼠标，画面效果如图 3-40 所示。

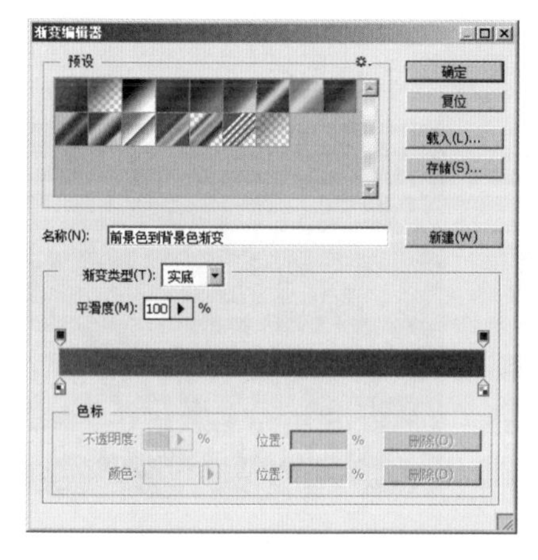

图 3-38 “渐变编辑器”对话框

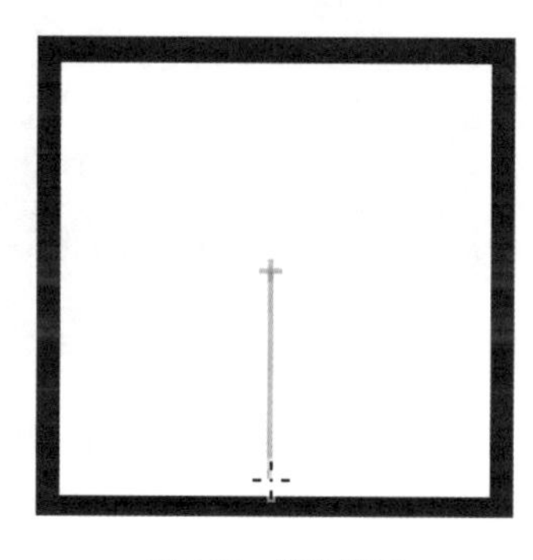

图 3-39　拖动鼠标

图 3-40　画面效果

【Step07】按【Ctrl+Shift+Alt+N】组合键新建“图层 1”。接着选择“椭圆选框工具”，在画布中绘制一个正圆选区。

【Step08】设置前景色为橙色（RGB: 252、135、0），背景色为暗红色（RGB: 128、31、0）。选择“渐变工具”，在其选项栏中单击“线性渐变”按钮。

【Step09】将光标移至正圆选区的左上角，单击并拖动光标至其右下角，如图 3-41 所示。释放鼠标，按【Ctrl+D】组合键取消选区，即可得到水晶球的球体，如图 3-42 所示。

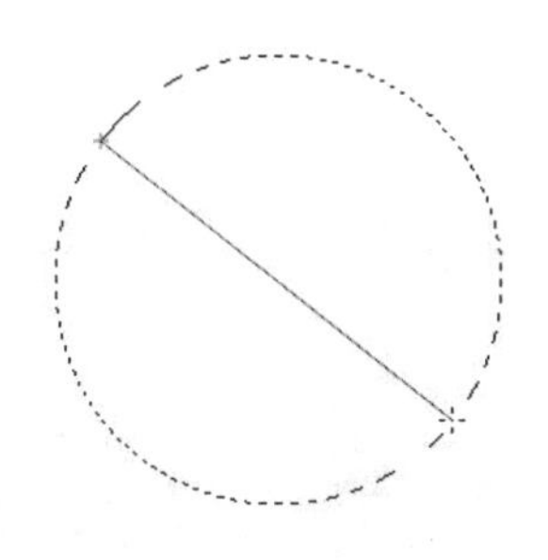

图 3-41　拖动鼠标

图 3-42　画面效果

2. 绘制投影

【Step01】按【Ctrl+Shift+Alt+N】组合键新建“图层 2”。将前景色和背景色均设置为黑色，单击“渐变颜色条”，在弹出的“渐变编辑器”对话框的“预设”选项中选择第二项，如图 3-43 所示，单击“确定”按钮。

图 3-43 “渐变编辑器”对话框

【Step02】单击“径向渐变”按钮，在画布中拖动，会出现一个由黑色到透明的图形（即水晶球的投影），如图 3-44 所示。

【Step03】按【Ctrl+T】组合键调出定界框。将鼠标指针置于定界框的上边点处，按住【Alt+Shift】键不放，向下拖动鼠标，将图 3-44 所示的“投影”压扁，效果如图 3-45 所示。

【Step04】选择“移动工具”，将“图层 2”（即投影）移动至“图层 1”（即球体）下方合适的位置。接着在“图层”面板中，将“图层 2”拖动至“图层 1”的下方，此时画面效果如图 3-46 所示。

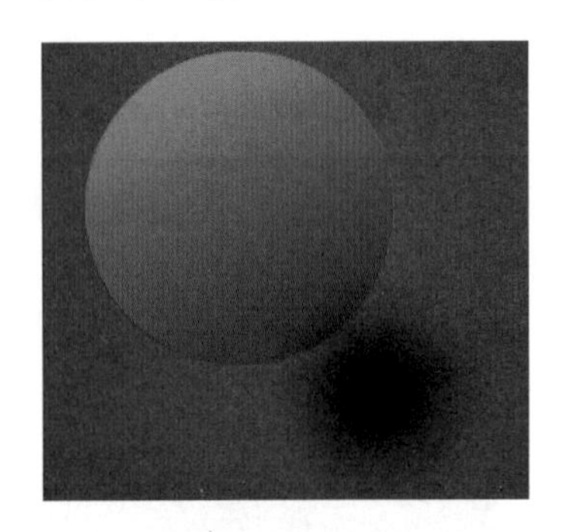

图 3-44 绘制投影

图 3-45 压扁投影

图 3-46 移动投影

3. 绘制亮面、高光与反光

【Step01】按【Ctrl+Shift+Alt+N】组合键新建“图层 3”。接着选择“椭圆选框工具”，在水晶球球体上合适的位置绘制一个椭圆选区，如图 3-47 所示。

【Step02】将前景色和背景色均设置为浅黄色（RGB: 254、193、0）。选择“渐变工具”，在其选项栏中单击“线性渐变”按钮。

【Step03】将鼠标指针移至椭圆选区的上方，按住【Shift】键的同时拖动鼠标指针至其下方合适的位置，如图 3-48 所示。释放鼠标，按【Ctrl+D】组合键取消选区，即可得到水晶球的亮面，如图 3-49 所示。

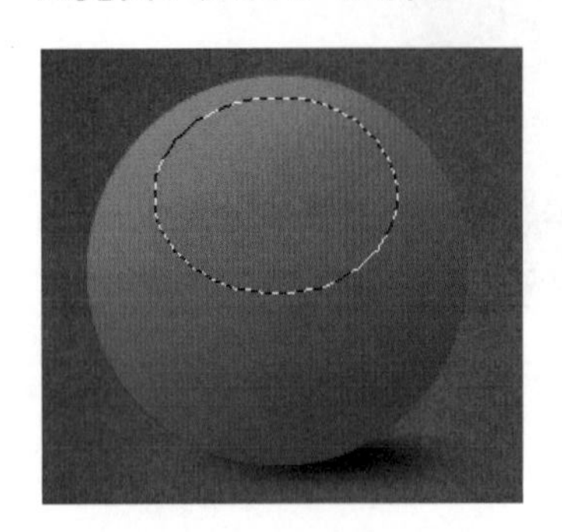

图 3-47 绘制椭圆选区

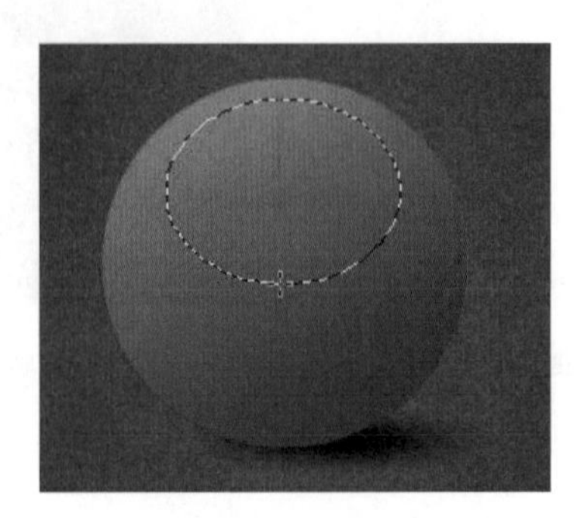

图 3-48 拖动鼠标

图 3-49 绘制亮面

【Step04】按【Ctrl+Shift+Alt+N】组合键新建“图层 4”。将前景色和背景色均设置为白色，单击“径向渐变”按钮，在画布中拖动，会出现一个由白色到透明的渐变图形（即水晶球的高光），如图 3-50 所示。

【Step05】按【Ctrl+T】组合键调出定界框。将鼠标指针置于定界框的上边点处，按住【Alt+Shift】组合键不放，向下拖动鼠标，将图 3-50 所示的“高光”压扁，并使用“移动工具”将其移动至合适的位置，效果如图 3-51 所示。

【Step06】选中“图层 4”，按【Ctrl+J】组合键进行复制，得到“图层 4 副本”。使用“移动工具”移动“图层 4 副本”至“图层 4”左下方合适的位置，并按【Ctrl+T】组合键调出定界框将其缩小，然后在“图层”面板中将其“不透明度”设置为 60%，效果如图 3-52 所示。

图 3-50　绘制高光

图 3-51　移动高光

图 3-52　复制移动高光

【Step07】在“图层”面板中选中“图层 3”“图层 4”“图层 4 副本”，按【Ctrl+T】组合键调出定界框，对这 3 个图层进行旋转，并将它们移动至合适的位置，按【Enter】键确定自由变换，效果如图 3-53 所示。

【Step08】按【Ctrl+Shift+Alt+N】组合键新建“图层 5”。将前景色和背景色均设置为橙色（RGB：206、108、0）。

【Step09】选择“渐变工具”，在其选项栏中单击“径向渐变”按钮，在画布中拖动，会出现一个由橙色到透明的渐变图形（即水晶球的反光），如图 3-54 所示。

【Step10】选择“移动工具”，将“图层 5”（即反光）移动到水晶球上合适的位置，效果如图 3-55 所示。

图 3-53　旋转并移动亮面及高光

图 3-54　绘制反光

图 3-55　移动反光

4．绘制光环

【Step01】按【Ctrl+Shift+Alt+N】组合键新建“图层 6”。接着选择“椭圆选框工具”，在画布中绘制一个椭圆选区，如图 3-56 所示。

【Step02】将前景色和背景色均设置为白色，选择“渐变工具”，在其选项栏中单击“径向渐变”按钮，接着单击“渐变颜色条”，在弹出的“渐变编辑器”对话框的“预设”选项中选择第二项，单击“确定”按钮。

【Step03】将鼠标指针移至椭圆选区的下方，按住【Shift】键的同时拖动鼠标至其上方合适的位置，如图 3-57 所示。释放鼠标，效果如图 3-58 所示。

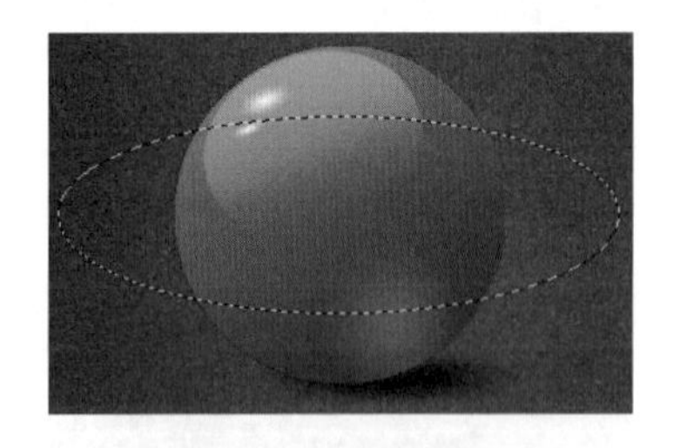

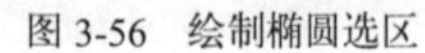

图 3-56　绘制椭圆选区

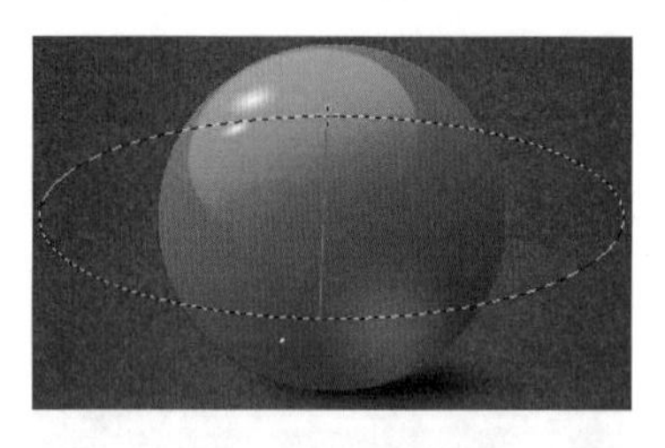

图 3-57　拖动鼠标

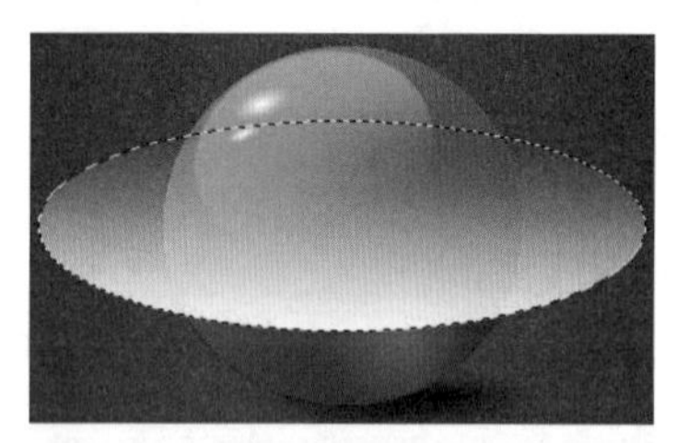

图 3-58　渐变填充

【Step04】执行“选择→修改→收缩”命令，在弹出的“收缩选区”对话框中将“收缩量”设置为 1 像素，单击“确定”按钮。

【Step05】按【Delete】键，对选区中的图像进行删除，接着按【Ctrl+D】组合键取消选区，效果如图 3-59 所示。

【Step06】按【Ctrl+T】组合键调出定界框，对“图层 6”（即光环）进行旋转，效果如图 3-60 所示。

【Step07】按【Ctrl+J】组合键对“图层 6”进行复制，得到“图层 6 副本”。按【Ctrl+T】组合键调出定界框，对“图层 6 副本”进行旋转，并设置其“不透明度”为 50%，效果如图 3-61 所示。

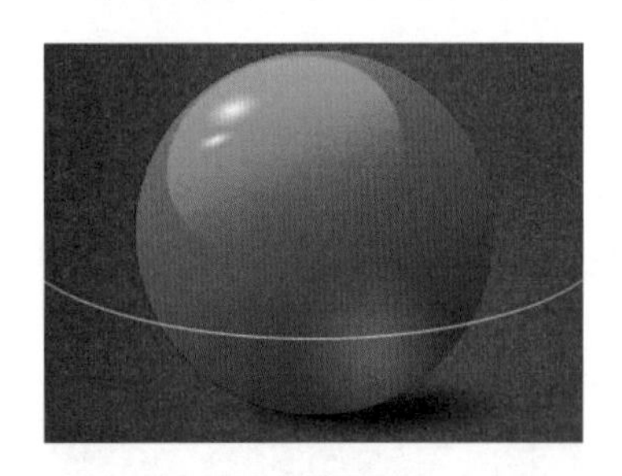

图 3-59　绘制光环

图 3-60　旋转“图层 6”

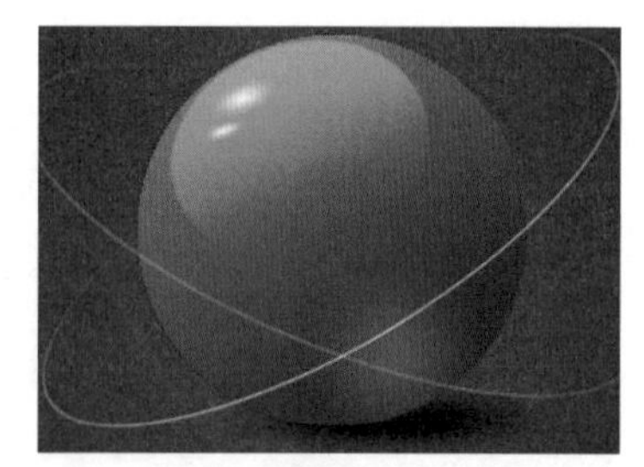

图 3-61　旋转“图层 6 副本”

【Step08】按【Ctrl+J】组合键对“图层 6 副本”进行复制，得到“图层 6 副本 2”。按【Ctrl+T】组合键调出定界框，对“图层 6 副本 2”进行旋转，并设置其“不透明度”为 20%，效果如图 3-62 所示。

【Step09】按【Ctrl+Shift+ Alt+N】组合键新建“图层 7”。将前景色和背景色均设置为白色，单击“径向渐变”按钮，在画布中拖动，会出现一个由白色到透明的渐变图形，选择“移动工具”将其移动至光环上合适的位置，效果如图 3-63 所示。

图 3-62 旋转“图层 6 副本 2”

图 3-63 绘制亮光

知识点讲解

1. 渐变工具

选择“渐变工具”（或按【G】键）后，需要先在其选项栏中选择一种渐变类型，并设置渐变颜色等选项，如图 3-64 所示，然后再来创建渐变。

模式： 正常 不透明度： 100% 反向 仿色 透明区域

图 3-64 渐变工具选项栏

为了使读者更好的理解“渐变工具”，接下来对图 3-64 中的渐变选项进行讲解，具体如下。

- ：渐变颜色条中显示了当前的渐变颜色，单击它右侧的按钮，可以在打开的下拉面板中选择一个预设的渐变，如图 3-65 所示。
- ：用于设置渐变类型，从左到右依次为线性渐变、径向渐变、角度渐变、对称渐变和菱形渐变。图 3-66 ~ 图 3-70 为不同类型的渐变效果。

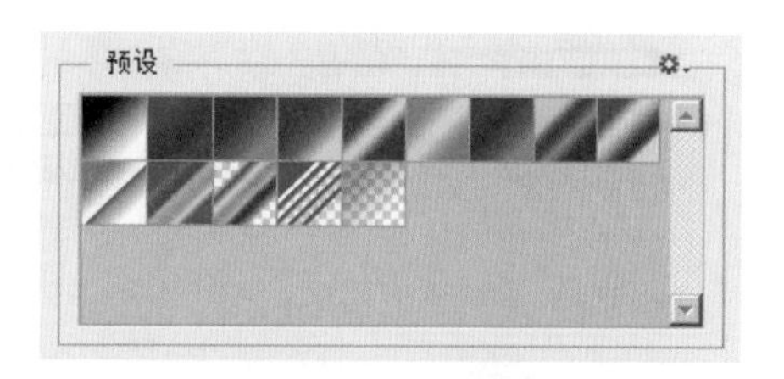

图 3-65 预设的渐变

图 3-66 线性渐变

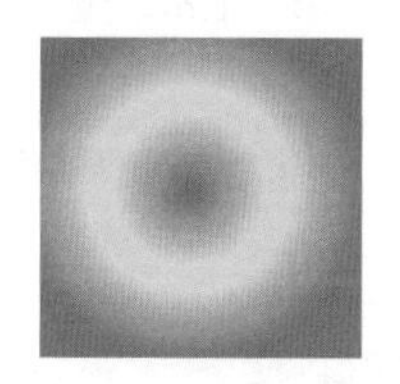

图 3-67 径向渐变

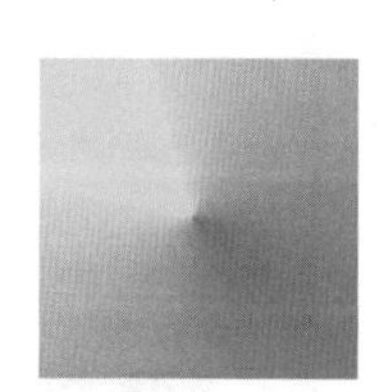

图 3-68 角度渐变

图 3-69 对称渐变

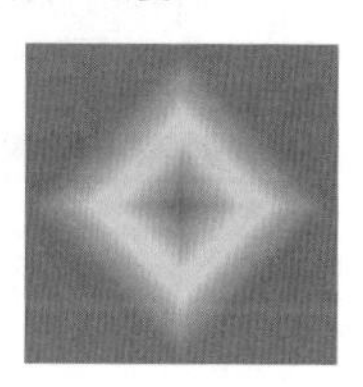

图 3-70 菱形渐变

- 模式：用来选择渐变时的混合模式。
- 不透明度：用来设置渐变效果的不透明度。
- 反向：可转换渐变中的颜色顺序，得到反方向的渐变效果。
- 仿色：勾选此项，可以使渐变效果更加平滑。主要用于防止打印时出现条带化现象，在屏幕上不能明显地体现出作用。默认为勾选状态。
- 透明区域：勾选此项，即可启用编辑渐变时设置的透明效果，创建包含透明像素的渐变。

默认为勾选状态。

设置好渐变参数后，将鼠标指针移至需要填充的区域，按住鼠标左键并拖动，如图 3-71 所示，即可进行渐变填充，效果如图 3-72 所示（这里使用的是线性渐变）。

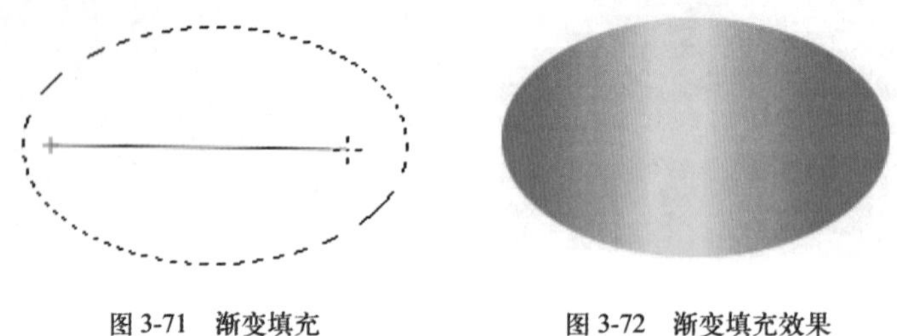

图 3-71　渐变填充　　　　图 3-72　渐变填充效果

值得一提的是，进行渐变填充时用户可根据需求调整鼠标拖动的方向和范围，以得到不同的渐变效果。

2. 渐变编辑器

除了使用系统预设的渐变选项外，用户还可以通过“渐变编辑器”自定义各种渐变效果，具体方法如下。

（1）在“渐变工具”选项栏中单击“渐变颜色条” ，弹出“渐变编辑器”对话框，如图 3-73 所示。

（2）将鼠标指针移至“渐变颜色条”的下方，当指针变为形状后单击即可增加色标，如图 3-74 和图 3-75 所示。

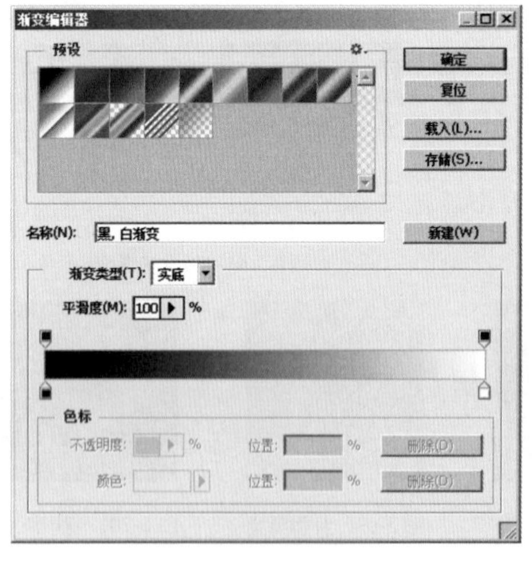

图 3-73　“渐变编辑器”对话框

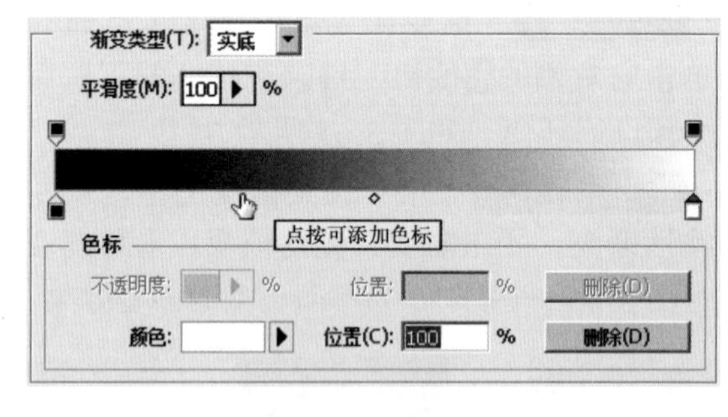

图 3-74　添加色标

图 3-75　添加色标

（3）如果想删除某个色标，只需将该色标拖出对话框，或单击该色标，然后单击“渐变编辑器”窗口下方的“删除”按钮即可。

（4）双击添加的色标（见图 3-75），将弹出“拾色器（色标颜色）”对话框（见图 3-76），在该对话框中可以更改色标的颜色，更改后的效果如图 3-77 所示。

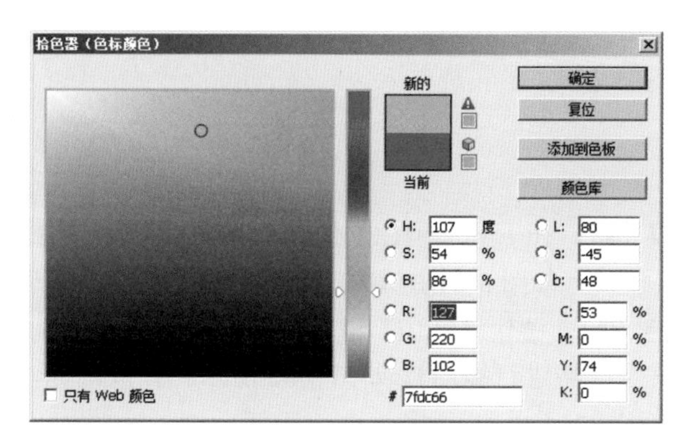

图 3-76　设置色标颜色

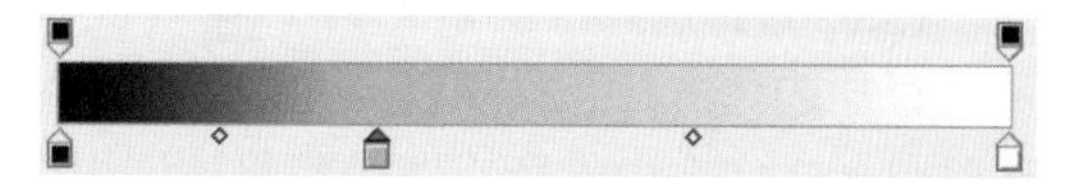

图 3-77　更改后的色标

（5）在渐变颜色条的上方单击可以添加不透明度色标，通过“色标”栏中的“不透明度”和“位置”可以设置不透明度和不透明色标的位置，如图 3-78 所示。

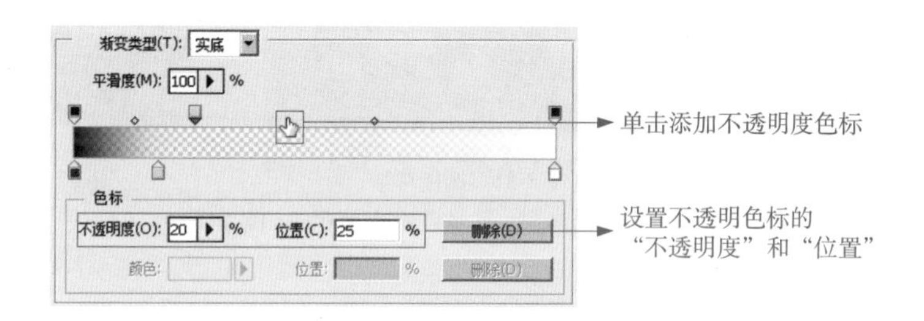

图 3-78　添加不透明度色标

3.3 【案例9】瑜伽

通过前面的学习，我们已经可以在 Photoshop 中绘制一些简易图标及其他有意思的图像。然而 Photoshop 的强大之处并不仅仅在于图像绘制，还在于可以通过图像的处理及拼合得到一些特殊效果。本节将通过“魔棒工具”和“橡皮擦工具”对素材图像进行处理，使“瑜伽人物”完美地融入树林背景中，效果如图 3-79 所示。

图 3-79　“瑜伽”效果展示

实现步骤

1. 抠出瑜伽人物

【Step01】打开素材图像“瑜伽人物.jpg”，如图 3-80 所示。

【Step02】选择“魔棒工具”（或按【W】键），在工具选项栏中设置“容差”为 10，在“瑜伽人物”右侧的橙色背景上单击，即可选中背景，如图 3-81 所示。

【Step03】选择“套索工具”（或按【L】键），按住【Shift】键不放，对文字所在的区域进行加选（方法为按住鼠标左键不放，围绕文字区域进行拖动），如图 3-82 所示。释放鼠标，这时包含文字在内的所有背景都将被选中，如图 3-83 所示。

【Step04】执行“选择→反向”命令（或按【Ctrl+Shift+I】组合键），将选中“瑜伽人物”所在的区域，如图 3-84 所示。

图 3-80　素材图像“瑜伽人物”

图 3-81　选择背景

图 3-82　使用套索工具

【Step05】按【Ctrl+J】组合键，对“瑜伽人物”所在的区域进行复制，得到背景透明的“图层 1”，如图 3-85 所示。

图 3-83　选择背景

图 3-84　反向选择

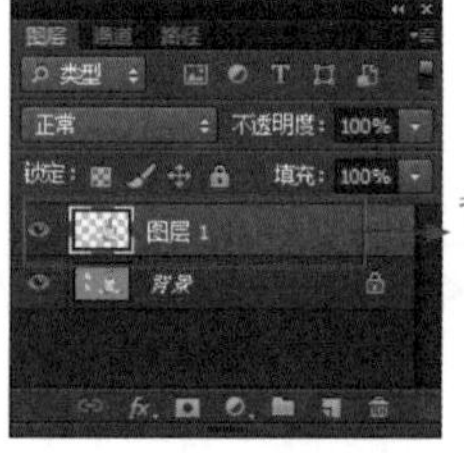

图 3-85　背景透明的“图层 1”

2. 将“瑜伽人物”置入树林背景

【Step01】打开素材图像“树林.jpg”，如图 3-86 所示。

【Step02】按【Ctrl+Shift+S】组合键，以名称“【案例 8】瑜伽.psd”另存图像。

【Step03】选择“移动工具”，将图 3-85 所示的“图层 1”（即透明的“瑜伽人物”）拖入背景图像中，效果如图 3-87 所示。

图 3-86　素材图像“树林”

图 3-87　将“瑜伽人物”拖入背景中

【Step04】按【Ctrl+T】组合键，调出“图层 1”的定界框，如图 3-88 所示。接着按住【Shift】键，将“图层 1”等比例缩小，最后按【Enter】键确定自由变换，效果如图 3-89 所示。

图 3-88　调出定界框

图 3-89　等比例缩放“瑜伽人物”

【Step05】选择“橡皮擦工具”（或按快捷键【E】），单击其选项栏中右侧的图标，在弹出的设置框中，设置“笔尖形状”为柔边圆、“笔刷大小”为 70 像素、“硬度”为 0%，如图 3-90 所示。

【Step06】将鼠标指针移至画布中，此时光标的形状为○，按住鼠标左键不放在“瑜伽人物”的底部轻轻涂抹，使“瑜伽人物”融入到草地背景中，效果如图 3-91 所示。

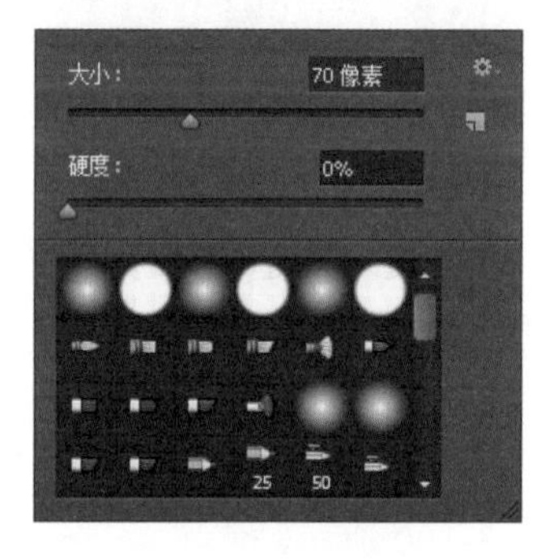

图 3-90　设置笔刷

图 3-91　橡皮擦工具擦除

【Step07】按【Ctrl+ 加号】组合键放大图像的显示比例。选择“多边形套索工具”，在其选项栏中将“羽化”设置为 4 像素，然后在“瑜伽人物”和草地交接之处绘制一个选区，如图 3-92 所示。

【Step08】按【Delete】键进行删除，然后按【Ctrl+D】组合键取消选区。这时，被删除区域中的“草丛”将露出来，使“瑜伽人物”的融入效果更逼真，如图 3-93 所示。

图 3-92　绘制选区

图 3-93　使用选区删除

知识点讲解

1. 魔棒工具

“魔棒工具” 是基于色调和颜色差异来构建选区的工具，它可以快速选择色彩变化不大，且色调相近的区域。选择“魔棒工具”（或按【W】键），在图像中单击，如图 3-94 所示，则与单击点颜色相近的区域都会被选中，如图 3-95 所示。

图 3-96 所示为“魔棒工具”的选项栏，通过其中的“容差”和“连续”选项可以控制选区的精确度和范围。

图 3-94　魔棒工具单击图像

图 3-95　选中的区域

取样大小：取样点　容差：32　消除锯齿　连续　对所有图层取样　调整边缘...

图 3-96　“魔棒工具”选项栏

对“容差”和“连续”选项的讲解如下。

· 容差：是指容许差别的程度。在选择相似的颜色区域时，容差值的大小决定了选择范围的大小，容差值越大则选择的范围越大，如图 3-97 和图 3-98 所示。容差值默认为 32，用户可根据选择的图像不同而增大或减小容差值。

· 连续：勾选此项时，只选择颜色连接的区域，如图 3-99 所示。取消勾选时，可以选择与鼠标单击点颜色相近的所有区域，包括没有连接的区域，如图 3-100 所示。

图 3-97　容差值为 20

图 3-98　容差值为 80

图 3-99　勾选“连续”复选框时的效果

图 3-100　未勾选“连续”复选框时的效果

2. 套索工具

使用“套索工具” 可以创建不规则的选区。在选择“套索工具”（或按快捷键【L】）后，在图像中按住鼠标左键不放并拖动，释放鼠标后，选区即创建完成，如图 3-101 和图 3-102 所示。

使用“套索工具”创建选区时，若光标没有回到起始位置，释放鼠标后，终点和起点之间会自动生成

图 3-101　创建选区

图 3-102　创建选区后的效果

一条直线来闭合选区。未释放鼠标之前按【Esc】键，可以取消选定。

3．橡皮擦工具

“橡皮擦工具”（或按【E】键）用于擦除图像中的像素。如果处理的是背景图层或锁定了透明区域（单击“图层”面板中的按钮）的图层，涂抹区域会显示为背景色，如图 3-103 所示；处理其他图层时，则可擦除涂抹区域的像素，如图 3-104 所示。

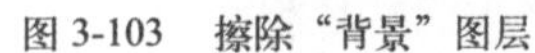

图 3-103 擦除“背景”图层

图 3-104 擦除普通图层

选择“橡皮擦工具”时，其工具选项栏如图 3-105 所示。

图 3-105 “橡皮擦工具”选项栏

图 3-105 展示了“橡皮擦工具”的相关选项，对其中一些常用选项的解释如下。

· ：单击该按钮右侧的图标，在弹出的设置框中输入相应的数值，可对橡皮擦的笔尖形状、笔刷大小和硬度进行设置。

· 模式：用于设置橡皮擦的种类。选择“画笔”，可创建柔边擦除效果；选择“铅笔”，可创建硬边擦除效果；选择“块”，擦除的效果为块状。

· 抹掉历史记录：勾选该项后，“橡皮擦工具”就具有历史记录画笔的功能，可以有选择地将图像恢复到指定步骤。

4．全选与反选

执行“选择→全部”命令（或按【Ctrl+A】组合键），可以选择当前文档边界内的全部图像，如图 3-106 所示。

如果需要复制整个图像，可以执行该命令，再按【Ctrl+C】组合键。如果文档中包含多个图层，则可按【Ctrl+Shift+C】组合键（合并拷贝）。

创建选区之后，执行“选择→反向”命令（或按【Ctrl+Shift+I】组合键），可以反转选区。如果需要选择的对象的背景色比较简单，则可以先用魔棒等工具选择背景，如图 3-107 所示，再按【Ctrl+Shift+I】组合键反转选区，将对象选中，如图 3-108 所示。

图 3-106　全选

图 3-107　使用“魔棒工具”选择背景

图 3-108　反选

3.4 【案例10】艺术相框

Photoshop 的强大之处在于图像的处理及拼合，本节将通过对素材图像“衬布”“风景”及“画框”进行处理，得到一个“艺术相框”，案例效果如图 3-109 所示。通过本案例的学习，读者能够掌握“扭曲”等自由变换操作。

图 3-109　“艺术相框”效果展示

实现步骤

1．置入衬布背景

【Step01】按【Ctrl+N】组合键，在“新建”对话框中设置“宽度”为 500 像素、“高度”为 300 像素、“分辨率”为 72 像素 / 英寸、“颜色模式”为 RGB 颜色、“背景内容”为白色，单击“确定”按钮。

【Step02】按【Ctrl+Shift+S】组合键，以名称“【案例 10】艺术相框 .psd”保存图像。

【Step03】将素材图像“衬布 .jpg”拖入画布中，效果如图 3-110 所示。接着按住【Shift】键，将“衬布”放大至铺满整个画布，双击图像置入图像素材，效果如图 3-111 所示。

图 3-110　拖入素材图像“衬布”

图 3-111　放大衬布

【Step04】在“图层”面板中选中“衬布”层并右击，在弹出的快捷菜单中选择“栅格化图层”命令。

2．拼合画框及图像

【Step01】将素材图像“画框 .jpg”拖入画布中，效果如图 3-112 所示。按住【Shift】键不放，拖动鼠标将图像缩放至合适的大小，然后双击图片置入图片素材，效果如图 3-113 所示。

【Step02】在“图层”面板中选中“画框”层，右击选择“栅格化图层”命令。

【Step03】选择“魔棒工具”，将其选项栏中的“容差”设置为 50，在画框边缘白色的区域单击，然后按住【Shift】键不放，在画框内白色的区域再次单击进行加选，这时画框的白色背景将被全部选中，如图 3-114 所示。

图 3-112　拖入素材图像“画框”

图 3-113　缩放图像

图 3-114　选中画框的背景

【Step04】按【Delete】键，删除画框的白色背景，接着按【Ctrl+D】组合键取消选区，效果如图 3-115 所示。

【Step05】将素材图像“油画 .jpg”拖入画布中，如图 3-116 所示。按【Alt+Shift】组合键，将“油画”层缩小，使其产生嵌入画框的效果，双击图片置入图像素材。

【Step06】在“图层”面板中选中“油画”层，将其拖动至“画框”层之下，效果如图 3-117 所示。

图 3-115　删除画框的背景

图 3-116　拖入素材图像“油画”

图 3-117　调整图层顺序

3．制作立体效果

【Step01】选中“画框”层与“油画”层，按【Ctrl+T】组合键调出定界框。

【Step02】在定界框上右击，在弹出的快捷菜单中选择“扭曲”命令，将光标放在定界框上方的右角点上，光标会变为▷状，单击并拖动鼠标左键可以扭曲对象，如图 3-118 所示。

【Step03】将鼠标指针置于定界框下方的右角点上，待光标变为▷状时，单击并拖动鼠标左键再次扭曲对象，如图 3-119 所示。按【Enter】键，确认“扭曲”操作。

【Step04】选择“多边形套索工具”，在其选项栏中设置“羽化”为 5 像素，在画布中绘制一个不规则选区，如图 3-120 所示。

图 3-118　扭曲变换

图 3-119　扭曲变换

图 3-120　绘制不规则选区

【Step05】选中“衬布”层，按【Ctrl+Shift+Alt+N】组合键，在“衬布”层之上新建“图层 1”。将前景色设置为黑色，按【Alt+Delete】组合键填充黑色。按【Ctrl+D】组合键取消选区，可得到画框的“阴影”，效果如图 3-121 所示。

【Step06】选中“橡皮擦工具”，在其选项栏中设置“笔尖形状”为柔边圆、“笔刷大小”为 60、“硬度”为 0%、“不透明度”为 50%。使用“橡皮擦工具”在阴影上适当涂抹，使阴影更加自然，效果如图 3-122 所示。

图 3-121　绘制阴影

图 3-122　调整阴影

变形操作

按【Ctrl+T】组合键调出图像的定界框，从而可以对图像进行“缩放”和“旋转”变换。在 Photoshop CS6 中除了“缩放”“旋转”外，还可以对图像进行“斜切”“扭曲”“透视”与“变形”操作。一般情况下，称“缩放”与“旋转”为变换操作，称“斜切”“扭曲”“透视”与“变形”为变形操作。

（1）斜切

按【Ctrl+T】组合键调出图像定界框并右击，在弹出的菜单中选择“斜切”命令，将鼠标指针置于定界框外侧，光标会变为或状，按住左键不放并拖动鼠标可以沿水平或垂直方向斜切对象，如图 3-123 所示。

原图

水平斜切

垂直斜切

图 3-123 斜切图像

（2）扭曲

按【Ctrl+T】组合键调出图像的定界框并右击，在弹出的快捷菜单中选择“扭曲”命令，将鼠标指针放在定界框的角点或边点上，光标会变为▷状，按住左键不放并拖动鼠标可以扭曲对象，如图 3-124 所示。

（3）透视

按【Ctrl+T】组合键调出定界框并右击，在弹出的快捷菜单中选择“透视”命令，将光标放在定界框的角点或边点上，光标会变为▷状，按住左键不放并拖动鼠标可进行透视变换，如图 3-125 所示。

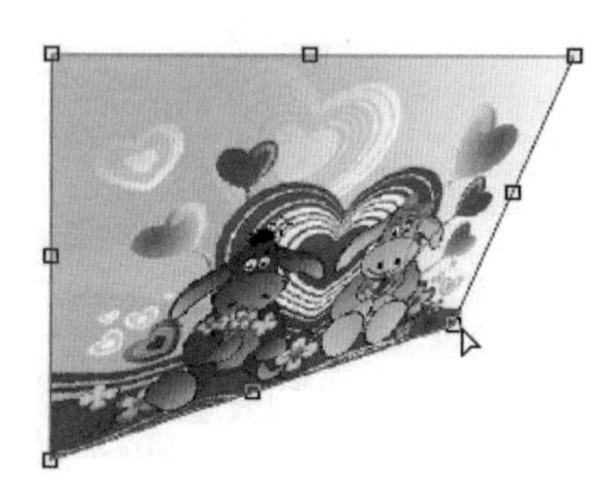

图 3-124 扭曲图像

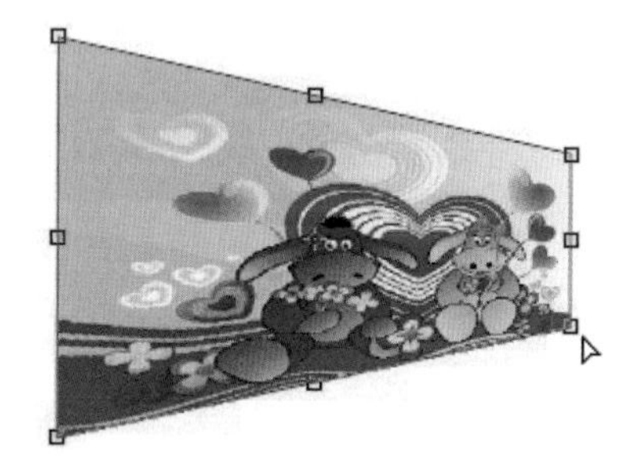

图 3-125 透视图像

（4）变形

按【Ctrl+T】键调出图像的定界框并右击，在弹出的菜单中选择“变形”命令，画面中将显示网格，将鼠标指针放在网格内，光标变为▷状，按住左键不放并拖动鼠标可进行变形变换，如图 3-126 所示。

图 3-126 变形图像

值得一提的是，在确定“斜切”“扭曲”“透视”与“变形”这些变形操作前，按【Esc】键可以取消变形。

动手实践

学习完前面的内容，下面来动手实践一下吧。

请根据所学知识，根据图 3-127 所示的文字素材，制作图 3-128 所示的几何海报。

图 3-127　文字素材

图 3-128　几何海报

第4章 矢量工具与文字工具

学习目标

- ◆ 掌握钢笔工具的使用，能够熟练运用钢笔工具绘制路径。
- ◆ 掌握形状工具的使用，能够绘制基本形状和应用布尔运算。
- ◆ 掌握辅助工具，学会运用标尺和创建参考线。
- ◆ 掌握文字工具的基本操作，会对文字属性进行基本设置。
- ◆ 掌握路径文字的创建方法，会编辑路径文字并能修改方向。

Photoshop CS6 虽然是一款功能强大的位图绘制软件，但是同样具备绘制矢量图形的功能。在 Photoshop CS6 中内置了各种各样的矢量图形绘制工具，如"椭圆工具""钢笔工具"等。本章将针对矢量图形绘制工具与文字工具进行详细讲解。

4.1 【案例11】促销图标

在 Photoshop CS6 中，使用矢量工具绘制的矢量图形可以轻松进行填充和描边效果的更改。本节将使用"椭圆工具"和"文字工具"绘制"促销图标"，其效果如图 4-1 所示。通过本案例的学习，读者能够掌握"椭圆工具"和"文字工具"的基本应用。

图 4-1 "促销图标"效果展示

1. 绘制促销图标基本外形

【Step01】按【Ctrl+N】组合键，在"新建"对话框中设置"宽度"为 400 像素、"高度"为 400 像素、"分辨率"为 72 像素 / 英寸、"颜色模式"为 RGB 颜色、"背景内容"为白色，单击"确定"按钮。

【Step02】按【Ctrl+Shift+S】组合键，以名称"【案例 11】促销图标 .psd"保存图像。

【Step03】设置前景色为深蓝色（RGB: 5、20、60），按【Alt+Delete】组合键，为"背景"层填充前景色。

【Step04】设置前景色为白色。选择“椭圆工具”，按住【Shift】键不放，在画布中心偏上位置拖动鼠标绘制一个正圆，如图 4-2 所示。

【Step05】单击“椭圆工具”选项栏中的“填充”按钮，在弹出的面板中单击“渐变”按钮，如图 4-3 所示。

图 4-2 “椭圆 1”图层　　图 4-3 选择渐变

【Step06】双击渐变颜色轴中的“色标”，设置左边的色标为橙红色（RGB：215、45、0），右边的色标为橙色（RGB：255、100、0），如图 4-4 所示。此时“气泡”将会填充为渐变颜色，效果如图 4-5 所示。

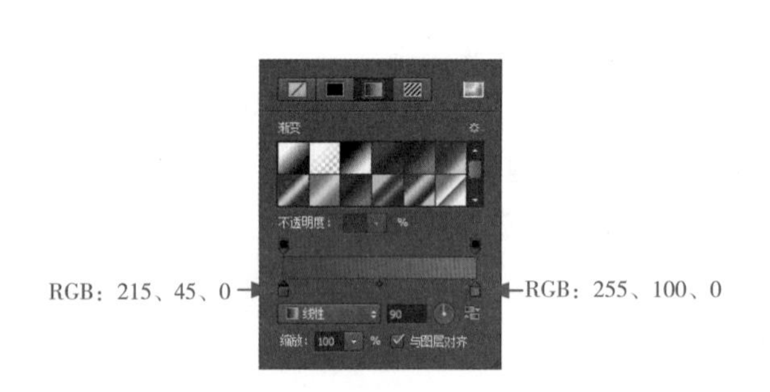

图 4-4 渐变填充效果

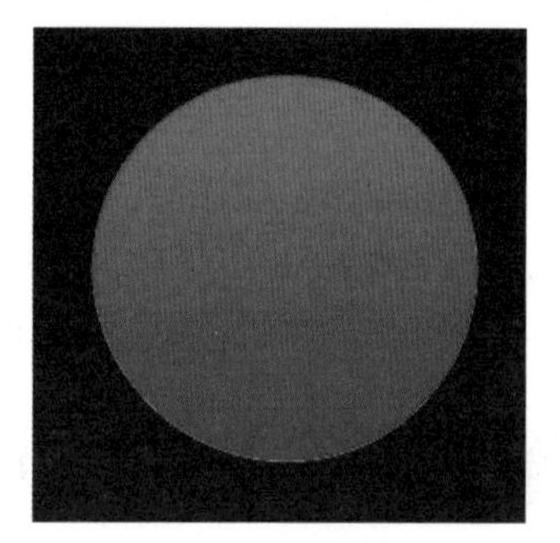

图 4-5 渐变填充

2．绘制促销图标内部图形

【Step01】按【Ctrl+J】组合键，复制“椭圆 1”图层，得到“椭圆 1 副本”图层。

【Step02】单击选项栏中的“填充”按钮，更改渐变颜色轴中的“色标”颜色，将左边色标的颜色更改为深红色（RGB：175、25、0），右边色标的颜色更改为红色（RGB：235、75、0）。此时，效果如图 4-6 所示。

【Step03】按【Ctrl+T】组合键调出定界框，按住【Alt+Shift】组合键不放，将“椭圆 1 副本”中的图形缩小，并按【Enter】键确认自由变换，效果如图 4-7 所示。

【Step04】按【Ctrl+J】组合键，复制“椭圆 1 副本”，得到“椭圆 1 副本 2”。

【Step05】再次单击选项栏中的“填充”按钮，更改渐变颜色轴中的“色标”颜色，将左边色标的颜色更改为橙黄色（RGB：255、140、0），右边色标的颜色更改为黄色（RGB：255、209、0）。此时画面效果如图 4-8 所示。

【Step06】按【Ctrl+T】组合键调出定界框，按住【Alt+Shift】组合键不放，将“椭圆 1 副本 2”中的图形缩小，并按【Enter】键确认自由变换，效果如图 4-9 所示。

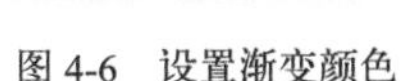

图 4-6　设置渐变颜色

图 4-7　自由变换

图 4-8　设置渐变颜色

图 4-9　自由变换

【Step07】按【Ctrl+J】组合键，复制“椭圆 1 副本 2”，得到“椭圆 1 副本 3”。

【Step08】按【Ctrl+T】组合键调出定界框，按住【Alt+Shift】组合键不放，将“椭圆 1 副本 3”中的图形缩小，如图 4-10 所示，按【Enter】键确认自由变换。

【Step09】在形状选项栏中设置“填充类型”为无颜色，如图 4-11 所示。

【Step10】单击形状选项栏中的“描边”按钮描边：，在下拉面板中选择“纯色”填充，并设置填充颜色为白色，如图 4-12 所示。

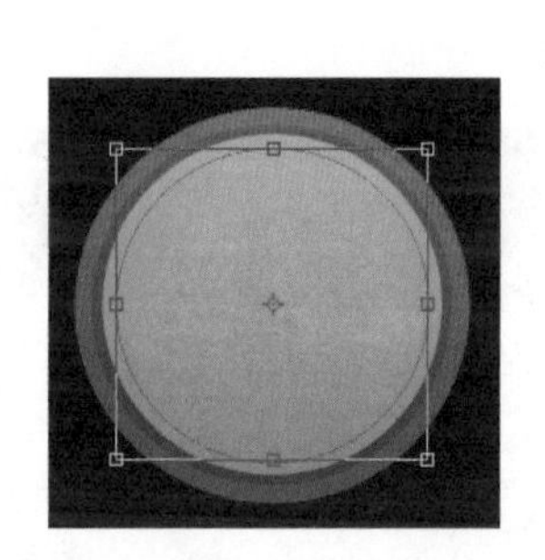

图 4-10　缩小正圆

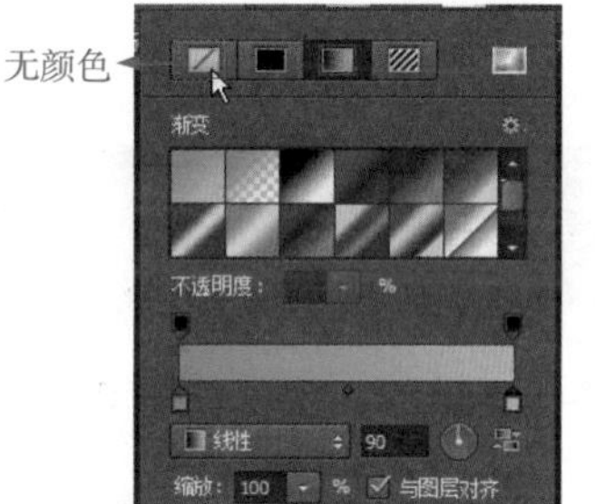

图 4-11　无颜色填充

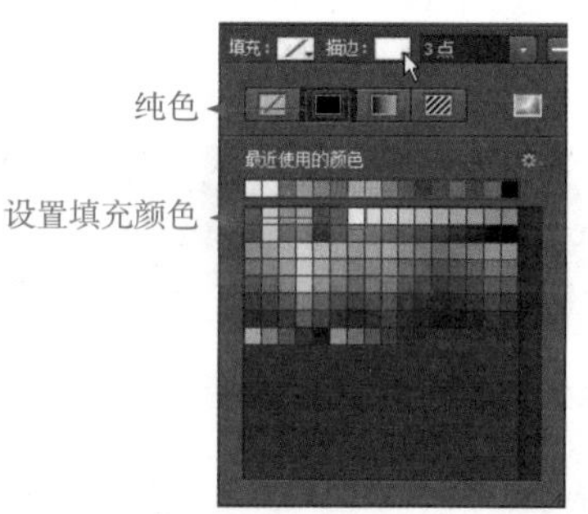

图 4-12　设置描边

【Step11】在选项栏中继续设置“描边宽度”为 2 点、“描边类型”为虚线，如图 4-13 所示。此时，画布中“椭圆 1 副本 3”中的图形效果如图 4-14 所示。

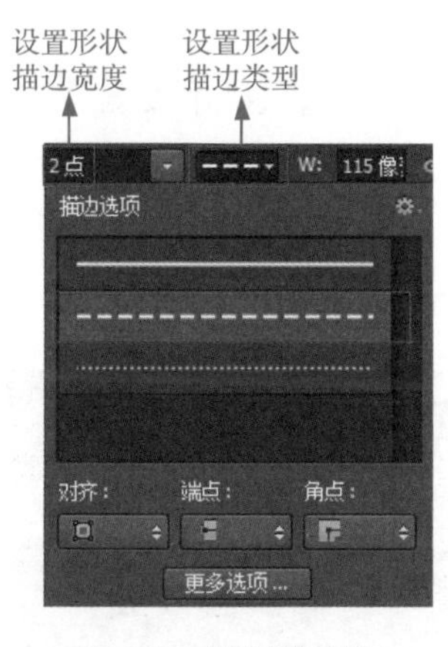

图 4-13　设置描边类型

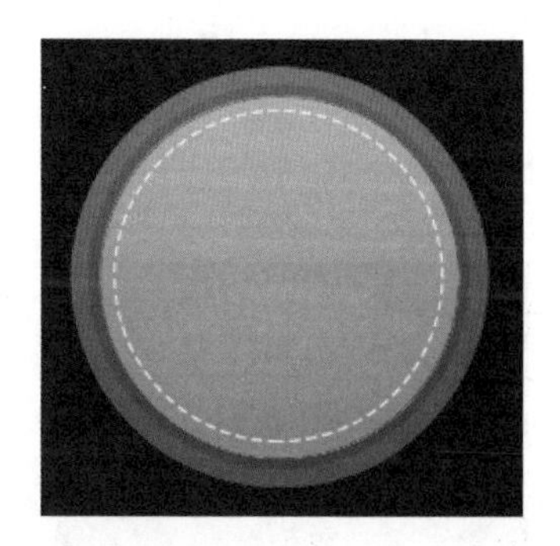

图 4-14　描边效果

3．输入促销图标文字内容

【Step01】选择“横排文字工具”，在选项栏中设置“字体”为黑体、“字体大小”为 48 点、居中对齐文本、“文本颜色”为深红色（RGB：115、20、5），如图 4-15 所示。

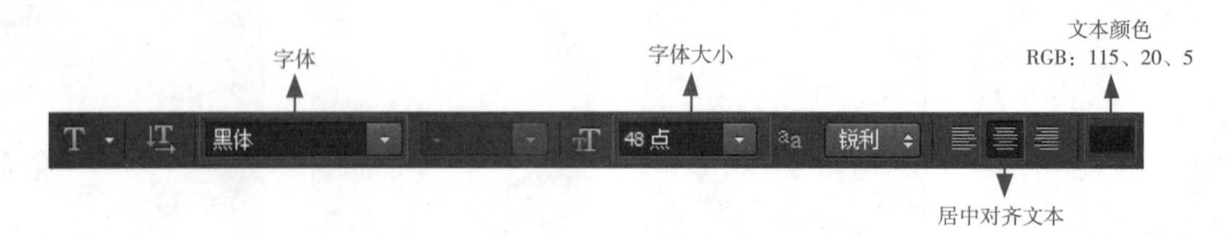

图 4-15　文字工具选项栏设置

【Step02】按【Ctrl+Shift+Alt+N】组合键新建“图层 1”。在绘制好的图标中心偏上位置单击画布，出现闪动的竖线后，输入中文字符“跳楼价”，如图 4-16 所示。

【Step03】单击选项栏中的“提交当前所有编辑”按钮，完成当前文字的编辑。

【Step04】选择“横排文字工具”，在画布中单击并输入符号“¥”，单击选项栏中的“提交当前所有编辑”按钮，完成当前文字的编辑，效果如图 4-17 所示。

【Step05】在选项栏中设置“字体”为微软雅黑、“字体大小”为 30 点，效果如图 4-18 所示。

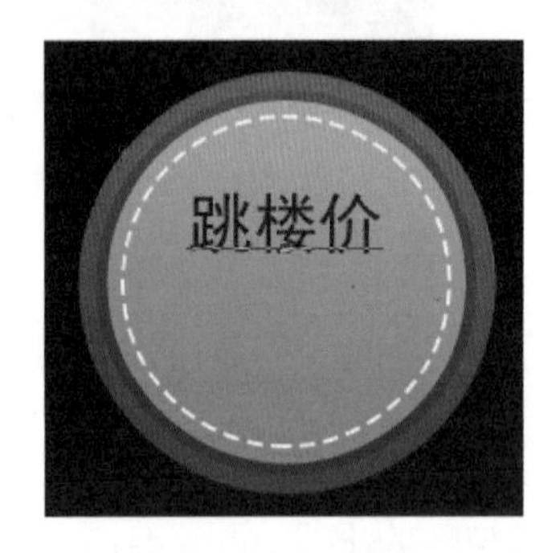

图 4-16　输入中文字符

图 4-17　输入符号

图 4-18　设置选项栏

【Step06】选择“横排文字工具”，在画布中单击并输入数字“99.8”，单击选项栏中的“提交当前所有编辑”按钮，完成当前文字的编辑。在选项栏中设置“字体”为 Adobe 黑体、“字体大小”为 90 点，效果如图 4-19 所示。

【Step07】选择“移动工具”，调整文字内容之间的位置并调整“跳楼价”的“字体大小”为 36 点，效果如图 4-20 所示。

图 4-19　输入数字

图 4-20　调整位置和大小

4. 绘制图标的投影

【Step01】选择“椭圆工具”，在选项栏中设置“填充”为黑色，在图标下方绘制一个椭圆作为图标的投影，如图 4-21 所示。

【Step02】执行“窗口→属性”命令，打开“属性”面板（或单击界面右侧面板中的“属性”按钮）。设置“羽化”为 7.5 像素，如图 4-22 所示，此时画面效果如图 4-23 所示。

图 4-21 绘制椭圆

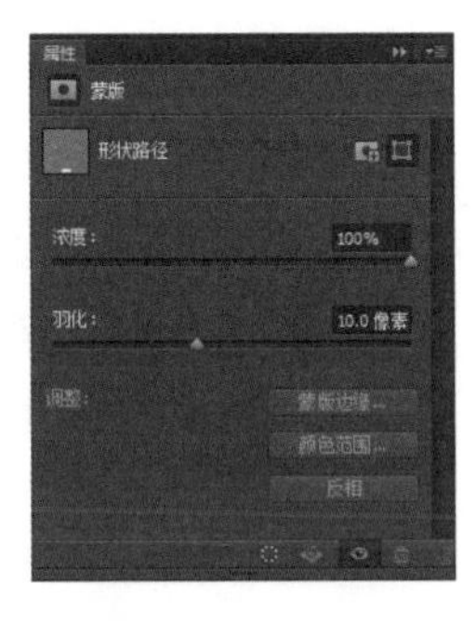

图 4-22 设置“属性”面板

图 4-23 羽化效果

【Step03】选择“移动工具”，微调各个图层之间的位置使其视觉效果更舒适。

知识点讲解

1. 椭圆工具的基本操作

“椭圆工具”作为形状工具组的基础工具之一，常用来绘制正圆或椭圆。右击“矩形工具”，会弹出形状工具组，选择“椭圆工具”，如图 4-24 所示。

选中“椭圆工具”后，按住鼠标左键在画布中拖动，即可创建一个椭圆，如图 4-25 所示。

使用“椭圆工具”创建图形时，有一些实用的小技巧，具体如下。

· 按住【Shift】键的同时拖动，可创建一个正圆。

· 按住【Alt】键的同时拖动，可创建一个以单击点为中心的椭圆。

· 按住【Alt+Shift】组合键的同时拖动，可以创建一个以单击点为中心的正圆。

· 使用【Shift+U】组合键可以快速切换形状工具组里的工具。

· 选中“椭圆工具”后，在画布中单击鼠标左键，会自动弹出“创建椭圆”对话框，可自定义宽度值和高度值，如图 4-26 所示。

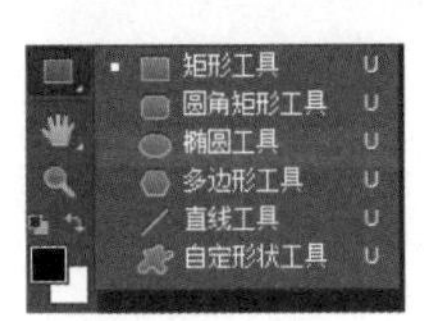

图 4-24 形状工具组

图 4-25 创建椭圆

图 4-26 “创建椭圆”对话框

2．椭圆工具选项栏

熟悉了“椭圆工具”的基本操作后，接下来看一下其选项栏，具体如图 4-27 所示。

图 4-27 “椭圆工具”选项栏

其中一些常用选项的讲解如下。

• ：单击“形状”右侧的按钮，会弹出一个下拉列表，包含形状、路径和像素 3 个选项，如图 4-28 所示。对于“路径”选项的用法，读者可参阅 4.3 节。

• ：单击该按钮，在弹出的下拉面板中，可以设置填充颜色，如图 4-29 所示。其中，下拉面板顶部的按钮可分别将所绘制的形状设置为无颜色、纯色、渐变、图案的状态。图 4-29 所示的面板为“渐变”的设置面板，与渐变编辑器使用方法类似，在此不做赘述。

• ：单击该按钮，在弹出的下拉面板中，可以设置描边颜色，具体选项和设置与填充面板类似。

• ：用于设置描边的宽度。

• ：单击该按钮，在弹出的下拉面板中可以设置描边、端点及角点的类型，如图 4-30 所示。其中的“更多选项”，可以更详细地设置虚线并可储存预设。

• ：用于设置矩形的宽度或椭圆的水平直径。

• ：保持长宽比，点击此按钮，可按当前元素的比例进行缩放。

• ：用于设置矩形的高度或椭圆的垂直直径。

• ：路径操作选择按钮，单击该按钮，弹出路径的布尔运算下拉列表，可进行路径的布尔运算操作。

• ：单击该按钮，弹出路径对齐方式列表。

• ：单击该按钮，弹出路径排列方式列表。

图 4-28 下拉列表

图 4-29 填充的设置

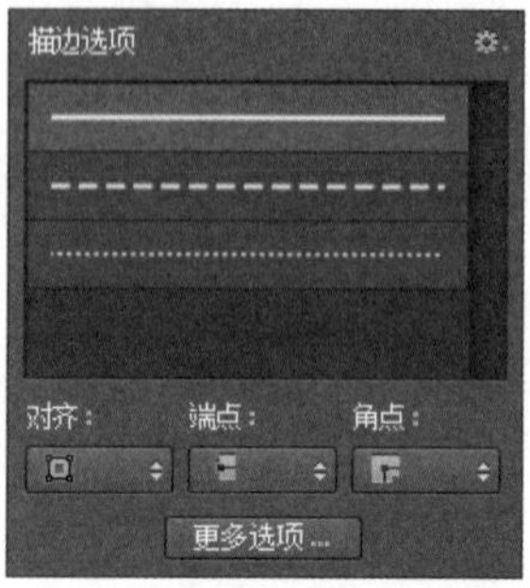

图 4-30 设置“描边选项”

3．形状的羽化

通过第 2 章的学习，我们知道对选区执行“选择→修改→羽化”命令，可以实现选区和选区周围的颜色的过渡。那么形状该怎样羽化呢？ 选择“椭圆工具”，在画布中绘制一个圆并将其填充为淡黄色（RGB：255、235、145），效果如图 4-31 所示。

执行“窗口→属性”命令，打开“属性”面板（或单击界面右侧面板中的“属性”按钮），拖动“羽化”滑块，如图 4-32 所示。此时，画面效果如图 4-33 所示。

图 4-31　绘制椭圆

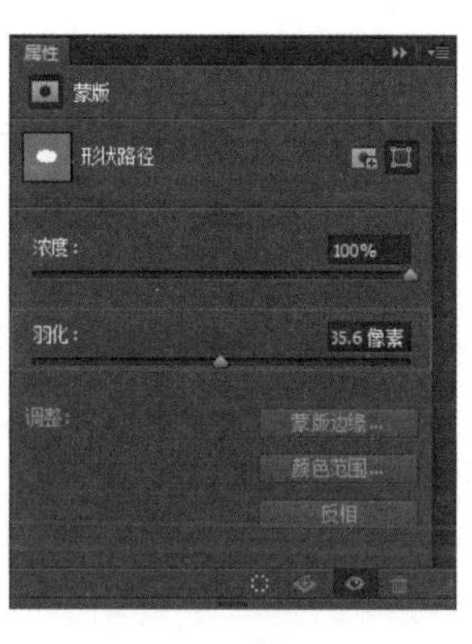

图 4-32　调整羽化参数

图 4-33　羽化效果

值得一提的是，形状的羽化效果可以根据需要随时更改，这比选区的羽化要更灵活。

4. 文字工具选项栏

在图像设计中，文字的使用非常广泛。Photoshop CS6 提供了 4 种输入文字的工具，分别是横排文字工具、直排文字工具、横排文字蒙版工具和直排文字蒙版工具，如图 4-34 所示。

其中“横排文字工具”和“直排文字工具”用于创建点文字、段落文字和路径文字。“横排文字蒙版工具”和“直排文字蒙版工具”用于创建文字形状的选区。

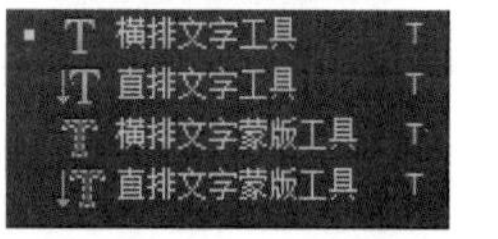

横排文字工具　T
直排文字工具　T
横排文字蒙版工具　T
直排文字蒙版工具　T

图 4-34 “文字工具”组

选择“横排文字工具”（也可以选择“直排文字工具”创建直排文字），其选项栏如图 4-35 所示。在该选项栏中，可以设置文字的字体、字号及颜色等。

宋体　12 点　无

图 4-35 “横排文字工具”选项栏

其中，各选项说明如下。

- “切换文本取向”按钮：可将输入好的文字在水平方向和垂直方向间切换。
- “设置字体系列” 宋体 ：单击下拉按钮，可以进行文字字体的选择。
- “设置字体大小” 12 点 ：单击下拉列按钮，可选择文字字体大小，也可直接输入数值。
- “设置消除锯齿的方式” 锐利 ：用来设置是否消除文字的锯齿边缘，以及用什么方式消除文字的锯齿边缘。
- “设置文本对齐”按钮：用来设置文字的对齐方式。
- “设置文本颜色”按钮：单击即可调出“拾色器（文本颜色）”对话框，用来设置文字的颜色。

·“创建文字变形”按钮：单击即可调出“变形文字”对话框。
·“切换字符和段落面板”按钮：单击即可隐藏或显示“字符”和“段落”面板。

多学一招　如何安装字库

Photoshop CS6 中自带了常用的基本字体，但在实际的设计应用中，需要更多的字体来满足不同的设计需求。这时，就需要自己来安装字库。安装字库方法如下：将准备好的字库复制到 C 盘 Windows 文件夹下的 Fonts 文件夹内，即可安装字库，重启 Photoshop CS6 后即可应用字体。

5. 输入点文本和段落文本

使用“横排文字工具”或“直排文字工具”可以在图像中输入文本。下面,将通过使用“横排文字工具”创建点文本和段落文本来学习文字工具组的基本操作。

（1）输入点文本

打开素材图像“自行车 .jpg”，选择“横排文字工具”，在选项栏中设置各项参数，如图 4-36 所示。在图像窗口中单击，会出现一个闪烁的光标，此时，进入文本编辑状态，在窗口中输入文字，如图 4-37 所示。单击选项栏上的“提交当前所有编辑”按钮（或按【Ctrl+Enter】组合键），完成文字的输入，如图 4-38 所示。

图 4-36 “横排文字工具”选项栏

图 4-37 在窗口中输入文字

图 4-38 文字输入完成

（2）输入段落文本

打开素材图像“下雨天 .jpg”，选择“横排文字工具”，在选项栏中设置各项参数，如图 4-39 所示。在画布上，按住鼠标左键并拖动，将创建一个定界框，其中会出现一个闪烁的光标，如图 4-40 所示。在定界框内输入文字，如图 4-41 所示。按【Ctrl+Enter】组合键，完成段落文本的创建，效果如图 4-42 所示。

图 4-39 “横排文字工具”选项栏

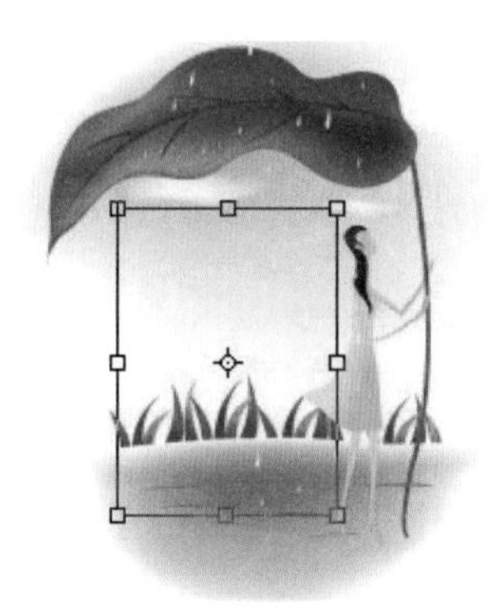

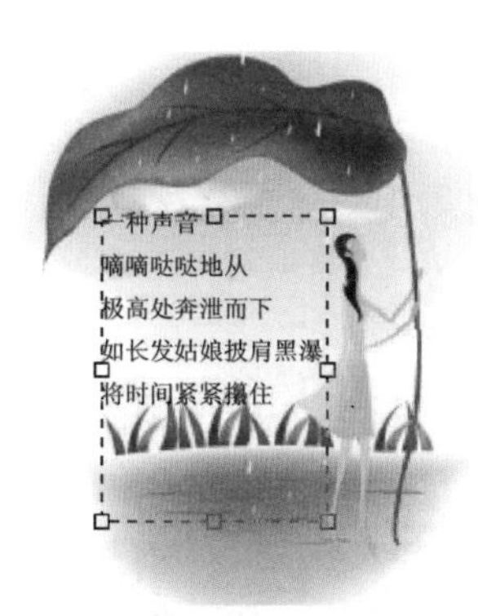

图 4-40　创建定界框　　图 4-41　输入文字　　图 4-42　段落文本创建完成

注意：在输入文本前，若选择“直排文字工具”，则输入的文本会按垂直方向排列。完成文字的输入后，单击选项栏上的“提交当前所有编辑”按钮确认输入。此时，按住【Ctrl】键的同时拖动可以移动文本。若在输入文本后单击选项栏中的按钮，则将取消输入的文本内容。

6. 设置文字属性

当完成文字的输入后，如果发现文字的属性与整体效果不太符合时，就需要对文字的相关属性进行细节上的调整。在 Photoshop CS6 中，提供了专门的“字符”面板和“段落”面板，用于设置文字及段落的属性。

（1）“字符”面板

设置文字的属性主要是在“字符”面板中进行。执行“窗口→字符”命令（或在文字编辑状态按快捷键【Ctrl+T】），即可弹出“字符”面板，如图 4-43 所示。

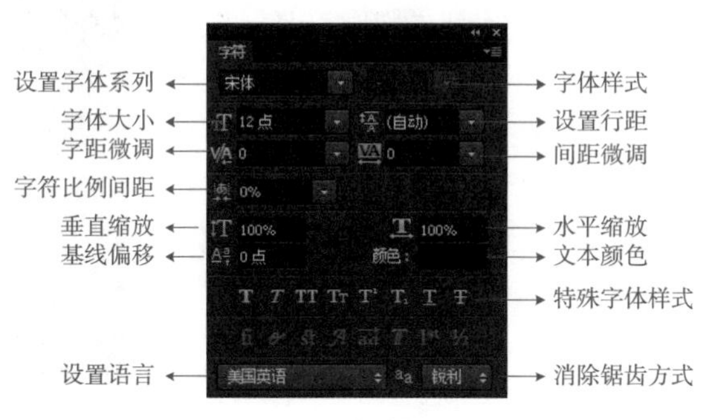

图 4-43　“字符”面板

其中，主要选项说明如下。

· 设置行距：行距指文本中各个文字行之间的垂直间距，同一段落的行与行之间可以设置不同的行距。

· 字距微调：用来设置两个字符之间的间距，在两个字符间单击，调整参数。

· 间距微调：选择部分字符时，可调整所选字符间距；没有选择字符时，可调整所有字符间距。

· 字符比例间距：用于设置所选字符的比例间距。

· 水平缩放 / 垂直缩放：水平缩放用于调整字符的宽度，垂直缩放用于调整字符的高度。

这两个百分比相同时，可进行对比缩放。

· 基线偏移：用于控制文字与基线的距离，可以升高或降低所选文字。

· 特殊字体样式：用于创建仿粗体、斜体等文字样式，以及为字符添加下划线、删除线等文字效果。

(2)“段落”面板

“段落”面板用于设置段落属性。执行“窗口→段落”命令，即可弹出段落面板，如图 4-44 所示。

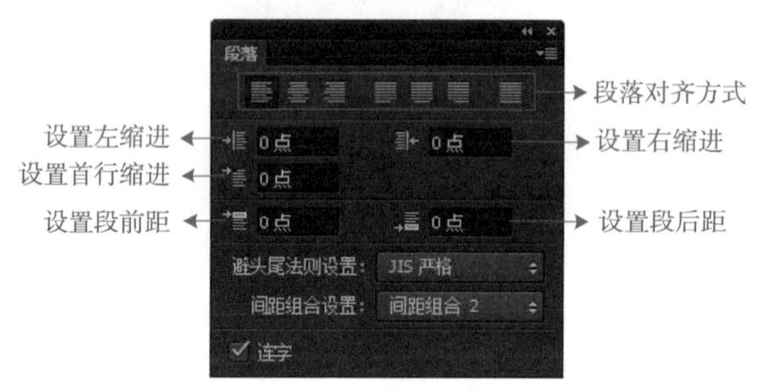

图 4-44 “段落”面板

其中，主要选项说明如下。

· 左缩进：横排文字从段落的左边缩进，直排文字从段落的顶端缩进。

· 右缩进：横排文字从段落的右边缩进，直排文字从段落的底部缩进。

· 首行缩进：用于缩进段落中的首行文字。

4.2 【案例12】精致手机

通过上一节的学习，相信读者已经对“椭圆工具”以及“文字工具”有了一定的认识。本节将综合前面所讲的知识，以及形状工具组中的其他工具绘制一款“精致手机”，其效果如图 4-45 所示。通过本案例的学习，读者能够掌握“矩形工具”、“圆角矩形工具”以及“直线工具”的基本应用。

图 4-45 “精致手机”效果展示

1．绘制绚丽背景线条

【Step01】按【Ctrl+N】组合键，在“新建”对话框中设置“宽度”为 1200 像素、“高度”为 400 像素、“分辨率”为 72 像素 / 英寸、“颜色模式”为 RGB 颜色、“背景内容”为白色，单击“确定”按钮。

【Step02】按【Ctrl+Shift+S】组合键，以名称“【案例 12】精致手机 .psd”保存图像。

【Step03】设置前景色为深蓝色（RGB：15、29、45），按【Alt+Delete】组合键对画布进行填充。

【Step04】选择“直线工具”，在画布中绘制一条直线，得到“形状 1”图层，效果如图 4-46

所示。

【Step05】设置前景色为浅蓝色（RGB：14、88、147），按【Alt+Delete】组合键更改“形状 1”（直线）的颜色，效果如图 4-47 所示。

【Step06】按【Ctrl+J】组合键连续复制“形状 1”图层 8 次，得到 8 个形状图层，如图 4-48 所示。

图 4-46 绘制直线

图 4-47 填充颜色

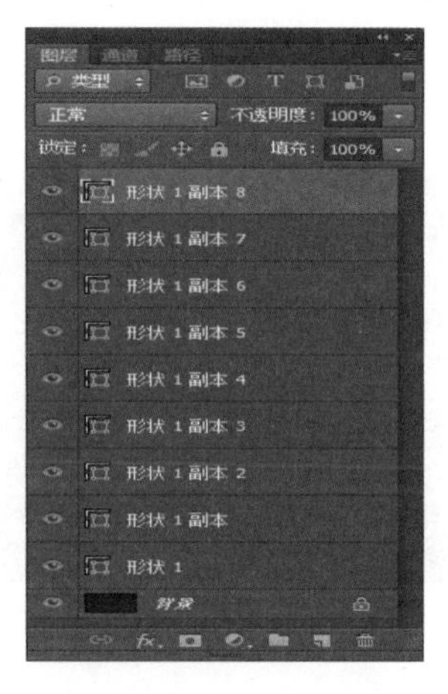

图 4-48 连续复制“形状 1”

【Step07】选择“移动工具”，将“形状 1 副本 8”移动至“形状 1”上方合适的位置，如图 4-49 所示。

【Step08】选中所有绘制的直线形状图层，单击“移动工具”选项栏中的“垂直居中分布”按钮，效果如图 4-50 所示。

图 4-49 移动“形状 1 副本 8”

图 4-50 分布图层对象

【Step09】按【Ctrl+E】组合键，拼合所有形状图层，将合并后的图层命名为“线条”，如图 4-51 所示。

【Step10】按【Ctrl+T】组合键调出定界框，右击，在弹出的快捷菜单中选择“透视”命令。调整定界框角点至合适位置，然后按【Enter】键确认自由变换，效果如图 4-52 所示。

图 4-51 拼合图层

图 4-52 画面效果

【Step11】按【Ctrl+J】组合键对“线条”图层进行复制，得到“线条副本”图层。按【Ctrl+T】组合键调出定界框，旋转“线条副本”图层至合适角度，效果如图 4-53 所示。

2．绘制绚丽光斑

【Step01】按【Ctrl+Shift+Alt+N】组合键新建“图层 1”。设置前景色为蓝色（RGB：23、90、175），选择“渐变工具”，在“图层 1”中绘制从蓝色到透明的径向渐变，效果如图 4-54 所示。

图 4-53　自由变换旋转

图 4-54　径向渐变

【Step02】按【Ctrl+T】组合键调出定界框，调整“图层 1”对象至合适大小，如图 4-55 所示。

【Step03】选择“椭圆工具”，在画布中绘制一个正圆，得到“椭圆 1”图层。设置前景色为浅蓝色（RGB：13、114、192），按【Alt+Delete】组合键改变“椭圆 1”的填充颜色，效果如图 4-56 所示。

图 4-55　自由变换

图 4-56　绘制正圆

【Step04】打开“属性”面板，设置“羽化”为 7.5 像素，此时画面效果如图 4-57 所示。

【Step05】重复复制“椭圆 1”，然后通过“自由变换”调整各图层对象的大小，并使用“移动工具”将它们移动至合适的位置，效果如图 4-58 所示。

【Step06】在“图层”面板中依次调整各“椭圆”图层的不透明度，效果如图 4-59 所示。

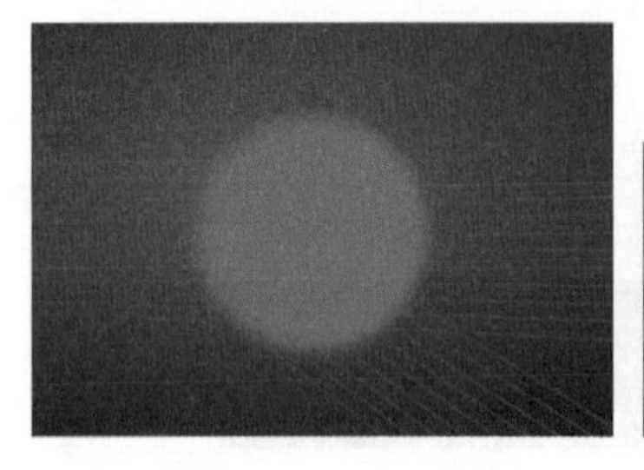

图 4-57　形状羽化

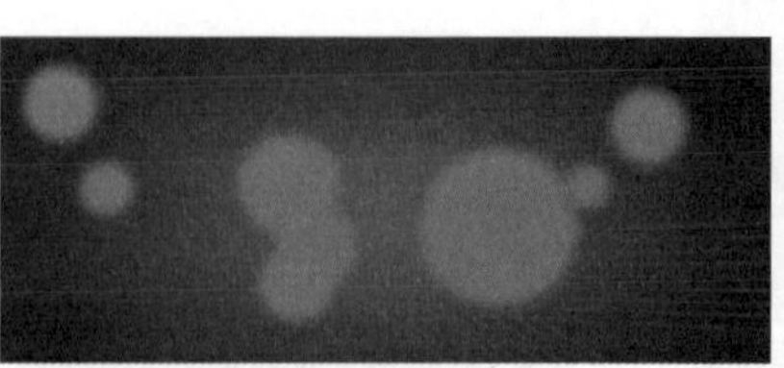

图 4-58　复制和自由变换

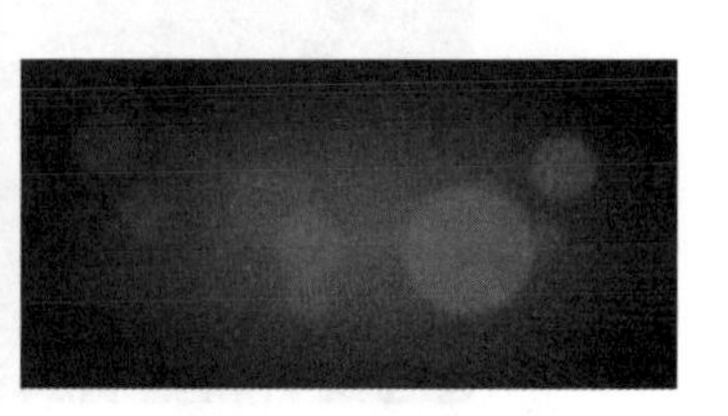

图 4-59　调整不透明度

【Step07】选中除“背景”图层外的所有图层，按【Ctrl+G】组合键对图层对象进行编组，重命名为“手机背景”。

3．绘制手机外壳

【Step01】选择“圆角矩形工具”，在其选项栏中设置“半径”为 30 像素。在画布中单击，会弹出如图 4-60 所示的“创建圆角矩形”对话框，在输入框中设置“宽度”为 249 像素、“高度”为 491 像素，单击“确定”按钮完成圆角矩形的创建，得到“圆角矩形 1”图层。

【Step02】按【Ctrl+Delete】组合键，将“圆角矩形 1”的填充色更改为白色，效果如图 4-61 所示。

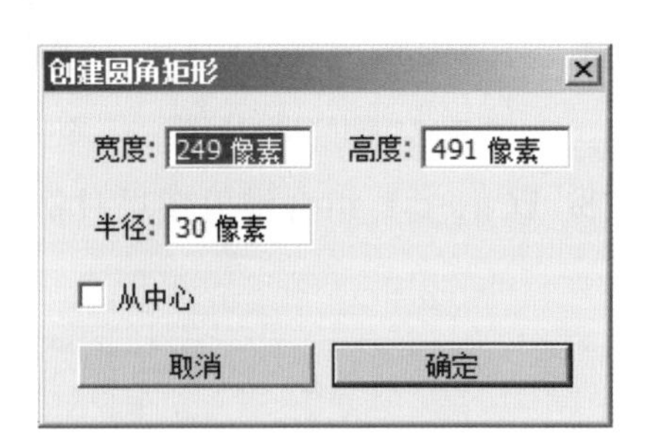

图 4-60　创建圆角矩形

图 4-61　绘制圆角矩形

【Step03】运用 Step01 中的方法，再次绘制一个宽 245 像素、高 487 像素的圆角矩形。设置前景色为黑色，按【Alt+Delete】组合键更改其填充色，并使用“移动工具”调整图层对象至合适的位置，如图 4-62 所示。

【Step04】选择“矩形工具”，在画布中单击鼠标左键，会弹出如图 4-63 所示的“创建矩形”对话框。在对话框中设置“宽度”为 2 像素，“高度”为 2 像素，单击“确定”按钮，完成创建，得到“矩形 1”图层。

【Step05】重复 Step04 的操作，再次创建矩形，得到“矩形 2”和“矩形 3”。选择“移动工具”将 3 个矩形图层移动至合适的位置，如图 4-64 所示。

图 4-62　绘制圆角矩形

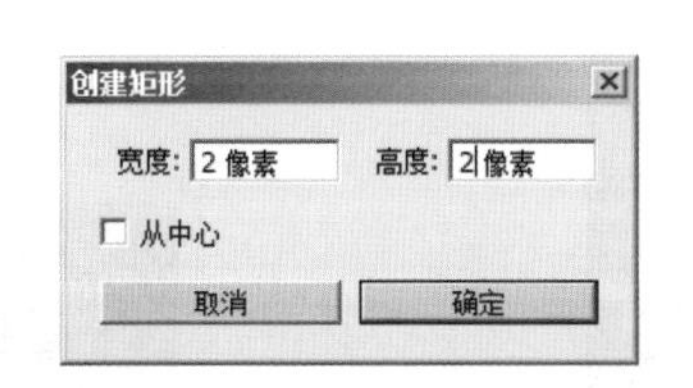

图 4-63　“创建矩形”对话框

图 4-64　复制移动矩形

【Step06】执行“视图→标尺”命令，调出辅助工具“标尺”（或按【Ctrl+R】组合键）。

【Step07】将鼠标指针置于水平方向的标尺上，按住鼠标左键不放并拖动至合适的位置，释放鼠标即可创建一条水平参考线，如图 4-65 所示。

【Step08】运用 Step07 中的方法，创建出左侧、右侧和下方的参考线，如图 4-66 所示。

【Step09】打开素材图像“屏幕.jpg”，如图 4-67 所示。使用“移动工具”将其移动至绘制好的手机外壳内，并调整图片大小和位置，效果如图 4-68 所示。

图 4-65 创建横向参考线

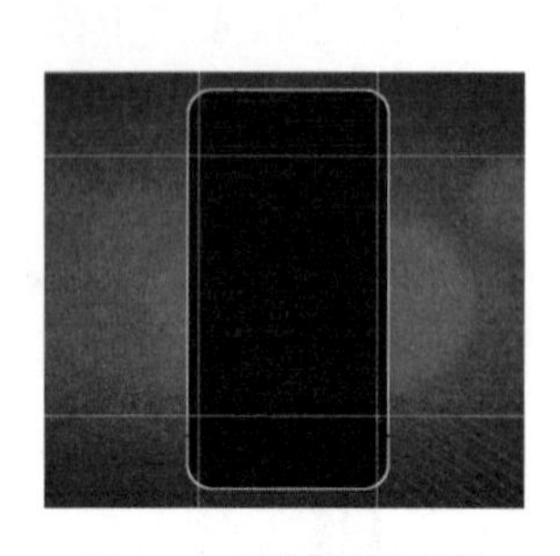

图 4-66 创建其余参考线

图 4-67 素材图像“屏幕”

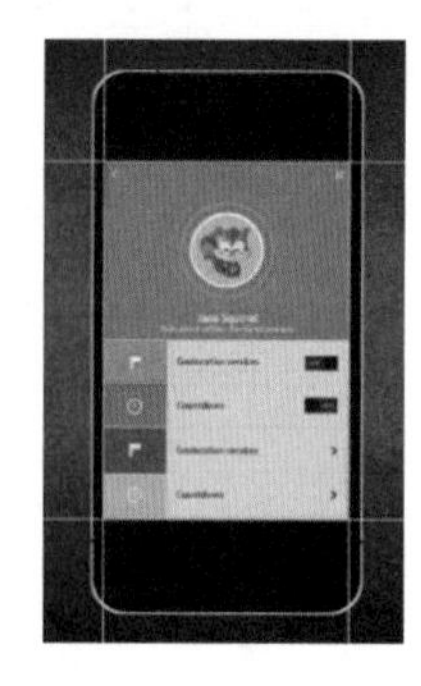

图 4-68 调整素材图片

【Step10】选中手机外壳部分的所有图层，按【Ctrl+G】组合键对图层对象进行编组，命名为“手机外壳”。

4. 绘制手机按钮

【Step01】选择“矩形工具”，在画布中绘制如图 4-69 所示的小矩形，得到“矩形 4”图层。

图 4-69 绘制矩形

【Step02】单击选项栏中的“填充”按钮，在弹出来的下拉面板中单击“渐变”按钮，然后选择“黑白渐变”，同时拖动白色色标滑块至合适的位置，如图 4-70 所示。渐变填充效果如图 4-71 所示。

【Step03】在“图层”面板中，调整“矩形 4”图层的顺序至“手机外壳”图层组之下。

【Step04】选择“移动工具”，将“矩形 4”图层移动至合适的位置，如图 4-72 所示。

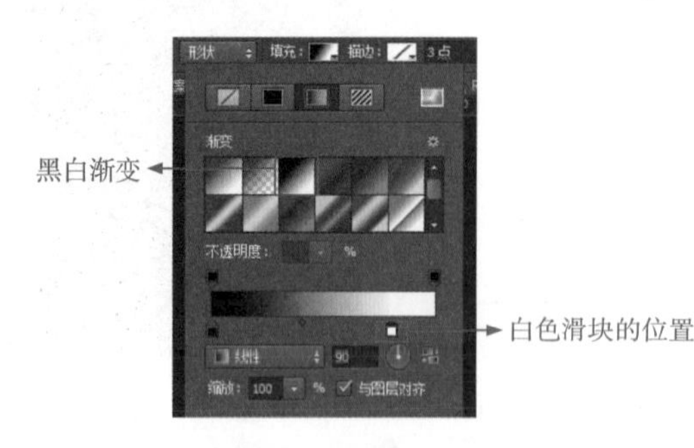

图 4-70 黑白渐变填充

图 4-71 渐变效果

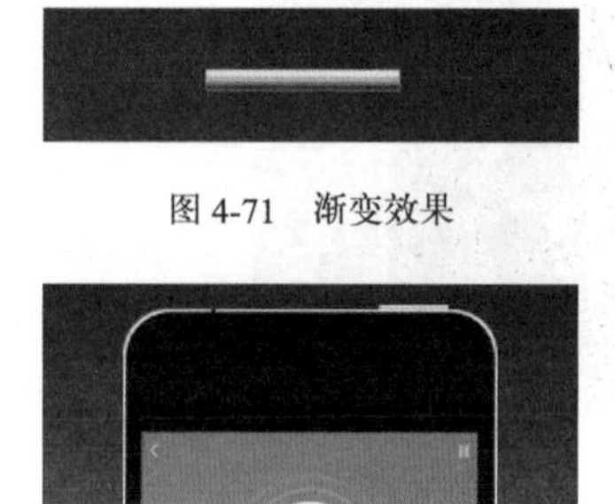

图 4-72 移动图层对象

【Step05】选择“矩形工具”，在画布中绘制一个竖向的矩形，得到“矩形 5”图层，单击选项栏中的“填充”按钮，在下拉面板中选择“渐变”为“黑，白渐变”、设置“角度”

为 180 度，如图 4-73 所示。最终的渐变效果如图 4-74 所示。

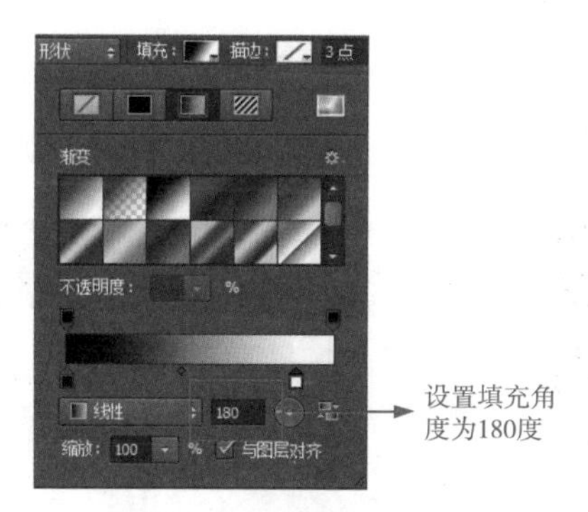

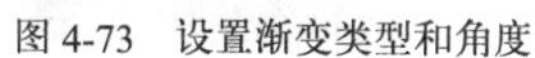
图 4-73 设置渐变类型和角度

图 4-74 渐变效果

【Step06】选择“移动工具”将其移动至合适的位置，如图 4-75 所示。

【Step07】按【Ctrl+J】组合键，复制得到“矩形 5 副本”。单击选项栏中的“填充”按钮，在下拉面板中选择“渐变”为“黑，白渐变”、设置“角度”为 90 度，如图 4-76 所示。

图 4-75 调整图层顺序

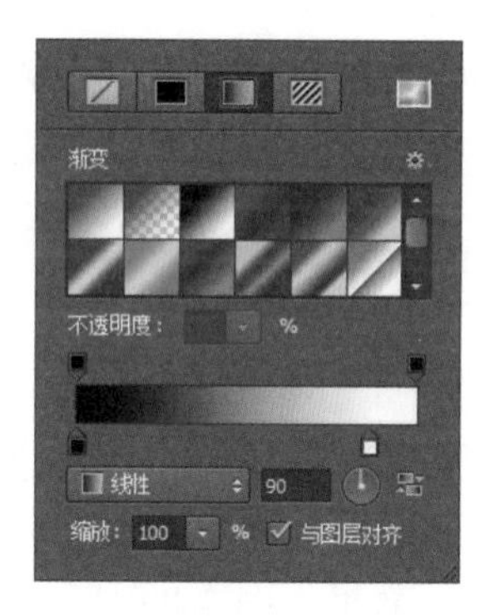

图 4-76 设置渐变类型和角度

【Step08】单击渐变色条，在弹出的“渐变编辑器”对话框中，添加色标，具体颜色设置如图 4-77 所示，单击“确定”按钮。最终的渐变效果如图 4-78 所示。

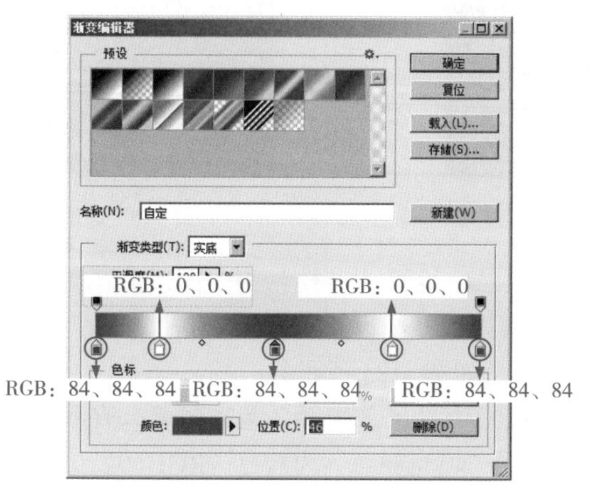

图 4-77 “渐变编辑器”对话框

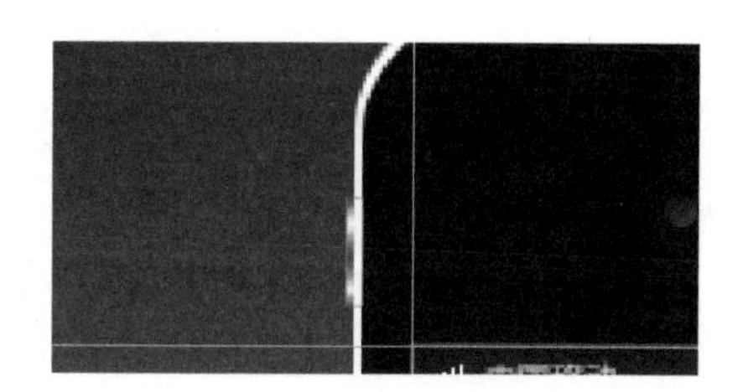
图 4-78 渐变效果

【Step09】选择“移动工具”，将“矩形 5 副本”图层向下移动至合适的位置，效果如图 4-79 所示。

【Step10】按【Ctrl+J】组合键，复制“矩形 5 副本”图层，得到“矩形 5 副本 2”。选择“移动工具”将“矩形 5 副本 2”移动至合适位置，如图 4-80 所示。

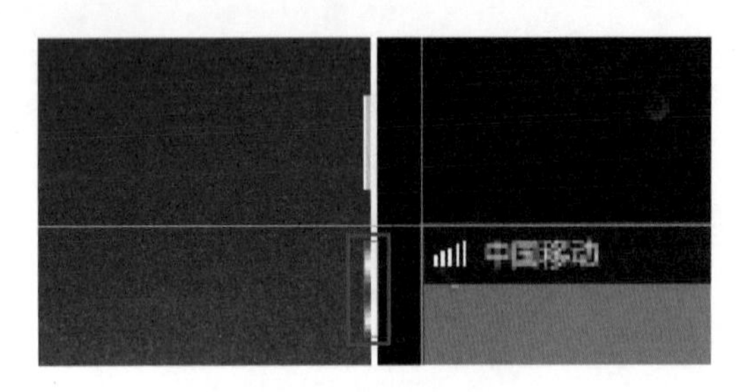

图 4-79　移动图层

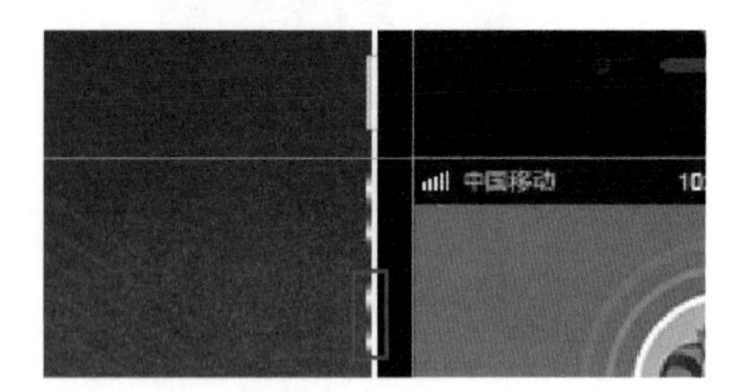

图 4-80　复制图层

【Step11】选中手机按钮部分的所有图层，按【Ctrl+G】组合键对图层对象进行编组，命名为“手机按钮”。

5. 绘制手机 HOME 键、听筒、摄像头

【Step01】选择“圆角矩形工具”，在画布中绘制一个圆角矩形“圆角矩形 3”作为手机 HOME 键。按【Shift+Ctrl+]】组合键，将“圆角矩形 3”图层顺序调整至最顶层，效果如图 4-81 所示。

【Step02】在其选项栏中单击“填充”按钮，为“圆角矩形 2”图层设置渐变填充。设置“渐变填充角度”为 180°，“渐变颜色”为黑色（RGB：0、0、0）到灰色（RGB：93、91、91）的线性渐变，具体设置如图 4-82 所示。

【Step03】选择“描边颜色”为 85% 灰色，设置“描边宽度”为 1 点，如图 4-83 所示。渐变填充和描边的最终效果如图 4-84 所示。

图 4-81　绘制圆角矩形

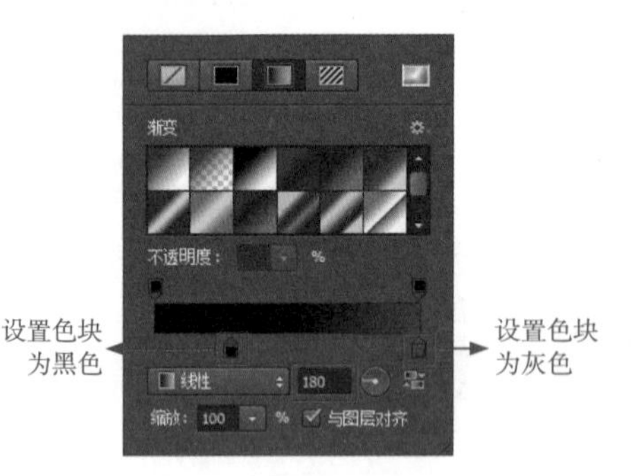

图 4-82　设置渐变填充

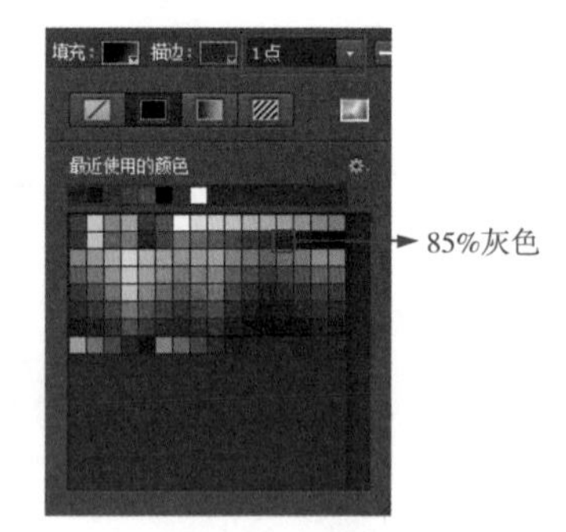

图 4-83　设置描边

【Step04】选择“圆角矩形工具”，在选项栏中设置“半径”为 2 像素，在画布中绘制一个圆角矩形，得到“圆角矩形 4”图层。然后在其选项栏中设置“填充”为无颜色、“描边颜色”为灰色（选择 55% 灰）、“描边宽度”为 2 点，效果如图 4-85 所示。

【Step05】选择“圆角矩形工具”，在选项栏中设置“半径”为 4 像素，在画布中绘制一个圆角矩形作为手机的听筒。在其选项栏中设置“填充颜色”为灰色（RGB: 92、92、92），“描边”为无颜色，效果如图 4-86 所示。

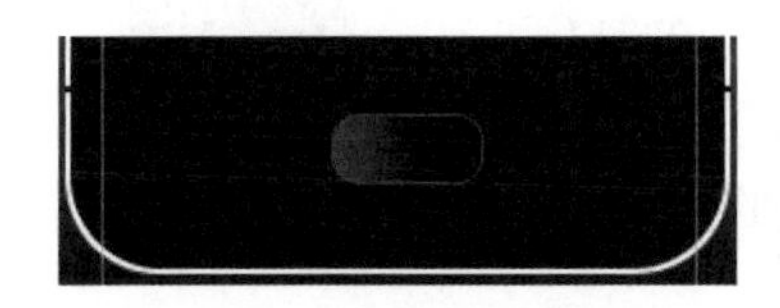

图 4-84　填充和描边形状

图 4-85　绘制圆角矩形—HOME 键

图 4-86　绘制圆角矩形—听筒

【Step06】选择“椭圆工具”，在画布中绘制一个正圆，得到“椭圆 2”图层作为手机的摄像头。在选项栏中设置“填充”为浅灰色（RGB：105、105、105）到深灰色（RGB：21、21、21）的渐变、“描边”为无颜色，效果如图 4-87 所示。

【Step07】选择“椭圆工具”，在画布中绘制一个稍小的正圆，设置“填充颜色”为深紫色（RGB：20、6、55），“描边”为无颜色，效果如图 4-88 所示。

【Step08】选中 HOME 键、听筒、摄像头部分的所有图层，按【Ctrl+G】组合键对图层对象进行编组，命名为“手机 HOME 键、听筒、摄像头”，最终效果如图 4-89 所示。

图 4-87　渐变填充

图 4-88　纯色填充

图 4-89　最终效果

【Step09】执行“视图→显示→参考线”命令（或按【Ctrl+;】组合键），隐藏画面中的参考线。

知识点讲解

1. 直线工具

与“椭圆工具”类似，“直线工具”也是形状工具组的工具之一。右击“矩形工具”，在弹出的工具组中选择“直线工具”，如图 4-90 所示。

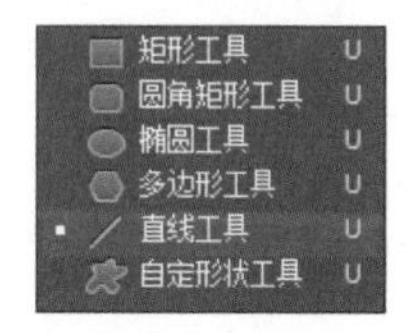

图 4-90　选择“直线工具”

选择“直线工具”后，按住鼠标左键在画布中拖动，即可创建一条 1 像素粗细的直线。其选项栏如图 4-91 所示。

图 4-91　“直线工具”选项栏

在“直线工具”的选项栏，“粗细”选项粗细：1 像素用于设置所绘制直线的粗细。此外，单击其中的按钮，会弹出如图 4-92 所示的下拉面板，可以为直线添加箭头。

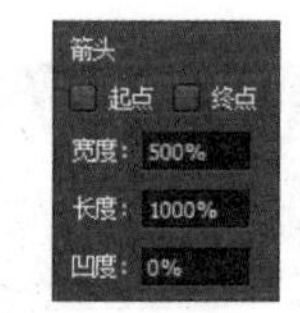

图 4-92　箭头下拉面板

图 4-92 所示的下拉面板用于为直线添加箭头，对其中各选项的具体说明如下。

· 起点 终点：勾选“起点”或“终点”复选框，可在线段的“起点”或“终点”位置添加箭头。

· 宽度：用于设置箭头的宽度与直线宽度的百分比，范围为 10% ~ 1000%

· 长度：用来设置箭头的长度与直线宽度的百分比，范围为 10% ~ 1000%

· 凹度：用来设置箭头的凹陷程度，范围为 -50% ~ 50%。该值为 0% 时，箭头尾部平齐；大于 0% 时，向内凹陷；小于 0% 时，向外突出。

注意：按住【Shift】键不放，可沿水平、垂直或 45 度倍数方向绘制直线。

2. 圆角矩形工具

“圆角矩形工具”常用来绘制具有圆滑拐角的矩形。在使用“圆角矩形工具”时，需要先在其选项栏中设置圆角的“半径”，如图 4-93 所示。

图 4-93　“圆角矩形”选项栏

在圆角矩形的选项栏中，“半径”用来控制圆角矩形圆角的平滑程度，半径越大越平滑，如图 4-94 所示；当半径为 0 时，创建的矩形为直角矩形，如图 4-95 所示。

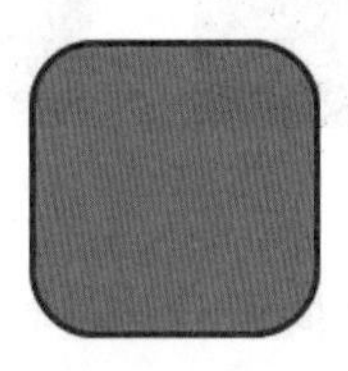

图 4-94　30 像素半径的圆角矩形

图 4-95　0 像素半径的圆角矩形

3. 矩形工具

“矩形工具”是形状工具组最基础的工具之一。使用“矩形工具”可以很方便地绘制矩形或正方形，其绘制技巧与矩形选框工具类似。

· 按住【Shift】键的同时拖动鼠标，可创建一个正方形。

· 按住【Alt】键的同时拖动鼠标，可创建一个以单击点为中心的矩形。

· 按住【Shift+Alt】组合键的同时拖动鼠标，可以创建一个以单击点为中心的正方形。

4. 标尺

在 Photoshop CS6 中，标尺属于辅助工具，不能直接编辑图像，但可以帮助用户更好地完成图像的选择、定位和编辑等操作。执行“视图→标尺”命令（或按【Ctrl+R】组合键），即可在画布中调出标尺，如图 4-96 所示。

在标尺上右击，在弹出的快捷菜单中，可以对标尺的单位进行设置，以便更精确地编辑和处理图像，如图 4-97 所示。

5. 参考线

“参考线”也是 Photoshop CS6 的辅助工具之一，通过参考线可以更精确地绘制和调整图层对象。参考线的创建方法有两种，具体如下。

（1）快速创建参考线

将鼠标的光标置于水平标尺上，如图 4-98 所示。

图 4-96　显示标尺

图 4-97　设置标尺单位

图 4-98　创建水平参考线

按住鼠标左键不放向下拖动至适当位置释放鼠标，即可创建一条水平参考线。垂直参考线的创建方法和水平参考线类似，只是要将光标置于垂直标尺上。

（2）精确创建参考线

执行“视图→新建参考线”命令，会弹出如图 4-99 所示的“新建参考线”对话框。

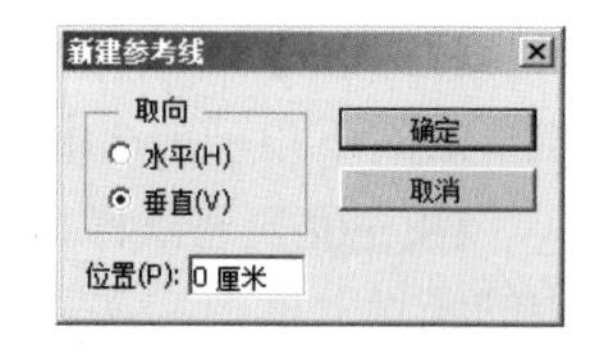

图 4-99　“新建参考线”对话框

其中，“取向”用于设置参考线的方向，“位置”用于确定参考线在画布中的精确位置。设定后单击“确定”按钮，即可在画布中建立一条参考线。

在运用参考线绘制调整图像时，有一些实用的小技巧，具体如下。

· 锁定和解除锁定参考线：执行“视图→锁定参考线”命令（或按快捷键【Ctrl+Alt+;】）可锁定参考线；再次按快捷键【Ctrl+Alt+;】可解除锁定。

· 清除参考线：执行“视图→清除参考线”命令可清除参考线。

· 显示和隐藏参考线：执行“视图→显示”命令，在弹出的子菜单中选择“参考线”命令（或按快捷键【Ctrl+;】）可显示创建的参考线；再次按快捷键【Ctrl+;】可隐藏参考线。

4.3　【案例13】女鞋Banner

Banner 的中文意思是“横幅广告”，是网络广告最早采用的形式，也是目前最常见的形式。本节将带领大家制作一个女鞋的 Banner，其效果如图 4-100 所示。通过本案例的学习，读者能够掌握“钢笔工具”的基本应用。

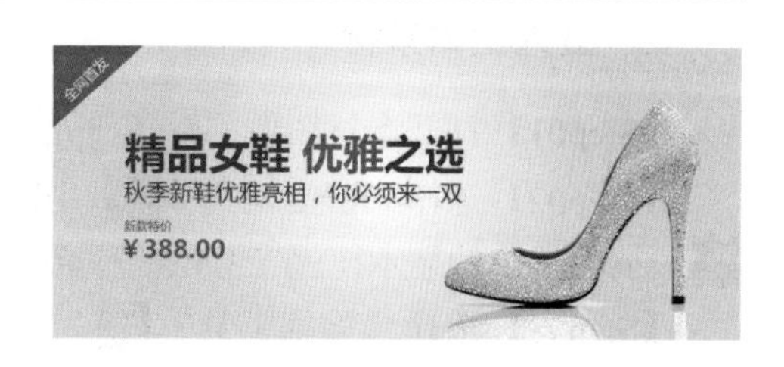

图 4-100　“女鞋 Banner”效果展示

1. 绘制背景

【Step01】按【Ctrl+N】组合键，在“新建”对话框中设置“宽度”为 700 像素、“高度”为 300 像素、“分辨率”为 72 像素 / 英寸、“颜色模式”为 RGB 颜色、“背景内容”为白色，单击“确定”按钮。

【Step02】按【Ctrl+Shift+S】组合键，以名称“【案例 13】女鞋 Banner.psd”保存图像。

【Step03】设置前景色为粉色（RGB：253、219、255），选择“渐变工具”，为背景填充白色到粉色的径向渐变，效果如图 4-101 所示。

【Step04】选择“矩形工具”，在其选项栏中设置“工具模式”为形状，在画布左上角绘制一小矩形，并为其填充淡紫色（RGB：191、2、135），如图 4-102 所示。

图 4-101　径向渐变

图 4-102　绘制矩形

【Step05】将鼠标指针定位在“路径选择工具”上，右击，选择“直接选择工具”，在矩形的右下角单击选中锚点，如图 4-103 所示。

【Step06】将鼠标指针定位在“钢笔工具”上，右击，选择“删除锚点工具”，在选中的锚点上单击，效果如图 4-104 所示。

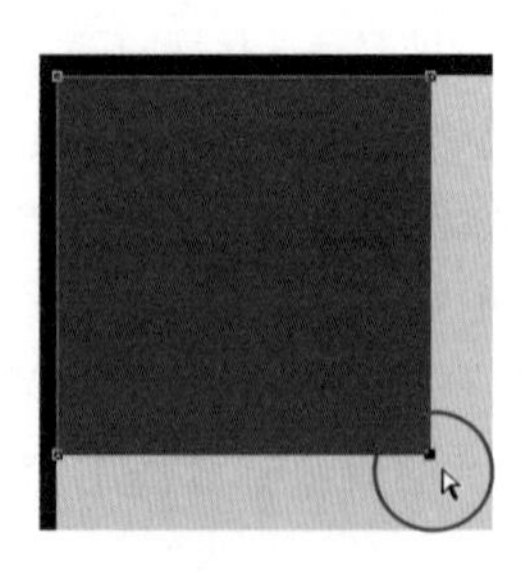

图 4-103　选择锚点

图 4-104　删除锚点

2. 置入主体素材

【Step01】打开素材图像“鞋子 .jpg”，如图 4-105 所示。

【Step02】选择“钢笔工具”，在选项栏中设置“工具模式”为路径。选择“缩放工具”，放大图像的显示比例（300% ~ 400%），如图 4-106 所示。

【Step03】选择“钢笔工具”，将鼠标指针移至图像边沿区域，定位路径的起始锚点，如图 4-107 所示。

图 4-105 素材图像“鞋子”

图 4-106 放大图像

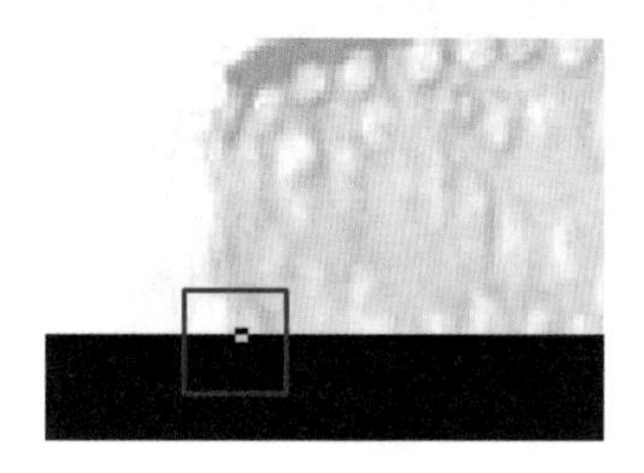

图 4-107 建立锚点

【Step04】在第一个锚点附近单击，同时按住鼠标左键不放并拖动，建立一个“平滑点”，两个锚点之间会形成一条曲线路径，如图 4-108 所示。

【Step05】选择“直接选择工具” （或按住【Ctrl】键），调整“平滑点”的方向线，使路径紧贴鞋子的边缘，如图 4-109 所示。

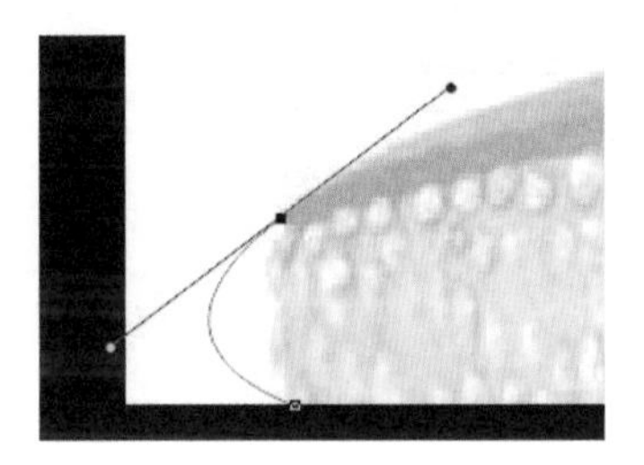

图 4-108 建立平滑点

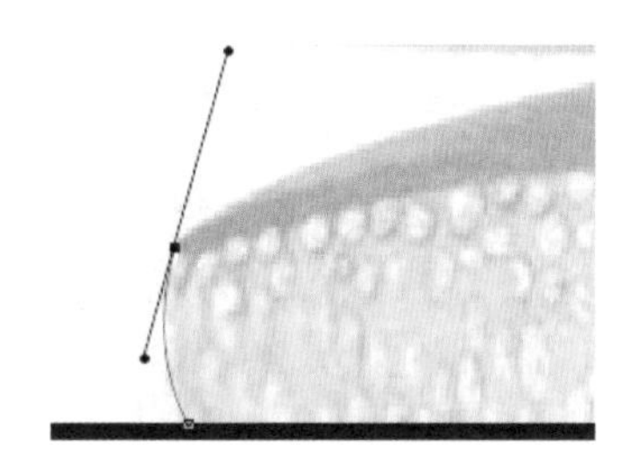

图 4-109 调整平滑点

【Step06】按住【Alt】键的同时，单击新建的“平滑点”，将其转换为“角点”，如图 4-110 所示。

【Step07】按照上述创建和调整锚点的方法，沿鞋子及其投影的轮廓绘制路径。绘制完成效果如图 4-111 所示。

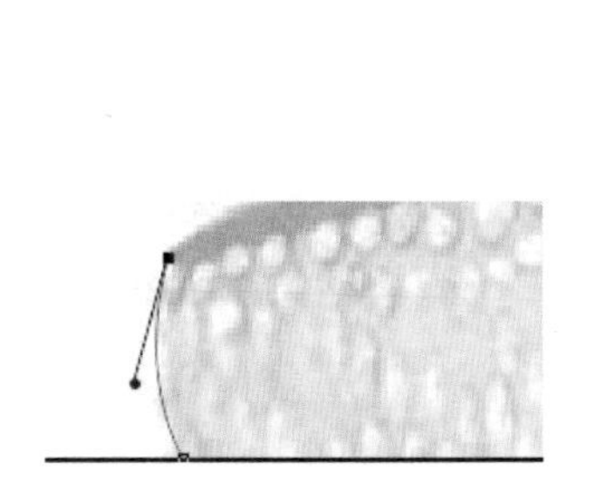

图 4-110 平滑点的转换

图 4-111 绘制路径

【Step08】选择“路径”面板，如图 4-112 所示。单击按钮，在弹出的面板菜单中选择“建立选区”命令，弹出如图 4-113 所示的“建立选区”对话框，设置“羽化半径”为 2 像素，单击“确定”按钮（或按快捷键【Ctrl+Enter】将路径直接转换为选区，然后再羽化选区）。

【Step09】选择“移动工具” ，将选区中的图像移动至“女鞋 Banner”文件中，将得到的图层命名为“鞋子”，并转换为智能对象，如图 4-114 所示。

图 4-112 “路径”面板

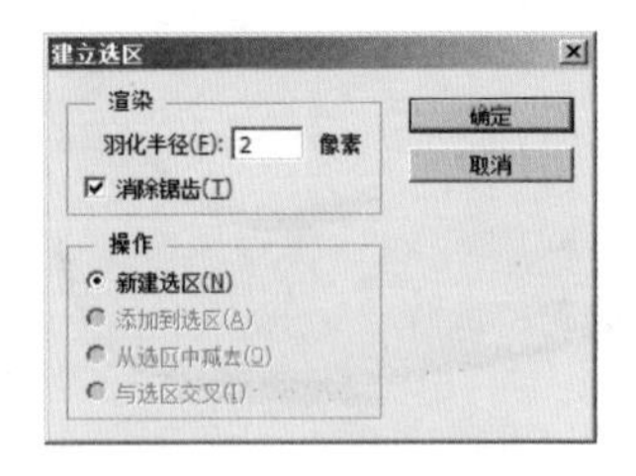

图 4-113 “建立选区”对话框

图 4-114 转换为智能对象

【Step10】按【Ctrl+T】组合键调出定界框，调整图像至合适大小，如图 4-115 所示。然后，按【Enter】键确认自由变换。

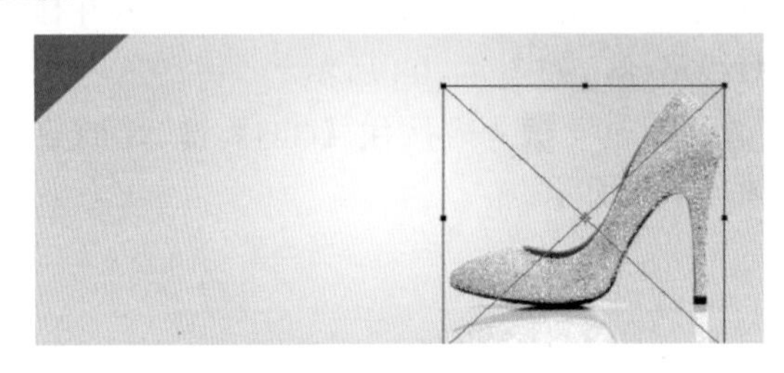

图 4-115 调整图像大小

3．编辑文字内容

【Step01】选择“横排文字工具” ，在选项栏中设置“字体”为微软雅黑、“字体样式”为 Regular、“字体大小”为 14 点、“字体颜色”为白色。在画布左上角上，按住鼠标左键并拖动，将创建一个定界框，输入文字内容“全网首发”。按【Ctrl+Enter】组合键，效果如图 4-116 所示。

【Step02】按【Ctrl+T】组合键，在选项栏中设置“旋转角度”为 45 度，按【Enter】键，确定旋转。选择“移动工具” ，将其移动至左上角适当位置，如图 4-117 所示。

图 4-116 输入文字

图 4-117 旋转变换

【Step03】选择“横排文字工具” ，在选项栏中设置“字体样式”为 Bold、“字体大小”为 42 点、“字体颜色”为深紫色（RGB: 67、28、69）。在画布上创建定界框并输入文字内容“精品女鞋 优雅之选”，效果如图 4-118 所示。

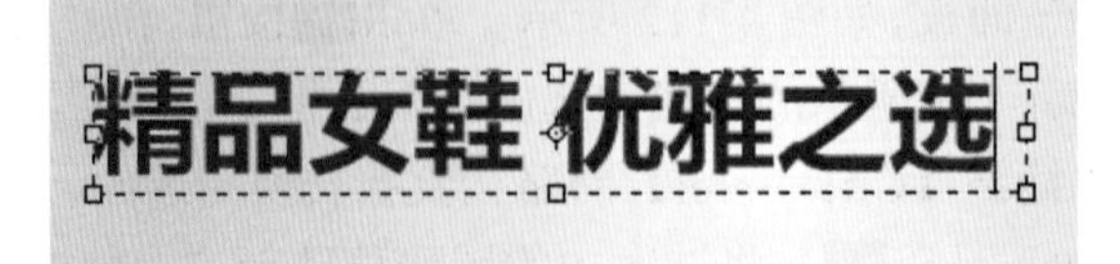

图 4-118 输入主体文字内容

【Step04】反选“优雅”两字，如图 4-119 所示，为文字填充淡紫色（RGB：191、2、135），按【Ctrl+Enter】组合键，效果如图 4-120 所示。

图 4-119　选择文字内容

图 4-120　设置文字颜色

【Step05】继续使用“横排文字工具”输入文字内容并根据已有内容调整文字的样式、大小、颜色和位置，效果如图 4-121 所示。

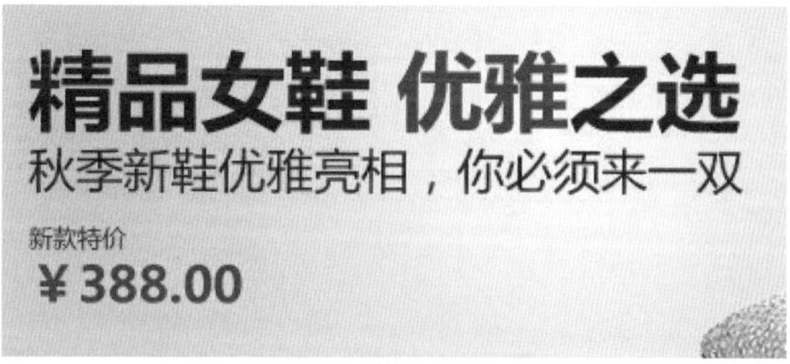

图 4-121　文字内容效果

1．钢笔工具

“钢笔工具”用于绘制自定义的形状或路径。选择“钢笔工具”，在其选项栏中设置相应的工具模式，即可在画布中绘制形状或路径，如图 4-122 和图 4-123 所示。

使用“钢笔工具”绘制路径，可分为绘制直线路径和绘制曲线路径。

（1）绘制直线路径

选择“钢笔工具”，在图像的绘制窗口内单击，可创建路径的第一个锚点。在该锚点附近再次单击，两个锚点之间即会形成一条直线路径，如图 4-124 所示。

图 4-122　绘制形状

图 4-123　绘制路径

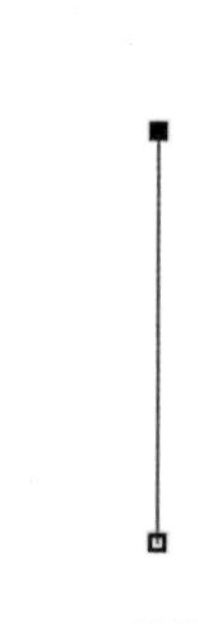

图 4-124　绘制直线路径

另外，在绘制直线路径时，按住【Shift】键不放，可绘制水平线段、垂直线段或 45 度倍数的斜线段。

（2）绘制曲线路径

使用“钢笔工具”绘制曲线路径时，可以通过单击并拖动鼠标的方法直接创建曲线。选择“钢笔工具”，创建路径的第一个锚点。在该锚点附近再次单击并拖动鼠标创建一个“平滑点”，两个锚点之间会形成一条曲线路径，如图 4-125 所示。

使用“钢笔工具”绘制曲线路径时，按住【Ctrl】键不放，会将“钢笔工具”暂时变为“直接选择工具”，可以调整曲线路径的弧度，如图 4-126 所示。

按住【Alt】键不放，会暂时将“钢笔工具”转换为“转换点工具”。这时单击“平滑点”可将其转换为“角点”，如图 4-127 所示。

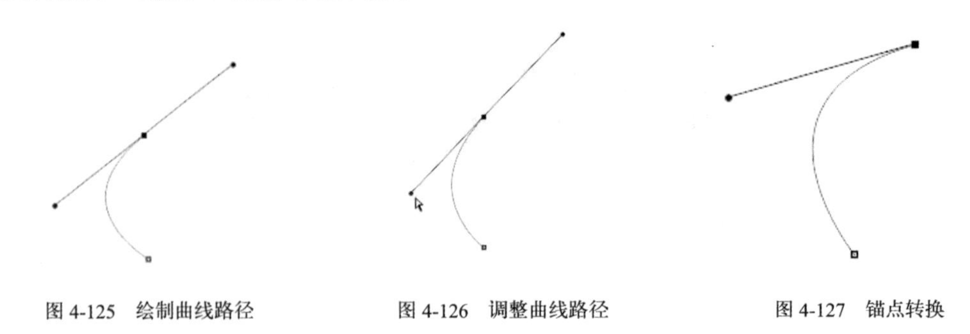

图 4-125 绘制曲线路径　　图 4-126 调整曲线路径　　图 4-127 锚点转换

2．路径和锚点

（1）路径

通过前面案例的学习，读者会发现，使用形状工具绘制的图形，边缘会有一圈明显的“细线”，如图 4-128 所示的正六边形。

这些绘制时产生的线段被称为“路径”。路径的绘制方法与矢量图形类似，选择形状工具，然后在其选项栏中单击“工具模式”按钮，在弹出的下拉列表中选择“路径”选项。按住鼠标左键不放在窗口中拖动，即可绘制路径，如图 4-129 所示。

（2）锚点

说到“路径”就不得不提到“锚点”，所谓锚点，是指路径上用于标记关键位置的转换点。路径通常由一条或多条直线段或曲线段组成，线段的起始点和结束点由“锚点”标记，如图 4-130 所示。

图 4-128 正六边形　　图 4-129 绘制路径　　图 4-130 路径和锚点

选择“路径选择工具”，在绘制的路径上单击，即可显示该路径以及路径上的所有锚点。

注意：路径可以是闭合的，也可以是开放的。

3. 调整路径

当绘制的路径或形状不符合需求时，可以使用“直接选择工具”对路径进行调整。右击鼠标定位在“路径选择工具”上，在弹出的工具组中选择“直接选择工具”，如图 4-131 所示。

使用“直接选择工具”单击一个锚点，即可选中该锚点。被选中的锚点为实心方块，未选中的锚点为空心方块，如图 4-132 所示。

用鼠标拖动已选中的锚点或使用【→】、【←】、【↑】、【↓】方向键可以移动锚点，从而调整相应的路径，如图 4-133 所示。

图 4-131 选择“直接选择工具”

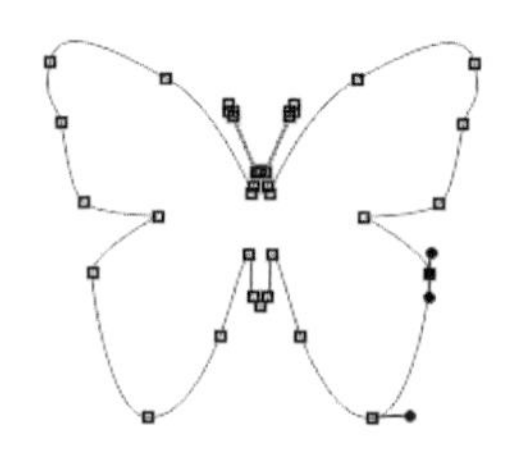
图 4-132 选择锚点

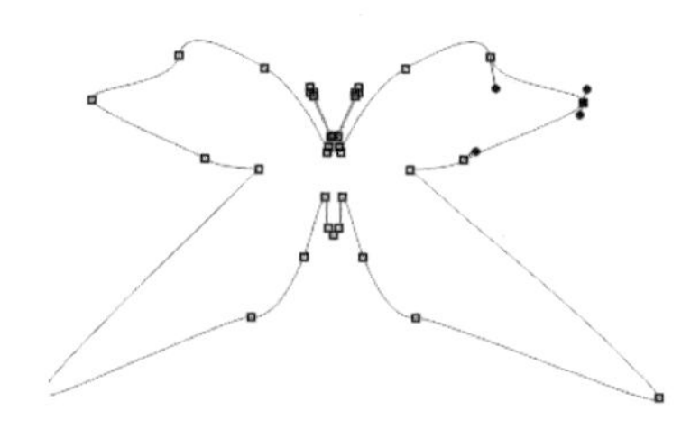
图 4-133 调整路径

4. 添加和删除锚点

在图形制作中，如果绘制的路径存在误差，就需要对其进行修改和调整，这时就会用到 Photoshop 中的添加锚点和删除锚点工具。

（1）添加锚点工具

使用“添加锚点工具”可以在路径中添加锚点。将“钢笔工具”移动到已创建的路径上，若当前没有锚点，则“钢笔工具”会临时转换为“添加锚点工具”，使用该工具在路径上单击即可添加一个锚点，如图 4-134 所示。

此外还可以在钢笔工具组中直接选择“添加锚点工具”。右击“钢笔工具”，在弹出的工具组中选择“添加锚点工具”，如图 4-135 所示。

（2）删除锚点工具

“删除锚点工具”用于删除路径上已经存在的锚点。将“钢笔工具”放在路径的锚点上，则“钢笔工具”会临时转换为“删除锚点工具”，单击锚点将其删除，效果如图 4-136 所示。

此外还可以在钢笔工具组中选择“删除锚点工具”。右击“钢笔工具”，在弹出的工具组中选择“删除锚点工具”，如图 4-137 所示。

图 4-134 添加锚点

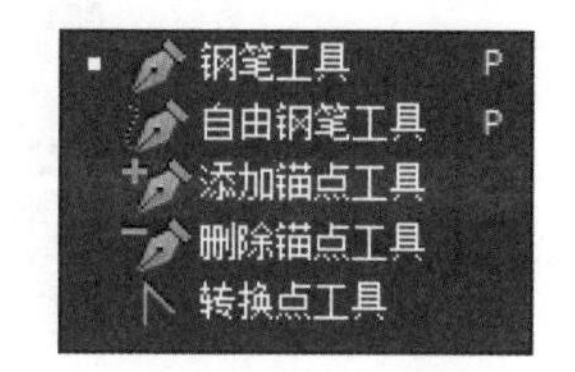

图 4-135 选择“添加锚点工具”

图 4-136 删除锚点

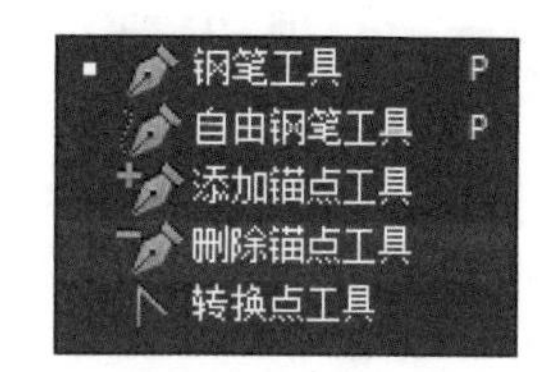

图 4-137 选择“删除锚点工具”

5. 转换点工具

在 Photoshop CS6 中通过“转换点工具” 可以实现“平滑点”和“角点”之间的相互转换。通过“直接选择工具”选择路径，然后选择“转换点工具”，将光标移至要转换的锚点上，即可在角点与平滑点之间进行转换。

·将“平滑点”转换为“角点”：直接在“平滑点”上单击，即可将“平滑点”转换成“角点”，如图 4-138 所示。

·将“角点”转换为“平滑点”：按住鼠标左键不放，拖拽鼠标，即可将“角点”转换为“平滑点”，如图 4-139 所示。

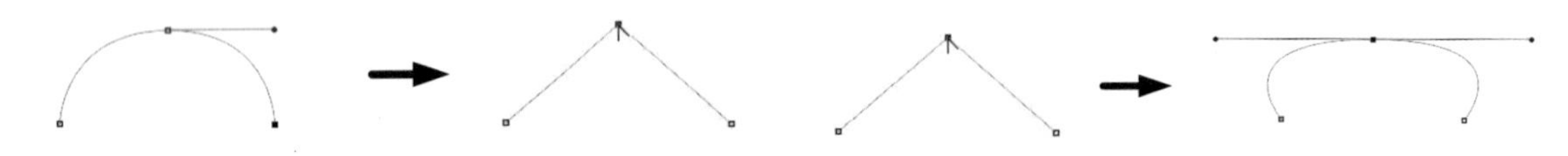

图 4-138　平滑点转换为角点　　图 4-139　角点转换为平滑点

在使用“钢笔工具”时，按住【Alt】键不放，可将“钢笔工具”临时转换为“转换点工具”。

6. 自由钢笔工具

“自由钢笔工具”有自动添加锚点的功能。因此用户只需在绘制完成后，进一步对路径进行调整即可，不需要考虑锚点的位置。右击“钢笔工具”，在弹出的工具组中选择“自由钢笔工具”，如图 4-140 所示。

选择“自由钢笔工具”，按住鼠标左键不放在画布中拖动，即可绘制路径，如图 4-141 所示。

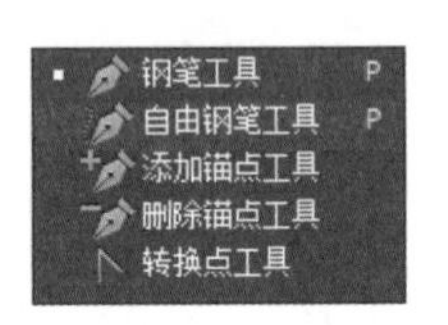

图 4-140　钢笔工具组

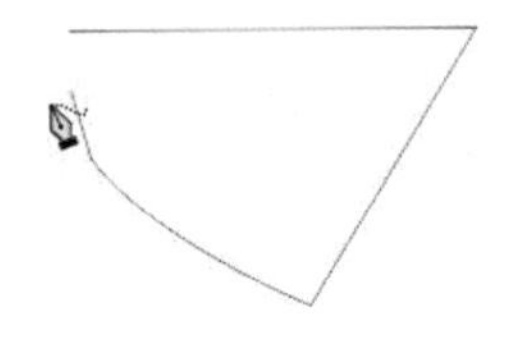

图 4-141　自由钢笔工具

4.4 【案例14】商业标签

同选区工具类似，形状工具也可以进行布尔运算得到新的形状。本节将通过一枚“商业标签”的制作，来学习“形状的布尔运算”和“多边形工具”，案例效果如图 4-142 所示。

图 4-142 “商业标签”效果展示

1. 绘制商业标签外轮廓

【Step01】按【Ctrl+N】组合键，在“新建”对话框中设置“宽度”为 600 像素、“高度”为 600 像素、“分辨率”为 72 像素 / 英寸、“颜色模式”为 RGB 颜色、“背景内容”为白色，单击“确定”按钮。

【Step02】按【Ctrl+Shift+S】组合键，以名称“【案例 14】商业标签 .psd”保存图像。

【Step03】设置前景色为玫红色（RGB：210、30、70），按【Alt+Delete】组合键，为“背景”层填充前景色。

【Step04】选择“圆角矩形工具”，在选项栏中设置“工具模式”为形状、“填充”为白色、无描边。在画布中单击，在弹出的“创建圆角矩形”对话框中设置“宽度”为 350 像素、“高度”为 500 像素、“半径”为 175 像素，单击“确定”按钮，完成“圆角矩形 1”的创建。选择“移动工具”将其移至画布中心，效果如图 4-143 所示。

【Step05】选择“矩形工具”，在圆角矩形上方绘制一个矩形，得到“矩形 1”，效果如图 4-144 所示。

【Step06】在“图层”面板中选中“圆角矩形 1”和“矩形 1”，按【Ctrl+E】组合键，将其合并到同一图层。

【Step07】选择“路径选择工具”，在画布中选中“矩形 1”。在选项栏中的“路径操作”中选择“减去顶层形状”按钮，此时画面效果如图 4-145 所示。

【Step08】在选项栏中的“路径操作”中选择“合并形状组件”按钮，此时画面效果如图 4-146 所示。选择“移动工具”，调整“矩形 1”在画布中的位置。

图 4-143 绘制标签外轮廓

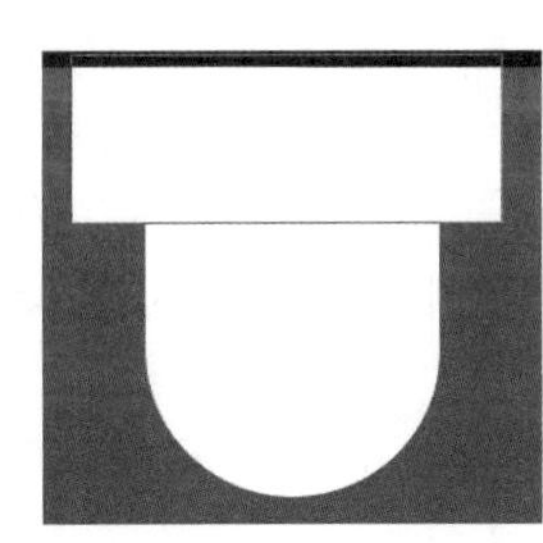

图 4-144 绘制矩形

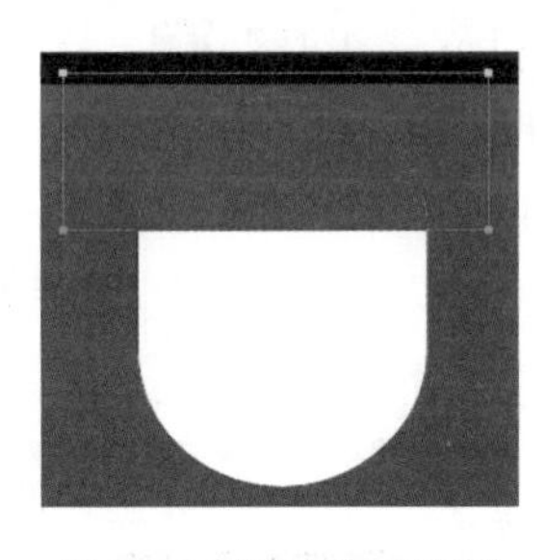

图 4-145 “减去顶层形状”命令

图 4-146 “合并形状组件”命令

2. 绘制商业标签细节

【Step01】按【Ctrl+J】组合键，复制得到“矩形 1 副本”。选择“路径选择工具”，在选项栏中设置其“填充”为无颜色、“描边”为玫红色（RGB：210、30、70）、“描边宽度”为 1 点、“描边类型”为虚线。

【Step02】按【Ctrl+T】组合键，将其缩小至如图 4-147 所示效果。

【Step03】选择“椭圆工具”，在“图层”面板中选中“矩形 1”，在其的左上角位置绘制一个填充为白色的正圆，得到“椭圆 1”，如图 4-148 所示。

【Step04】按【Ctrl+J】组合键，复制得到“椭圆 1 副本”并移动至右上角位置，如图 4-149 所示。

【Step05】在“图层”面板中，同时选中“矩形 1”“椭圆 1”和“椭圆 1 副本”。按【Ctrl+E】组合键，将其合并到同一图层。

【Step06】选择“路径选择工具”，在画布中选中“椭圆 1”，然后按住【Shift】键的同时，单击“椭圆 1 副本”，将两个图层同时选中。在选项栏中的“路径操作”中选择“减去顶层形状”

按钮，此时画面效果如图 4-150 所示。

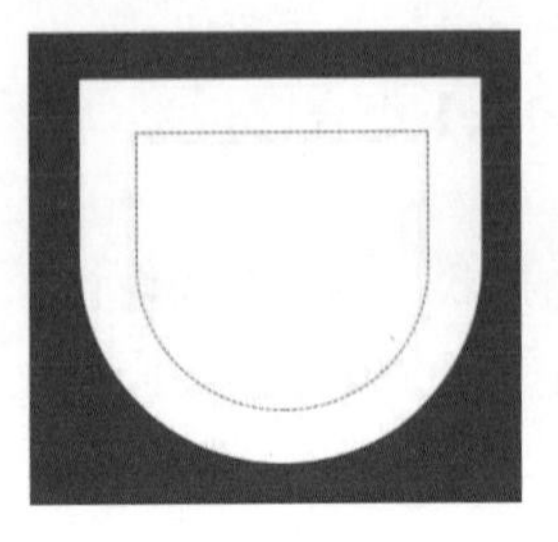

图 4-147 “缩小”命令

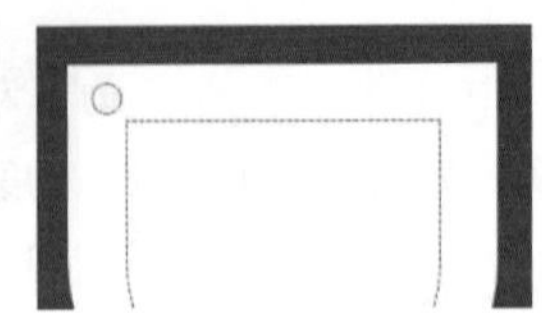

图 4-148 绘制“椭圆 1”

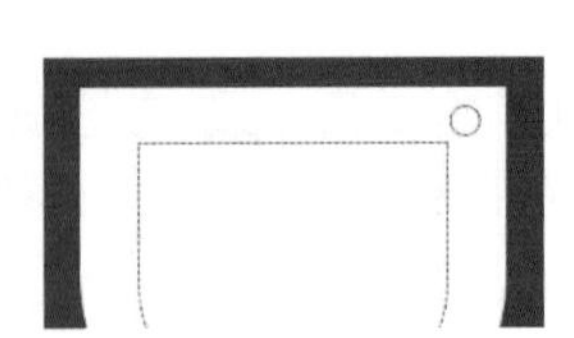

图4-149 复制并移动“椭圆 1”

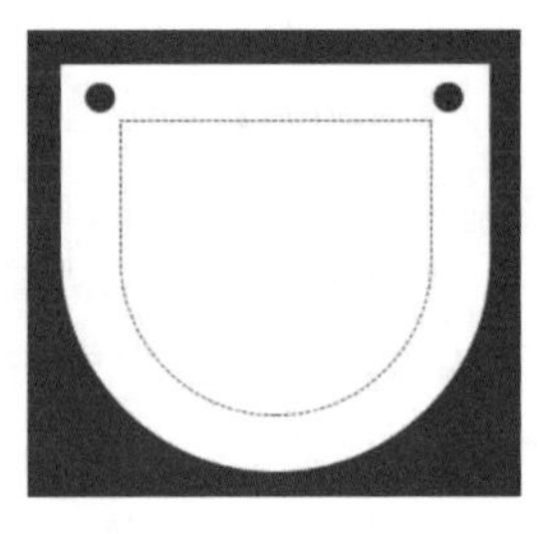

图 4-150 “减去顶层形状”命令

3. 输入文字内容

【Step01】选择“横排文字工具”，在选项栏中设置“字体”为微软雅黑、“字体大小”为 56.5 点、“文本颜色”为玫红色（RGB：210、30、70）。在画布中单击并输入文字内容“满就送”，如图 4-151 所示。

【Step02】在文字可编辑状态，按【Ctrl+T】组合键，调出“字符”面板。将文字“满就送”全选，并在“字符”面板中，设置“所选字符字距”为 300，效果如图 4-152 所示。按【Ctrl+Enter】组合键，完成段落文本的创建。

【Step03】选择“横排文字工具”，按住鼠标左键并拖动，释放鼠标后，在画布中将创建一个定界框，如图 4-153 所示。

【Step04】输入文字内容“全场满 88 元送袜子”并设置“字体”为微软雅黑、“字体大小”为 23 点、“字体颜色”为黑色。按【Ctrl+Enter】组合键，完成段落文本的创建，效果如图 4-154 所示。

图 4-151 输入文字内容

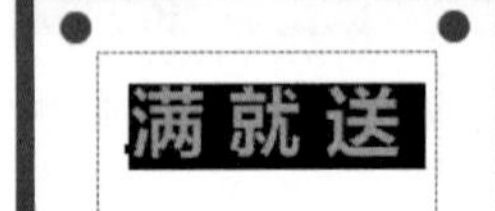

图 4-152 设置字符字距

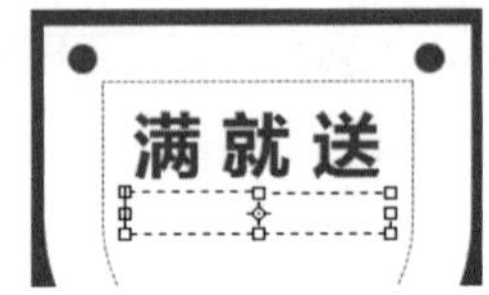

图 4-153 输入段落文字

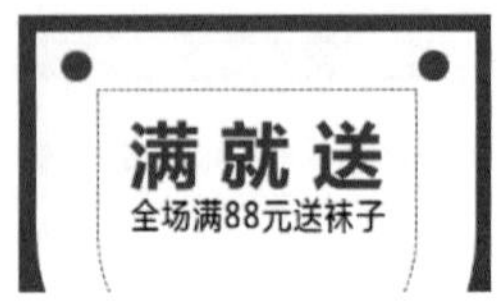

图 4-154 输入文字内容

【Step05】选择“多边形工具”，在选项栏中设置“填充”为黄色（RGB: 255、205、2）、多边形的“边”为 3，在画布中绘制一个三角形，如图 4-155 所示。

【Step06】选择“直接选择工具”，单击选择左上角的锚点，按住【Shift】键，再选择右上角的锚点，如图 4-156 所示。向下拖动锚点至适当位置，效果如图 4-157 所示。

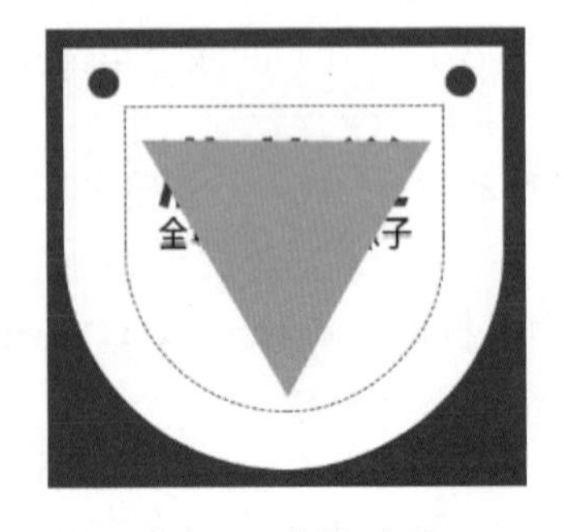

图 4-155 绘制三角形

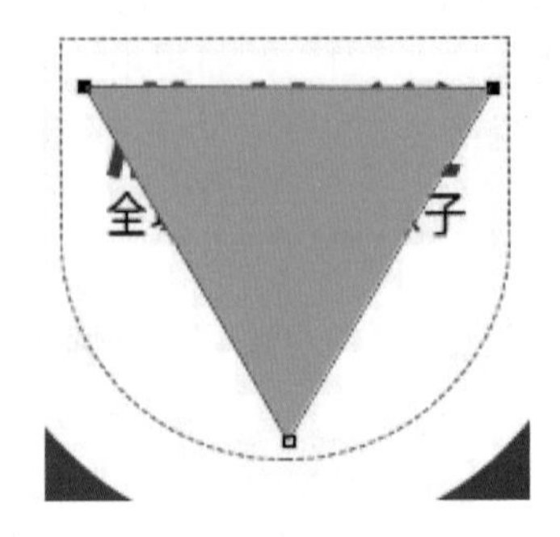

图 4-156 选择锚点

图 4-157 移动锚点

【Step07】选择“横排文字工具”T，在选项栏中设置“字体”为微软雅黑、“字体大小”为 18 点、“对齐方式”为居中文本对齐、“文本颜色”为深灰色（RGB：80、80、80）。在画布中单击并输入文字内容“详情咨询客服限指定款”，如图 4-158 所示。

【Step08】反选文字内容“详情咨询客服”，在“字符”面板中，设置“所选字符字距”为 300，效果如图 4-159 所示。反选文字内容“详情咨询客服”，在“字符”面板中，设置“所选字符字距”为 80，效果如图 4-160 所示。按【Ctrl+Enter】组合键，完成段落文本的创建。

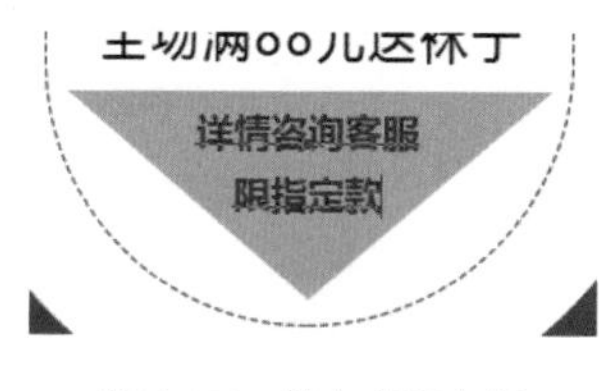

图 4-158 输入文字内容

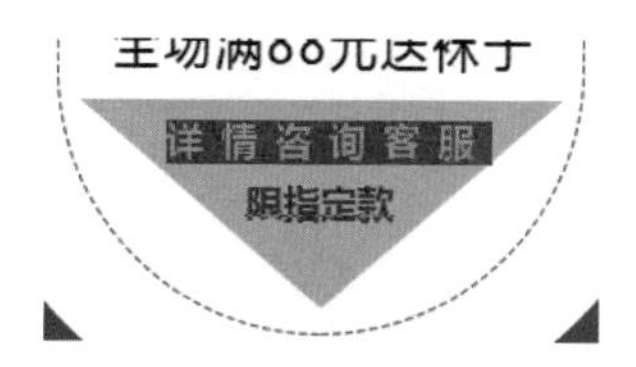

图 4-159 设置字符字距为 300

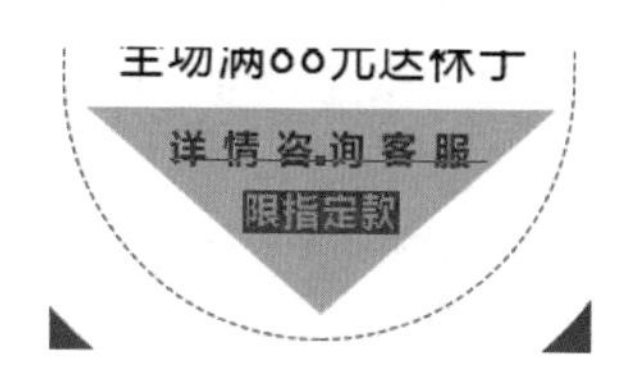

图 4-160 设置字符字距为 80

1. 多边形工具

在 Photoshop CS6 中，使用“多边形工具”可以快速创建一些特殊形状的矢量图形，例如等边三角形、五角星等。“多边形工具”默认的形状是正五边形，但是可以通过图 4-161 所示的“多边形”选项栏自定义多边形的边数。

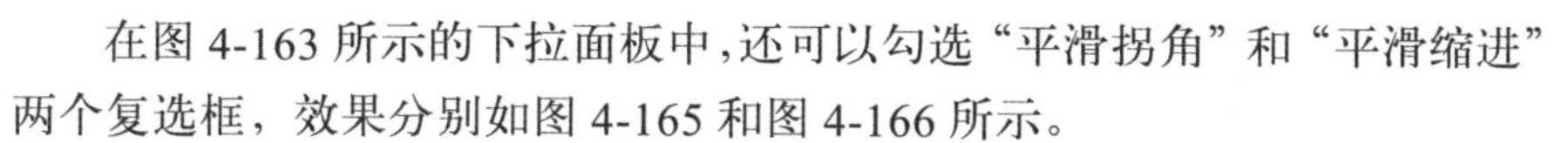

图 4-161 “多边形”选项栏

当在“边数”文本框中输入数值 3 时，按住鼠标左键在画布中拖动，可创建一个正三角形，如图 4-162 所示。

图 4-162 正三角形

此外，使用“多边形工具”还可以绘制星形。单击多边形选项栏中的按钮，会弹出如图 4-163 所示的下拉面板，勾选其中的“星形”复选框，按住鼠标左键在画布中拖动即可绘制星形，如图 4-164 所示。

在图 4-163 所示的下拉面板中，还可以勾选“平滑拐角”和“平滑缩进”两个复选框，效果分别如图 4-165 和图 4-166 所示。

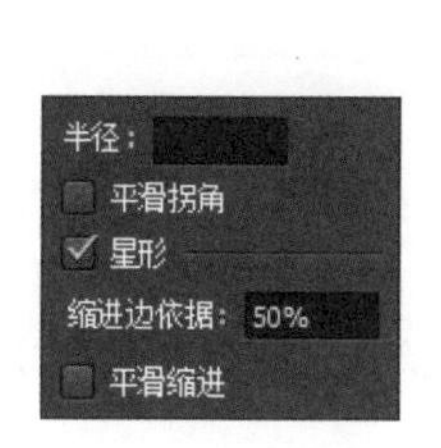

图 4-163 下拉面板

图 4-164 星形

图 4-165 平滑拐角星形

图 4-166 平滑缩进星形

2. 形状的布尔运算

同选区类似，形状之间也可以进行“布尔运算”。通过布尔运算，使新绘制的形状与现有形状之间进行相加、相减或相交，从而形成新的形状。单击形状工具组选项栏中的“路径操作”按钮，在弹出的下拉列表中选择相应的布尔运算方式即可，如图 4-167 所示。

通过图 4-167 容易看出，在“路径操作”的下拉列表中，从上到下依次为：新建图层、合并形状、减去顶层形状、与形状区域相交、排除重叠形状以及合并形状组件，对它们的具体讲解如下。

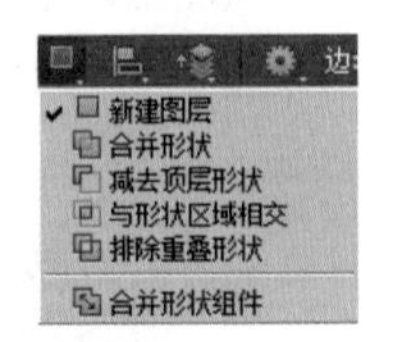

图 4-167　路径操作下拉列表

- 新建图层：为所有形状工具的默认编辑状态。选择“新建图层”后，绘制形状时都会自动创建一个新图层。
- 合并形状：选择“合并形状”后，将要绘制的形状会自动合并至当前形状所在图层，并与其合并成为一个整体，如图 4-168 所示。
- 减去顶层形状：选择“减去顶层形状”后，将要绘制的形状会自动合并至当前形状所在图层，并减去后绘制的形状部分，如图 4-169 所示。
- 与形状区域相交：选择“与形状区域相交”后，将要绘制的形状会自动合并至当前形状所在图层，并保留形状重叠部分，如图 4-170 所示。
- 排除重叠形状：选择“排除重叠形状”后，将要绘制的形状会自动合并至当前形状所在图层，并减去形状重叠部分，如图 4-171 所示。

图 4-168　合并形状

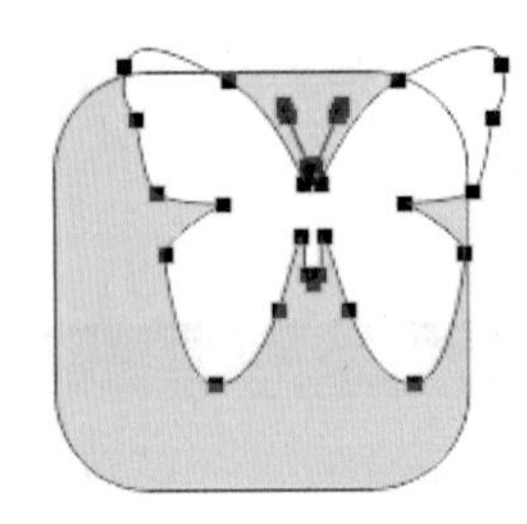

图 4-169　减去顶层形状

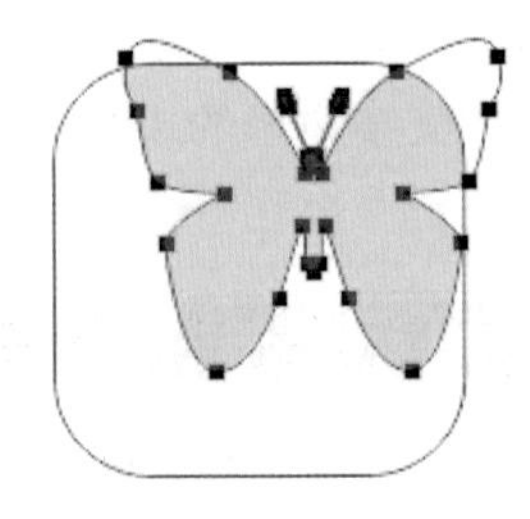

图 4-170　与形状区域相交

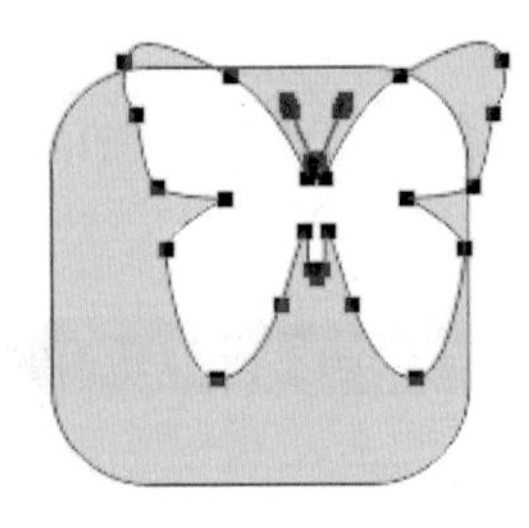

图 4-171　排除重叠形状

- 合并形状组件：用于合并进行布尔运算的图形，如图 4-172 所示。

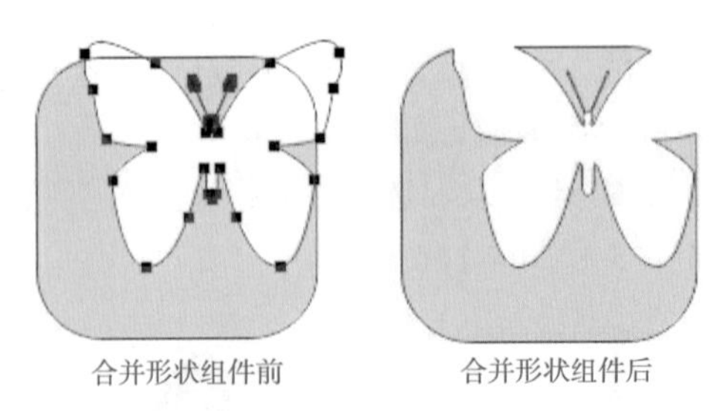

图 4-172　合并形状组件

3. 编辑段落文字

段落文字是以段落文本定界框来确定文字的位置与换行，在定界框中输入文字后，可以对定界框中的文本进行缩放、旋转和倾斜等操作。

（1）缩放段落定界框

在定界框中输入文本后，将光标移至段落定界框的右下方的角点上，如图 7-173 所示。当其变成↘形状时，拖动控制点即可放大或缩小定界框，如图 4-174 所示。

此时，定界框内的文字大小没有变化，而定界框内可以容纳的文字数目将会随着定界框的放大与缩小而变化。在缩放时按住【Shift】键可以保持定界框的比例，效果如图 4-175 所示。

图 4-173　移至控制点上

图 4-174　缩小定界框

图 4-175　保持定界框的比例

（2）旋转、倾斜段落定界框

在定界框中输入文本后，将光标移至段落定界框角点的外面，当其变成↗形状时，拖动控制点即可旋转定界框，如图 4-176 所示。值得注意的是，按住【Shift】键的同时拖动，定界框会按 15° 的倍数角度进行旋转，如图 4-177 所示。如果需要改变旋转中心，可以按住【Ctrl】键的同时将中心移至想要放置的位置。

另外，按住【Ctrl+Shift】组合键的，将鼠标指针移至边点，当光标变成▷时，拖动边点即可倾斜段落定界框，如图 4-178 所示。

图 4-176　旋转定界框

图 4-177　按 15° 旋转定界框

图 4-178　倾斜定界框

4.5 【案例15】心语心愿邮戳

在很多优秀的设计作品中，文字可以呈现出连绵起伏的状态，使页面元素变得更加生动、活泼，这种效果是由路径文字所实现的。本节通过制作一个“心语心愿”的邮戳，来学习“路径文字”的基本操作，其效果如图 4-179 所示。

图 4-179 “心语心愿邮戳”效果展示

1．绘制心形主体

【Step01】按【Ctrl+N】组合键，在“新建”对话框中设置“宽度”为 500 像素、“高度”为 500 像素、“分辨率”为 72 像素 / 英寸、“颜色模式”为 RGB 颜色、“背景内容”为白色，单击“确定”按钮。

【Step02】按【Ctrl+Shift+S】组合键，以名称“【案例 15】心语心愿邮戳 .psd”保存图像。

【Step03】选择“自定形状工具”，在选项栏中设置“工具模式”为形状、“填充”为红色（RGB: 250、50、50）、“描边”为无，在“形状”的下拉列表中选择“心形”，如图 4-180 所示。

【Step04】按住【Shift】键不放，在画布中拖动鼠标绘制心形，如图 4-181 所示。

【Step05】选择“横排文字工具”，在选项栏中设置“字体”为微软雅黑、“字体样式”为 Bold、“字体颜色”为白色。将光标置于心形图案内，当指针变为形状时，单击并多次输入文字“LOVE”，根据所绘心形的大小调整字体大小，效果如图 4-182 所示。

图 4-180　设置选项栏

图 4-181　绘制心形

图 4-182　输入文字

2．绘制邮戳圆形部分

【Step01】选择“椭圆工具”，在选项栏中设置“工具模式”为路径。按【Ctrl+Shift+Alt+N】组合键新建“图层 1”，在心形形状外绘制一个圆形路径，如图 4-183 所示（路径位置的调整需选择“路径选择工具”）。

【Step02】选择“横排文字工具”，将光标置于路径上，当指针状态变为状时，单击建立路径文字的起点，输入文字信息，效果如图 4-184 所示（文字的位置和方向可以选择“路径选择工具”或“直接选择工具”在路径上拖动进行调整）。

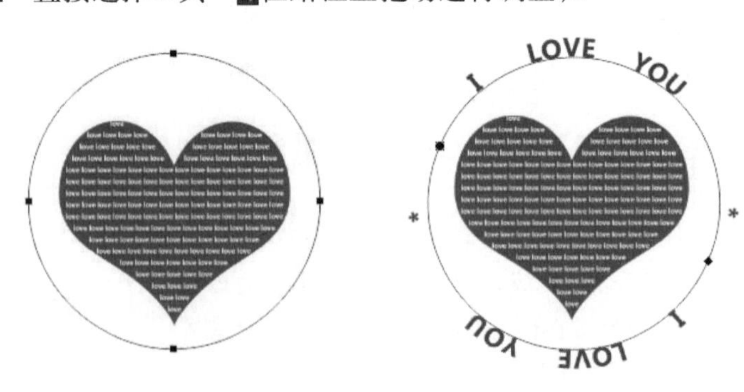

图 4-183　绘制路径　　图 4-184　输入文字信息

【Step03】选择“椭圆工具”，在选项栏中设置“工具模式”为形状。按住【Shift】键，绘制一个“描边宽度”为 5 点的正圆，得到“椭圆 1”，如图 4-185 所示。

【Step04】按【Ctrl+J】组合键，复制得到“椭圆 1 副本”。按【Ctrl+T】组合键，调整其大小并设置“描边宽度”为 3 点，效果如图 4-186 所示。

【Step05】重复【Step04】的操作，并将“椭圆 1 副本 2”的“描边宽度”设置为 8 点，效果如图 4-187 所示。

图 4-185　绘制正圆形状

图 4-186　复制正圆形状

图 4-187　再次复制正圆形状

1. 自定形状工具

在 Photoshop CS6 中，使用“自定形状工具”可以通过设置不同的形状来绘制形状路径或图形。在“自定形状”拾色器中有大量的特殊形状可供选择。

在“自定形状工具”的选项栏中，单击“形状”右侧的下拉列表，弹出“自定形状”选项面板，如图 4-188 所示。在该面板中预设了许多常用的图形和形状，单击面板右侧的按钮，在弹出的菜单列表中选择“全部”选项，在弹出的提示中选择“确定”按钮，即可将所有的图形载入面板中。

在“自定形状”选项面板中，选中需要的图形，在画布中拖动即可绘制完成，如图 4-189 所示。在绘制的过程中，按住【Shift】键不放，可保持图形等比例缩放。

图 4-188　自定形状选项面板

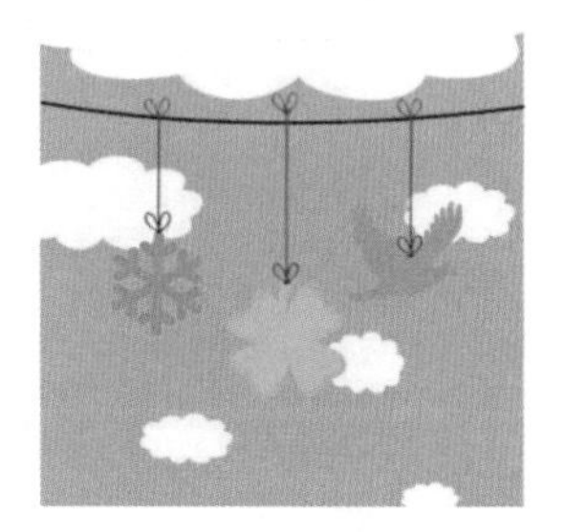

图 4-189　自定形状的应用

2. 创建路径文字

路径文字是指创建在路径上的文字，文字会沿着路径排列，改变路径形状时，文字的排列方式也会随之改变。

打开素材图像“彩色蘑菇.jpg”，选择“钢笔工具”，在图像窗口中创建一条曲线路径，如图 4-190 所示。然后，选择“横排文字工具”，在选项栏中设置“字体”为黑体、“字体大小”为 36 点、“颜色”为红色。移动鼠标指针至曲线路径上，当鼠标指针变为形状时，单击确定插入点并输入文字，文字即会沿路径排列，如图 4-191 所示。执行“窗口→字符”命令，弹出“字符”面板，设置文字数值，如图 4-192 所示。按【Ctrl+H】组合键隐藏路径，效果如图 4-193 所示。

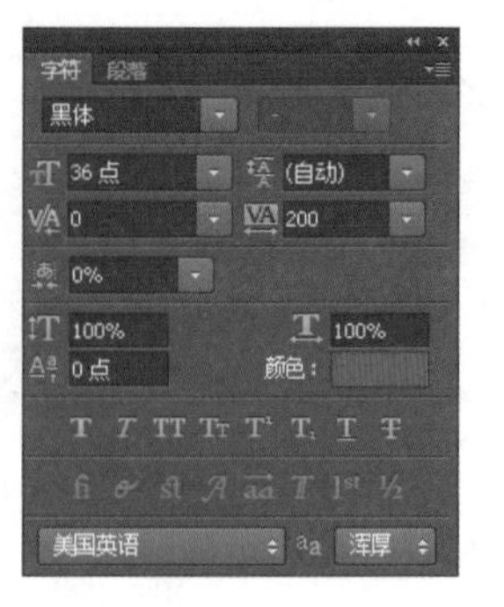

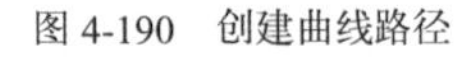

图 4-190　创建曲线路径　　图 4-191　确定插入点并输入文字　　图 4-192　调出“字符”面板　　图 4-193　路径文字效果

值得一提的是，“椭圆工具”“圆角矩形工具”“自定形状工具”等矢量工具的路径也可用于创建路径文字。

3．栅格化文字图层

使用文字工具输入的“文字”是矢量图形，无法在 Photoshop CS6 中进行绘图及滤镜操作，只有栅格化文字图层才可以制作更加丰富的效果。

打开素材图像“快乐童年 .jpg”，并输入文字，如图 4-194 所示。选择文字图层，如图 4-195 所示，执行“图层→栅格化→文字”命令，即可将文字图层栅格化为普通图层，如图 4-196 所示。可以对栅格化的文字图层进行各种编辑操作，例如，执行“滤镜→风格化→查找边缘”命令，效果如图 4-197 所示。

图 4-194　文字图层　　图 4-195　选择“文字图层”　　图 4-196　栅格化文字　　图 4-197　编辑栅格化的文字图层

4．变形文字

变形文字是对创建的文字进行变形处理后所得的文字效果。例如，可以将文字变形为扇形、鱼形、拱形、旗帜、波浪等效果。在进行变形文字操作时无需进行文字的栅格化操作。

打开素材图像“京剧 .psd”，如图 4-198 所示，选中文字图层。在“文字工具”选项栏中单击“创建文字变形”按钮，即可弹出“变形文字”对话框，如图 4-199 所示。

单击“样式”的下拉列表，可选择预设的样式，如图 4-200 所示。选中一个样式后，可在“变形文字”对话框中设置各项选项的值，如图 4-201 所示。单击“确定”按钮后，效果如图 4-202 所示。

图 4-198　文字素材

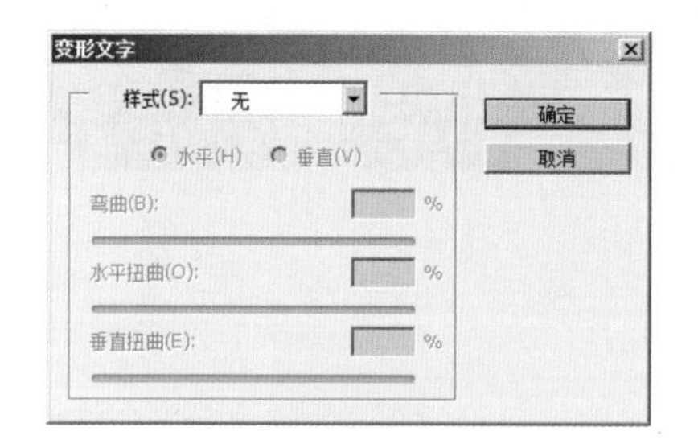

图 4-199　“变形文字”对话框

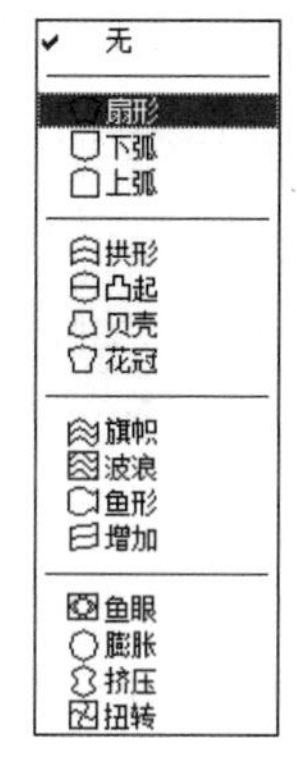

图 4-200　“样式”下拉列表

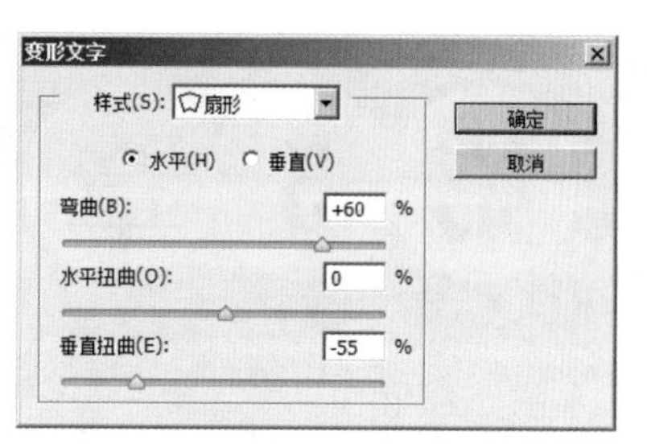

图 4-201　设置选项

图 4-202　变形文字效果

图 4-199 所示为“变形文字”对话框，对其中常用选项的解释如下。

- 样式：在该选项的下拉列表中可以选择 15 种不同的变形样式。
- 水平 / 垂直：选择“水平”，文本扭曲的方向为水平方向；选择“垂直”，文本扭曲的方向为垂直方向。
- 弯曲：用来设置文本的弯曲程度。
- 水平扭曲 / 垂直扭曲：可以让文本产生透视扭曲效果。

创建变形文字后，在没有栅格化或转化为形状，都可以通过“变形文字”对话框重置变性参数或取消变形。

动手实践

学习完前面的内容，下面来动手实践一下吧。

请使用本章所学工具绘制如图 4-203 所示的任一图形。

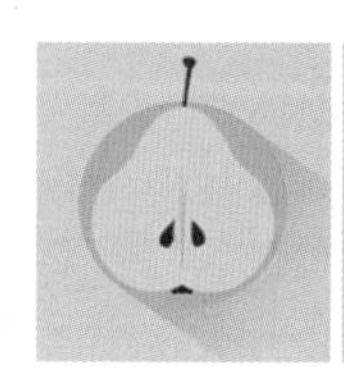

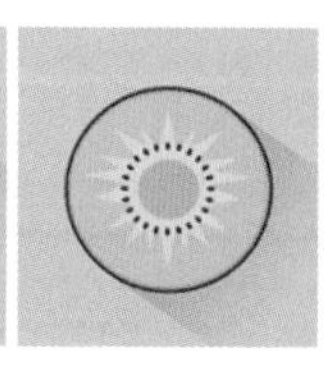
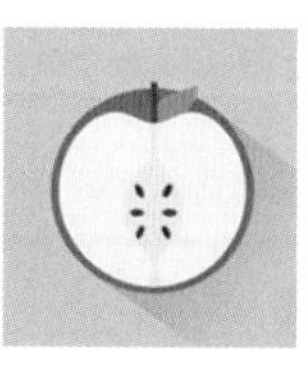

图 4-203　水果图形

第5章 图像绘制

学习目标

- 掌握画笔工具的使用，能够熟练运用画笔工具绘制图形。
- 掌握颜色替换工具的使用，能够熟练进行颜色的替换。
- 掌握定义图案命令，能够熟练定义并填充图案。
- 熟悉历史记录画笔工具，能够进行基本的操作和应用。

画笔工具、铅笔工具、颜色替换工具和混合器画笔工具是Photoshop CS6用于绘画的工具，它们可以绘制和更改像素。特别是当其与手绘板结合使用时，其方便修改的性能和绘制出的绚丽效果，深受美术爱好者的青睐。本章将针对这些画笔工具组进行详细讲解。

5.1 【案例16】泡泡屏保

Photoshop CS6中不仅提供了各种强大的基础功能，还能根据需求预设自定义功能，其中“画笔工具”就具备这种强大的自定预设功能。本节将使用“画笔工具”和“定义画笔预设”绘制梦幻的“泡泡屏保”，其效果如图5-1所示。通过本案例的学习，读者能够掌握“画笔工具”的基本应用。

图5-1 “泡泡屏保”效果展示

实现步骤

1. 绘制屏保背景

【Step01】按【Ctrl+N】组合键，弹出“新建”对话框中设置“宽度”为960像素、“高度”为1700像素、“分辨率”为72像素/英寸、“颜色模式”为RGB颜色、“背景内容”为白色，单击“确定”按钮。

【Step02】按【Ctrl+Shift+S】组合键，以名称“【案例16】泡泡屏保.psd”保存图像。

【Step03】按【Alt+Delete】组合键，为画布填充默认的黑色前景色。

【Step04】选择“画笔工具”，在选项栏中设置“画笔大小”为600像素、“笔尖形状”

为柔边圆，如图 5-2 所示。

【Step05】按【Shift+Ctrl+Alt+N】组合键新建“图层 1”。设置前景色为青色（RGB：10、170、160），在画布上单击绘制青色斑点效果，效果如图 5-3 所示。按【]】键将笔尖稍微调大，在画布上再次单击绘制青色斑点效果，效果如图 5-4 所示。

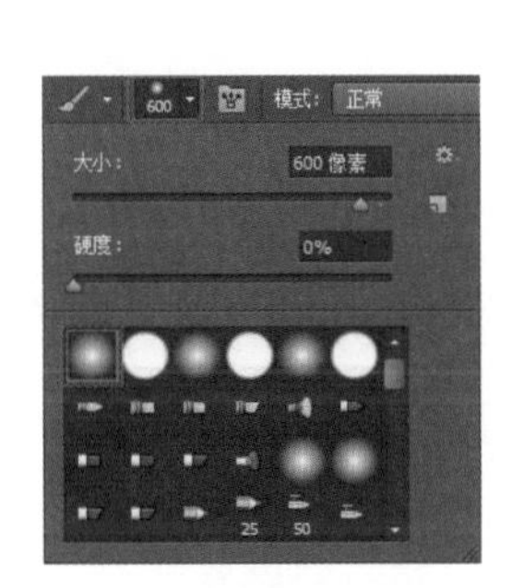

图 5-2 “画笔工具”选项栏

图 5-3 绘制青色斑点

图 5-4 再次绘制青色斑点

【Step06】按【Shift+Ctrl+Alt+N】组合键新建“图层 2”。设置前景色为淡紫色（RGB：240、70、190），按【[】或【]】键调整画笔笔尖大小，在画布上绘制淡紫色斑点效果，如图 5-5 所示。

【Step07】按【Shift+Ctrl+Alt+N】组合键新建“图层 3”。设置前景色为黄色（RGB：240、230、100），按【[】或【]】键调整画笔笔尖大小，在画布上绘制黄色斑点效果，如图 5-6 所示。

图 5-5 绘制淡紫色斑点

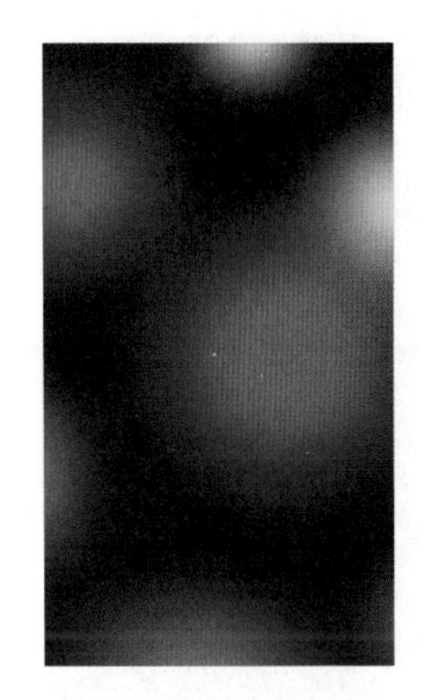
图 5-6 绘制黄色斑点

2. 制作泡泡画笔

【Step01】按【Ctrl+N】组合键，设置宽度为 100 像素、高度为 100 像素、分辨率为 300 像素 / 英寸、背景内容为透明，如图 5-7 所示。

【Step02】选择“椭圆工具”，在画面中心绘制一个黑色正圆。在“图层”面板中设置“不透明度”为 40%，效果如图 5-8 所示。

【Step03】按【Ctrl+J】组合键，复制得到“椭圆 1 副本”。设置“椭圆 1 副本”的“不透明度”为 100%，并在“椭圆工具”选项栏中设置“填充颜色”为无、“描边颜色”为黑色、“描边宽度”为 0.5 点，效果如图 5-9 所示。

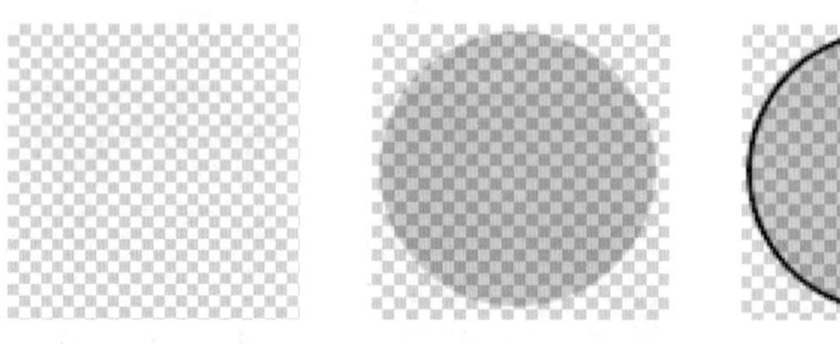

图 5-7　创建画布　　图 5-8　绘制正圆　　图 5-9　设置边界

【Step04】执行“编辑→定义画笔预设”命令，在弹出的对话框中单击“确定”按钮，完成画笔预设。

3．绘制泡泡效果

【Step01】返回“【案例 16】泡泡屏保 .psd”所在画布，选择“画笔工具” ，在选项栏中设置“模式”为颜色减淡。

【Step02】执行“窗口→画笔”命令（或按快捷键【F5】），弹出“画笔”面板。在“画笔”面板中，选择预设的画笔，其中“大小”设置为 250 像素、“间距”设置为 60%，如图 5-10 所示。

【Step03】在“画笔”面板左侧选中“形状动态”选项，在右侧设置“大小抖动”为 60%，如图 5-11 所示。

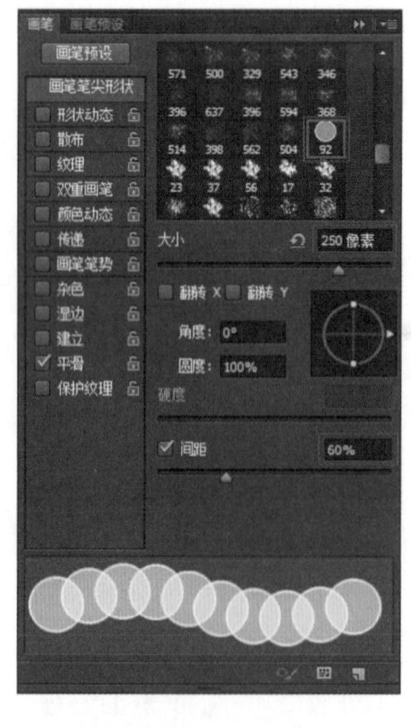

图 5-10　设置“笔尖形状”

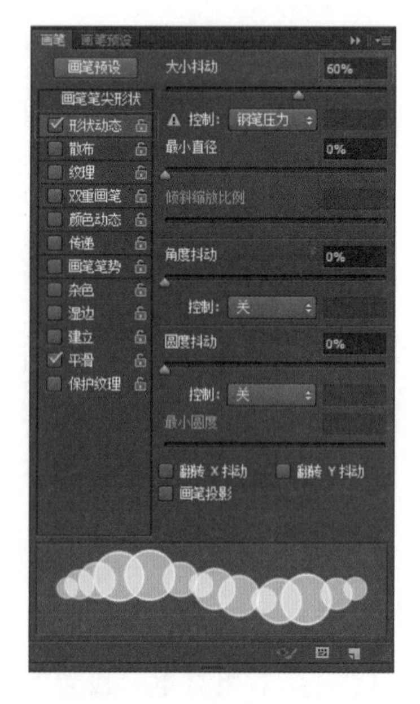

图 5-11　设置“形状动态”

【Step04】选中“散布”选项，在右侧设置“散布”为 450%，如图 5-12 所示。选中“传递”选项，在右侧设置“不透明度抖动”为 70%、“流动抖动”为 20%，如图 5-13 所示。

【Step05】在“图层”面板中，选中所有图层并按【Ctrl+E】组合键，将其合并。设置前景色为白色。

【Step06】调整画笔大小，在画笔中按住左键不放，拖动鼠标完成泡泡的绘制，效果如图 5-14 所示（画笔抖动为随机效果）。

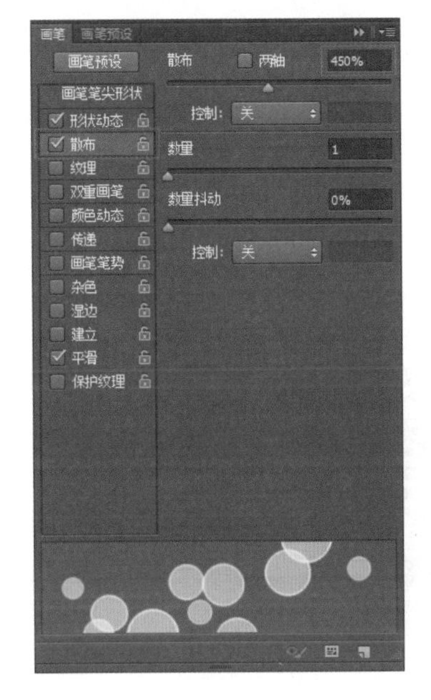

图 5-12 设置“散布”

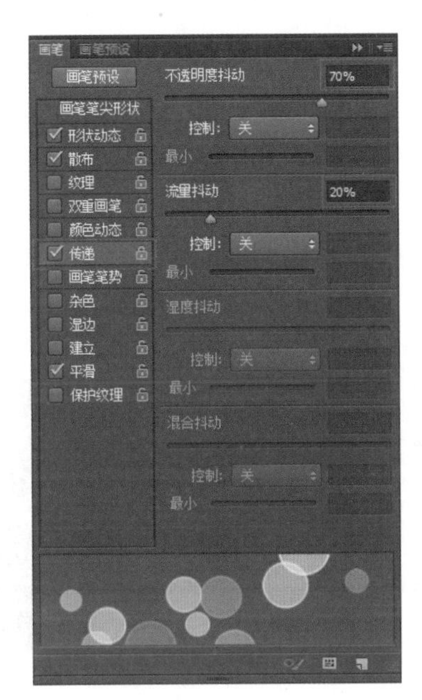

图 5-13 设置“传递”

图 5-14 绘制泡泡效果

知识点讲解

1. 画笔工具

“画笔工具”类似于传统的毛笔，它使用前景色绘制带有艺术效果的笔触或线条。“画笔工具”不仅能够绘制图画，还可以修改通道和蒙版。选择“画笔工具”，在图 5-15 所示的“画笔工具”选项栏中设置相关的参数，即可进行绘图操作。

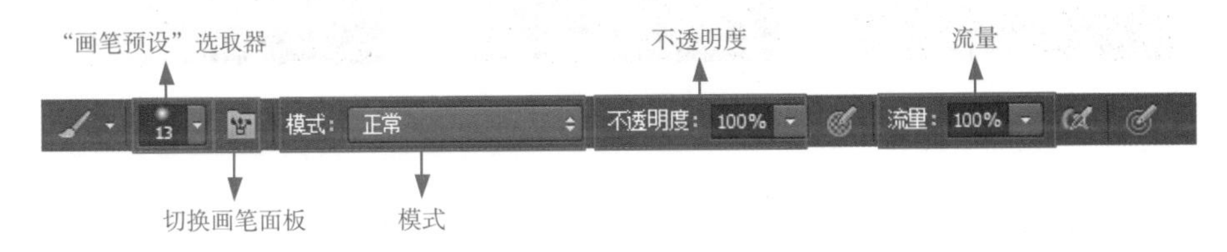

图 5-15 “画笔工具”选项栏

图 5-15 中展示了“画笔工具”的相关选项，其中“画笔预设”选取器、不透明度和流量这 3 项比较常用，对它们的具体介绍如下。

•“画笔预设”选取器：单击该按钮，可打开画笔下拉面板，在面板中可选择笔尖，以及设置画笔的大小和硬度，如图 5-16 所示。

· 切换画笔面板：单击可调出“画笔”和“画笔预设”面板。

· 模式：在下拉列表中可以选择画笔笔尖颜色与下面像素的混合模式。

· 不透明度：用来设置画笔的不透明度，该值越低，画笔的透明度越高。

· 流量：用于设置当光标移动到某个区域上方时应用颜色的速率。流量越大，应用颜色的速率越快。

· 启用喷枪模式：单击该按钮即可启用喷枪模式，可根据鼠标左键单击程度来确定画笔线条的填充数量。

打开素材图像“杯子.jpg”，如图 5-17 所示。选择“画笔工具”，按住鼠标左键不放，即可在素材图片上进行绘制，如图 5-18 所示。使用“画笔工具”时，在画面中单击，然后按住【Shift】键单击画面中的任意一点，两点之间会以直线连接，如图 5-19 所示。按住【Shift】键，可以绘制水平、垂直或以 45° 角为增量的直线。

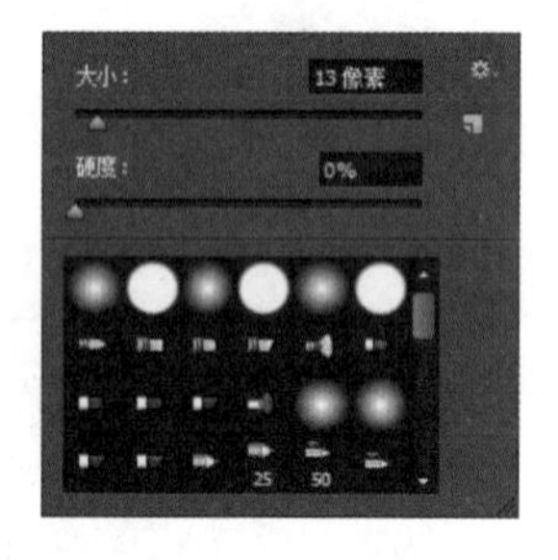

图 5-16 “画笔预设”面板

图 5-17 素材图像“杯子”

图 5-18 “画笔工具”绘制效果

值得一提的是，“画笔工具”也可以用来描摹路径。首先绘制一个路径，如图 5-20 所示。选择“画笔工具”，设置画笔的笔尖大小和颜色。然后，打开“路径”面板，单击底部的“用画笔描边路径”按钮，效果如图 5-21 所示。

图 5-19 绘制直线

图 5-20 绘制路径

图 5-21 画笔描边路径

2. “画笔”面板

执行“窗口→画笔”命令（或按快捷键【F5】），即可调出“画笔”面板，如图 5-22 所示。其中，主要选项的解释如下。

· “画笔笔触”显示框：用于显示当前已选择的画笔笔触，或设置新的画笔笔触。

· 形状动态：选择形状动态可以调整画笔的形态，如大小抖动、角度抖动等。当选择形状动态时，“画笔”面板会自动切换到形状动态选项栏，如图 5-23 所示。

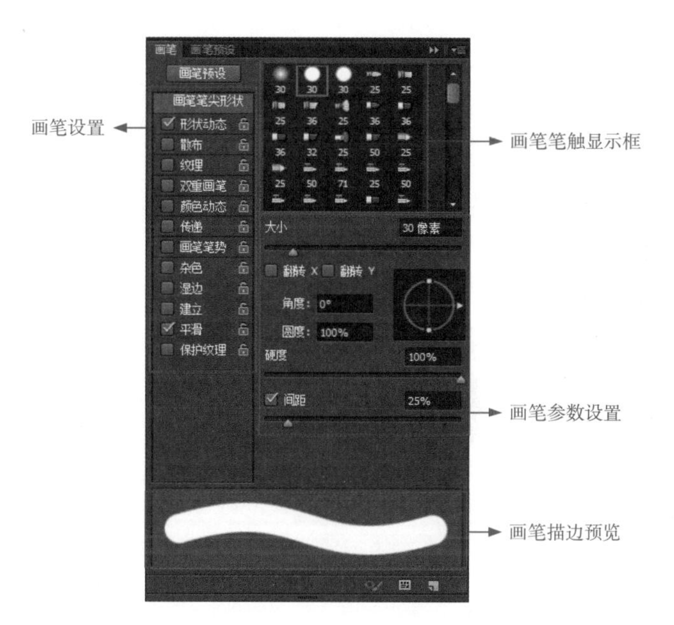

图 5-22 “画笔”面板

· 散布：选择散布，可以调整画笔的分布和位置，当选择散布时，“画笔”面板会自动切换到“散布”选项栏，如图 5-24 所示。

需要注意的是，在“散布”选项栏中，通过拖动如图 5-25 所示的散布滑块，可以调整画笔分布密度，值越大，散布越稀疏。

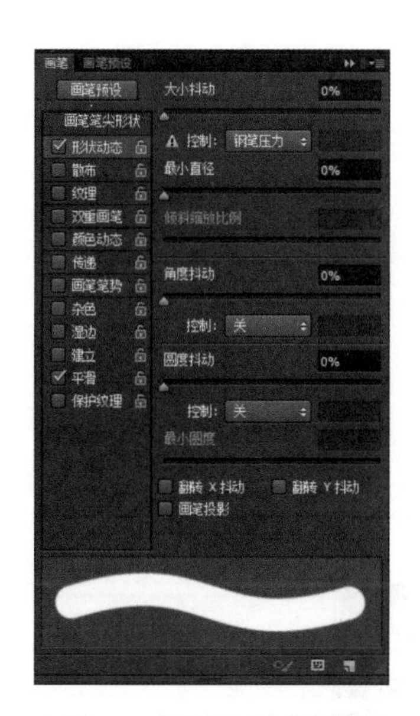

图 5-23 “形状动态”选项栏

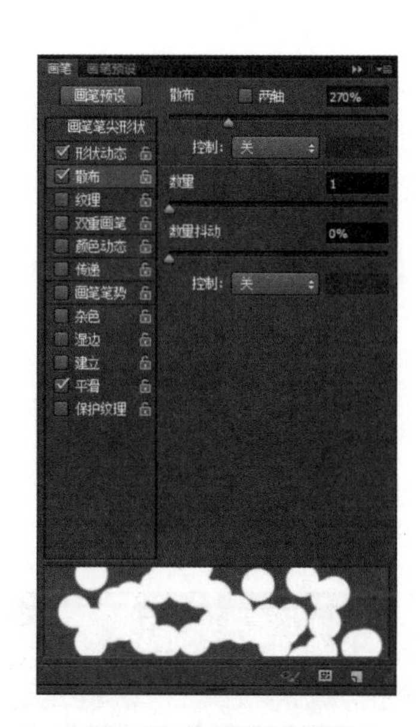

图 5-24 “散布”选项栏

图 5-25 设置随机性散布

当勾选“两轴”复选框时，画笔的笔触范围将被缩小。

· 纹理：使画笔绘制出的线条像是在带纹理的画布上绘制出的效果一样。

· 颜色动态：使绘制出的线条的颜色、饱和度和明度产生变化。

· 传递：用来确定颜色在描边路线中的改变方式。

打开素材图像“夜晚的月亮 .jpg”，如图 5-26 所示。选择“画笔工具”，在选项栏中设置“笔尖形状”为柔边圆。按【F5】键弹出“画笔”面板，选择“形状动态”选项，设置“大小抖动”为 100%，选择“散布”选项，设置“散布”为 1000%。设置前景色为白色，调整“笔尖大小”，在画布中拖动绘制如图 5-27 所示的画面效果。

图 5-26　素材图像“夜晚的月亮”

图 5-27　绘制效果

3．“画笔预设”面板

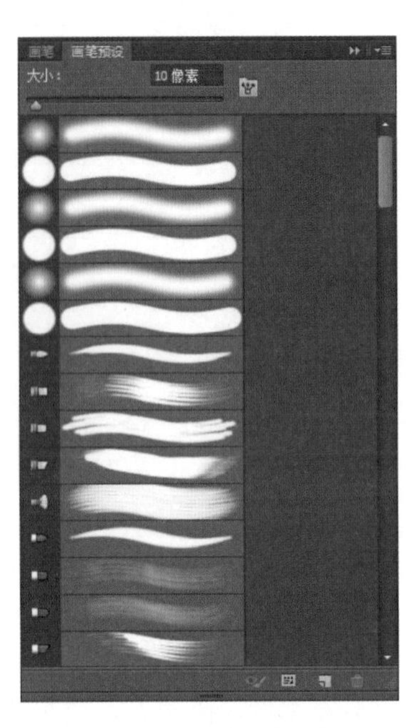

图 5-28　“画笔预设”面板

“画笔预设”面板中提供了各种预设的画笔，如图 5-28 所示。预设画笔带有诸如大小、形状和硬度等可定义的特性。使用绘画或修饰工具时，打开“画笔预设”面板，选择一个预设的笔尖并调整笔尖大小即可。在“画笔预设”面板中，选中面板中的一个笔尖形状，拖动“大小”滑块可调整笔尖的大小。

执行“编辑→定义画笔预设”命令，即可将当前画布中的图像或选区预设成为画笔笔尖形状。然后在“画笔”选项栏或“画笔预设”面板中选择预设的“画笔形状”，设置大小和颜色后，即可在画布中以预设的笔尖形状进行绘制。

5.2　【案例17】跑车桌面

设计一些复杂的图片效果时，为了制作需要往往会将“画笔工具”和其他图片绘制工具搭配使用。 本节将综合运用“画笔工具”“铅笔工具”“减淡工具”“定义图案”，制作一张精美跑车桌面，其效果如图 5-29 所示。通过本案例的学习，读者能够掌握上述工具的基本应用。

图 5-29　“跑车桌面”效果展示

1. 绘制背景光线效果

【Step01】按【Ctrl+N】组合键，在弹出“新建”对话框中设置“宽度”为 1280 像素、“高度”为 800 像素、“分辨率”为 72 像素 / 英寸、“颜色模式”为 RGB 颜色、“背景内容”为白色，单击“确定”按钮，完成画布的创建。

【Step02】按【Ctrl+Shift+S】组合键，以名称“【案例 17】跑车桌面 .psd”保存图像。

【Step03】设置前景色为黑色，按【Alt+Delete】组合键将“背景”层填充为黑色。

【Step04】按【Shift+Ctrl+Alt+N】组合键新建“图层 1”。选择“渐变工具”▇,为“图层 1”填充红色（RGB：190、0、0）到透明色的径向渐变，效果如图 5-30 所示。

【Step05】按【Ctrl+T】组合键调出定界框,调整“图层 1”的大小和位置,如图 5-31 所示。按【Enter】键确认自由变换。

【Step06】在“图层”面板中，调整“图层 1”的“不透明度”为 70%。

【Step07】按【Shift+Ctrl+Alt+N】组合键新建“图层 2”,为其填充红色（RGB: 190、0、0）到透明色的径向渐变，效果如图 5-32 所示。

图 5-30 径向渐变填充

图 5-31 自由变换图层对象

图 5-32 径向渐变填充

【Step08】按【Ctrl+T】组合键调出定界框右击，在弹出的快捷菜单中选择“透视”命令，然后拖动定界框角点，进行透视变换，如图 5-33 所示。

【Step09】再次右击,选择“缩放”命令,纵向拉伸图层对象。按【Enter】键确认自由变换，效果如图 5-34 所示。

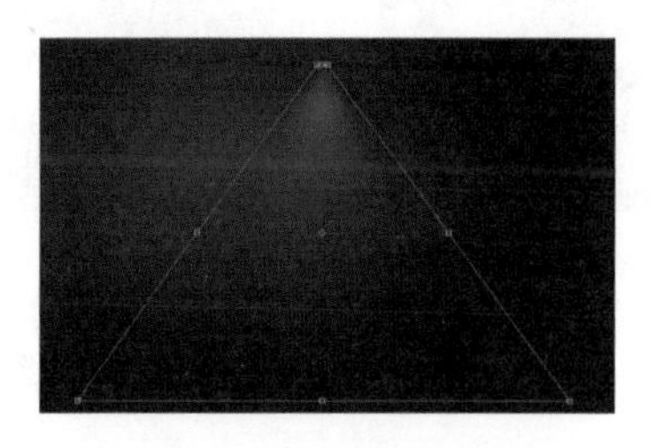

图 5-33 “透视”变换

图 5-34 “缩放”变换

【Step10】连续按【Ctrl+J】组合键 3 次,得到 3 个“图层 2”的副本图层，如图 5-35 所示。

【Step11】使用“自由变换”命令,分别将绘制的图像旋转并移动至合适位置,效果如图 5-36 所示。

图 5-35 复制图层

图 5-36 移动和调整图层对象

2. 绘制背景细节

【Step01】按【Shift+Ctrl+Alt+N】组合键新建“图层 3”。选择“画笔工具”，在选项栏中选择“笔尖形状”为柔边圆、“画笔大小”为 13 像素。按【F5】键调出“画笔”面板，设置“间距”为 128%，如图 5-37 所示。

【Step02】在“画笔”面板中，选择“形状动态”选项，设置“大小抖动”为 100%，如图 5-38 所示。选择“散布”选项，勾选“两轴”复选框，设置“随机性散布”为 470%、“数量”为 2、“数量抖动”为 0，如图 5-39 所示。

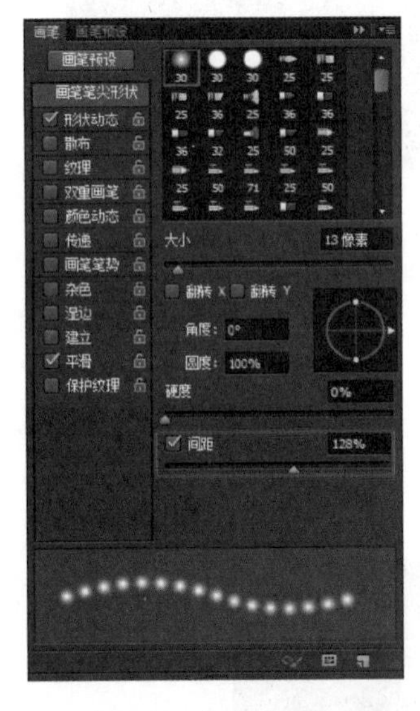
图 5-37 “画笔”面板

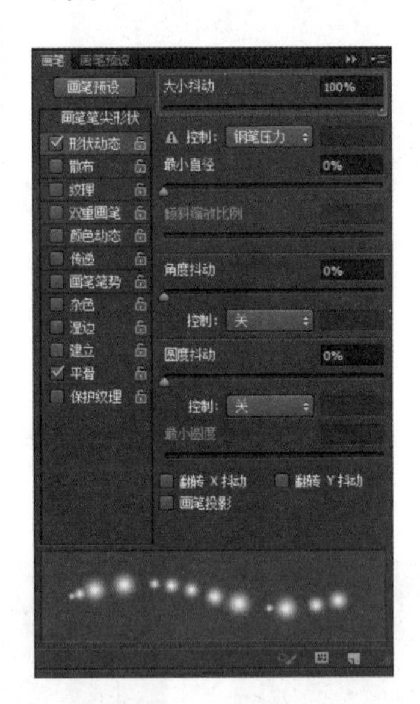
图 5-38 “形状动态”选项

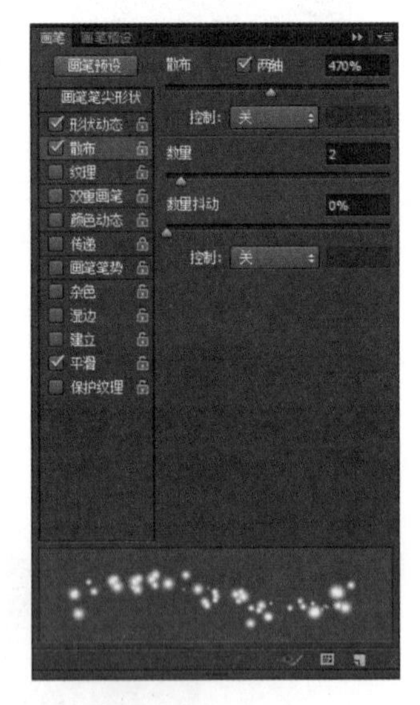
图 5-39 “散布”选项

【Step03】设置前景色为红色（RGB: 190、0、0）。按在画布中拖动鼠标左键，绘制如图 5-40 所示的效果 (画笔抖动为随机效果)。

【Step04】按【Ctrl+J】组合键，复制“图层 3”得到“图层 3 副本”。按【Ctrl+T】组合键，调出定界框，旋转“图层 3 副本”至合适位置使效果更加丰满，按【Enter】键确认自由变换。调整“图层 3”的“不透明度”为 50%、“图层 3 副本”的“不透明度”为 35%，如图 5-41 所示。

图 5-40 绘制光斑

图 5-41 调整光斑效果

【Step05】选中所有图层，按【Ctrl+G】组合键编组并命名为“背景图层组”。

3. 制作预设图案

【Step01】按【Ctrl+N】组合键，设置宽度为 20 像素、高度为 20 像素、分辨率为 72 像素 / 英寸、背景内容为透明。

【Step02】选择“铅笔工具”，在选项栏中设置“铅笔大小”为 16 像素，设置前景色为深红色（RGB：90、2、2）。在画布中心单击，效果如图 5-42 所示。

【Step03】执行“编辑→定义图案”命令，在弹出的对话框中单击“确定”按钮。

【Step04】打开“【案例 17】跑车桌面”，选择“油漆桶工具”，在选项栏中设置“填充区域的源”为图案，单击“图案拾色器”弹出下拉列表，选择定义的图案，如图 5-43 所示。

图 5-42 绘制圆点

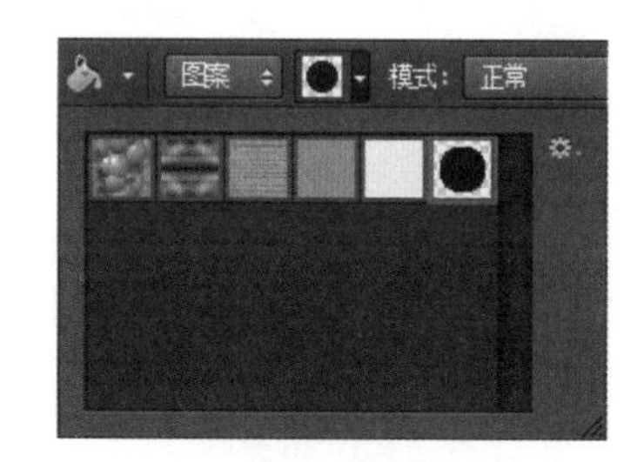

图 5-43 选择定义图案

【Step05】选择“背景”层，按【Shift+Ctrl+Alt+N】组合键新建“图层 4”。在画布中单击，即可完成预设图案的填充，效果如图 5-44 所示。

【Step06】选择“橡皮擦工具”，在选项栏中设置适当的笔尖形状和不透明度，将多余的图案擦除，效果如图 5-45 所示。

图 5-44 填充预设图案

图 5-45 修整图案

【Step07】选择“减淡工具”，在图案上按照光照的走向涂抹，得到如图 5-46 所示效果。

【Step08】在“图层”面板中，调整“图层 4”的“不透明度”为 20%，效果如图 5-47 所示。

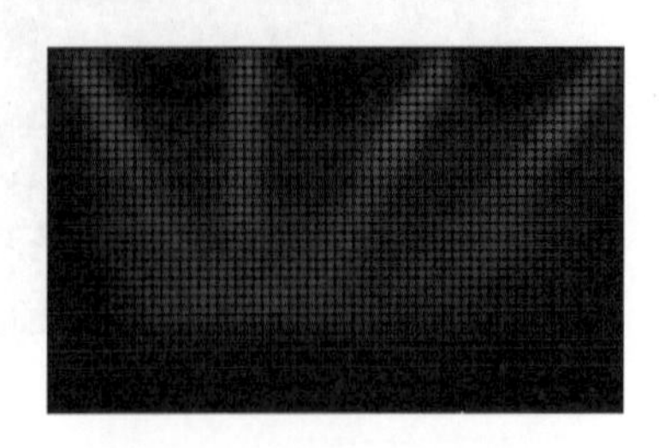

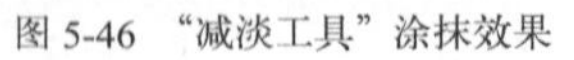

图 5-46 “减淡工具”涂抹效果

图 5-47 调整“不透明度”

4. 调入跑车素材

【Step01】打开素材图像“汽车素材 .jpg”，如图 5-48 所示。

【Step02】选择“钢笔工具”，沿着跑车的轮廓绘制路径。然后，按【Ctrl+Enter】组合键将路径转换为选区，如图 5-49 所示。

【Step03】选择“移动工具”，将跑车拖动到绘制的背景中，如图 5-50 所示。

图 5-48 素材图像“汽车素材”

图 5-49 绘制路径并转换为选区

图 5-50 导入素材

【Step04】按【Ctrl+J】组合键，复制“汽车素材”得到“汽车素材副本”图层。按【Ctrl+T】组合键，调出定界框，右击，选择“垂直翻转”命令，然后将其移动至合适位置，按【Enter】键确认自由变换，如图 5-51 所示。

【Step05】选择“矩形选框工具”，在选项栏中设置“羽化”为 20 像素，在画布中绘制一个矩形选区，如图 5-52 所示。

【Step06】按【Delete】键，删除选区中的内容。在“图层”面板中，设置“汽车素材副本”图层的“不透明度”为 50%，按【Ctrl+D】组合键取消选区，如图 5-53 所示。

图 5-51 复制和垂直翻转图层

图 5-52 绘制矩形选区

图 5-53 更改图层的不透明度

【Step07】选择“钢笔工具”，在选项栏中设置“填充”为黑色、“描边”为无颜色。在画布中绘制如图 5-54 所示的形状，得到“形状 1”图层，作为跑车的阴影，在其“属性”面板中设置“羽化”为 5 像素。

图 5-54 绘制形状

【Step08】按【Ctrl+[】组合键，将“形状 1”图层调整到“汽车素材”图层的下面，如图 5-55 所示。

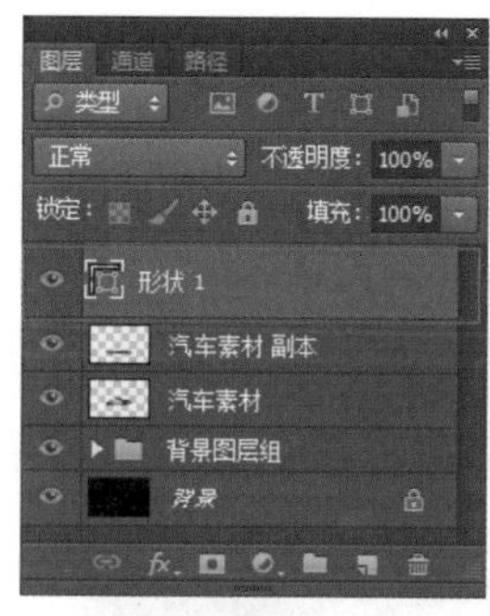

调整图层顺序前

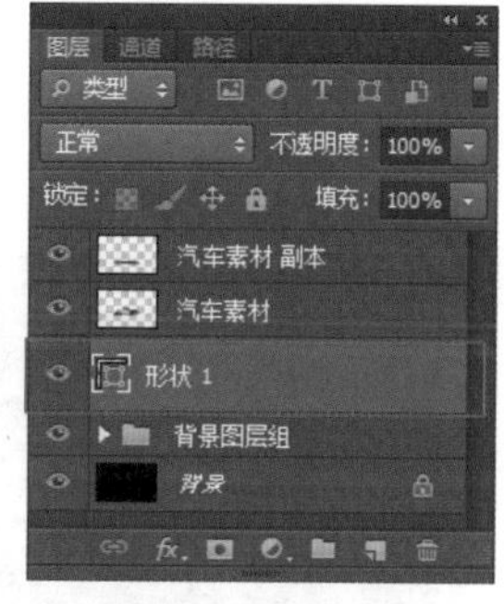

调整图层顺序后

图 5-55 调整图层顺序

5. 添加火焰效果

【Step01】打开素材图像“火焰 .psd”，如图 5-56 所示。

【Step02】选择“移动工具” ，将“火焰”素材拖动到“【案例 17】跑车桌面 .psd”文件中，如图 5-57 所示。

【Step03】按【Ctrl+T】组合键，调出定界框，右击选择“变形”命令，调整图层对象至如图 5-58 所示的样式。按【Enter】键，确认自由变换。

图 5-56 素材图像“火焰”

图 5-57 导入火焰素材

图 5-58 “变形”变换

【Step04】将“火焰”移至“汽车素材”的下方，并选择“橡皮擦工具” ，设置适当的笔尖形状和不透明度，轻轻擦除火焰边缘使其与背景融合，效果如图 5-59 所示。

【Step05】在“图层”面板中，选中最顶层的图层。再次拖动“火焰素材”到“【案例 17】跑车桌面 .psd”文件中。按【Ctrl+T】组合键，拖动定界框调整“火焰素材”至适当大小，并移至适当位置，如图 5-60 所示。

图 5-59　橡皮擦工具

图 5-60　移动火焰图层

【Step06】按【Ctrl+J】组合键，复制汽车前轮的火焰素材，并使用“移动工具”移至汽车后轮处，如图 5-61 所示。

图 5-61　复制并移动火焰

知识点讲解

1. 铅笔工具

“铅笔工具”是画笔工具组中的重要一员，它也是使用前景色来绘制线条的，与“画笔工具”最大区别是“铅笔工具”只能绘制硬边线条。现在非常流行的像素画，主要是通过铅笔工具来绘制的，如图 5-62 所示。

“铅笔工具”选项栏中的内容与“画笔工具”选项栏类似，只多了一个“自动涂抹”的选项，对它的具体解释如下。

自动涂抹：开始拖动鼠标时，如果光标的中心在包含前景色的区域上，可将该区域涂抹成背景色；如果光标的中心在不包含前景色的区域上，则将该区域涂抹成前景色。

使用“自动涂抹”功能，可以绘制有规律的间隔色。如图 5-63 所示的音符，就是设置了前景色（RGB：54、221、182）和背景色（RGB：34、102、255），在画布中顺序单击绘制而成的。值得注意的是，绘制出前景色的圆点后，需轻移光标，使光标中心仍在前景色上，再次单击，此时所绘制的圆点颜色才会变为背景色。多次反复操作即可绘制出间隔色的效果。

图 5-62　像素画

图 5-63　“自动涂抹”绘制的音符

2. 定义图案

使用“定义图案”命令可以将图层或选区中的图像定义为图案。定义图案后，可以用“填充”命令将图案填充到整个图层区域或选区中。

打开素材图像“雪花 .psd”，如图 5-64 所示。执行“编辑→定义图案”命令，即可将当前画布中的图像或选区预设成为图案。选择“油漆桶工具”，在其选项栏中设置“填充区域的源”为图案。然后，在新建画面中单击，即可填充预设图案，如图 5-65 所示。

值得一提的是，选择“油漆桶工具”选项栏中的“模式”选项，可以使填充的图案产生得到不同的效果。其中图 5-66 为“模式”选项中“正片叠底”效果，图 5-67 为“滤色”效果，图 5-68 为“叠加”效果。关于“模式”的混合效果，将在第 8 章进行详细讲解。

图 5-64　素材图像“雪花”

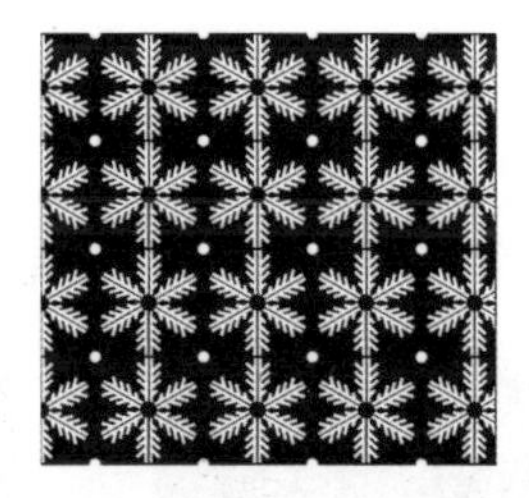

图 5-65　预设图案填充效果

图 5-66　“正片叠底”模式效果

图 5-67　“滤色”模式效果

图 5-68　“叠加”模式效果

3. 减淡工具

使用“减淡工具”，可以加亮图像的局部区域，通过提高图像选区的亮度来校正曝光。因此“减淡工具”常被用来修饰图片。选择“减淡工具”（或按【O】键），待鼠标指针变为○状时在图层对象上涂抹，即可减淡图层对象的颜色，如图 5-69 所示的减淡效果。

图 5-69　减淡工具的使用

图 5-70 所示为“减淡工具”选项栏，其中“范围”“曝光度”和“保护色调”这 3 项比较常用，对它们的具体介绍如下。

图 5-70 “减淡工具”选项栏

• 范围: 可以选择需要修改的色调，分为“阴影”、“中间调”和“高光”选项。其中“阴影”选项可以处理图像的暗色调，“中间调”选项可以处理图像的中间色调，“高光”选项则处理图像的亮部色调。

• 曝光度：可以为减淡工具指定曝光度。数值越高，效果越明显。

• 保护色调：如希望操作后图像的色调不发生变化，则勾选该复选框即可。

4. 加深工具

“加深工具”和“减淡工具”恰恰相反，可以变暗图像的局部区域。右击“减淡工具”，在弹出的选项组中选择“加深工具”，如图 5-71 所示。

选择“加深工具”后，在图像上反复涂抹，即可变暗涂抹的区域，如图 5-72 所示。

图 5-71 减淡工具组

图 5-72 加深工具的使用

同“减淡工具”一样，通过指定“加深工具”选项栏中的“曝光度”，也可以设置加深的效果，数值越大效果越明显。

5.3 【案例18】护肤Banner

画笔工具除了可以绘制图像，也可以应用于修饰图像。本节将综合前面所讲的知识，以及画笔工具组中的其他工具绘制一款唯美的“护肤 Banner”，其效果如图 5-73 所示。通过本案例的学习，读者能够掌握“颜色替换工具”“历史记录画笔工具”的基本应用。

图 5-73 “护肤 Banner”效果展示

1．修饰人物素材

【Step01】打开素材图像“混血女孩 .psd”，如图 5-74 所示。

【Step02】执行“滤镜→模糊→高斯模糊”命令，在弹出的“高斯模糊”对话框中设置“半径”为 40 像素，如图 5-75 所示，单击“确定”按钮，效果如图 5-76 所示。

图 5-74　素材图像“混血女孩”

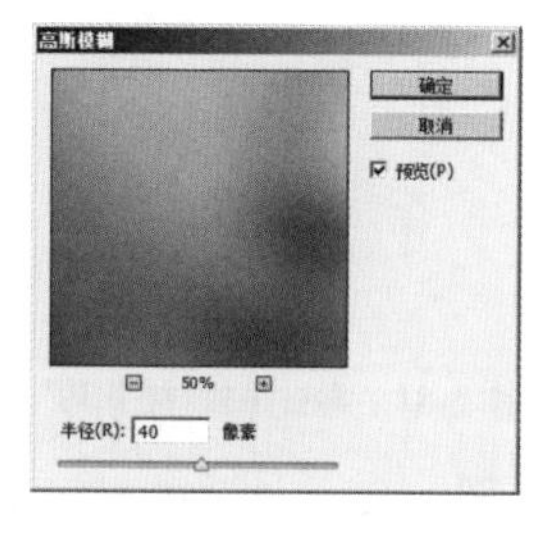

图 5-75　“高斯模糊”对话框

图 5-76　“高斯模糊”效果

【Step03】在“历史记录”面板中单击底部的“创建新快照”按钮，创建“快照 1”，如图 5-77 所示。注意单击“快照 1”前方的“设置历史记录画笔工具的源”，使按钮显示。然后，选择“打开”步骤，使画面恢复到打开时的状态。

【Step04】选择“历史记录画笔工具”，在选项栏中设置“画笔形状”为柔边圆、“画笔大小”为 90 像素、“不透明度”为 80%。在人物面部有斑的地方轻轻涂抹并根据情况适当调整画笔大小，效果如图 5-78 所示。注意避开眼睛、鼻子、嘴巴等清晰的部分。修饰完后效果如图 5-79 所示。

图 5-77　创建新快照

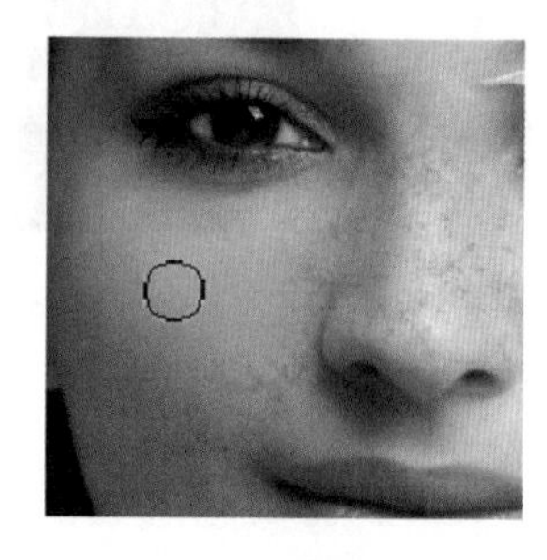

图 5-78　历史记录画笔工具

图 5-79　修饰完成效果图

2．绘制花瓣背景

【Step01】按【Ctrl+N】组合键，在弹出“新建”对话框中设置“宽度”为 1050 像素、“高度”为 600 像素、“分辨率”为 72 像素 / 英寸、“颜色模式”为 RGB 颜色、“背景内容”为白色，单击“确定”按钮。

【Step02】按【Ctrl+Shift+S】组合键，以名称“【案例 18】护肤 Banner.psd”保存图像。

【Step03】设置前景色为深紫色（RGB: 20、0、30），按【Alt+Delete】组合键对画布进行填充。

【Step04】选择“移动工具”，将修饰完成的“混血女孩”置入“【案例 18】护肤 Banner”中，并按【Ctrl+T】组合键调整其大小和位置，如图 5-80 所示。

【Step05】选择“背景”层,按【Shift+Ctrl+Alt+N】组合键新建“图层 1”。打开素材笔刷“洋甘菊笔刷 .psd”，如图 5-81 所示。

【Step06】执行“编辑→定义画笔预设”命令，在弹出的对话框中单击“确定”按钮。

【Step07】设置前景色为粉色（RGB：255、180、220）。选择“画笔工具”，设置适当的画笔大小在画布中依次单击，效果如图 5-82 所示。

图 5-80　置入素材

图 5-81　素材笔刷“洋甘菊”

图 5-82　绘制洋甘菊

【Step08】在“图层”面板中，设置“图层 1”的“不透明度”为 20%。

【Step09】按【Shift+Ctrl+Alt+N】组合键新建“图层 2”。打开素材笔刷“洋牡丹笔刷 .psd”，如图 5-83 所示。

【Step10】执行“编辑→定义画笔预设”命令，在弹出的对话框中单击“确定”按钮。

【Step11】设置前景色为粉色（RGB：255、130、165）。选择“画笔工具”，设置适当的画笔大小在画布中依次单击，效果如图 5-84 所示。

图 5-83　素材笔刷“洋牡丹”

图 5-84　绘制洋牡丹

3．调整人物细节并置入文字素材

【Step01】选中“图层”面板中“混血女孩”图层，设置前景色为深紫色（RGB：20、0、30）。

【Step02】选择“颜色替换工具”,设置合适的笔尖形状在“混血女孩”的眼睛处轻轻涂抹，如图 5-85 所示，直至眼珠彻底成为深紫色，效果如图 5-86 所示。

【Step03】设置前景色为淡粉色（RGB: 255、150、175）。继续使用“颜色替换工具”,在“混血女孩”的嘴唇处轻轻涂抹，直至嘴唇成为淡粉色，效果如图 5-87 所示。

图 5-85　颜色替换工具

图 5-86　替换为深紫色

图 5-87　替换为浅粉色

【Step04】打开素材文字“【案例 18】文字素材 .png”,选择“移动工具”将其拖入“【案例 18】护肤 Banner.psd”的画布中，效果如图 5-88 所示。

图 5-88 置入文字素材

1. 颜色替换工具

将鼠标指针定位在“画笔工具”上并右击,即可选择“颜色替换工具”。“颜色替换工具”可以用前景色替换图像中的颜色。值得注意的是，该工具不能用于位图、索引或多通道颜色模式的图像。

图 5-89 中展示了“颜色替换工具”的相关选项，对它们的具体介绍如下。

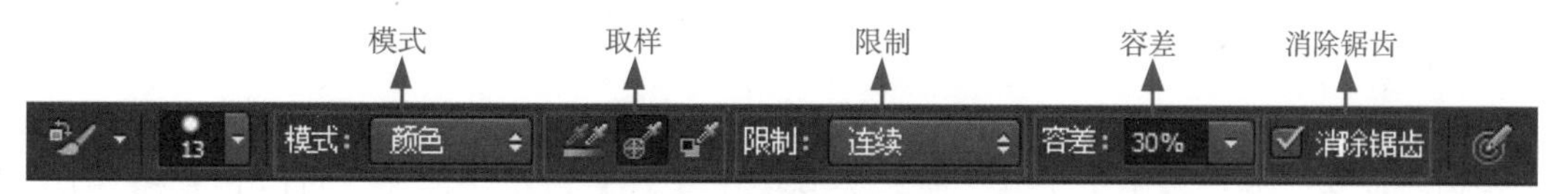

图 5-89 “颜色替换工具”选项栏

· 模式：用来设置可以替换的颜色属性，包括“色相”“饱和度”“颜色”和“明度”。默认状态为“颜色”模式，它表示可以同时替换色相、饱和度和明度。

· 取样：用来设置颜色取样的方式。按下连续按钮，在拖动鼠标时可连续对颜色取样；按下一次按钮，只替换包括第一次单击的颜色区域中的目标颜色；按下背景色板按钮，只替换包含当前背景色的区域。

· 限制：选择“不连续”，可以替换出现在光标下任何位置的样本颜色；选择“连续”，可替换与光标下颜色临近的颜色；选择“查找边缘”，可替换包含样本颜色的连接区域，同时保留形状边缘的锐化程度。

· 容差：用来设置工具的容差。颜色替换工具只替换鼠标单击点颜色容差范围内的颜色，该值越高包含的颜色范围越大。

· 消除锯齿：勾选该项，可以为校正的区域定义平滑的边缘。

打开素材图像“绵羊 .jpg”，如图 5-90 所示。设置前景色为天蓝色，使用“颜色替换工具”并设置合适的笔尖，即可在绵阳的绒毛上涂抹进行颜色的替换，效果如图 5-91 所示。

图 5-90　素材图像“绵羊”

图 5-91　“颜色替换工具”效果

2. 混合器画笔工具

“混合器画笔工具”可以混合像素，它能模拟真实的绘画技巧，如混合画布上的颜色、组合画笔上的颜色以及在描边过程中使用不同的绘画湿度。混合器画笔有两个绘画色管（一个储槽和一个拾取器）。储槽存储最终应用于画布的颜色，拾取色管接收来自画布的油彩。

图 5-92 中展示了“混合器画笔工具”的相关选项，对它们的具体介绍如下。

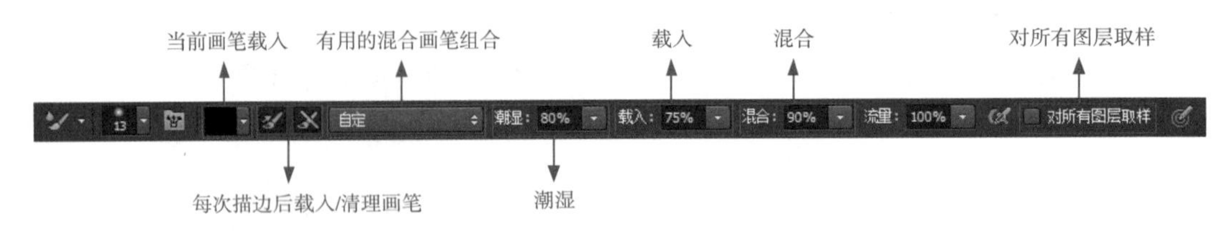

图 5-92　“混合器画笔工具”选项栏

· 当前画笔载入：单击按钮弹出下拉菜单，有“载入画笔”“清理画笔”和“只载入纯色”三个选项。使用“混合器画笔工具”时，需要按住【Alt】键单击图像，可以将光标下方的颜色载入储槽。其中，“载入画笔”选项可以拾取光标下方的图像，此时画笔笔尖可反映出取样区域中的任何颜色变化；“清理画笔”选项可清除画笔中的油彩；“只载入纯色”选项可拾取图像中的单色。

· 每次描边后载入 / 清理画笔：按下按钮，可以使光标下的颜色与前景色混合；按下按钮，可以清理画笔上的油彩。

· 有用的混合画笔组合：提供了“干燥”“潮湿”等预设的画笔组合。

· 潮湿：可设置从画布拾取的油彩量，较高的设置会产生较长的画笔笔触。

· 载入：用来指定储存槽中载入的油彩量，载入速率较低时，绘画描边干燥的速度也会更快。

· 混合：用来控制画布油彩量同储槽油彩量的比例。比例为 100% 时，所有油彩将从画布中拾取；比例为 0% 时，所有油彩都来自储槽。

· 对所有图层取样：拾取所有可见图层中的画布颜色。

打开素材图像“静物 .jpg”，如图 5-93 所示。使用“混合器画笔工具”并设置合适的笔尖，按住【Alt】键的同时，单击画面取样。然后，根据预期涂抹效果的混合方向，在需要混合的部分进行混合涂抹即可，效果如图 5-94 所示。

图 5-93 素材图像“静物”

图 5-94 “混合器画笔工具”效果

3. 历史记录画笔工具

“历史记录画笔工具”可以将图像恢复到编辑过程中的某一步骤状态，或者将部分图像恢复为原样。需要注意的是，该工具需配合“历史记录”面板一同使用。在“历史记录画笔工具”选项栏中，“画笔”“模式”和“不透明度”等都与画笔工具的相应选项相同，其他选项解释如下。

· 样式：可以选择一个选项来控制绘画描边的形状，包括“绷紧短”“绷紧中”和“绷紧长”等。

· 区域：用来设置绘画描边所覆盖的区域，值越高覆盖的区域越广，描边的数量也越多。

· 容差：容差值可以限定可应用绘画描边的区域。低容差可用于在图像中的任何地方绘制无数条描边，高容差会将绘画描边限定在与源状态或快照中的颜色明显不同的区域。

打开素材图像“郁金香.jpg”，如图 5-95 所示。执行“图像→调整→去色”命令，效果如图 5-96 所示。打开“历史记录”面板，单击底部的“创建新快照”按钮，创建“快照 1”。注意单击“快照 1”前方的“设置历史记录画笔工具的源”，使按钮显示。然后，选择“打开”步骤，使画面恢复到打开时的状态，如图 5-97 所示。选择“历史记录画笔工具”，设置适合的笔尖大小，然后在第一朵和最后一朵郁金香上涂抹，即可使其恢复到去色状态，效果如图 5-98 所示。

图 5-95 素材图像“郁金香”

图 5-96 “去色”效果

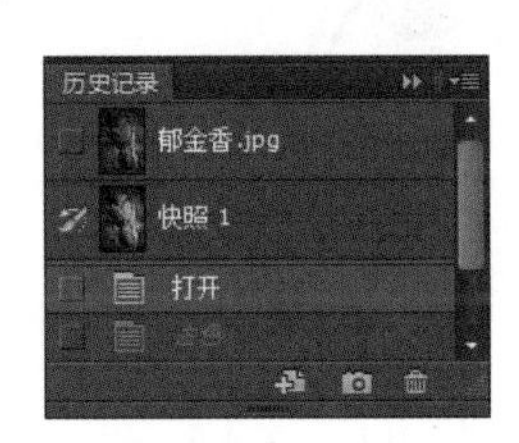

图 5-97 “历史记录”面板

图 5-98 使用“历史记录画笔工具”效果

4. 模糊工具

“模糊工具”可以对图像进行适当的修饰，产生模糊的效果，使主体更加突出。选择“模糊工具”，待鼠标变成○状，按住鼠标左键反复涂抹，即可对图层对象进行模糊处理，如图 5-99

所示。

模糊处理前

模糊处理后

图 5-99 模糊工具

选择“模糊工具”后，可以在其选项栏设置笔触形状和强度，如图 5-100 所示。

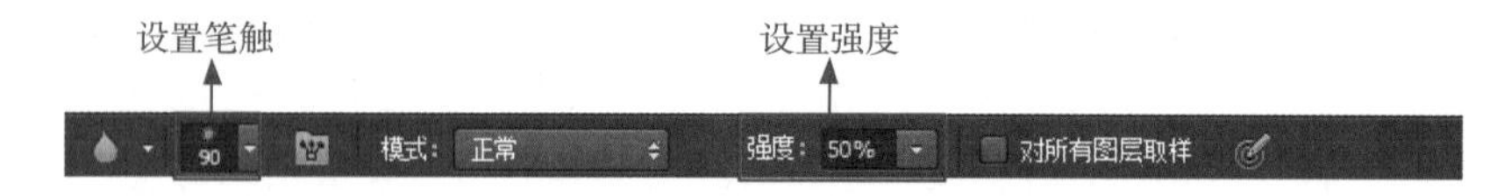

图 5-100 “模糊工具”选项栏

其中“设置笔触”用于选择笔尖的形状，“强度”用于控制压力的大小，具体介绍如下。

· 设置笔触：用于选择画笔的形状。单击按钮，在弹出的下拉面板中可以选择笔触的形状。

· 设置强度：用于设定压力的大小，压力越大，模糊程度越明显。

动手实践

学习完前面的内容，下面来动手实践一下吧。

请使用图 5-101 所示素材，结合本章所学知识绘制如图 5-102 所示图像。

图 5-101 盆栽花

图 5-102 云朵屏保

第6章 图层样式

学习目标

- ◆ 掌握图层样式的应用方法，会添加并编辑图层样式效果。
- ◆ 熟悉斜面和浮雕的操作方法，会应用并设置斜面和浮雕效果。
- ◆ 熟悉投影的操作方法，会应用和设置投影效果。
- ◆ 了解其他图层样式的设置方法，能应用和设置各效果。

通过前5章的学习，相信读者已经能够使用选框工具和矢量工具绘制简易的图形。在实际的设计与操作中，有时需要对绘制的图形增加立体的效果，这时就需要使用〝图层样式〞了。〝图层样式〞是制作图形效果的重要手段之一，它能够通过简单的操作，迅速将平面图形转化为具有材质和光影效果的立体图形。本章将通过3个实用的案例对〝图层样式〞进行详细的讲解。

6.1 【案例19】进度条

进度条是以图片为载体来显示任务进展状态的一种形式，一般以长形条状为主要样式。在当代网页设计中，进度条一般作为网页风格的一部分进行特色化设计。本节通过制作一款立体进度条，来认识“图层样式”并学习其基本操作，其效果如图6-1所示。

图6-1 “进度条”效果展示

实现步骤

1．制作背景效果

【Step01】按【Ctrl+N】组合键，在“新建”对话框中设置“宽度”为1100像素、“高度”为400像素、“分辨率”为72像素/英寸、“颜色模式”为RGB颜色、“背景内容”为白色，单击“确定”按钮。

【Step02】按【Ctrl+Shift+S】组合键，以名称“【案例19】进度条.psd”保存图像。

【Step03】按【Alt】键的同时，双击“背景”层，将其转换为普通图层。

【Step04】单击“图层”面板下方的“添加图层样式”按钮fx，弹出“图层样式”菜单，如图 6-2 所示。

【Step05】选择“渐变叠加”选项，弹出“图层样式”对话框，如图 6-3 所示。

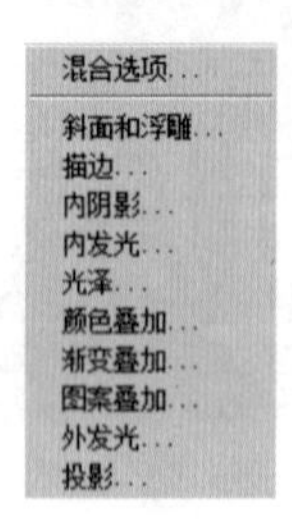

图 6-2　图层样式菜单

图 6-3　“图层样式”对话框

【Step06】单击“渐变”右侧的“渐变颜色条”，弹出“渐变编辑器”。设置“渐变颜色条”左侧颜色为黄色（RGB：255、230、21），右侧颜色为橙色（RGB：228、145、1），调整“颜色中点”的位置，设置如图 6-4 所示。单击“确定”按钮，完成“渐变编辑器”的设置。

图 6-4　“渐变颜色条”的设置

【Step07】继续在对话框中设置“样式”为对称的、勾掉“与图层对齐”复选框、“缩放”为 150%，设置如图 6-5 所示。

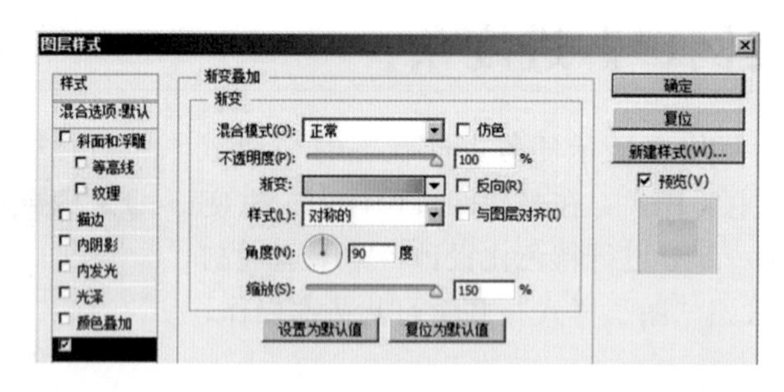

图 6-5　“渐变叠加”对话框

【Step08】单击“图层样式”对话框右侧的“确定”按钮，效果如图 6-6 所示。

图 6-6　“渐变叠加”效果

2. 制作进度条外框效果

【Step01】选择“圆角矩形工具”![], 设置选项栏中“工具模式”为形状。在画布中单击，弹出“创建圆角矩形”对话框，设置“宽度”为 800 像素、“高度”为 70 像素、“半径”为 10 像素，如图 6-7 所示。单击“确定”按钮，在画布中心创建一个圆角矩形，如图 6-8 所示。

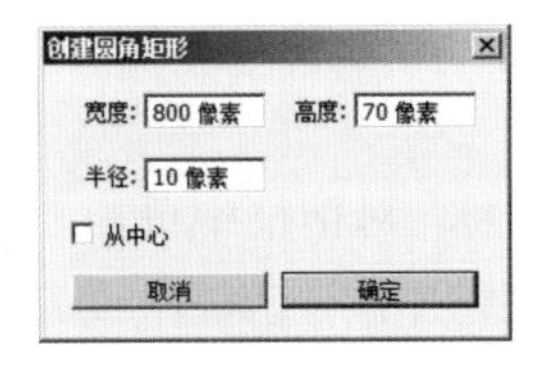

图 6-7 “创建圆角矩形”对话框

图 6-8 圆角矩形效果

【Step02】单击“图层”面板下方的“添加图层样式”按钮，弹出“图层样式”菜单，选择“描边”选项。

【Step03】在左侧“样式”中选择“渐变叠加”选项，单击“渐变”右侧的“渐变颜色条”，设置其为暗黄色（RGB：198、198、104）到白色的渐变，如图 6-9 所示。单击“确定”按钮，完成“渐变编辑器”的设置。

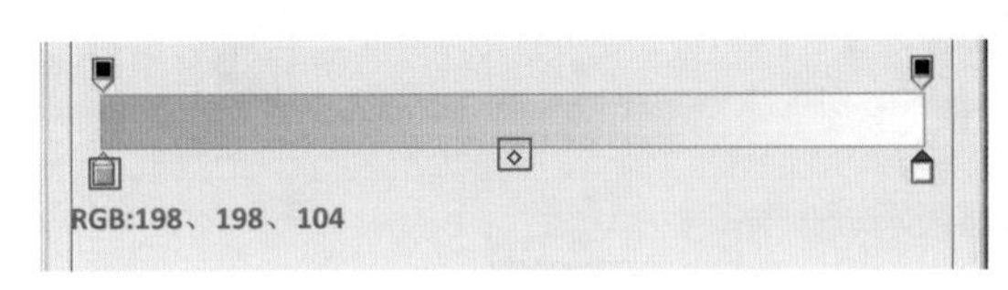

图 6-9 “渐变颜色条”的设置

【Step04】单击“图层样式”对话框右侧的“确定”按钮，效果如图 6-10 所示。

【Step05】选择“圆角矩形工具”，在画布中单击，在弹出的对话框中设置“宽度”为 790 像素、“高度”为 60 像素、“半径”为 10 像素，单击“确定”按钮。选择“移动工具”，将创建的圆角矩形移至如图 6-11 所示位置。

图 6-10 “图层样式”效果

图 6-11 绘制“圆角矩形”

【Step06】单击“添加图层样式”按钮，弹出“图层样式”菜单，选择“渐变叠加”选项。单击“渐变”右侧的“渐变颜色条”，设置其为白色到暗黄色（RGB: 198、198、104）的渐变，如图 6-12 所示。

图 6-12 “渐变叠加”对话框

【Step07】单击“图层样式”对话框的“确定”按钮，效果如图 6-13 所示。

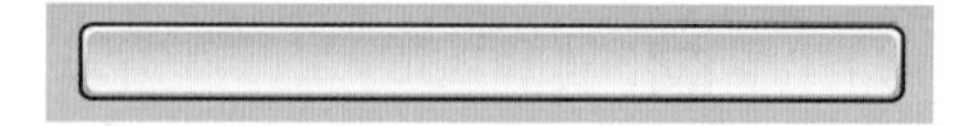

图 6-13 “渐变叠加”效果

3. 制作进度条内容

【Step01】打开素材图像“图案.jpg”，如图 6-14 所示。

【Step02】执行“编辑→定义图案”命令，在弹出的“图案名称”对话框中单击“确定”按钮。

【Step03】选择“圆角矩形工具”，在画布中单击，在弹出的对话框中设置“宽度”为 470 像素、“高度”为 60 像素、“半径”为 10 像素，单击“确定”按钮。选择“移动工具”，将创建的圆角矩形移至如图 6-15 所示位置。

【Step04】单击“添加图层样式”按钮，选择“图案叠加”选项。单击“图案”内容，选择【Step02】中预设的定义图案，单击“贴紧原点”按钮，如图 6-16 所示。

图 6-14 素材图像“图案”

图 6-15 绘制“圆角矩形”

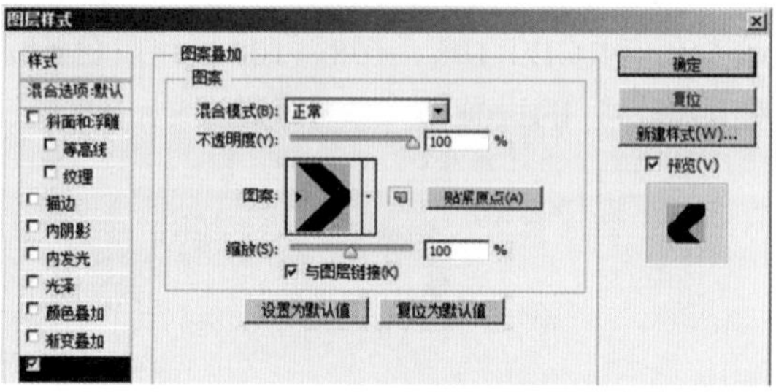

图 6-16 “图案叠加”对话框

【Step05】在左侧“样式”中选择“斜面和浮雕”选项，设置“深度”为 174%、“大小”为 10 像素、“软化”为 3 像素、“高光模式的颜色”为象牙白色（RGB：255、254、235）、“阴影模式的颜色”为浅灰色（RGB：190、190、190），如图 6-17 所示。

【Step06】单击“图层样式”对话框的“确定”按钮，效果如图 6-18 所示。

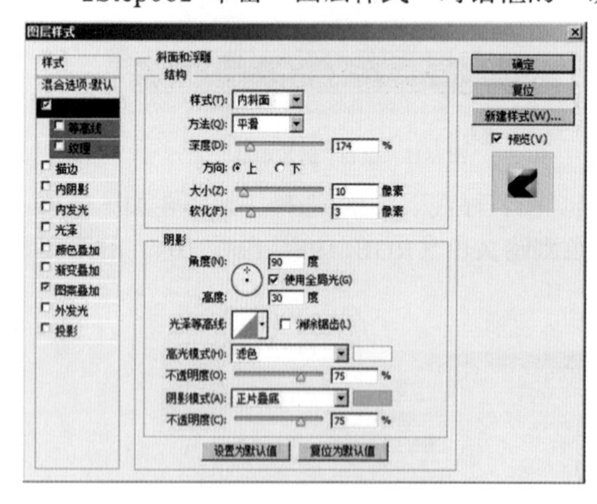

图 6-17 “斜面和浮雕”对话框

图 6-18 “图层样式”效果

4. 制作进度条装饰和投影

【Step01】选择“横排文字工具”，在进度条尾部单击画布，出现闪动的竖线后，在选项栏中设置“字体”为微软雅黑、“字体大小”为 30 点、“文本颜色”为白色，输入字符“60%”，如图 6-19 所示。单击选项栏中的“提交当前所有编辑”按钮，完成当前文字的编辑。

【Step02】单击“添加图层样式”按钮，选择“斜面和浮雕”选项。设置“样式”为浮雕效果、“深度”为 1%、“大小”为 1 像素，如图 6-20 所示。

图 6-19　输入字符

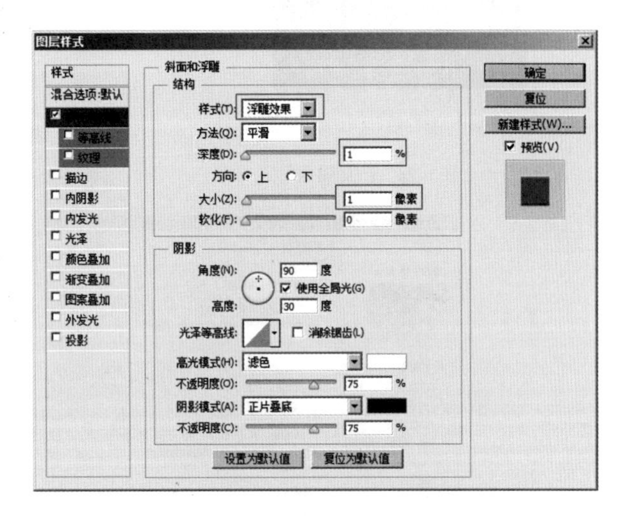

图 6-20　“斜面和浮雕”对话框

【Step03】单击“图层样式”对话框的“确定”按钮，效果如图 6-21 所示。

【Step04】选择“椭圆工具”，绘制一个黑色的椭圆形状，得到“椭圆 1”，效果如图 6-22 所示。

【Step05】在“图层”面板中，更改“不透明度”为 40%，在“属性”面板中，设置“羽化”为 9 像素，效果如图 6-23 所示。

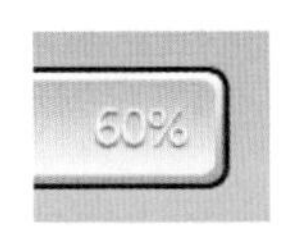

图 6-21　“斜面和浮雕”效果

图 6-22　绘制黑色椭圆形状

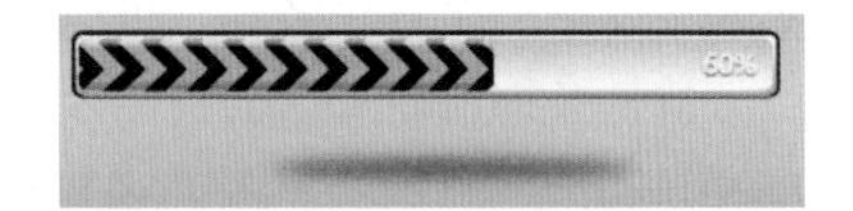

图 6-23　设置椭圆属性

1. 添加图层样式

图层样式可以为图层中的图形添加诸如投影、发光、浮雕等效果，从而创建真实质感的特效。图层样式非常灵活，可以随时修改、隐藏或删除。

为图形添加“图层样式”，需要先选中这个图层，然后单击“图层”面板下方的“添加图层样式”按钮，如图 6-24 所示。在弹出的菜单中，选择一个效果选项，如图 6-25 所示。此时，将弹出“图层样式”对话框，如图 6-26 所示。

添加“图层样式”的快捷方式：双击需要添加图层样式图层的空白处，将弹出“图层样式”对话框，如图 6-27 所示。

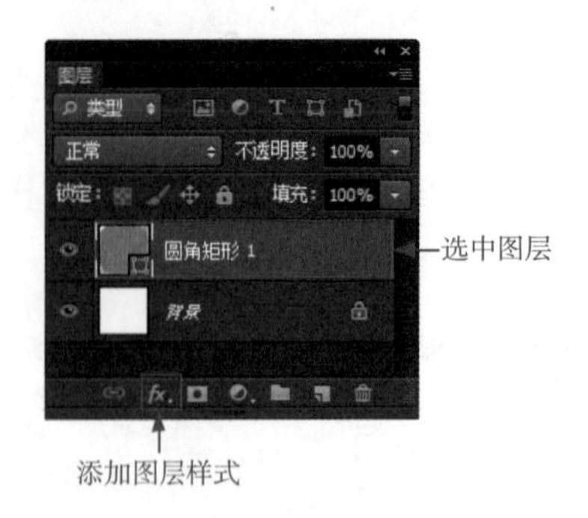

图 6-24　添加图层样式

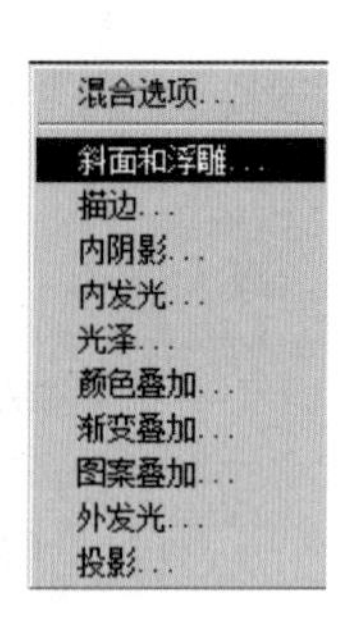

图 6-25　选择一个效果命令

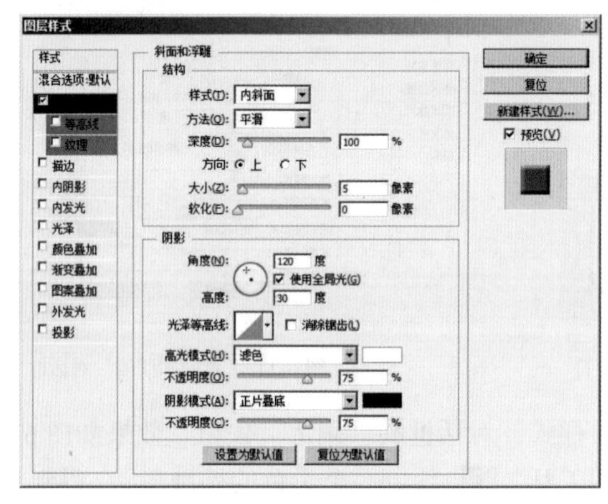

图 6-26　“图层样式”对话框

在“图层样式”对话框的左侧有 10 项效果可以选择，分别是斜面和浮雕、描边、内阴影、内发光、光泽、颜色叠加、渐变叠加、图案叠加、外发光和投影。从图 6-28 中可以看出，当单击左侧的一个效果名称，可以选中该效果，对话框的中间则会显示与之对应的样式设置。

效果名称前面复选框有☑标记的，表示在图层中添加了该效果。单击效果名称前方的☑标记，可停用该效果，但保留效果参数。

在对话框中设置效果参数后，单击“确定”按钮即可为图层添加图层样式，该图层会显示图层样式的图标fx和一个效果列表。单击该图层右侧的▾按钮，可以折叠或展开效果列表，如图 6-29 所示。

图 6-27　双击图层空白处

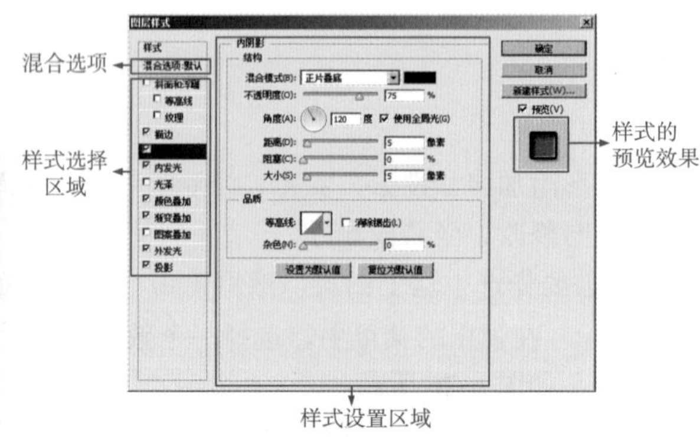

图 6-28　“图层样式”对话框各选项

图 6-29　添加图层样式的效果

注意：图层样式不能直接用于“背景”层，但可以按住【Alt】键的同时，双击“背景”层，将“背景”层转换为普通图层，然后再添加图层样式效果。

2．斜面和浮雕

“斜面和浮雕”效果可以为图形对象添加高光与阴影的各种组合，使图形对象内容呈现立体效果。在“图层样式”对话框中选择“斜面和浮雕”选项，即可切换到“斜面和浮雕”参数设置面板，如图 6-30 所示。

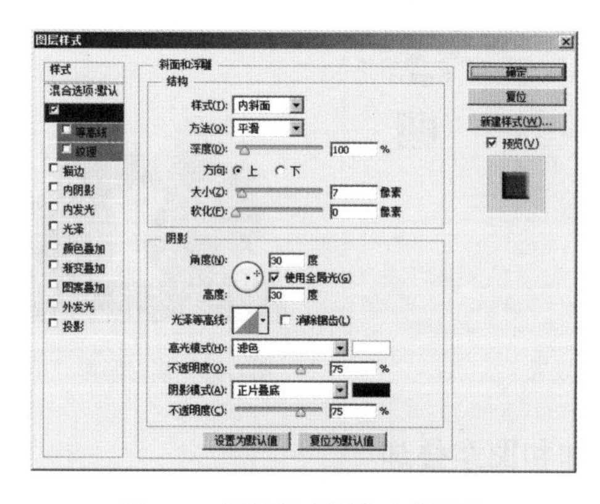

图 6-30 “斜面和浮雕”参数设置

其中，主要选项说明如下。

· 样式：在该下拉列表中可选择不同的斜面和浮雕样式，得到不同的效果。

· 方法：用来选择一种创建浮雕的方法。

· 深度：用于设置浮雕斜面的应用深度，数值越高，浮雕的立体性越强。

· 角度：用于设置不同的光源角度。

图 6-31 所示为素材图像“瓢虫 .psd”，分别为其添加“内斜面”和“枕状浮雕”样式，效果如图 6-32 和图 6-33 所示。

图 6-31 素材图像“瓢虫”

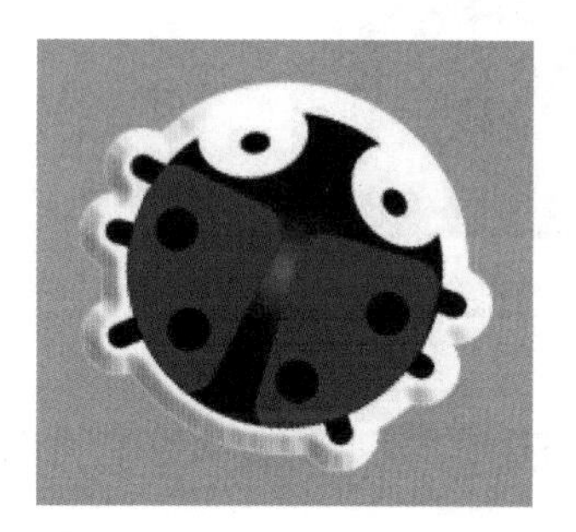

图 6-32 “内斜面”效果

图 6-33 “枕状浮雕”效果

3．描边

“描边”效果可以使用颜色、渐变或图案勾勒图形对象的轮廓，在图形对象的边缘产生一种描边效果。在“图层样式”对话框中选择“描边”选项,即可切换到“描边”参数设置面板，如图 6-34 所示。

其中，主要选项说明如下。

· 大小：用于设置描边线条的宽度。

· 位置：用于设置描边的位置，包括外部、内部、居中。

· 填充类型：用于选择描边的效果以何种方式填充。

· 颜色：用于设置描边颜色。

图 6-35 所示为素材图像“小熊 .psd”，添加“描边”后的效果如图 6-36 所示。

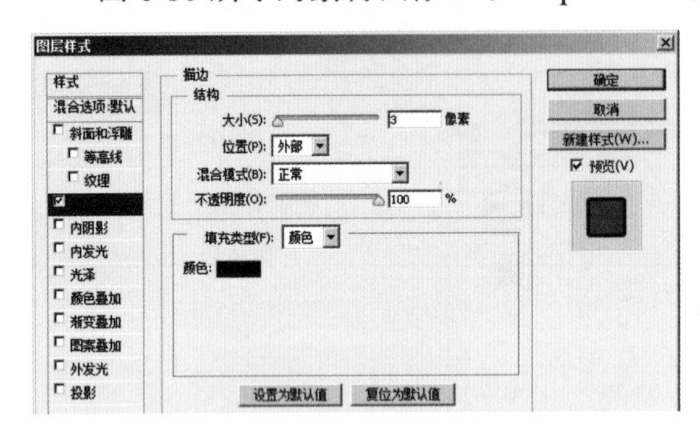

图 6-34 “描边”参数设置

图 6-35 素材图像“小熊”

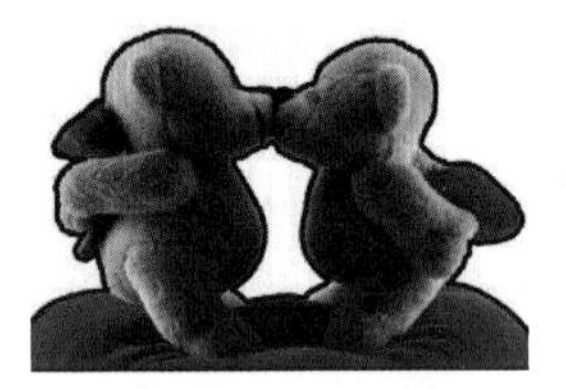

图 6-36 “描边”效果

4. 颜色叠加、渐变叠加和图案叠加

“颜色叠加”效果可以在图形对象上叠加指定的颜色，通过设置颜色的混合模式和不透明度控制叠加效果。图 6-37 所示为素材图像“小孩 .jpg”，添加“颜色叠加”后的效果如图 6-38 所示。

“渐变叠加”效果可以在图形对象上叠加指定的渐变颜色。在“图层样式”对话框中选择“渐变叠加”选项，即可切换到“渐变叠加”参数设置面板，如图 6-39 所示。

图 6-37 素材图像“小孩”

图 6-38 “颜色叠加”效果

图 6-39 “渐变叠加”参数设置

其中，主要选项说明如下。

· 渐变：用于设置渐变颜色。选中“反向”复选框，可以改变渐变颜色的方向。

· 样式：用于设置渐变的形式。

· 角度：用于设置光照的角度。

· 缩放：用于设置效果影响的范围。

图 6-40 所示为素材图像“花朵 .jpg”，添加“渐变叠加”后的效果如图 6-41 所示。

“图案叠加”效果可以在图形对象上叠加指定的图案，并且可以缩放图案、设置图案的不透明度和混合模式。在“图层样式”对话框中选择“图案叠加”选项，即可切换到“图案叠加”参数设置面板，如图 6-42 所示。

图 6-40　素材图像“花朵”

图 6-41　“渐变叠加”效果

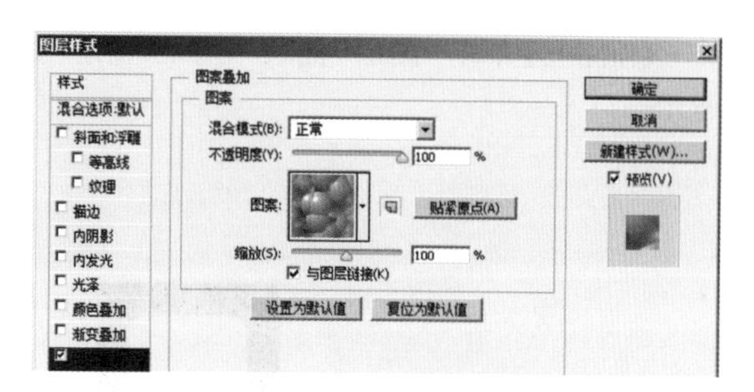

图 6-42　“图案叠加”参数设置

其中，主要选项说明如下。

· 图案：用于设置图案效果。

· 缩放：用于设置效果影响的范围。

图 6-43 所示为素材图像“水果.jpg”，添加“图案叠加”后的效果如图 6-44 所示。

图 6-43　素材图像“水果”　　图 6-44　“图案叠加”效果

6.2 【案例20】精美指针按钮图标

在 UI 设计中，为图标增加立体和光影效果，可以使其更加美观醒目。本小节将运用“图层样式”中的效果选项，带领大家绘制一款“精美指针按钮图标”，效果如图 6-45 所示。通过本案例的学习，读者能够掌握常见“图层样式”各选项的基本应用。

图 6-45　“精美指针按钮图标”效果展示

实现步骤

1．制作指针外形效果

【Step01】按【Ctrl+N】组合键，在“新建”对话框中设置“宽度”为 900 像素、“高度”为 900 像素、“分辨率”为 72 像素 / 英寸、“颜色模式”为 RGB 颜色、“背景内容”为白色，单击“确定”按钮，完成画布的创建。

【Step02】按【Ctrl+Shift+S】组合键，以名称“【案例 20】精美指针按钮图标.psd”保存图像。

【Step03】设置前景色为黑色，按【Alt+Delete】组合键为“背景”层填充黑色。

【Step04】选择“圆角矩形工具”，在选项栏中设置“工具模式”为形状、“填充”为灰白色（RGB: 229、229、229）、无描边、“半径”为 100 像素。拖动鼠标绘制的同时按住【Shift】键，在画布中得到一个正圆角矩形，效果如图 6-46 所示。

【Step05】单击“图层”面板下方的“添加图层样式”按钮fx,弹出“图层样式”菜单,如图 6-47 所示。

图 6-46　绘制圆角矩形

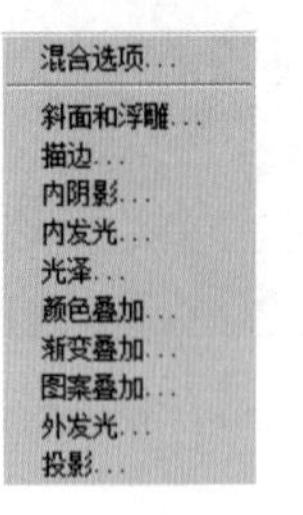

图 6-47　图层样式菜单

【Step06】选择“斜面和浮雕”选项，在弹出的“图层样式”对话框中，设置“深度”为 52%、“大小”为 8 像素、“阴影模式”为叠加、“叠加颜色”为深紫色、“不透明度”为 52%，设置如图 6-48 所示。

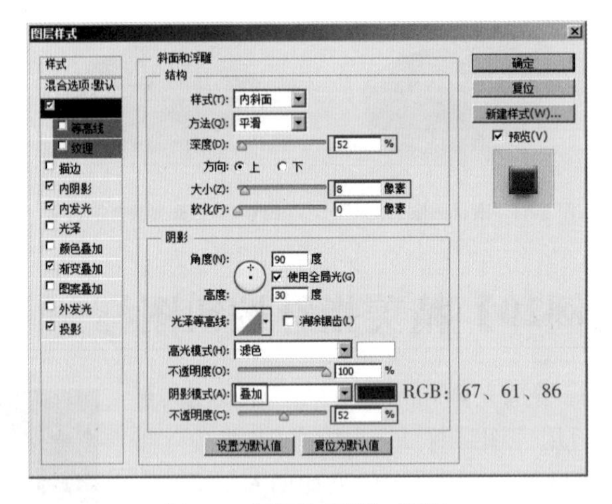

图 6-48　“斜面和浮雕”对话框

【Step07】在左侧“样式”中选择“内阴影”选项，设置“不透明度”为 33%、“角度”为 -90 度、勾去“使用全局光”选项、“距离”为 3 像素，设置如图 6-49 所示。

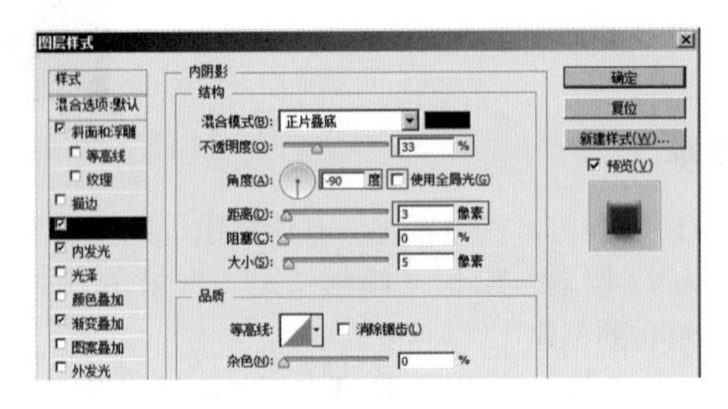

图 6-49　“内阴影”对话框

【Step08】在左侧“样式”中选择“内发光”选项，设置“发光颜色”为白色，单击“等高线”右侧的等高线图标◢,弹出“等高线编辑器”并调整曲线的形状，如图 6-50 所示。设置完成的“内发光”对话框如图 6-51 所示。

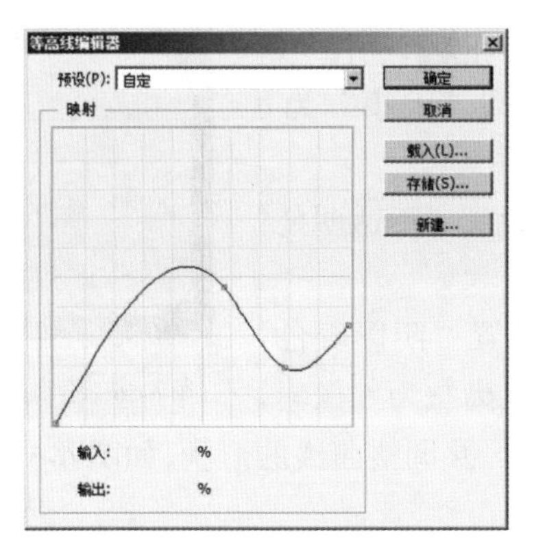

图 6-50　等高线编辑器

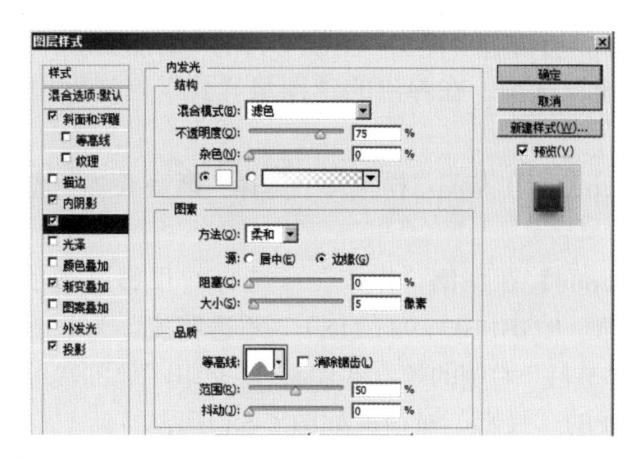

图 6-51 “内发光”对话框

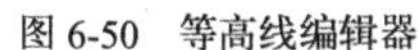

【Step09】在左侧“样式”中选择“渐变叠加”选项，设置“混合模式”为正片叠底、“不透明度”为 23%、设置渐变为深紫色（RGB: 80、69、104）到白色的线性渐变，设置如图 6-52 所示。

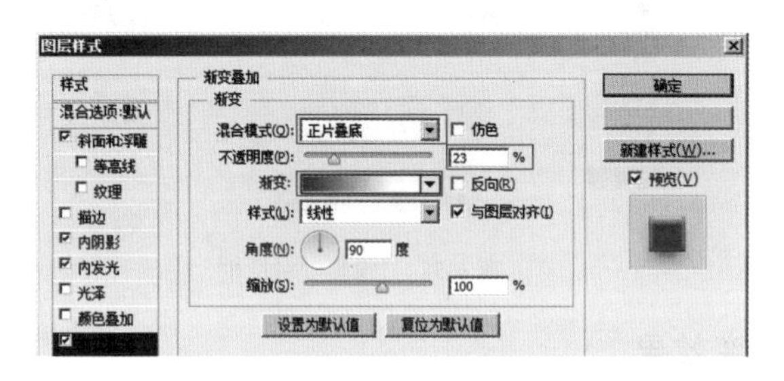

图 6-52 “渐变叠加”对话框

【Step10】在左侧“样式”中选择“投影”选项，设置“不透明度”为 42%、“距离”为 11 像素、“大小”为 16 像素，单击“等高线”右侧的等高线图标◢，弹出“等高线编辑器”并调整曲线的形状，如图 6-53 所示。设置完成的“投影”对话框如图 6-54 所示。

【Step11】单击“图层样式”对话框右侧的“确定”按钮，效果如图 6-55 所示。

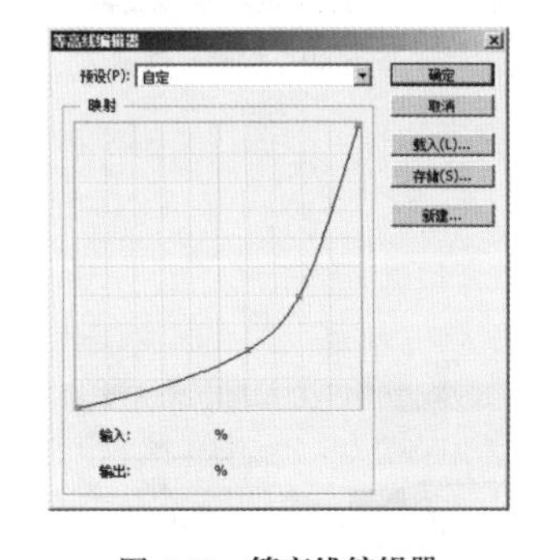

图 6-53　等高线编辑器

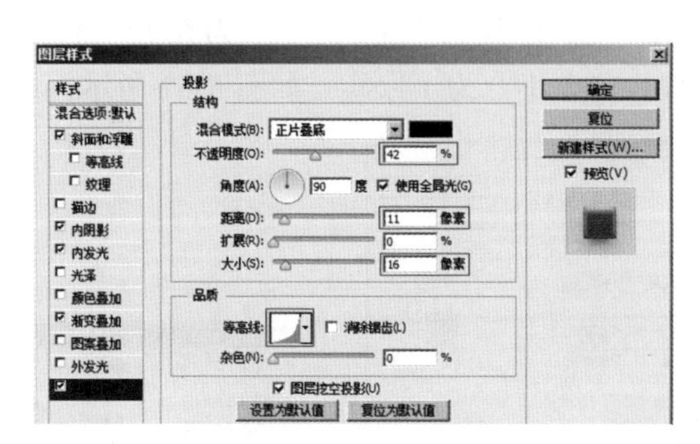

图 6-54 “投影”对话框

图 6-55 “图层样式”效果

2. 制作指针内圆效果

【Step01】选择“椭圆工具”，在圆角矩形上绘制一个灰白色的正圆形状，效果如图 6-56 所示。

【Step02】单击“图层”面板下方的“添加图层样式”按钮fx,选择“斜面和浮雕”选项，在弹出的“图层样式”对话框中，设置“大小”为 4 像素。

【Step03】在左侧“样式”中选择“渐变叠加”选项,设置“不透明度”为 9%。

【Step04】在左侧“样式”中选择“投影”选项，设置“阴影颜色”为深紫色（RGB: 107、93、118)、“不透明度”为 65%、“距离”为 6 像素，单击“等高线”右侧的等高线图标,弹出“等高线编辑器”并调整曲线的形状,如图 6-57 所示。设置完成的“投影”对话框如图 6-58 所示。

图 6-56　绘制正圆形状

【Step05】单击“图层样式”对话框右侧的“确定”按钮，效果如图 6-59 所示。

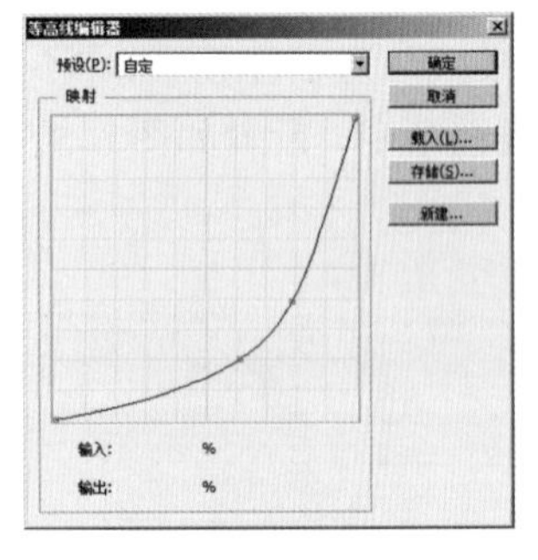

图 6-57　等高线编辑器

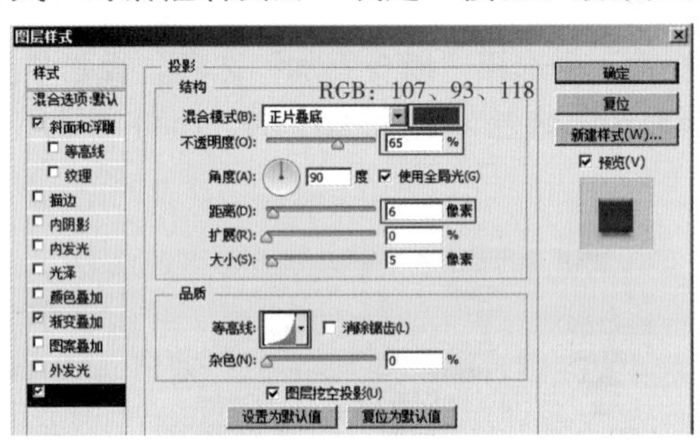

图 6-58　“投影”对话框

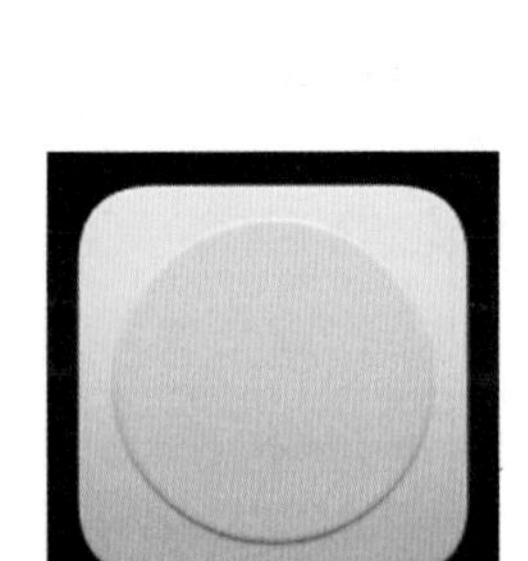

图 6-59　“图层样式”效果

3．制作图标内圆渐变效果

【Step01】选择“椭圆工具”，在“椭圆 1”上绘制一个略小的灰白色的正圆形状，如图 6-60 所示。

【Step02】单击“添加图层样式”按钮fx,选择“斜面和浮雕”选项，在弹出“图层样式”对话框中设置“方向”为下、“大小”为 4 像素、“高亮模式不透明度”为 29%、“阴影模式不透明度”为 12%,如图 6-61 所示。

【Step03】选择“内阴影”选项,设置“混合模式”为叠加、“不透明度”为 79%、“距离”为 1 像素、“大小”为 1 像素，如图 6-62 所示。

图 6-60　绘制“椭圆 2”

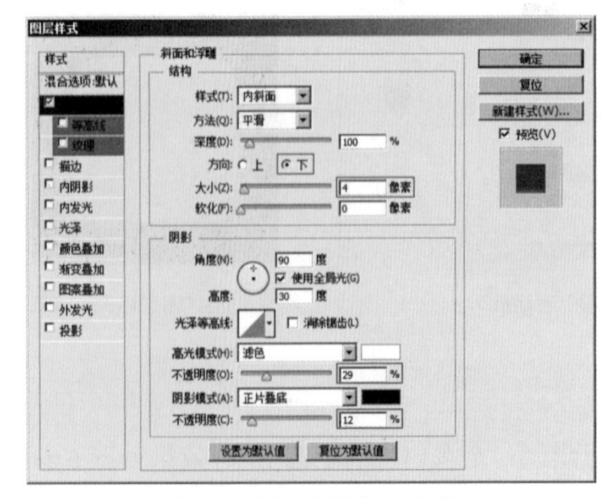

图 6-61　“斜面和浮雕”对话框

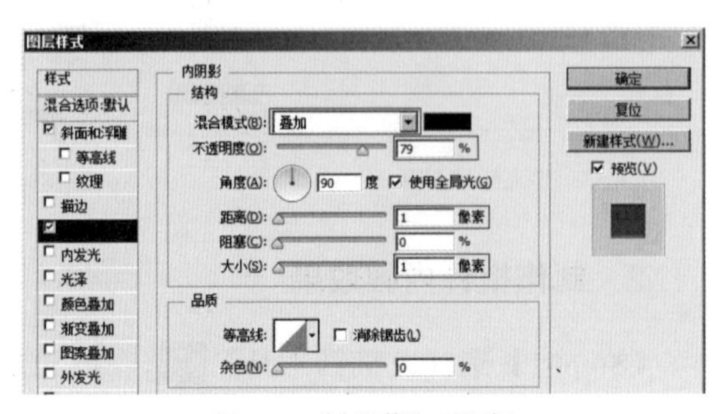

图 6-62　“内阴影”对话框

【Step04】选择“渐变叠加”选项，单击“渐变颜色条”，在弹出的“渐变编辑器”设置色块的颜色和位置，如图 6-63 所示。然后，设置“样式”为角度，如图 6-64 所示。

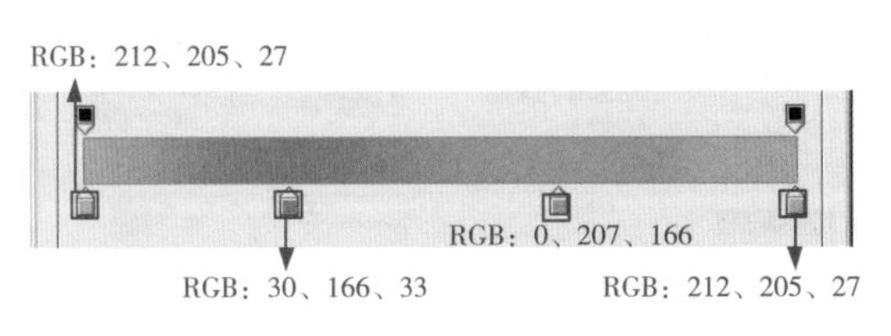

图 6-63 渐变编辑器

图 6-64 “渐变叠加”对话框

【Step05】单击“图层样式”对话框右侧的“确定”按钮，效果如图 6-65 所示。

【Step06】在“图层”面板，同时选中“圆角矩形 1”“椭圆 1”和“椭圆 2”，选择“移动工具”，在选项栏中执行“垂直居中对齐”和“水平居中对齐”命令，使三个形状垂直水平方向对齐。

4．制作图标内部图案

【Step01】选择“椭圆工具”，在所有图层上方绘制一个灰白色的正圆形状，得到“椭圆 3”，效果如图 6-66 所示。

【Step02】选择“多边形工具”，在选项栏中设置“边”为 3，绘制一个灰白色的正三角形形状，得到“多边形 1”，效果如图 6-67 所示。

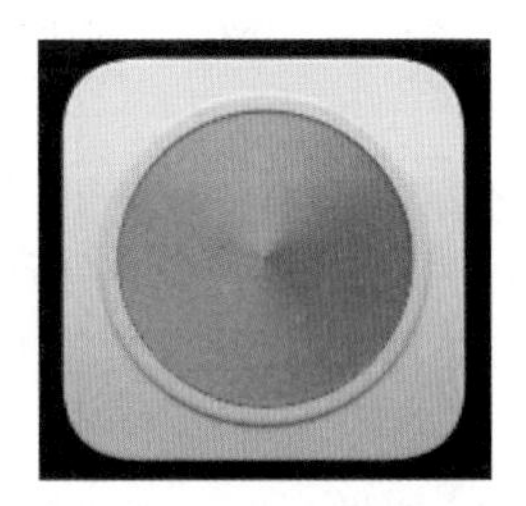

图 6-65 “图层样式”效果

图 6-66 绘制正圆形状

图 6-67 绘制三角形状

【Step03】在“图层”面板中，同时选中“椭圆 3”和“多边形 1”，执行“图层→对齐→水平居中”命令。然后，按【Ctrl+E】键，将其合并。

【Step04】单击“添加图层样式”按钮，选择“斜面和浮雕”选项，弹出“图层样式”对话框中设置“大小”为 4 像素、“软化”为 8 像素、“阴影模式的颜色”为绿色（RGB：0、138、84），如图 6-68 所示。

【Step05】选择“内阴影”选项，设置“混合模式颜色”为绿色（RGB: 0、188、121）、“不透明度”为 35%、“角度”为 -90 度、“距离”为 3 像素、“大小”为 0 像素，如图 6-69 所示。

【Step06】选择“渐变叠加”选项，设置“混合模式”为叠加、“不透明度”为 52%，如图 6-70 所示。

【Step07】选择“外发光”选项，设置“混合模式”为叠加、“不透明度”为 19%、“颜色”为黑色，如图 6-71 所示。

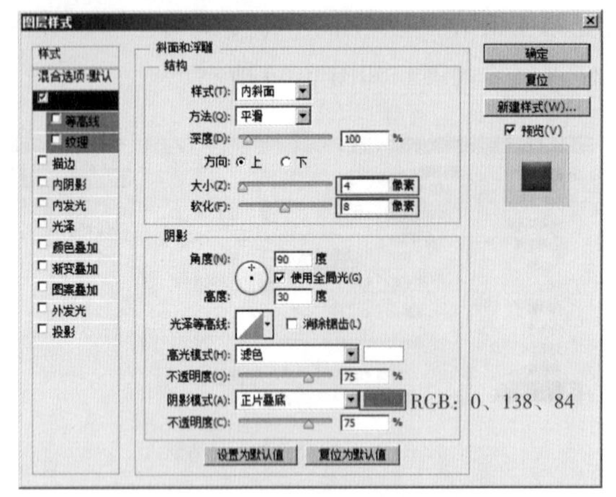

图 6-68 “斜面和浮雕”对话框

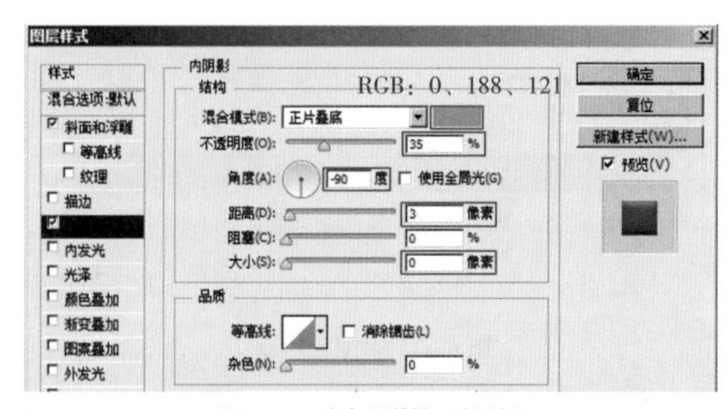

图 6-69 “内阴影”对话框

图 6-70 “渐变叠加”对话框

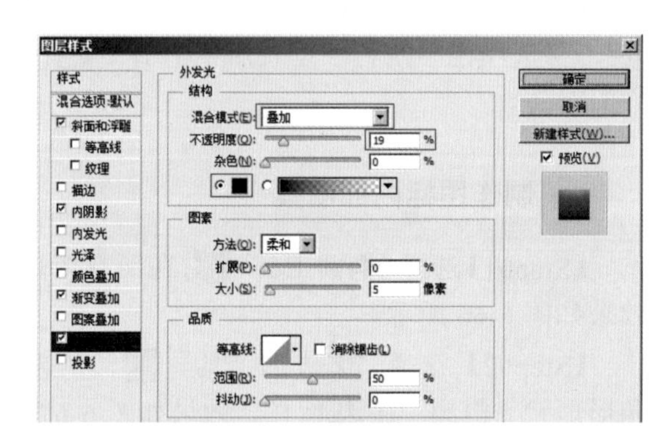

图 6-71 “外发光”对话框

【Step08】选择“投影”选项，设置“混合模式颜色”为绿色（RGB：0、126、71）、“不透明度”为 83%、“距离”为 11 像素、“大小”为 18 像素，单击“等高线”右侧的等高线图标，弹出“等高线编辑器”并调整曲线的形状，如图 6-72 所示。设置完成的“投影”对话框如图 6-73 所示。

【Step09】单击“图层样式”对话框右侧的“确定”按钮，效果如图 6-74 所示。

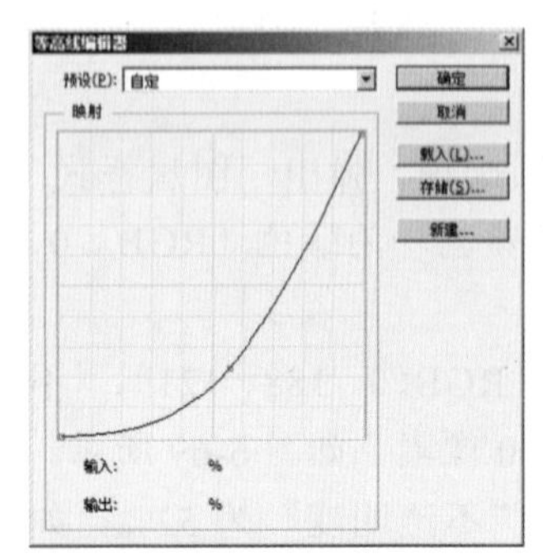

图 6-72 等高线编辑器

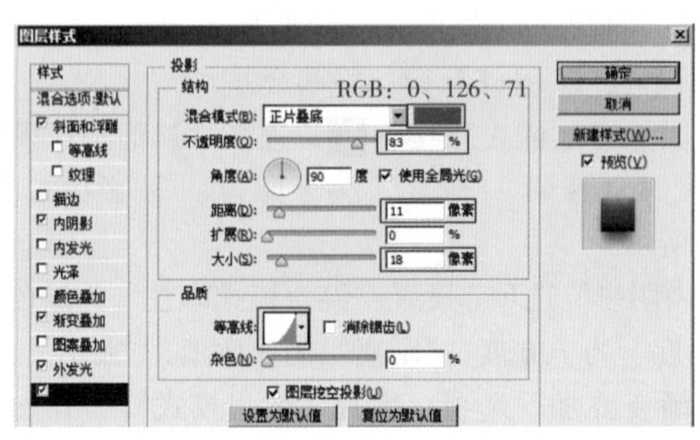

图 6-73 “投影”对话框

图 6-74 “图层样式”效果

知识点讲解

1. 投影与内阴影

“投影”效果是在图形对象背后添加阴影，使其产生立体感。在“图层样式”对话框中选择“投影”选项，即可切换到“投影”参数设置面板，如图 6-75 所示。

图 6-75 “投影”参数设置

其中，主要选项说明如下。

· 混合模式：用于设置阴影与下方图层的色彩混合模式，默认为“正片叠底”。单击右侧的颜色块，可以设置阴影的颜色。

· 角度：用于设置光源的照射角度，光源角度不同，阴影的位置也不同。勾选“全局光”复选框，可以使图层效果保持一致的光线照射角度。

· 距离：用于设置投影与图像的距离，数值越大，投影就越远。

· 扩展：默认情况下，阴影的大小与图层相当，如果增大扩展值，可以加大阴影。

· 大小：用于设置阴影的大小，数值越大，阴影就越大。

· 杂色：用于设置颗粒在投影中的填充数量。

· 图层挖空阴影：控制半透明图层中投影的可见或不可见效果。

“投影”效果是从图层背后产生阴影，“内阴影”与“投影”类似，但是在图形对象前面内部边缘位置添加阴影，使其产生凹陷效果。图 6-76 所示为素材图像“钟表盘子.psd”，添加“投影”后的效果如图 6-77 所示，添加“内阴影”后的效果如图 6-78 所示。

图 6-76 素材图像“钟表盘子”

图 6-77 “投影”效果

图 6-78 “内阴影”效果

2. 外发光与内发光

“外发光”效果是沿图形对象内容的边缘向外创建发光效果。在“图层样式”对话框中单击“外发光”选项，即可切换到“外发光”参数设置面板，如图 6-79 所示。

其中，主要选项说明如下。

·杂色：用于设置颗粒在外发光中的填充数量。数值越大，杂色越多；数值越小，杂色越少。

·方法：用于设置发光的方法，以控制发光的准确程度，包括“柔和”和“精确”两个选项。

·扩展：用于设置发光范围的大小。

·大小：用于设置光晕范围的大小。

“内发光”效果是沿图层内容的边缘向内创建发光效果。在“图层样式”对话框中选择“内发光”复选框，即可切换到“内发光”参数设置面板，如图 6-80 所示。

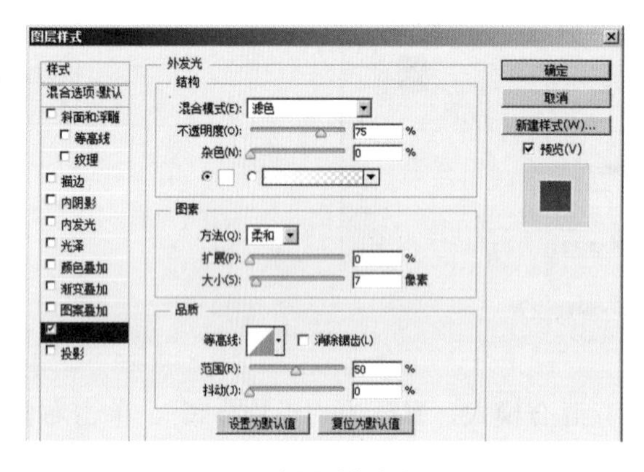

图 6-79 “外发光”参数设置

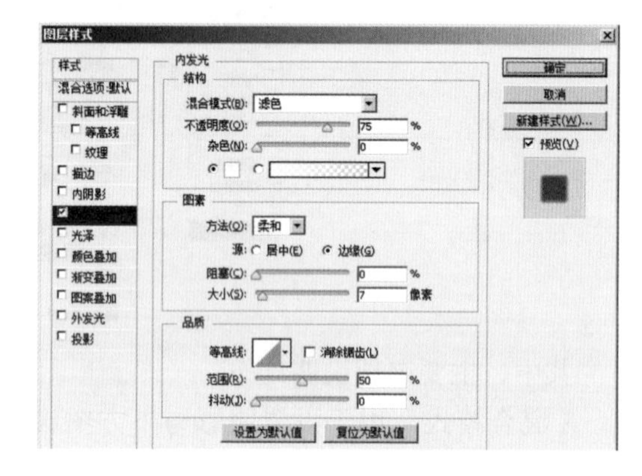

图 6-80 “内发光”参数设置

其中，主要选项说明如下。

·源：用来控制发光光源的位置，包括“居中”和“边缘”两个选项。选择“居中”，将从图像中心向外发光；选中“边缘”，将从图像边缘向中心发光。

·阻塞：用于设置光源向内发散的大小。

“外发光”和“内发光”都可以使图像边缘产生发光的效果，只是发光的位置不同。图 6-81 所示为素材图像“天使.psd”，添加“外发光”后的效果如图 6-82 所示，添加“内发光”后的效果如图 6-83 所示。

图 6-81 素材图像“天使”

图 6-82 “外发光”效果

图 6-83 “内发光”效果

3．光泽

“光泽”效果可以为图形对象添加光泽，通常用于创建金属表面的光泽外观。在“图层样式”对话框中选择“光泽”选项，即可切换到“光泽”参数设置面板，如图 6-84 所示。该效果没有特别的选项，但可以通过选择不同的“等高线”来改变光泽的样式。图 6-85 所示为素材图像“小灯泡 .psd”，添加“光泽”后的效果如图 6-86 所示。

图 6-84　“光泽”参数设置

图 6-85　素材图像“小灯泡”

图 6-86　“光泽”效果

6.3　【案例21】质感文字效果

“图层样式”效果不仅可以添加在图形和图像上，也可以添加在文字内容上，而且在添加的过程中无需栅格化文字内容。本节将通过制作一个质感文字效果，来学习“图层样式”的基本编辑，其效果如图 6-87 所示。

图 6-87　“质感文字”效果展示

1. 制作文字效果

【Step01】用 Photoshop CS6 打开素材图像“黑色石纹 .jpg”，如图 6-88 所示。

【Step02】按【Ctrl+Shift+S】组合键，以名称“【案例 21】质感文字效果 .psd”保存图像。

【Step03】选择“横排文字工具”T，单击画布，出现闪动的竖线后，在选项栏中设置“字体”为造字工房力黑、“字体大小”为 65 点、“文本颜色”为白色，输入字符“网页平面 UI 设计”，如图 6-89 所示。单击选项栏中的“提交当前所有编辑”按钮✓，完成当前文字的编辑。

图 6-88　素材图像“黑色石纹”

图 6-89　输入文字内容

【Step04】单击“添加图层样式”按钮fx，选择“斜面和浮雕”选项，在对话框中设置“方法”为雕刻清晰、“深度”为 123%、“大小”为 3 像素、“角度”为 138 度、勾去“使用全局光”选项、“高度”为 26 度、选择“光泽等高线”样式、勾选“消除锯齿”选项、“高亮模式”为颜色减淡、“高光模式颜色”为灰色（RGB：204、204、204）、“高光模式不透明度”为 100%，如图 6-90 所示。

【Step05】在左侧“样式”中选择“纹理”选项，设置“图案”为预设中的第 3 项、“深度”为 10%、勾选“反选”选项，如图 6-91 所示。

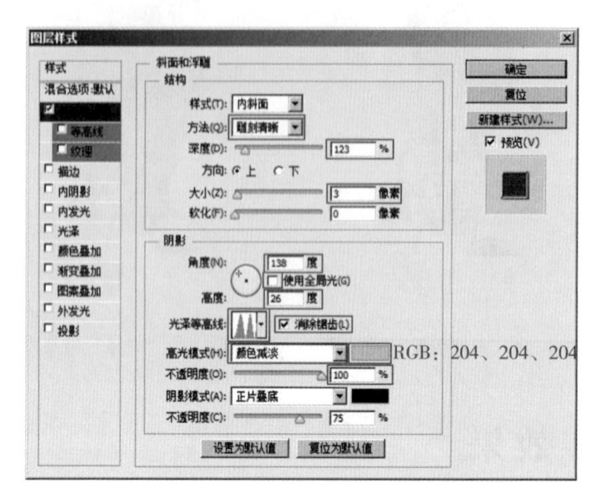

图 6-90 “斜面和浮雕”对话框

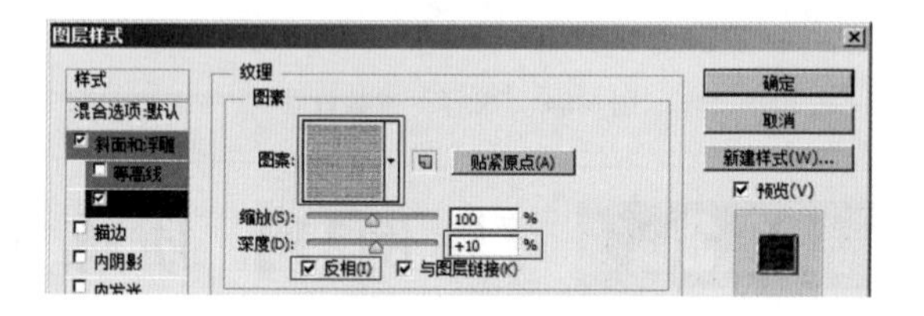

图 6-91 “纹理”对话框

【Step06】选择“内阴影”选项，设置“混合模式颜色”为湖蓝色（RGB: 0、153、204）、“不透明度”为 95%、“角度”为 -90 度、勾去“使用全局光”选项、“距离”为 8 像素、“阻塞”为 5%、“大小”为 5 像素，单击“等高线”右侧的等高线图标，调整曲线的形状如图 6-92 所示，设置“杂色”为 22%。设置完成的“内阴影”对话框如图 6-93 所示。

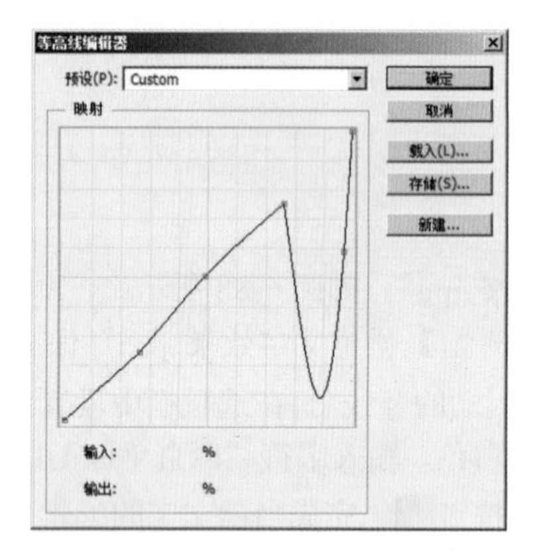

图 6-92 “等高线编辑器”对话框

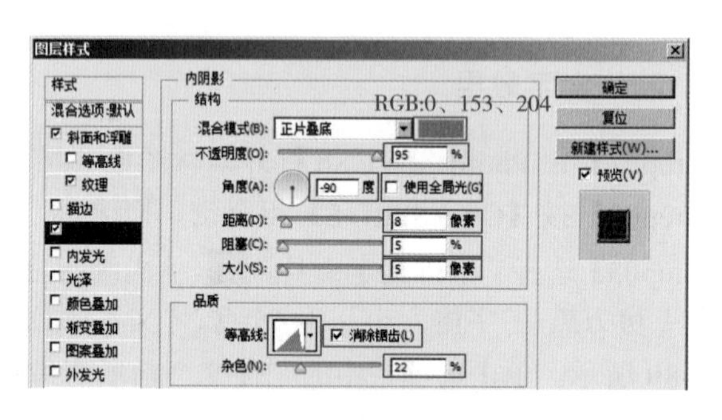

图 6-93 “内阴影”对话框

【Step07】选择“光泽”选项，设置“混合模式”为亮光、“混合模式颜色”为白色、“不透明度”为 34%、“距离”为 102 像素、“大小”为 59 像素，如图 6-94 所示。

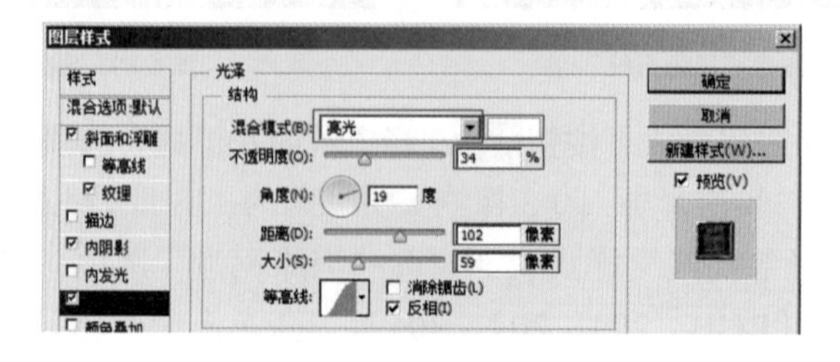

图 6-94 “光泽”对话框

【Step08】选择“渐变叠加”选项，设置“混合模式”为正片叠底、单击“渐变颜色条”，在弹出的“渐变编辑器”设置色块的颜色和位置，如图 6-95 所示，勾选“反选”选项，如图 6-96 所示。

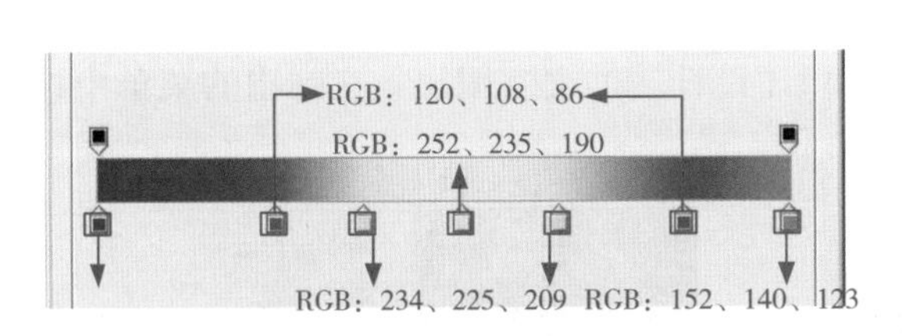

图 6-95　渐变编辑器

图 6-96　“渐变叠加”对话框

【Step09】选择“图案叠加”选项，设置“图案”为预设选项里的第 4 项，如图 6-97 所示。

【Step10】选择“外发光”选项，设置“混合模式”为颜色减淡、“不透明度”为 95%、“颜色”为绿色（RGB：51、204、173）、“扩展”为 10%、“大小”为 16 像素，如图 6-98 所示。

【Step11】选择“投影”选项，设置“不透明度”为 89%、勾去“使用全局光”选项、“距离”为 3 像素、“扩展”为 2%、“大小”为 13 像素、“等高线”为 ◢，如图 6-99 所示。

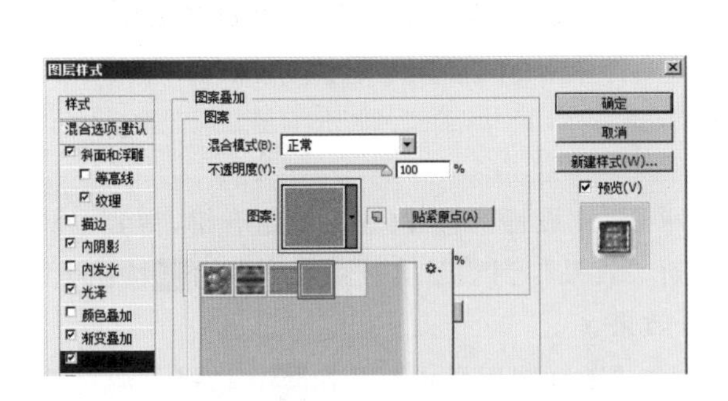

图 6-97　“图案叠加”对话框

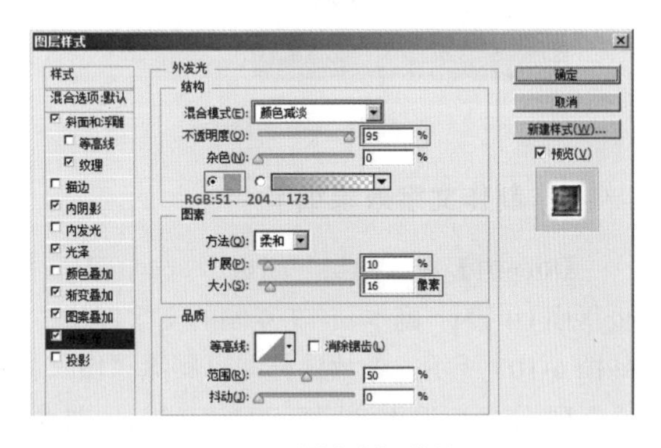

图 6-98　“外发光”对话框

【Step12】单击“图层样式”对话框的“确定”按钮，效果如图 6-100 所示。

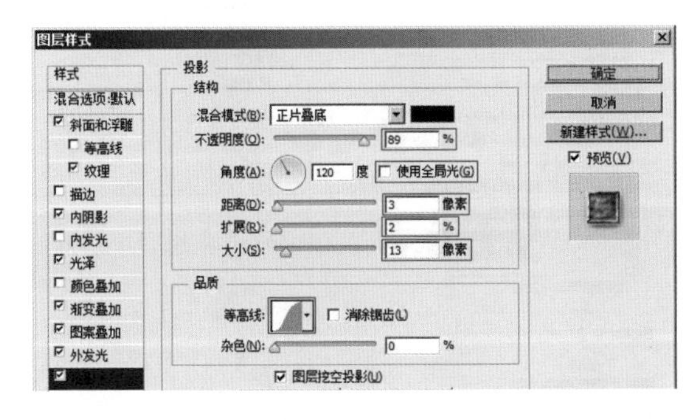

图 6-99　“投影”对话框

图 6-100　“图层样式”效果

2．复制文字效果图层样式

【Step01】选择“横排文字工具”T，单击画布，出现闪动的竖线后，在选项栏中设置“字体”为造字工房力黑、“字体大小”为 43 点、“文本颜色”为白色，输入文字内容“www.itcast.cn”，如图 6-101 所示。单击选项栏中的“提交当前所有编辑”按钮✓，完成当前文字的编辑。

【Step02】在“图层”面板中，右击“网页平面 UI 设计”的文字图层，在弹出的菜单中选择“拷贝图层样式”命令，如图 6-102 所示。

图 6-101　输入文字内容

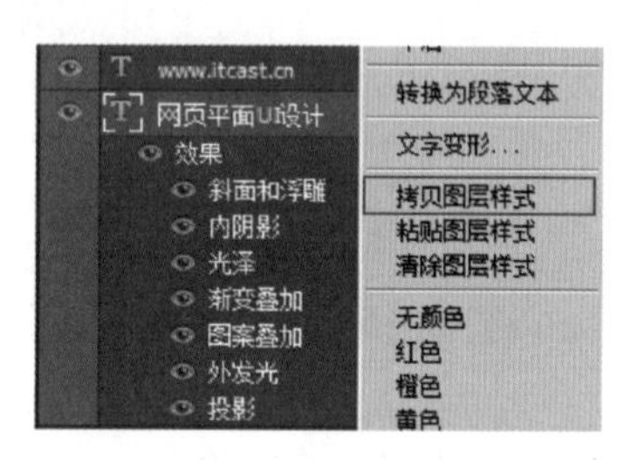

图 6-102　拷贝图层样式

【Step03】在“图层”面板中，右击“www.itcast.cn”的文字图层，在弹出的菜单中选择“粘贴图层样式”命令，如图 6-103 所示。粘贴图层样式后的效果如图 6-104 所示。

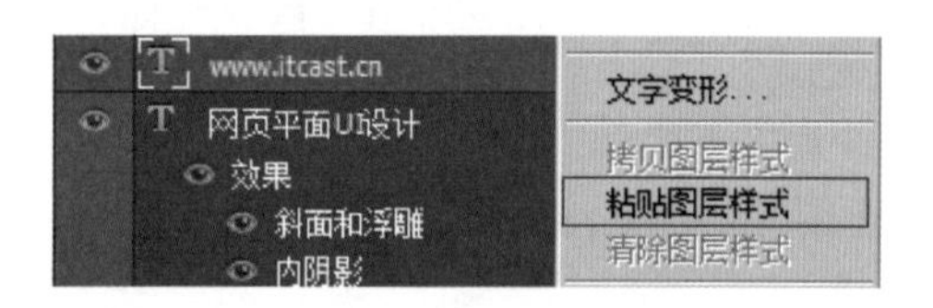

图 6-103　粘贴图层样式

图 6-104　粘贴图层样式后的效果

3．制作文字效果细节

【Step01】在“图层”面板中，选中图层“网页平面 UI 设计”，按【Ctrl+J】组合键，得到“网页平面 UI 设计 副本”。在复制的文字图层中，拖动“效果”到“图层”面板下方的🗑按钮上，如图 6-105 所示，释放鼠标即可删除“图层样式”效果。

【Step02】选中“网页平面 UI 设计 副本”，单击“添加图层样式”按钮fx，选择“混合选项”，设置“填充不透明度”为 0%，如图 6-106 所示。

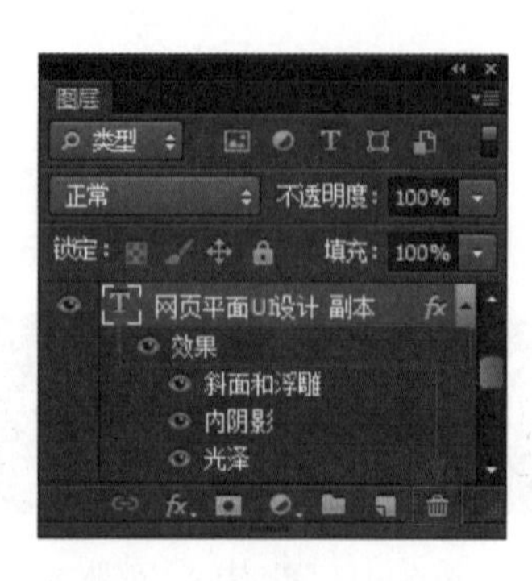

图 6-105　删除“图层样式”效果

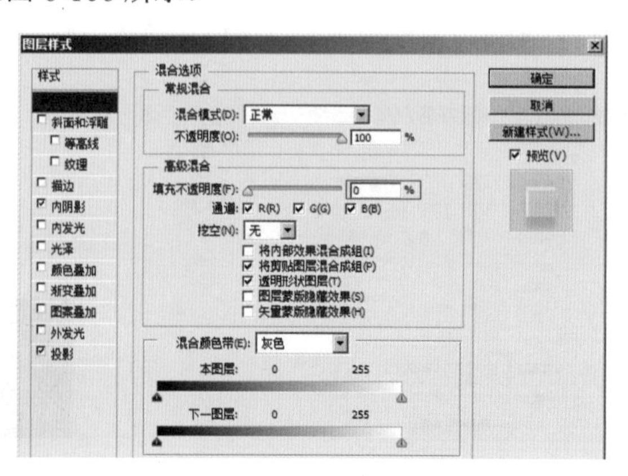

图 6-106　设置“填充不透明度

【Step03】选择“内阴影”选项，在对话框中设置“混合模式”为颜色减淡、“混合模式颜色”为湖蓝色（0、153、255）、“不透明度”为 55%、“距离”为 7 像素、“大小”为 0 像素、勾选“消除锯齿”选项，如图 6-107 所示。

【Step04】选择“投影”选项，设置“混合模式”为叠加、“不透明度”为 62%、“角度”为 90 度、勾去“使用全局光”选项、“距离”为 16 像素、“扩展”为 8%、“大小”为 10 像素，如图 6-108 所示。

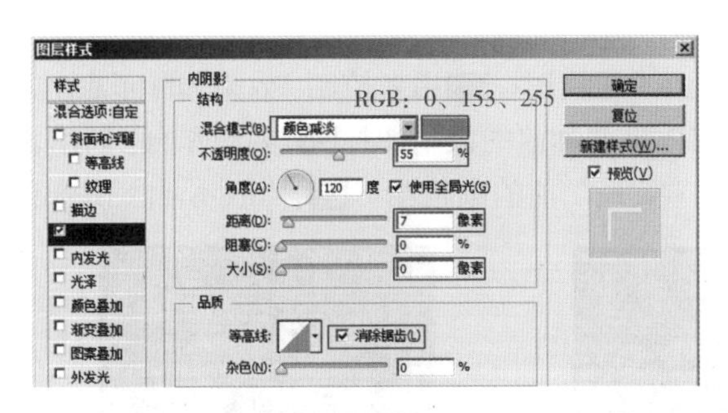

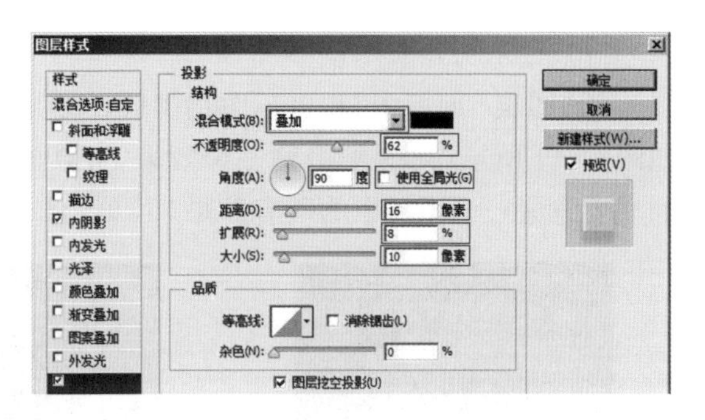

图 6-107 “内阴影”对话框　　　　图 6-108 “投影”对话框

【Step05】单击“图层样式”对话框的“确定”按钮，效果如图 6-109 示。

图 6-109 “图层样式”效果

4．复制文字效果细节图层样式

【Step01】在“图层”面板中，选中图层“www.itcast.cn”，按【Ctrl+J】组合键，得到“www.itcast.cn 副本”。

【Step02】在“图层”面板中，右击“网页平面 UI 设计 副本”的文字图层，在弹出的菜单中选择“拷贝图层样式”命令。

【Step03】在“图层”面板中，右击“www.itcast.cn 副本”的文字图层，在弹出的菜单中选择“粘贴图层样式”命令。粘贴图层样式后的效果，如图 6-110 所示。

图 6-110 复制“图层样式”效果

知识点讲解

1．编辑图层样式

“图层样式”与“图层”一样，也可以进行修改和编辑操作。图层样式的最大优点就是操作灵活，可以随时修改效果的参数、隐藏效果、复制或者删除效果，而进行这些操作都不会对图层中的图形产生任何影响。

（1）显示与隐藏图层样式

在“图层”面板中，和显示图层类似，“效果”前面的眼睛图标用来控制“效果”的可见性，如图 6-111 所示。如果要隐藏一个效果，可以单击该效果名称前的眼睛图标，如图 6-112 所示。如果要隐藏一个图层中的所有效果，可单击该图层“效果”前的眼睛图标，如图 6-113 所示。

图 6-111 “图层样式”效果

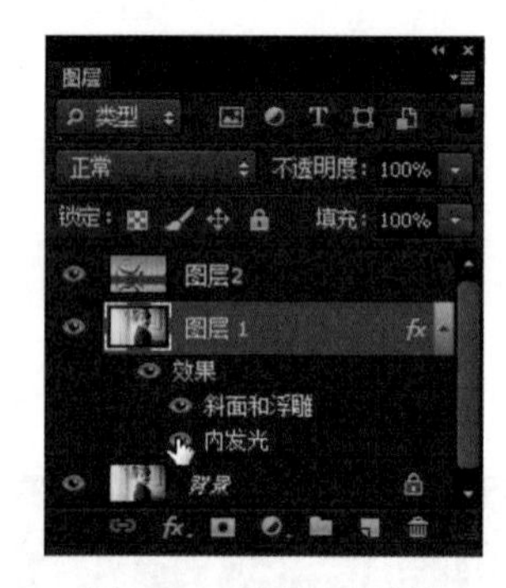

图 6-112 隐藏一个效果

图 6-113 隐藏所有效果

（2）修改与删除图层样式

添加“图层样式”后，在“图层”面板相应图层中会显示图标。在添加的图层样式名称上双击，如图 6-114 所示，可以再次打开“图层样式”对话框，对参数进行修改即可。

如果要删除一个图层样式效果，可以将它拖动到“图层”面板下方的按钮上，如图 6-115 所示，释放鼠标即可删除。如果要删除一个图层的所有效果，将效果图标拖动到按钮上即可，如图 6-116 所示。

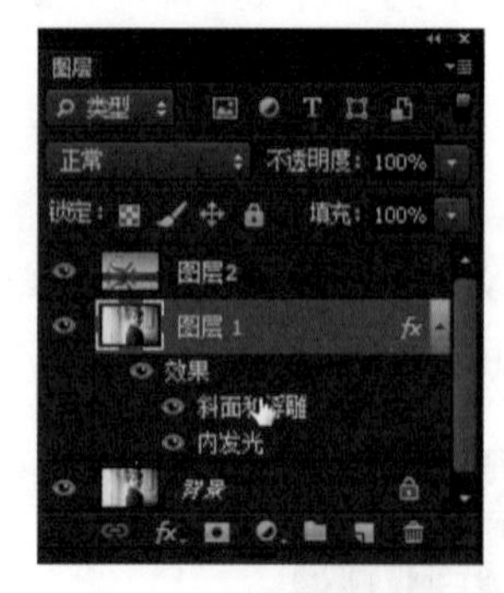

图 6-114 选择修改图层样式

图 6-115 删除一个图层效果

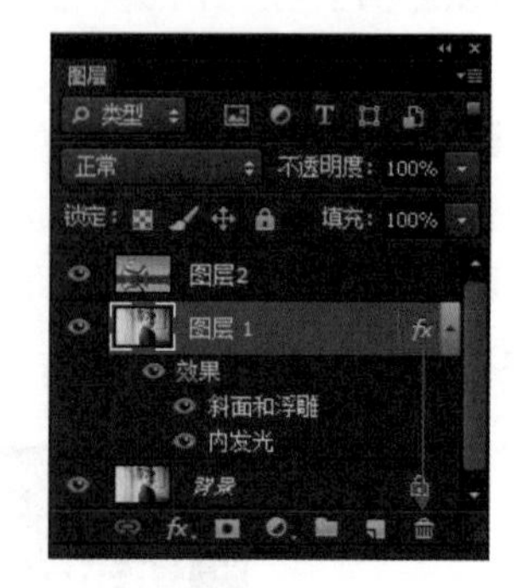

图 6-116 删除所有效果

（3）复制与粘贴图层样式

复制与粘贴图层样式，可以减少重复性操作，提高工作效率。在添加了“图层样式”的图层上右击，在弹出的快捷菜单中选择“拷贝图层样式”命令，如图 6-117 所示。然后，在需要粘贴的图层上右击，在弹出的菜单中选择“粘贴图层样式”命令，如图 6-118 所示。此时，被拷贝的图层样式效果都已复制到目标图层中，如图 6-119 所示。

图 6-117　选择“拷贝图层样式”命令

图 6-118　选择“粘贴图层样式”命令

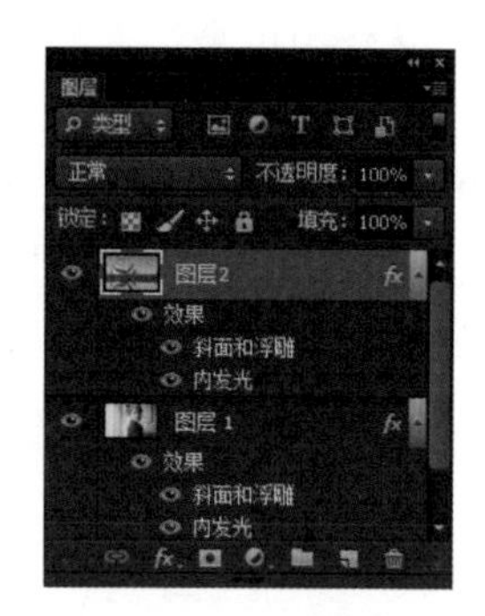

图 6-119　复制图层样式效果

值得一提的是，按住【Alt】键不放，将效果图标从一个图层拖动到另一个图层，可以将该图层的所有效果都复制到目标图层。如果只需要复制一个效果，可以按住【Alt】键的同时拖动该效果的名称至目标图层。

2. 图层样式混合选项

选择“图层→图层样式→混合选项”命令，或单击“图层”面板下方的“添加图层样式”按钮，在弹出的菜单中选择“混合选项”命令，即可打开“混合选项”参数设置面板。“混合选项”对话框中间提供了“常规混合”“高级混合”以及“混合颜色带”3 部分，其中的部分选项与“图层”面板中的选项是相对应的，如图 6-120 所示。

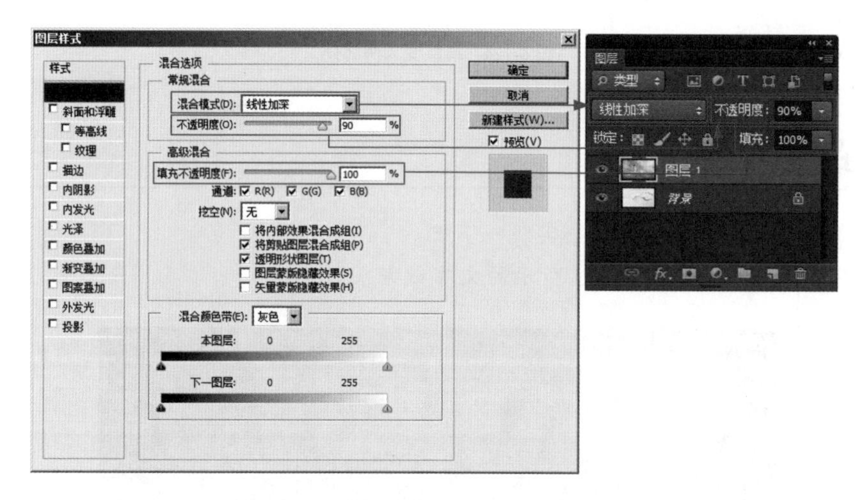

图 6-120　“混合选项”与“图层”面板

“高级混合”选项是用于控制图层蒙版、剪贴蒙版和适量蒙版属性的重要功能，同时还可以建立挖空效果。其中，主要选项说明如下。

- 填充不透明度：可以选择不同的通道来设置不透明度。
- 通道：可以对不同的通道进行混合。
- 挖空：下面的图像穿透上面的图层显示出来。选择“无”选项表示不创建挖空；选择

“浅”选项表示图像向下挖空到第一个可能的停止点；选择“深”选项表示图像向下挖空到背景图层。

“混合颜色带”选项组用于指定混合效果对哪一通道起作用，如图 6-121 所示，两个颜色渐变条表示图层的色阶，数值范围为 0 ~ 255，可以通过拖动渐变条下面的滑块来进行设置。其中，“本图层”用于显示或隐藏当前图层的图像像素。“下一图层”用来调整下一图层图像像素的亮部或暗部。其中白色滑块代表亮部像素，黑色滑块代表暗部像素。图像调整前后的效果分别如图 6-122 和图 6-123 所示。

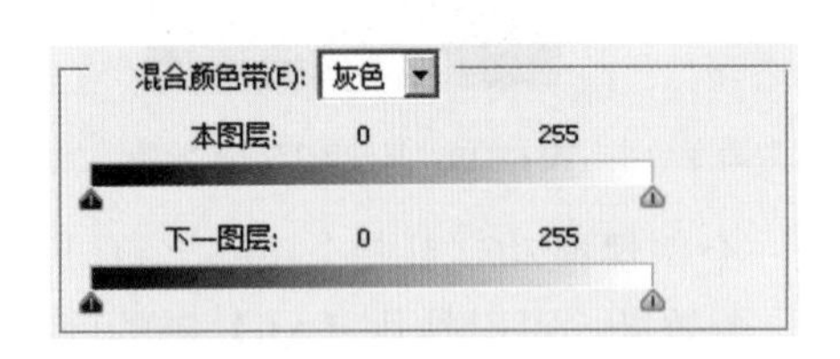

图 6-121 “混合颜色带”参数设置

图 6-122 素材图像“彩色铅笔”

图 6-123 “混合颜色带”效果

值得一提的是，按住【Alt】键的同时拖动滑块，滑块会变为两部分，如图 6-124 所示。这样可以使图像上、下两层的颜色过渡更加平滑。

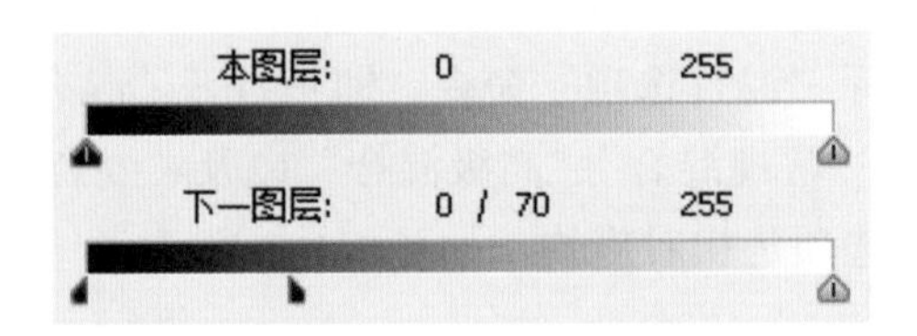

图 6-124 滑块变为两部分

动手实践

学习完前面的内容，下面来动手实践一下吧。

请运用图层样式绘制如图 6-125 所示的文字效果。

图 6-125 文字效果

第 7 章 图像修饰与通道

学习目标

- ◆ 掌握色彩调节的方法，可以调节图像的色相及饱和度。
- ◆ 掌握曲线工具的使用，可以调节图像的明暗对比度。
- ◆ 掌握通道的原理，可以使用通道调色和抠图。

色彩在图像的修饰中起着非常重要的作用，通过“色彩调节”可以营造不同的氛围和意境，使图像更具表现力。Photoshop CS6 拥有强大的色彩调节功能，可以轻松校正图像的色彩及色调。本章将对“色彩调节”和“通道”的相关知识进行详细讲解。

7.1 【案例22】汽车变色

Photoshop CS6 提供了多种色彩调节命令，不同的命令适用于不同的图像调节需求。本节将运用“色相”“饱和度”及“色彩平衡”命令，对图 7-1 中所示的汽车及背景变换颜色，调整后的效果如图 7-2 所示。

图 7-1　素材图像“汽车”

图 7-2　“汽车变色”效果展示

1. 修复图片

【Step01】打开素材图像“汽车 .jpg”，如图 7-3 所示。

【Step02】按【Ctrl+Shift+S】组合键，以名称“【案例 22】汽车变色 .psd”保存图像。

【Step03】按【Ctrl+J】组合键复制“背景”图层，得到“图层 1”。

【Step04】选择“修复画笔工具”，在其选项栏中调整“画笔大小”为 35 像素。按住【Alt】键不放，在右下角文字上方单击取样，如图 7-4 所示。

【Step05】释放【Alt】键，按住鼠标左键不放，横向拖动鼠标涂抹文字部分，即可将图片修复，效果如图 7-5 所示。

图 7-3 素材图像“汽车”

图 7-4 取样

图 7-5 修复图像效果

2. 调整颜色

【Step01】执行“图像→调整→色相 / 饱和度”命令（或按快捷键【Ctrl+U】），弹出“色相 / 饱和度”对话框，如图 7-6 所示。

【Step02】在“色相 / 饱和度”对话框中，选择“全图”下拉列表中的“蓝色”模式。拖动“色相”“饱和度”及“明度”滑块可以分别更改色相、饱和度及明度值，如图 7-7 所示。单击“确定”按钮，效果如图 7-8 所示。

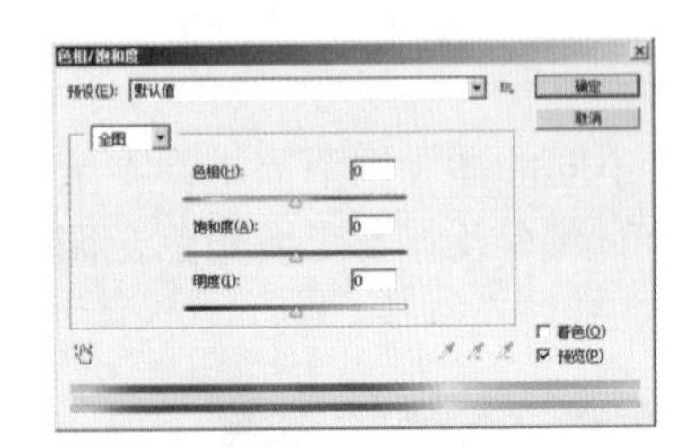

图 7-6 “色相 / 饱和度”对话框

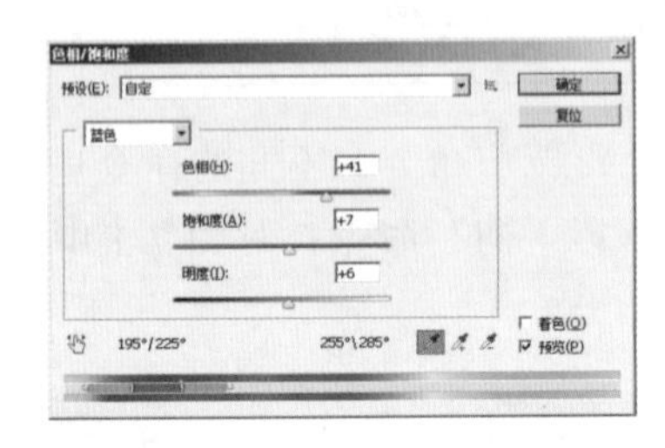

图 7-7 “色相 / 饱和度”对话框

图 7-8 调整汽车颜色

【Step03】按【Ctrl+J】组合键，复制得到“图层 1 副本”。执行“图像→调整→色相 / 饱和度”命令（或按【Ctrl+U】组合键），弹出“色相 / 饱和度”对话框。

【Step04】在“色相 / 饱和度”对话框中，选择“全图”下拉列表中的“黄色”模式。再次拖动“色相”“饱和度”及“明度”滑块更改色相、饱和度及明度值，如图 7-9 所示。单击“确定”按钮，效果如图 7-10 所示。

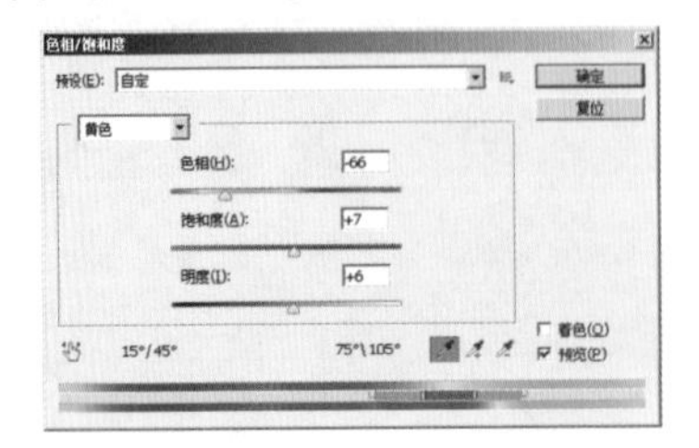

图 7-9 “色相 / 饱和度”对话框

图 7-10 调整背景颜色

【Step05】执行“图像→调整→色彩平衡”命令（或按【Ctrl+B】组合键），弹出“色彩平衡”对话框。拖动“青色 / 红色”“洋红 / 绿色”及“黄色 / 蓝色”滑块来调节图像的色彩平衡值，如图 7-11 所示。单击“确定”按钮，效果如图 7-12 所示。

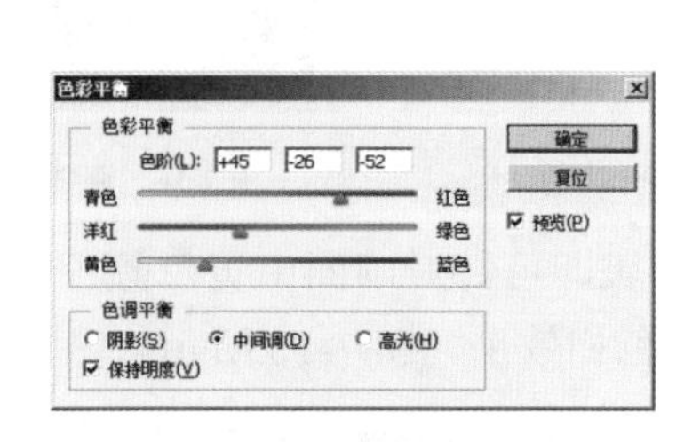

图 7-11　“色彩平衡”对话框

图 7-12　调整整体平衡

知识点讲解

1. 色相 / 饱和度

“色相 / 饱和度”命令可以对图像的色相、饱和度和明度进行调整，使图像的色彩更加丰富、生动。执行“图像→调整→色相 / 饱和度”命令（或按【Ctrl+U】组合键），弹出“色相 / 饱和度”对话框。

图 7-13 所示为“色相 / 饱和度”对话框，对其中常用选项的解释如下。

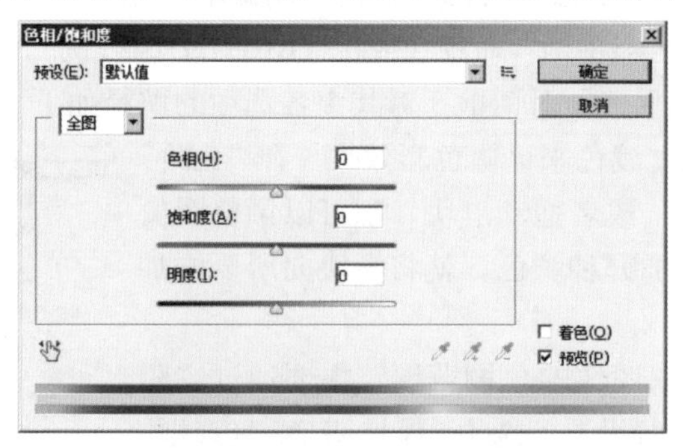

图 7-13　“色相 / 饱和度”对话框

· 全图：该下拉列表用于设置调整范围，可以针对不同颜色的区域进行相应的调节。

· 色相：是各类颜色的相貌称谓，用于改变图像的颜色。

· 饱和度：指色彩的鲜艳程度。

· 明度：指色彩的明暗程度。

· 着色：选中该复选框，可以使灰色或彩色图像变为单一颜色的图像。

值得一提的是，使用“色相 / 饱和度”命令既可以调整图像中所有颜色的色相、饱和度和明度，也可以针对单种颜色进行调整。具体操作如下：

打开素材图像“春天风景 .jpg”，如图 7-14 所示。按【Ctrl+U】组合键调出“色相 / 饱和度”对话框，拖动滑块可以调整图像中所有颜色的色相、饱和度和明度，如图 7-15 所示。调整“全图”色相效果，如图 7-16 所示。

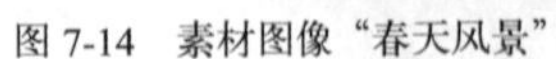

图 7-14　素材图像“春天风景”

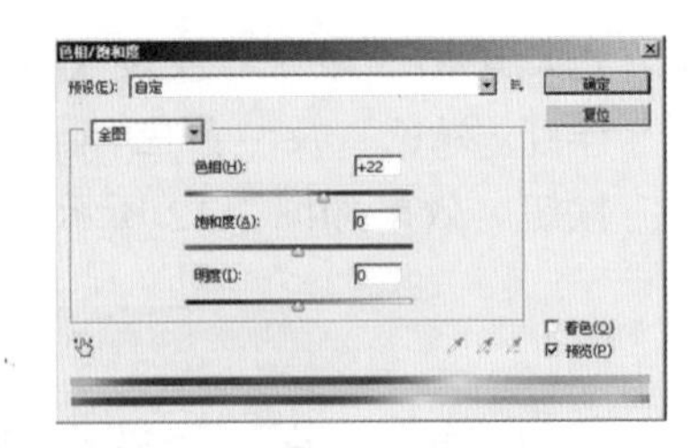

图 7-15　调整“全图”色相

图 7-16　调整“全图”色相效果

在“全图”下拉列表中选择“黄色”，拖动滑块即可针对画面中黄色颜色的色相、饱和度和明度进行调整，如图 7-17 所示。调整“黄色”色相效果，图 7-18 所示。

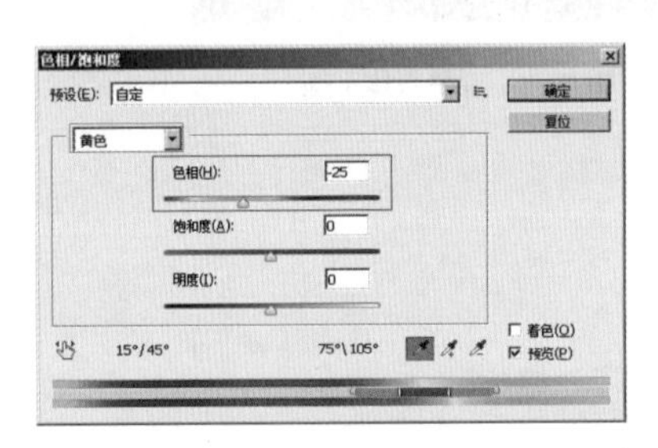

图 7-17　调整“黄色”色相

图 7-18　调整“黄色”色相效果

2. 色彩平衡

“色彩平衡”命令通过调整色彩的色阶来校正图像中的偏色现象，从而使图像达到一种平衡。执行“图像→调整→色彩平衡”命令（或按【Ctrl+B】组合键），弹出“色彩平衡”对话框。

图 7-19 所示为“色彩平衡”对话框，对其中各选项的解释如下。

• 色彩平衡：用于添加过渡色来平衡色彩效果。在“色阶”文本框中输入合适的数值，或者拖动滑块，都可以调整图像的色彩平衡。如果需要增加哪种颜色，就将滑块向所要增加颜色的方向拖动即可。

• 色调平衡：用于选取图像的色调范围，主要通过“阴影”“中间调”和“高光”进行设置。选中“保持明度”复选框，可以在调整颜色平衡的过程中保持图像整体亮度不变。

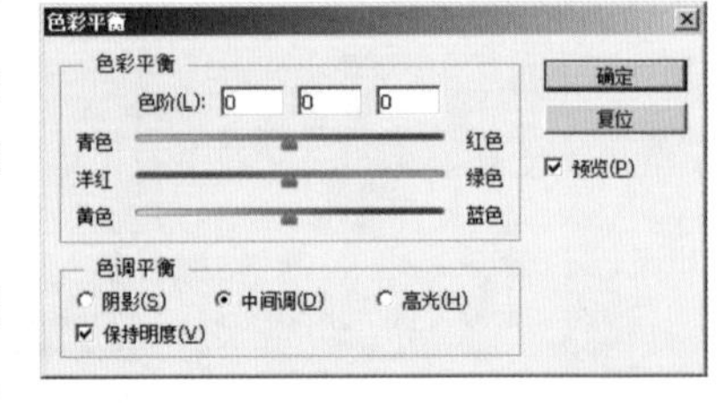

图 7-19　“色彩平衡”对话框

打开素材图像“沙滩茅屋.jpg”，如图 7-20 所示。执行“图像→调整→色彩平衡”命令（或按【Ctrl+B】组合键），弹出“色彩平衡”对话框，拖动滑块增加画面中的红色，如图 7-21 所示。单击“确定”按钮，效果如图 7-22 所示。

图 7-20　素材图像“沙滩茅屋”

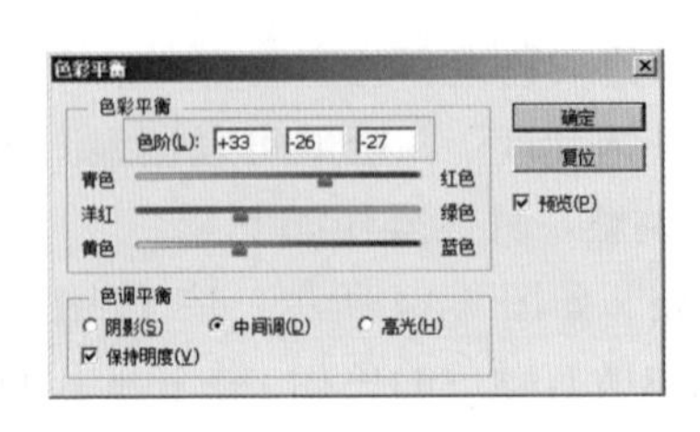

图 7-21　设置“色彩平衡”

图 7-22　“色彩平衡”效果

3．去色

“去色”命令可以去除图像中的彩色，使图像转换为灰度图像。这种处理图像的方法不会改变图像的颜色模式，只是使图像失去了彩色而变为黑白效果。需要注意的是，图像一般包含多个图层，该命令只作用于被选择的图层。另外，也可以对选中图层中选区的范围进行“去色”操作。

打开素材图像“庭院.jpg”，如图 7-23 所示。执行“图像→调整→去色”命令（或按【Ctrl+Shift+U】组合键），将对图像进行“去色”操作，效果如图 7-24 所示。

4．反相

“反相”命令用于反转图像的颜色和色调，可以将一张正片黑白图像转换为负片，产生类似照片底片的效果。打开素材图像“马卡龙.jpg”，如图 7-25 所示。执行“图像→调整→反相”命令（或按【Ctrl+I】组合键），将对图像进行“反相”操作，效果如图 7-26 所示。

图 7-23 素材图像“庭院”

图 7-24 “去色”效果

图 7-25 素材图像“马卡龙”

图 7-26 “反相”效果

5．修复画笔工具

“修复画笔工具”可以通过从图像中取样，达到修复图像的目的。与“污点修复画笔工具”不同的是，使用“修复画笔工具”时需要按住【Alt】键进行取样来控制取样来源。选择“修复画笔工具”，其选项栏如图 7-27 所示。

图 7-27 “修复画笔工具”选项栏

对“修复画笔工具”选项栏中各选项的解释如下。

- 画笔：用于选择修复画笔的大小及形状等。
- 模式：用于设置复制像素或填充图案与底图的混合模式。
- 取样：选中该选项，可以从图像中取样来修复有缺陷的图像。
- 图案：选中该选项，可以使用图案填充图像，并且将根据周围的图像来自动调整图案的色彩和色调。

· 对齐：用于设置是否在复制时使用对齐功能。

· 样本：用于设置修复的样本，分别为“当前图层”“当前和下方图层”和“所有图层”。

打开素材图像“眼睛 .jpg”，如图 7-28 所示。选择“修复画笔工具”，在选项栏中选择一个柔和的笔尖，其他选项保持默认设置。将光标放在眼角附近没有皱纹的皮肤上，按住【Alt】键，光标将变为圆形十字图标 ⊕，此时，单击进行取样，如图 7-29 所示。然后，释放【Alt】键，在眼角的皱纹处单击并拖动鼠标进行修复，如图 7-30 所示。修复后的图像效果如图 7-31 所示。

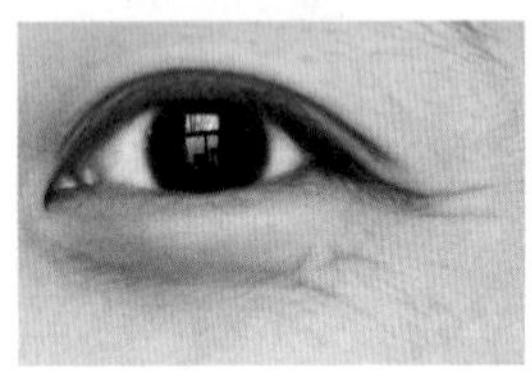

图 7-28　素材图像“眼睛”

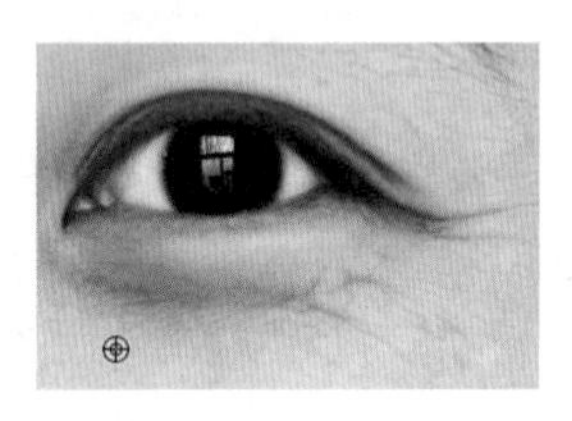

图 7-29　取样

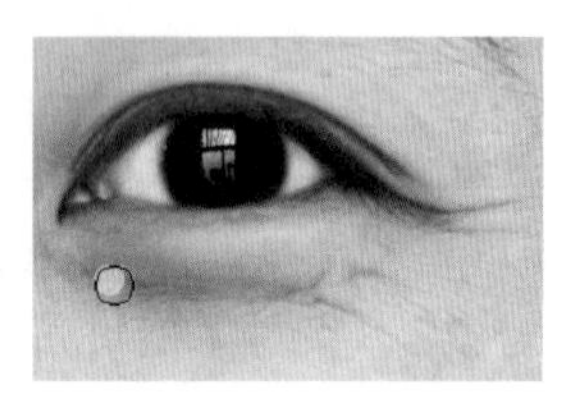

图 7-30　进行修复

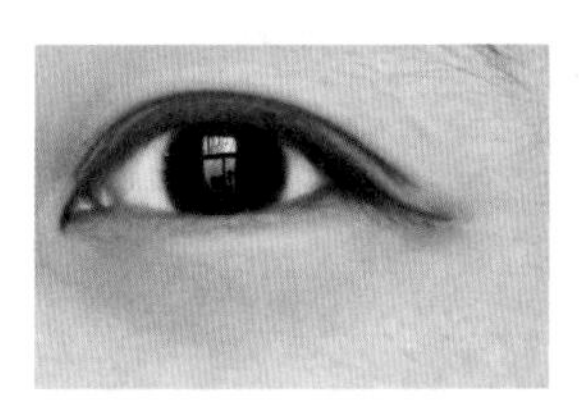

图 7-31　修复完成

7.2 【案例23】魔幻海报

在 Photoshop CS6 中，对于一些复杂的效果，往往需要将一些调整图片的方法综合运用。本节将运用“色阶”“曲线”及“通道调色”等图片调整命令，对图 7-32 所示的素材图片进行调整拼合，制作一张“魔幻海报”，最终效果如图 7-33 所示。需要注意的是，本案会涉及图层混合模式部分的相关知识，关于这部分将在第 8 章详细讲解，本节了解即可。

图 7-32　素材图像

图 7-33　“魔幻海报”效果展示

实现步骤

1. 调整背景色调

【Step01】打开素材图片“乌云 .jpg”，如图 7-34 所示。

【Step02】按【Ctrl+Shift+S】组合键，以名称“【案例 23】魔幻海报 .psd”保存图像。

【Step03】按【Ctrl+Shift+Alt+N】组合键，新建“图层 1”。设置“前景色”为“黑色”。选择“渐变工具”，绘制一个“透明色”到“黑色”的径向渐变，效果如图 7-35 所示。

【Step04】打开素材图像“森林 .png”，如图 7-36 所示。选择“移动工具”，将其拖至【案例 23】魔幻海报画布中，并按【Ctrl+T】组合键，调整图像大小，效果如图 7-37 所示。

图 7-34 “乌云”素材

图 7-35 径向渐变

图 7-36 素材图像“森林”

【Step05】按【Ctrl+U】组合键，调出“色相 / 饱和度”对话框。调整图片的“饱和度”和“明度”，具体参数设置如图 7-38 所示，调整后效果如图 7-39 所示。

图 7-37 调整“森林”素材

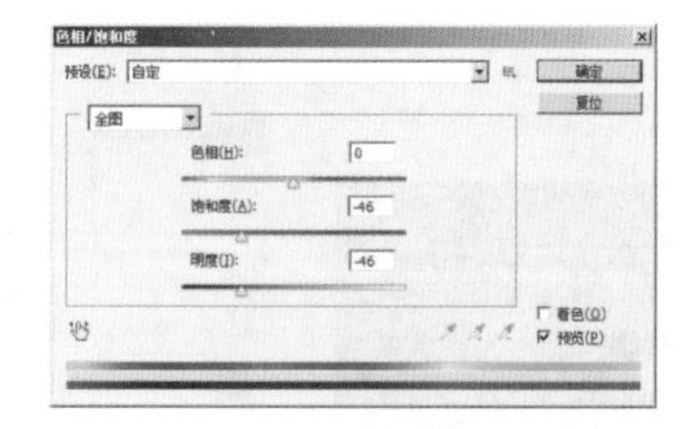

图 7-38 色相 / 饱和度

图 7-39 效果图

【Step06】在“图层”面板中，单击“创建新的填充或调整图层”按钮，会弹出如图 7-40 所示的菜单选项。选择“曲线”，会弹出一个“曲线”属性的对话框，如图 7-41 所示。

【Step07】单击“RGB”选项下拉列表框，在弹出的下拉列表中选择“红”（即红色通道），如图 7-42 所示。此时“曲线”调整面板会变成红色，调整“曲线”至图 7-43 所示位置。

【Step08】运用【Step07】中的方法，分别调整“绿”通道曲线和“蓝”通道曲线，如图 7-44、图 7-45 所示，此时画面效果如图 7-46 所示。

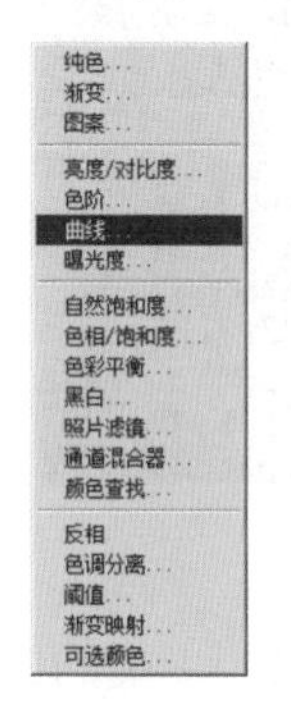

图 7-40 选择“曲线”

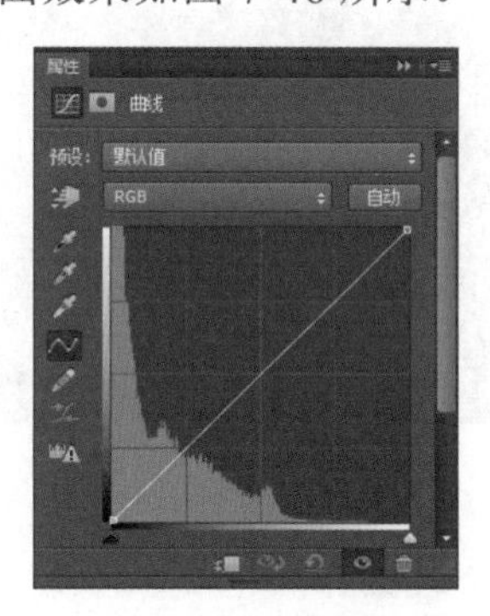

图 7-41 “曲线”属性对话框

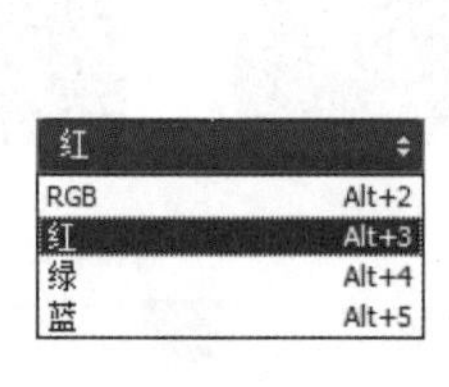

图 7-42 “RGB”下拉列表

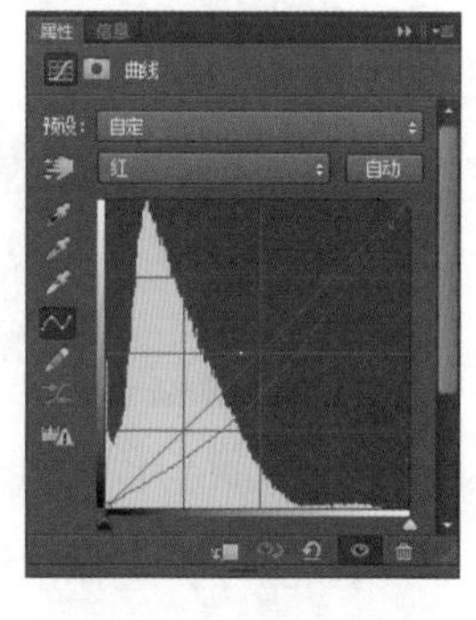

图 7-43 调整“红”通道

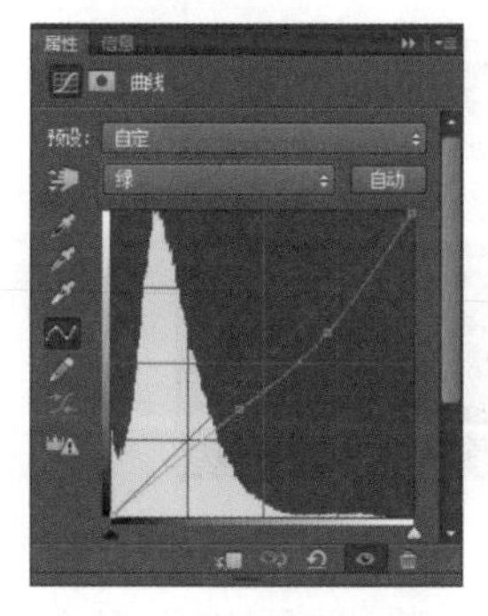

图 7-44 调整“绿”通道

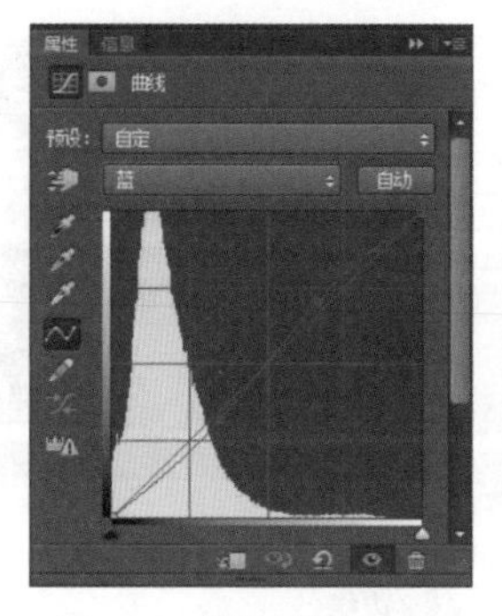

图 7-45 调整“蓝”通道

图 7-46 通道调色效果

【Step09】在“图层”面板中，单击“创建新的填充或调整图层”按钮，在弹出的菜单选项中选择“渐变映射”。在“渐变映射”属性面板中设置“黑色”到“白色”渐变，如图 7-47 所示。

【Step10】在“图层”面板中，单击“图层混合模式”下拉按钮，如图 7-48 所示。在弹出的下拉列表框中选择“柔光”选项，如图 7-49 所示。此时画面效果如图 7-50 所示。

图 7-47 渐变映射

图 7-48 混合模式下拉按钮

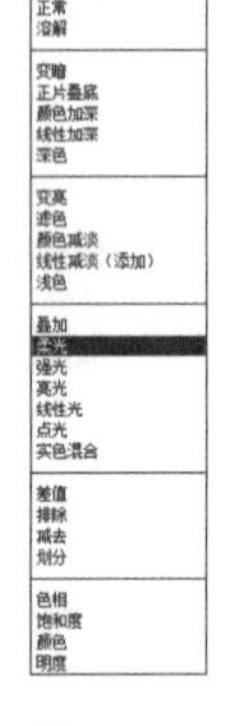

图 7-49

图 7-50 调整效果

【Step11】打开素材图像“月亮.jpg”，如图 7-51 所示。选择“移动工具”，将其拖至【案例 23】魔幻海报画布中，并调整其图层顺序在“图层 2”之下，效果如图 7-52 所示。

图 7-51 素材图像“月亮”

图 7-52 置入素材

【Step12】选择“橡皮擦工具”，设置一个较柔和的笔尖，擦除“图层 3”生硬的边缘，使过度自然，如图 7-53 所示。

擦除前

擦除后

图 7-53 擦除边缘

2．置入人物主体

【Step01】打开素材图像“神秘人 .png”，如图 7-54 所示。选择“移动工具”，将其拖至【案例 23】魔幻海报画布的顶层。按【Ctrl+T】组合键，调整图像大小和方向，效果如图 7-55 所示。

【Step02】选择“图像→调整→亮度 / 对比度”命令，在弹出的对话框中调整图片的“亮度”和“对比度”，具体参数设置如图 7-56 所示。单击“确定”按钮，效果如图 7-57 所示。

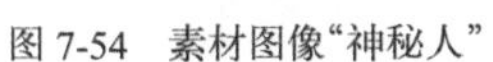

图 7-54　素材图像“神秘人”

图 7-55　置入画布

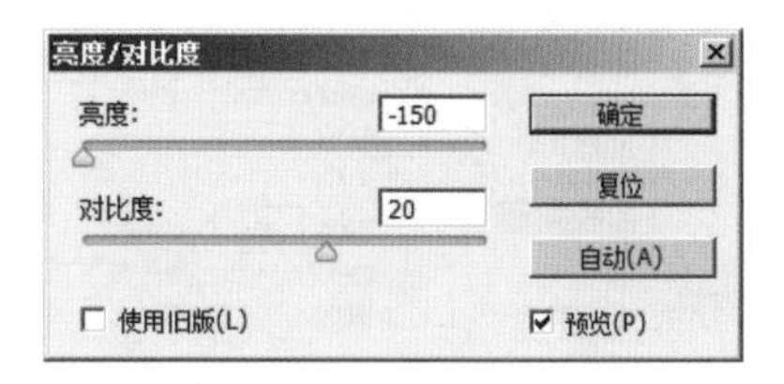

图 7-56　“亮度 / 对比度”对话框

【Step03】按【Ctrl+U】组合键，在弹出的对话框中调整图片的“饱和度”和“明度”，具体参数设置如图 7-58 所示。单击“确定”按钮，效果如图 7-59 所示。

图 7-57　“亮度 / 对比度”效果

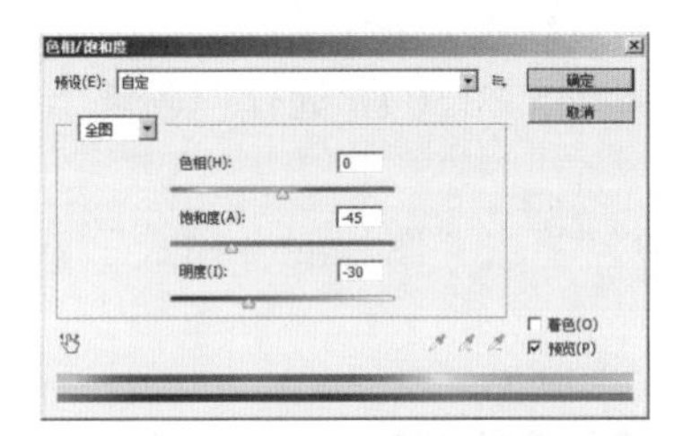

图 7-58　“色相 / 饱和度”对话框

图 7-59　“色相 / 饱和度”效果

【Step04】按【Ctrl+Shift+Alt+N】组合键，新建“图层 5”。选择“画笔工具”，设置一个柔和的笔尖，为人物添加投影，效果如图 7-60 所示。设置“图层 5”的“不透明度”为 85%。

【Step05】打开素材图像“手提灯 .png”，如图 7-61 所示。选择“移动工具”，将其拖至画布中，并按【Ctrl+T】组合键，调整图像的大小和位置，效果如图 7-62 所示。

图 7-60　绘制投影

【Step06】按【Ctrl+Shift+Alt+N】组合键，新建“图层 7”并重命名为“灯光”。设置前景色为黄色（RGB：250、200、0），选择“画笔工具”，绘制黄色柔和灯光，如图 7-63 所示。设置“灯光”的“不透明度”为 60%，如图 7-64 所示。

图 7-61　素材图像“手提灯”

图 7-62　置入素材

图 7-63　绘制灯光

图 7-64　设置“不透明度”效果

【Step07】为“灯光”添加“外发光”的图层样式,具体参数设置如图 7-65 所示。单击“确定”按钮，效果如图 7-66 所示。

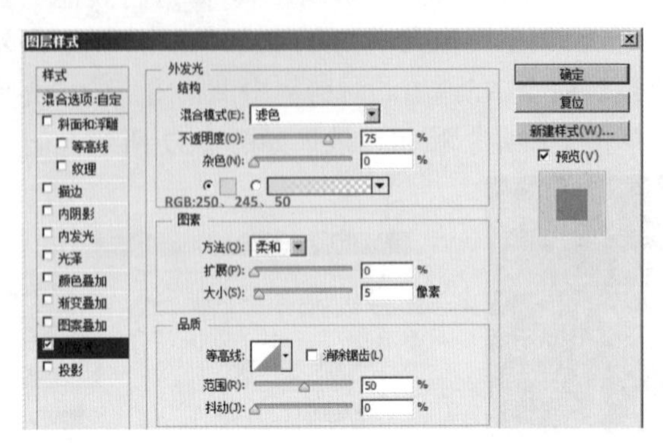

图 7-65 “外发光”对话框

图 7-66 灯光效果图

3. 制作光照效果

【Step01】按【Ctrl+Shift+Alt+N】组合键，新建“图层 7”并将其排列在所有图层之上。设置前景色为浅黄色（RGB: 255、235、150），选择“画笔工具”，在画布上绘制如图 7-67 所示样式。

【Step02】在“图层”面板中，单击“图层混合模式”下拉按钮，选择“叠加”选项，此时画面效果如图 7-68 所示。

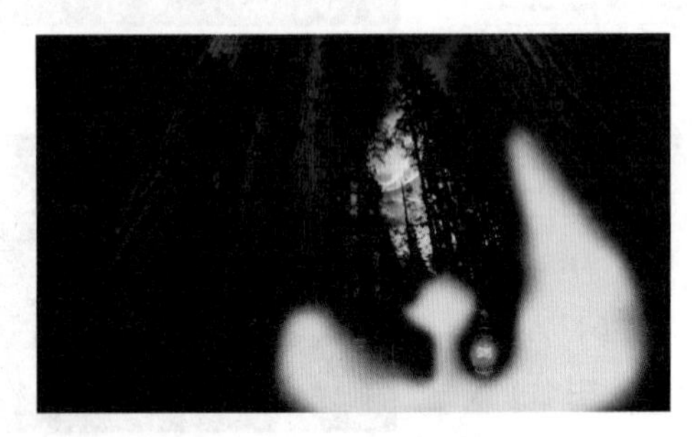

图 7-67 画笔绘制

图 7-68 “叠加”效果

【Step03】按【Ctrl+J】组合键，复制得到“图层 7 副本”，使叠加的光效更明显，如图 7-69 所示。

【Step04】选择“橡皮擦工具”，调整光照效果的强弱，最终效果如图 7-70 所示。

【Step05】重复 Step03-04 的操作，使画面对比更强烈，如图 7-71 所示。

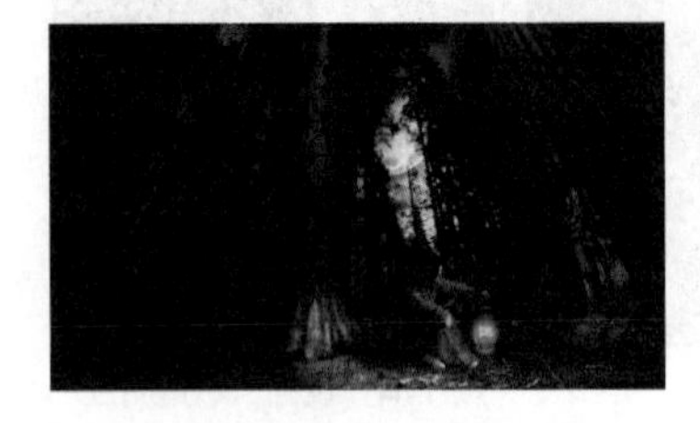

图 7-69 复制图层效果

图 7-70 调整光照效果

图 7-71 重复操作

4．制作文字效果

【Step01】选择“横排文字工具”T，在画布中输入文字内容“树语者”。设置“字体大小”为 21 点、“字体颜色”为深黄色（RGB：155、135、60）、“字体”为华康饰艺体，效果如图 7-72 所示。

【Step02】为文字图层“树语者”添加“斜面和浮雕”的图层样式，具体参数设置如图 7-73 所示。

图 7-72　输入文字

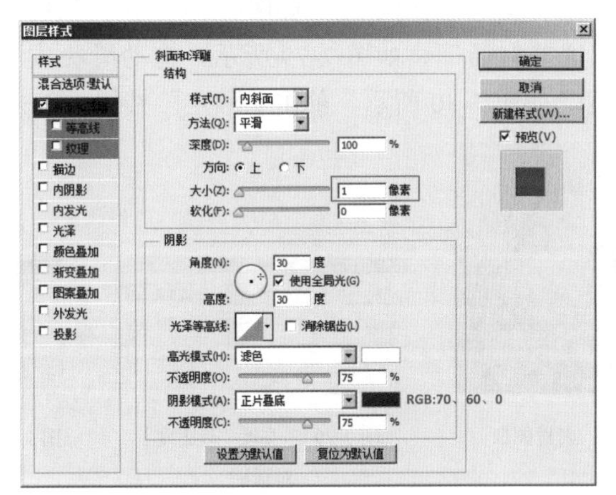

图 7-73　“斜面和浮雕”对话框

【Step03】选择“投影”选项，单击“确定”按钮，效果如图 7-74 所示。

【Step04】在画布中输入英文内容“Control plant Wizard”，设置“字体大小”为 5.5 点、“字体”为蒙纳摇扬简体，效果如图 7-75 所示。

【Step05】在文字图层“树语者”上右击，选择“拷贝图层样式”，在英文文字图层上右击，选择“粘贴图层样式”，效果如图 7-76 所示。

图 7-74　“图层样式”效果

图 7-75　输入英文内容

图 7-76　拷贝粘贴图层样式

1．亮度 / 对比度

“亮度 / 对比度”命令可以快速地调节图像的亮度和对比度。执行“图像→调整→亮度 / 对比度”命令，弹出“亮度 / 对比度”对话框。

图 7-77 所示为“亮度 / 对比度”对话框，对其中各选项的解释如下。

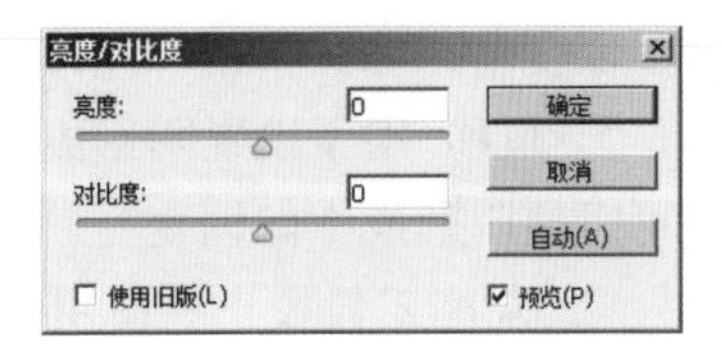

图 7-77　“亮度 / 对比度”对话框

· 亮度：拖动该滑块，或在文本框中输入数值（-150 ~ 150），即可调整图像的明暗。向左拖动滑块，数值显示为负值，图像亮度降低。向右拖动滑块，数值显示为正值，图像亮度增加。

· 对比度：用于调整图像颜色的对比程度。向左拖动滑块，数值显示为负值，图像对比度降低。向右拖动滑块，数值显示为正值，图像对比度增加。

· 使用旧版：Photoshop CS6 之后的版本对“亮度 / 对比度”的调整算法进行了改进，能够保留更多的高光和细节。如果需要使用旧版本的算法，可以选择“使用旧版”复选框。

打开素材图像“台灯 .jpg”，如图 7-78 所示。执行“图像→调整→亮度 / 对比度”命令弹出“亮度 / 对比度”对话框，如图 7-79 所示。拖动滑块或在文本框中输入数值即可调整图像的亮度和对比度，如图 7-80 所示。单击“确定”按钮，效果如图 7-81 所示。

图 7-78　素材图像“台灯”

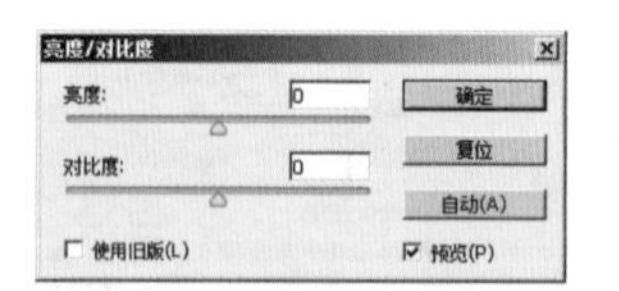

图 7-79　“亮度 / 对比度”对话框

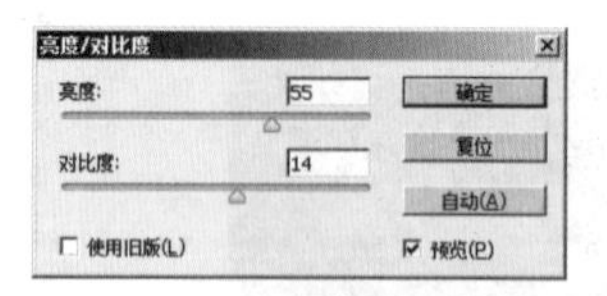

图 7-80　调整“亮度”和“对比度”

图 7-81　“亮度 / 对比度”效果

2．曝光度

拍摄照片时，有时会因为曝光度过度导致图像偏白，或者曝光不足使图像看起来偏暗。使用“曝光度”命令可以使图像的曝光度恢复正常。打开素材图像“椰树 .jpg”，如图 7-82 所示。执行“图像→调整→曝光度”命令，弹出“曝光度”对话框，如图 7-83 所示。

图 7-82　素材图像“椰树”

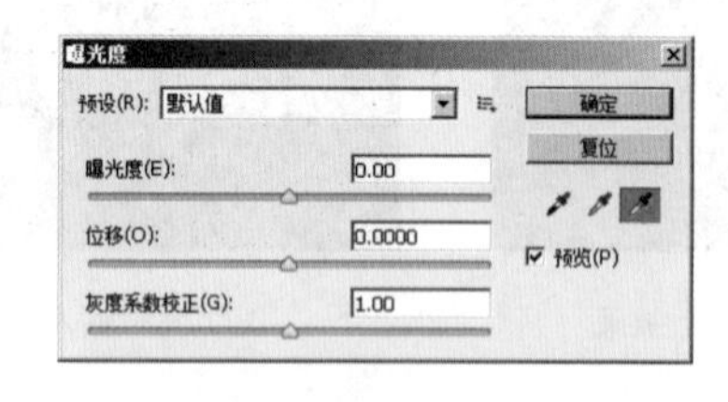

图 7-83　“曝光度”对话框

对“曝光度”对话框中各选项的解释如下。

· 曝光度：用于设置图像的曝光程度，通过增强或减弱光照强度使图像变亮或变暗。设置正值或向右拖动滑块，可以使图像变亮，如图 7-84 所示。设置负值或向左拖动滑块，可以使图像变暗，如图 7-85 所示。

· 位移：用于设置阴影或中间调的亮度，取值范围是 -0.5 ~ 0.5。设置正值或向右拖动滑块，可以使阴影或中间调变亮，但对高光的影响很轻微。

· 灰度系数校正：使用简单的乘方函数来设置图像的灰度系数。可以通过拖动该滑块或在其后面的文本框中输入数值校正照片的灰色系数。

图 7-84 设置“曝光度”为 1

图 7-85 设置“曝光度”为 -1

3．色阶

“色阶”命令是最常用到的调整命令之一。它不仅可以调整图像的阴影、中间调和高光的强度级别，而且还可以校正色调范围和色彩平衡。

打开素材图像“海星 .jpg”，如图 7-86 所示。执行“图像→调整→色阶”命令（或按快捷键【Ctrl+L】），弹出“色阶”对话框，如图 7-87 所示。

图 7-86 素材图像“海星”

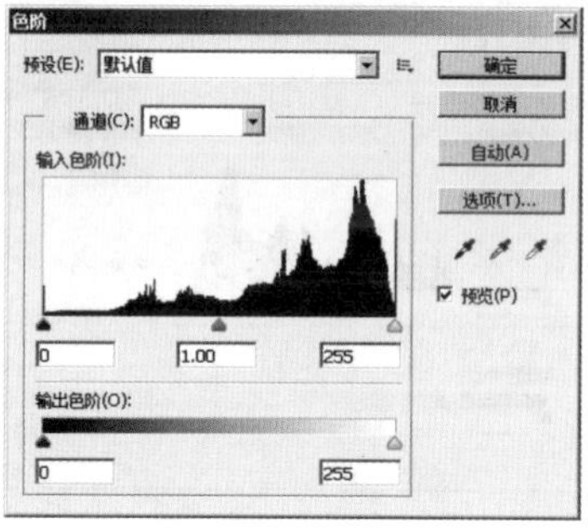

图 7-87 “色阶”对话框

在“色阶”对话框中，中间的直方图显示了图像的色阶信息。其中，黑色滑块代表图像的暗部，灰色滑块代表图像的中间色调，白色滑块代表图像的亮部。通过拖动黑、灰、白色滑块或输入数值来调整图像的明暗变化。对“色阶”对话框中各选项的解释如下。

（1）通道

在“通道”下拉列表中可以选择一个颜色通道进行调整。例如，在调整 RGB 图像的色阶时，在“通道”下拉列表中选择“蓝”通道，如图 7-88 所示。然后拖动滑块可以对图像中的蓝色进行调整，如图 7-89 所示。单击“确定”按钮，效果如图 7-90 所示。

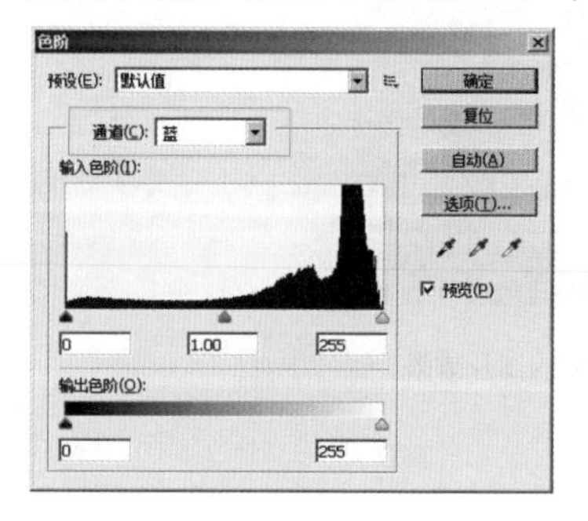

图 7-88 选择“蓝”通道

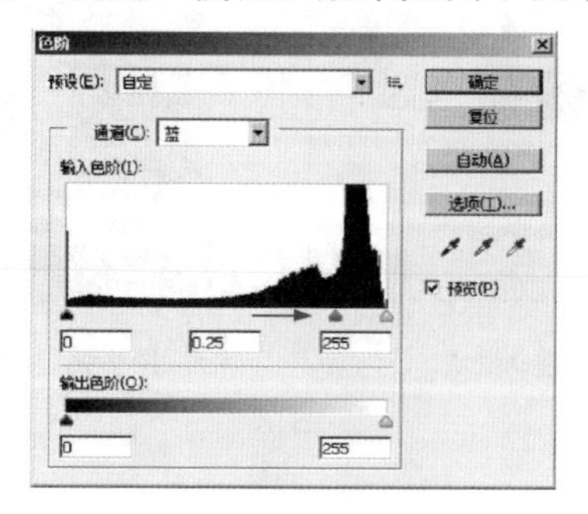

图 7-89 调整图像中的蓝色

图 7-90 调整后的效果

（2）输入色阶

“输入色阶”用来调整图像的阴影（左侧滑块）、中间调（中间滑块）和高光区域（右侧滑块），从而提高图像的对比度。拖动滑块或者在滑块下面的文本框中输入数值都可以对图片的输入色阶进行调整。向左拖动滑块，如图 7-91 所示，与之对应的图片色调会变亮，效果如图 7-92 所示。向右拖动滑块，如图 7-93 所示，则图片色调会变暗，效果如图 7-94 所示。

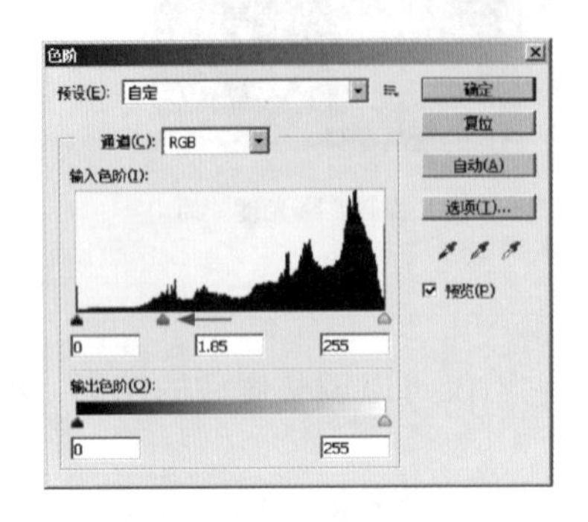

图 7-91　向左拖动滑块

图 7-92　图片色调变亮

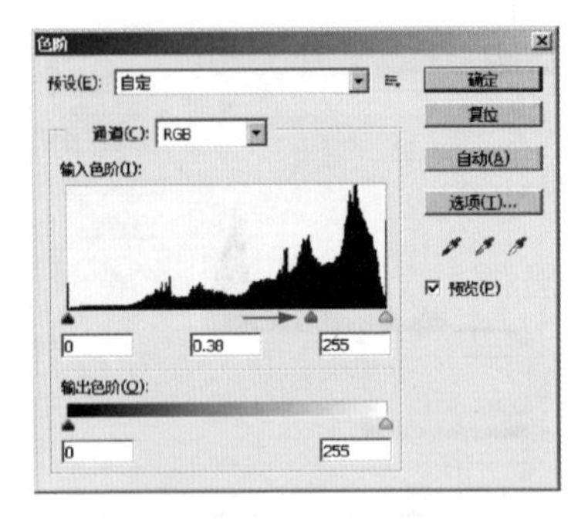

图 7-93　向右拖动滑块

图 7-94　图片色调变暗

（3）输出色阶

“输出色阶”可以限制图像的亮度范围，从而降低对比度，使图像呈现出类似褪色的效果。同样，拖动滑块或者在滑块下面的文本框中输入数值，都可以对图片的输出色阶进行调整，如图 7-95 所示。单击“确定”按钮，效果如图 7-96 所示。

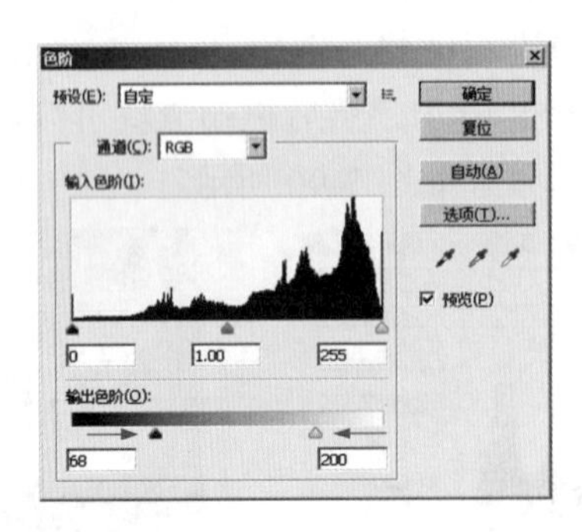

图 7-95　拖动滑块

图 7-96　调整后的图片效果

4．曲线

“曲线”命令用来调节图像的整个色调范围，它和“色阶”命令相似，但比“色阶”命令对图像的调节更加精密，因为曲线中的任意一点都可以进行调节。执行“图像→调整→曲线”命令（或按快捷键【Ctrl+M】），弹出“曲线”对话框，如图 7-97 所示。

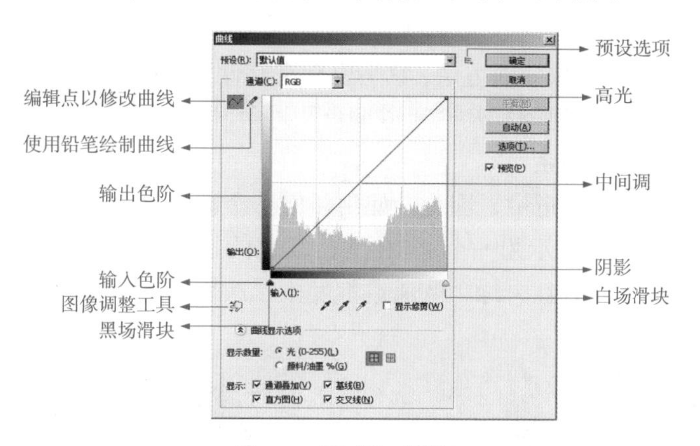

图 7-97 “曲线”对话框

对“曲线”对话框中各选项的解释如下。

· 预设：包含了 Photoshop 中提供的各种预设调整文件，可用于调整图像。

· 编辑点以修改曲线：打开“曲线”对话框时，按钮默认为按下状态。在曲线中添加控制点可以改变曲线形状，从而调节图像。

· 使用铅笔绘制曲线：按下按钮后，可以通过手绘效果的自由曲线来调节图像。

· 图像调整工具：单击按钮后，将光标放在图像上，曲线上会出现一个空的图形，它代表了光标处的色调在曲线上的位置，单击并拖动鼠标可添加控制点并调整相应的色调。

· 自动按钮：单击该按钮，可以对图像应用“自动颜色”、“自动对比度”或“自动色调”校正。

· 选项按钮：单击该按钮，可以打开“自动颜色校正选项”对话框。

使用“曲线”进行调节时，可以添加多个控制点，从而对图像的色彩进行精确的调整，具体操作如下：

打开素材图像“小鸟 .jpg”，如图 7-98 所示。按【Ctrl+M】组合键，弹出“曲线”对话框，在曲线上单击添加控制点，拖动控制点调节曲线的形状，如图 7-99 所示。单击“确定”按钮即可完成图像色调及颜色的调节，效果如图 7-100 所示。

图 7-98 素材图像“小鸟”

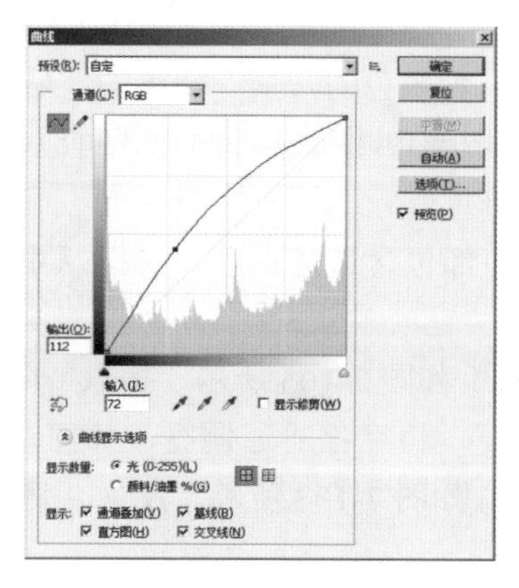

图 7-99 调节“曲线”

图 7-100 调整后效果

需要注意的是，在 RGB 模式下，曲线向上弯曲，可以将图像的色调调亮，反之，色调变暗。

5. 通道调色

“通道”是一种重要的图像处理方法，它主要用来存储图像的色彩信息。接下来，将对“调色命令与通道的关系”“颜色通道”及“通道调色”进行具体讲解。

（1）调色命令与通道的关系

图像的颜色信息保存在通道中，因此，使用任何一个调色命令调整颜色时，都是通过通道来影响色彩的。如图 7-101 所示为一个 RGB 文件及它的通道，使用“色相 / 饱和度”命令调整它的整体颜色时，可以看到红、绿、蓝通道都发生了改变，如图 7-102 所示。

图 7-101　RGB 文件

图 7-102　通道发生改变

由此可见，使用调色命令调整图像颜色时，其实是 Photoshop 在内部处理颜色通道，使之变亮或者变暗，从而实现色彩的变化。

（2）颜色通道

颜色通道就像是摄影胶片，它们记录了图像内容和颜色信息。图像的颜色模式不同，颜色通道的数量也不相同。RGB 图像包含红、绿、蓝和一个用于编辑图像内容的复合通道，如图 7-103 所示。CMYK 图像包含青色、洋红、黄色、黑色和一个复合通道，如图 7-104 所示。

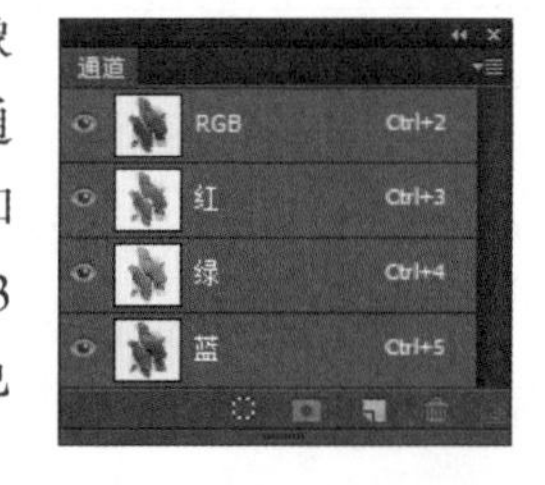

图 7-103　RGB 图像通道

图 7-104　CMYK 图像通道

（3）通道调色

在颜色通道中，灰色代表了一种颜色的含量，明亮的区域表示大量对应的颜色，暗的区域表示对应的颜色较少。如果要在图像中增加某种颜色，可以将相应的通道调亮；要减少某种颜色，将相应的通道调暗即可。

“色彩”和“曲线”对话框中都包含通道选项，可以从中选择一个通道，调亮它的明度，从而影响颜色。具体操作如下。

打开素材图像“小桥流水 .jpg”，如图 7-105 所示。按【Ctrl+M】组合键，弹出“曲线”对话框。在“通道”下拉列表中选择“红”，将红色通道调亮，如图 7-106 所示。单击“确定”按钮，可以看到图片中的红色色调增加，如图 7-107 所示。反之，将红色通道调暗时，图片中的红色色调会减少，如图 7-108 所示。

图 7-105　素材图像“小桥流水”

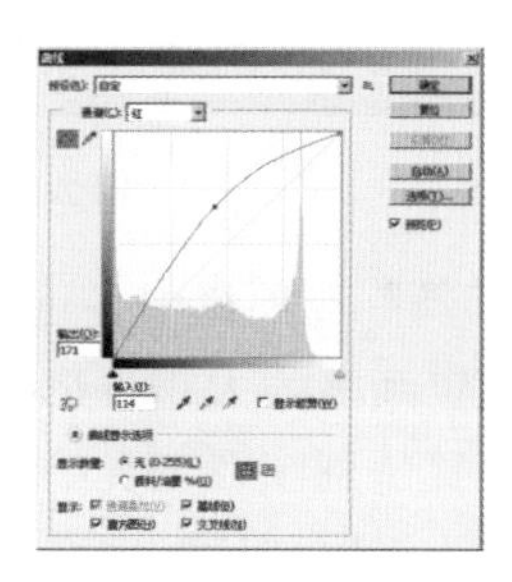

图 7-106　将红色通道调亮

图 7-107　图片中增加了红色

图 7-108　图片中减少了红色

6．红眼工具

“红眼工具” 可以去除拍摄照片时产生的红眼。选择“红眼工具”，其选项栏如图 7-109 所示。在选项栏中，可以设置瞳孔的大小和瞳孔的暗度。

瞳孔大小：50%　变暗量：50%

图 7-109　“红眼工具”选项栏

“红眼工具”的使用方法非常简单。打开素材图像“红眼人物.jpg”，如图 7-110 所示。选择“红眼工具”，然后在图像中有红眼的位置单击，如图 7-111 所示，即可去除红眼，效果如图 7-112 所示。

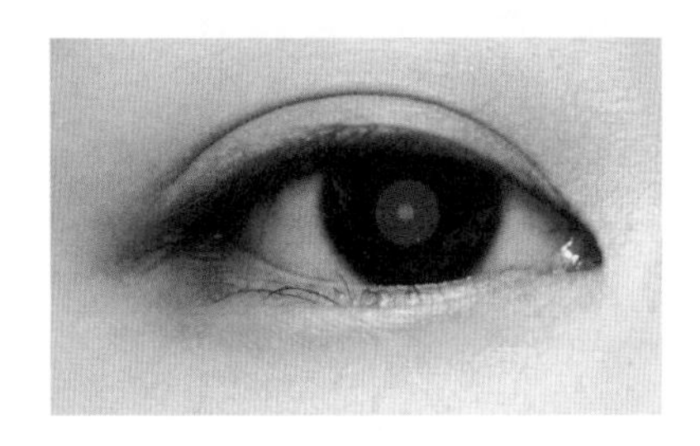

图 7-110　原图像

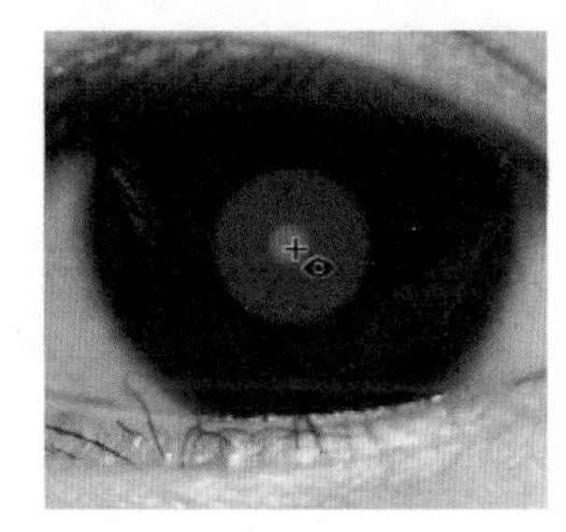

图 7-111　单击红眼

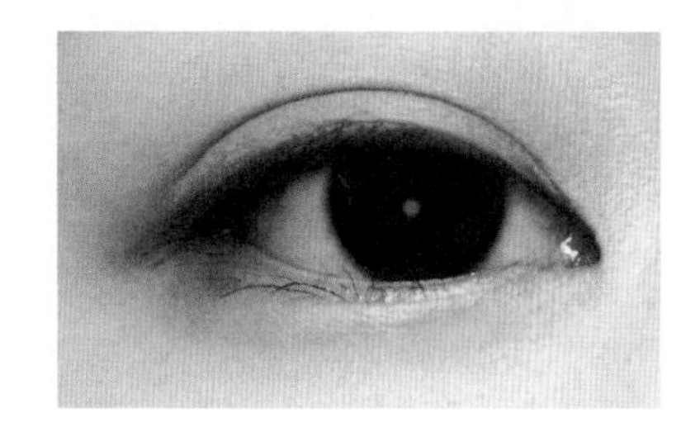

图 7-112　去除红眼

7．仿制图章工具

“仿制图章工具” 是一种复制图像的工具，原理类似于克隆技术。它可以将一幅图像的全部或部分复制到同一幅图像或另一幅图像中。选择“仿制图章工具”后，其选项栏如图 7-113 所示。

图 7-113 “仿制图章工具”选项栏

对“仿制图章工具”选项栏中各选项的解释如下。

· 画笔：用于设置画笔的大小及形状等。

· 模式：用于设置仿制图章工具的混合模式。

· 不透明度：用于设置“仿制图章工具”在仿制图像时的不透明度。

· 对齐：用于设置是否在复制时使用对齐功能。

· 样本：用于设置仿制的样本，分别为“当前图层”、“当前和下方图层”和“所有图层”。

打开素材图像“玫瑰花 .jpg”，如图 7-114 所示。选择“仿制图章工具”，将鼠标指针定位在图像中需要复制的位置，按住【Alt】键，光标将变为圆形十字图标 ⊕，此时，单击确定取样点，如图 7-115 所示。然后，释放鼠标。在画面中合适的位置单击，并按住鼠标左键不放进行涂抹，如图 7-116 所示，直至复制出目标对象，如图 7-117 所示。

图 7-114　打开图片

图 7-115　进行光标定位

图 7-116　单击确定取样点

图 7-117　复制出取样点的图像

7.3 【案例24】通道抠图

通道是 Photoshop 的高级功能，与图像内容、色彩等有密切联系。通道的应用也非常广泛，不仅可以用来调色，还可以用来抠图。本节将通过“通道”抠取云彩，如图 7-118 所示，并置草地背景中，如图 7-119 所示，其最终效果如图 7-120 所示。

图 7-118　素材图像“云彩”

图 7-119　素材图像“草地”

图 7-120　“通道抠图”效果展示

实现步骤

1. 抠出云彩

【Step01】打开素材图像“云彩 .jpg”，如图 7-121 所示。

【Step02】按【Ctrl+J】组合键，复制“背景”层，得到“图层 1”。执行“窗口→通道”命令，打开“通道”面板，如图 7-122 所示。

【Step03】选中“红”通道，如图 7-123 所示。将“红”通道拖至面板底部“创建新通道”按钮，得到“红副本”通道。按【Ctrl+M】组合键打开“曲线”对话框，拖动曲线向下弯曲，如图 7-124 所示。单击“确定”按钮，效果如图 7-125 所示。

图 7-121 素材图像“云彩”

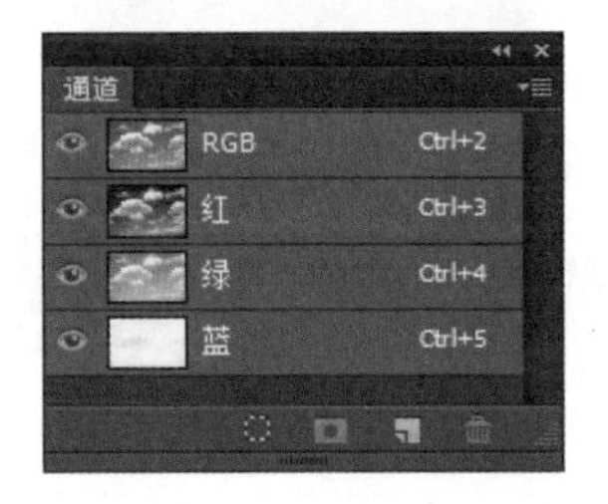

图 7-122 “通道”控制面板

图 7-123 选中“红”通道

【Step04】选中“红”通道，单击“通道”面板下方的“将通道作为选区载入”按钮，调出“红副本”通道的选区，如图 7-126 所示。

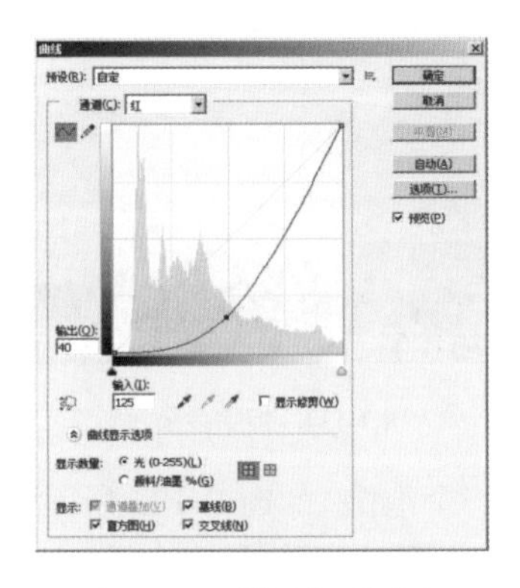

图 7-124 “曲线”对话框

图 7-125 调整后效果

图 7-126 调出“红”通道选区

【Step05】选中“RGB”通道，如图 7-127 所示。然后，切换至“图层”面板，如图 7-128 所示。

【Step06】选中“图层 1”，按【Ctrl+J】组合键对其进行复制，得到“图层 2”。此时，“图层 2”中的图像便是抠取出来的云彩，如图 7-129 所示。

图 7-127 选中“RGB”通道

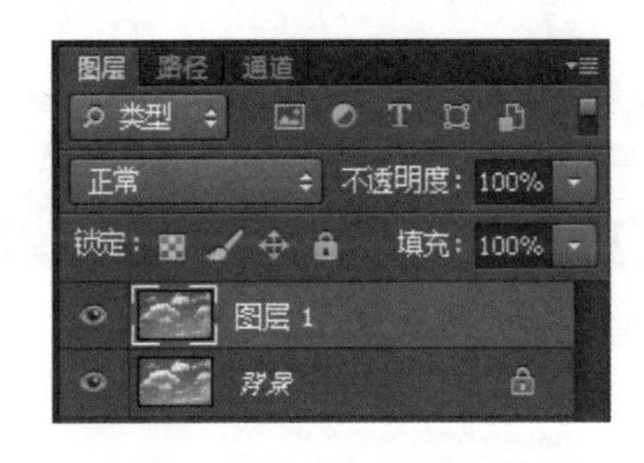

图 7-128 选中“图层 1”

图 7-129 抠取出来的云彩

2．拼合素材

【Step01】打开素材图像“草地 .jpg”，如图 7-130 所示。

【Step02】按【Ctrl+Shift+S】组合键，以名称“【案例 24】通道抠图 .psd”保存图像。

【Step03】将抠取的云彩图像拖动到新窗口中，得到“图层 1”。然后，按【Ctrl+T】组合键调出定界框，调整其大小并放在合适的位置，效果如图 7-131 所示。

图 7-130　素材图片　　图 7-131　调整大小及位置

【Step04】按【Ctrl+U】组合键，打开“色相 / 饱和度”对话框。向右拖动滑块将“明度”调为最高，如图 7-132 所示。单击“确定”按钮，效果如图 7-133 所示。

【Step05】选择“橡皮擦工具” ，擦除天边部分多余云彩，效果如图 7-134 所示。

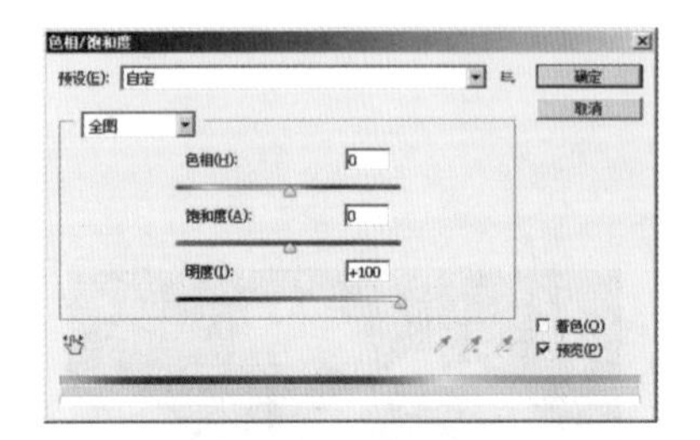

图 7-132　将“明度”调为最高

图 7-133　调整后的图片效果

图 7-134　擦除多余云彩

【Step06】选中“背景”层，选择“修补工具” ，圈选草地上的一个泡泡，如图 7-135 所示。然后，向附近类似颜色的草地处拖动，效果如图 7-136 所示。单击选区外，即可取消选区。

【Step07】重复 Step06 中的操作，将草地上的泡泡全部修复，效果如图 7-137 所示。

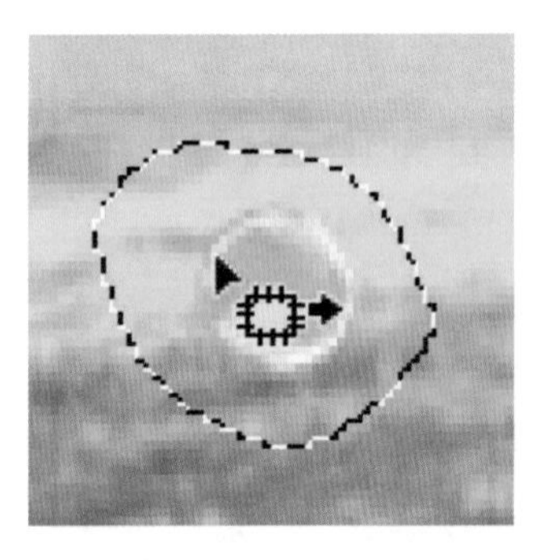

图 7-135　圈选泡泡

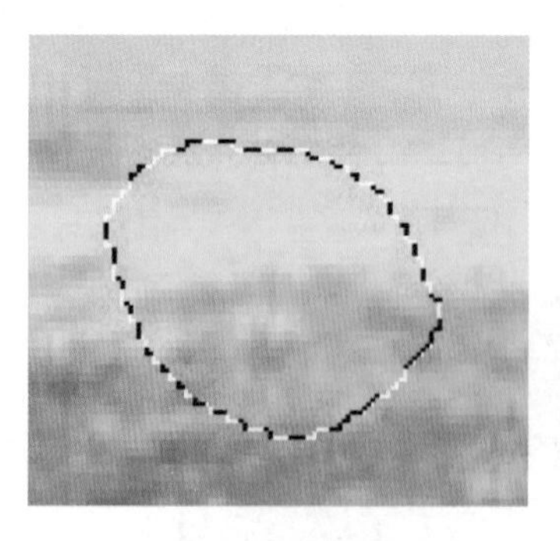

图 7-136　修补草地

图 7-137　修复完效果

知识点讲解

1. “通道”面板

“通道”面板可以对所有的通道进行管理和编辑。当打开一个图像时，Photoshop 会自动创建该图像的颜色信息通道，如图 7-138 所示。

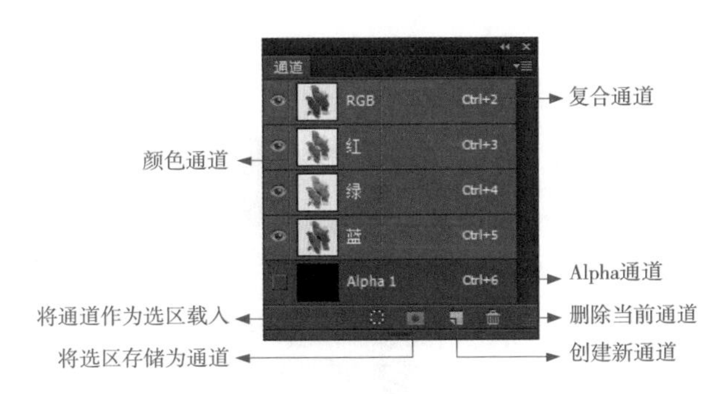

图 7-138 “通道”面板

对“通道”面板中各选项的解释如下。

· 将通道作为选区载入：单击该按钮，可以载入所选通道内的选区。
· 将选区存储为通道：单击该按钮，可以将图像中的选区保存在通道内。
· 创建新通道：单击该按钮，可以创建新的 Alpha 通道。
· 删除当前通道：单击该按钮，可以删除当前选择的通道。

2. 通道的基本操作

在 Photoshop CS6 中不仅可以创建新通道，还可以对当前通道进行复制和删除。

（1）创建新通道

在编辑图像的过程中，可以创建新通道。打开素材图像，单击“通道”面板右上方的按钮，将弹出如图 7-139 所示的面板菜单。选择“新建通道”命令，弹出“新建通道”对话框，如图 7-140 所示。单击“确定”按钮，即可创建一个新通道，默认名为“Alpha 1”，如图 7-141 所示。

图 7-139　面板菜单

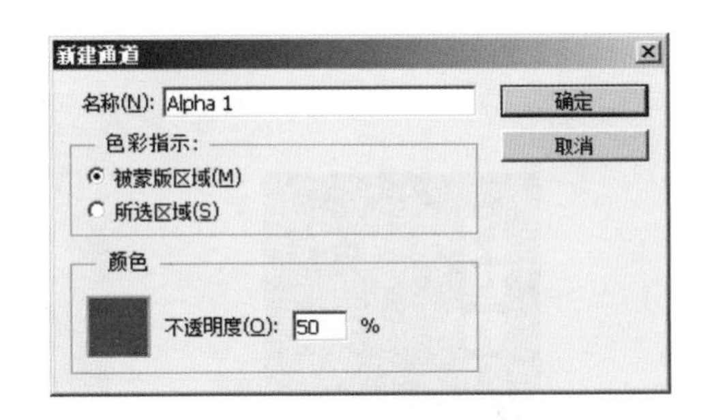

图 7-140 “新建通道”对话框

图 7-141　创建新通道

另外，单击“通道”控制面板下方的“创建新通道”按钮，也可以创建一个新通道。

（2）复制通道

“复制通道”命令用于将现有的通道进行复制，以产生相同属性的多个通道。单击“通道”面板右上方的按钮，在弹出的面板菜单中选择“复制通道”命令，弹出“复制通道”对话框，如图 7-142 所示。单击“确定”按钮，即可复制出一个新通道，如图 7-143 所示。

（3）删除通道

不需要的通道可以将其删除，以免影响操作。单击“通道”面板右上方的按钮，在弹出的面板菜单中选择“删除通道”命令，即可将通道删除。

另外，单击“通道”面板下方的“删除当前通道”按钮，将弹出提示对话框，如图 7-144

所示。单击“是”按钮，将通道删除。或者也可将通道直接拖动到“删除当前通道”按钮 上进行删除。

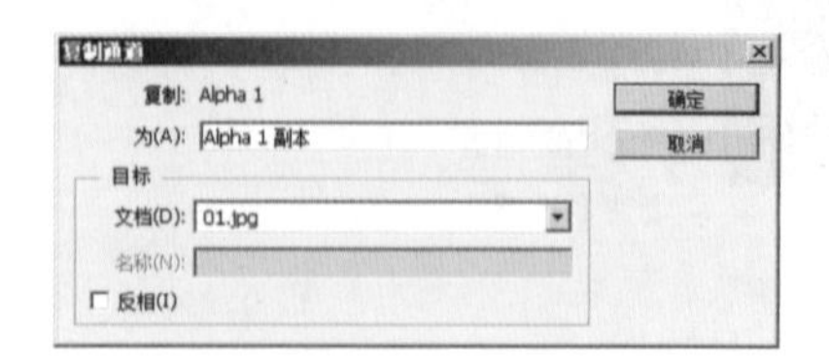

图 7-142 “复制通道”对话框

图 7-143 复制通道

图 7-144 提示对话框

3. Alpha 通道

Alpha 通道是通道的重要组成部分，使用 Alpha 通道不仅可以保存选区，还可以将选区存储为灰度图像。然后，可以使用画笔、加深、减淡等工具以及各种滤镜，通过编辑 Alpha 通道来修改选区。另外，还可以通过 Alpha 通道载入选区。

在 Alpha 通道中，白色代表了可以被选择的区域，黑色代表了不能被选择的区域，灰色代表了可以被部分选择的区域。用白色涂抹 Alpha 通道可以扩大选区的范围；用黑色涂抹 Alpha 通道则会收缩选区；用灰色涂抹可以增加羽化的范围。

打开素材图像“鹦鹉.jpg”，如图 7-145 所示。在 Alpha 通道中，使用“渐变工具”制作一个呈现灰度阶梯的区域，如图 7-146 所示。单击“通道”面板下方的“将通道作为选区载入”按钮 ，可以载入通道的选区，如图 7-147 所示。按【Ctrl+D】组合键取消选区，并使用黑色画笔涂抹 Alpha 通道，如图 7-148 所示。此时，将通道作为选区载入，通道内的选区将会收缩，如图 7-149 所示。

图 7-145 素材图像“鹦鹉”

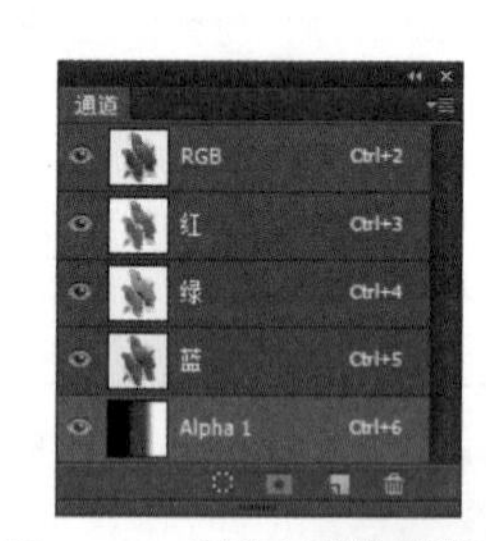

图 7-146 制作灰度阶梯选区

图 7-147 载入选区

图 7-148 黑色画笔涂抹 Alpha 通道

图 7-149 通道内的选区收缩

4. 内容感知移动工具

“内容感知移动工具”是 Photoshop CS6 版本中的一个新增工具，它可以在移动图片中选中的某个区域时，智能填充原来的位置。使用“内容感知移动工具”时，要先为需要移动的区域创建选区，然后将其拖动到所需位置即可。选择“内容感知移动工具”，其工具选项栏如图 7-150 所示。

图 7-150 “内容感知移动工具”选项栏

对“内容感知移动工具”选项栏其中各选项的解释如下：

· 模式：在该下拉列表中，可以选择“移动”和“扩展”两种模式。其中，“移动”选项是将选取的区域内容移动到其他位置，并自动填充原来的区域；“扩展”选项是将选取的区域内容复制到其他位置，并自动填充原来的区域。

· 适应：在该下拉列表中，可以设置选择区域保留的严格程度，包含“非常严格”“严格”“中”“松散”和“非常松散”5 个选项。

打开素材图像“鸭子.jpg”，如图 7-151 所示。选择“内容感知移动工具”，在选项栏中将“模式”设置为“移动”，其他选项保持默认设置。在图像中需要移动的区域创建选区，如图 7-152 所示。然后，将光标放在选区内，单击并向画面左侧拖动鼠标，如图 7-153 所示。释放鼠标后，选区内的图像将会被移动到新的位置，效果如图 7-154 所示。

图 7-151 素材图像“鸭子”

图 7-152 创建选区

图 7-153 左侧拖动鼠标

图 7-154 图像被移动到新的位置

5. 修补工具

“修补工具”使用其他区域中的像素来修复选中的区域，并将样本像素的纹理、光照和阴影与源像素进行匹配。该工具的特别之处是需要用选区来定位修补范围。选择“修补工具”，其选项栏如图 7-155 所示。

图 7-155 “修补工具”选项栏

对“修补工具”选项栏中各选项的解释如下。

· 源：选中该按钮，如果将源图像选区拖至目标区域，则源区域图像将被目标区域的图像覆盖。

· 目标：选中该按钮，表示将选定区域作为目标区域，用其覆盖需要修补的区域。

· 透明：选中该复选框，可以将图像中差异较大的形状图像或颜色修补到目标区域中。

· 使用图案：创建选区后该按钮将被激活，单击其右侧的下拉按钮，可以在打开的图案列表中选择一种图案，以对选区图像进行图案修复。

打开素材图像“可爱小孩.jpg”，如图 7-156 所示。选择“修补工具”，并在选项栏中选中“目标”按钮，其他选项保持默认设置。在图像中单击并拖动鼠标绘制选区，如图 7-157 所示。然后，将光标放在选区内，单击并向左拖动鼠标即可复制图像，如图 7-158 所示。按【Ctrl+D】组合键取消选区，效果如图 7-159 所示。

图 7-156 素材图像“可爱小孩”

图 7-157 绘制选区

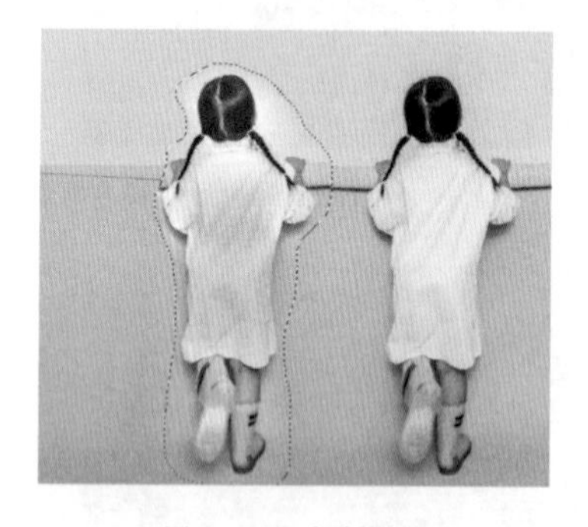

图 7-158 复制图像

图 7-159 修补完成

6. 图案图章工具

“图案图章工具”可以将系统自带的或预先定义的图案复制到图像中。选择“图案图章工具”后，其工具选项栏如图 7-160 所示。

图 7-160 “图案图章工具”选项栏

单击“图案”下拉按钮，将弹出“图案”下拉面板，如图 7-161 所示，可以选取系统预设或已经预定的图案。此时，单击按钮，从弹出的菜单中可以选择“新建图案”“载入图案”“保存图案”“删除图案”等命令，如图 7-162 所示。

打开素材图像“嘴唇.jpg”，如图 7-163 所示。选择“图案图章工具”，在要定义为图案的图像上绘制选区，如图 7-164 所示。然后，执行“编辑→定义图案”命令，将弹出“图案名称”对话框，如图 7-165 所示。单击“确定”按钮，定义选区中的图像为图案，然后，按【Ctrl+D】组合键取消选区。

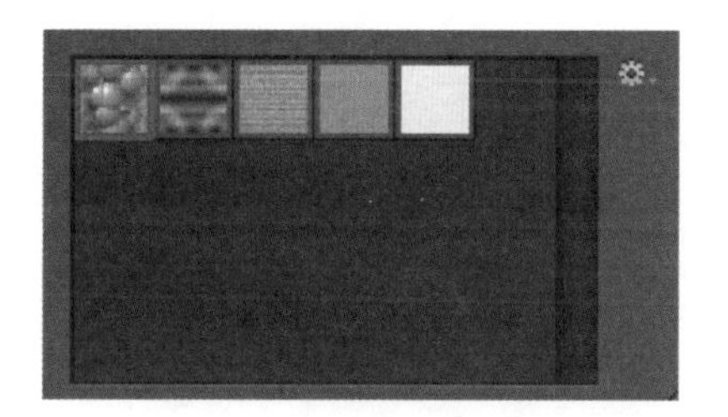

图 7-161　“图案”下拉面板

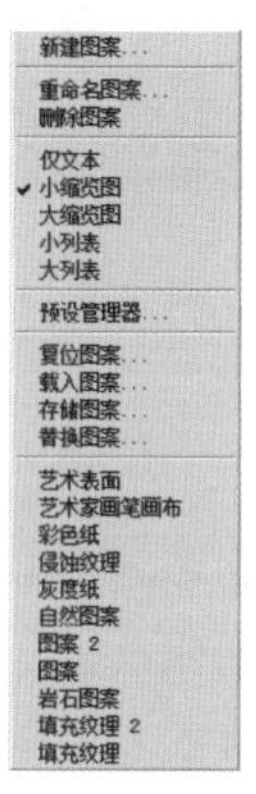

图 7-162　“图案”菜单

图 7-163　打开图片

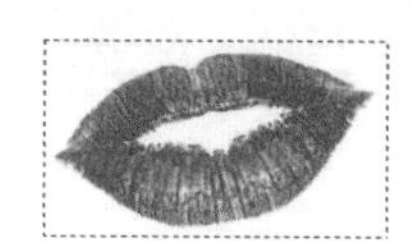

图 7-164　绘制选区

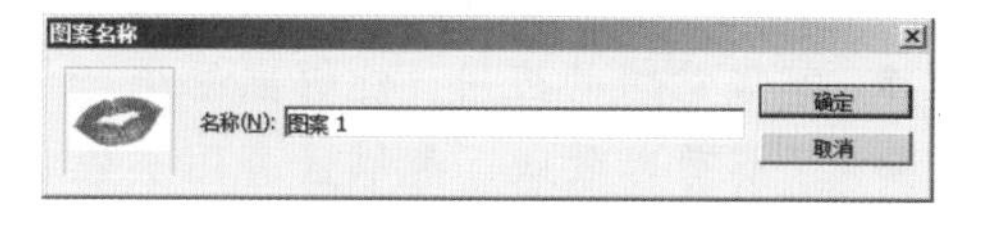

图 7-165　“图案名称”对话框

在“图案图章工具”选项栏中，选择定义好的图案，如图 7-166 所示。然后，在画面中合适的位置单击，并按住鼠标左键不放进行涂抹，即可复制出定义好的图案，效果如图 7-167 所示。

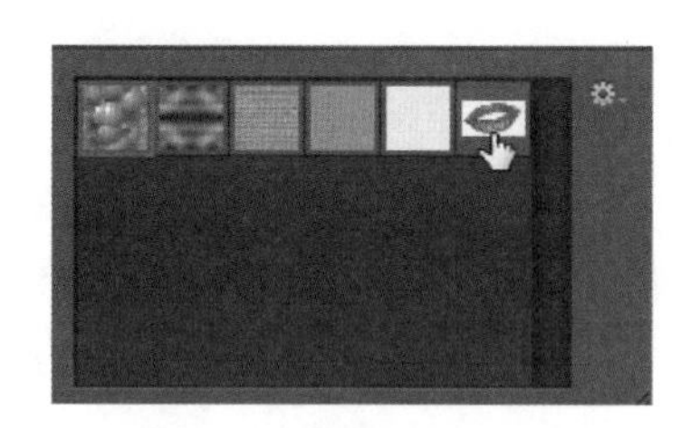

图 7-166　选择定义好的图案

图 7-167　复制定义好的图案

动手实践

学习完前面的内容，下面来动手实践一下吧。

请调整图 7-168 所示素材，调整后的效果如图 7-169 所示。

图 7-168　人物素材

图 7-169　人物化妆效果

第 8 章 图层混合模式与蒙版

学习目标

- 掌握图层混合模式的应用，能够控制图层之间的颜色融合。
- 掌握蒙版的应用，能够熟练进行蒙版的增删改。
- 了解剪贴蒙版，能够区分图层蒙版和剪贴蒙版的差异。

图像合成是 Photoshop 标志性的应用领域，在使用 Photoshop CS6 进行图像合成时，应用“图层混合模式”和“蒙版”能够制作出丰富多彩而且可以即时修改的图像效果。本章将针对“图层混合模式”和“蒙版”进行详细讲解。

8.1 【案例25】草地文字

在 Photoshop CS6 中，通过“图层混合模式”可以更好地控制图层之间颜色的融合。本节将使用“图层混合模式”中常用的“正片叠底”制作“草地文字”，其效果如图 8-1 所示。通过本案例的学习，读者能够了解“图层混合模式”并掌握“正片叠底”的运用方法。

图 8-1 “草地文字”效果展示

实现步骤

1. 添加背景和文字

【Step01】打开素材图像“草地.jpg”，如图 8-2 所示。

【Step02】按【Ctrl+Shift+S】组合键，以名称“【案例 25】草地文字.psd”保存图像。

【Step03】选择“横排文字工具” T，在画布中创建文字“传智播客”，设置“字体”为汉仪方叠体简、“字号”90 点、“消除锯齿”方法为浑厚，如图 8-3 所示。

图 8-2 素材图像“草地”

图 8-3 “文字工具”选项栏

【Step04】设置前景色为草绿色（RGB：107、145、23），按【Alt+Delete】组合键为文字填充草绿色，效果如图 8-4 所示。

2. 设置图层混合模式

【Step01】在“图层”面板中，单击“图层混合模式”下拉按钮，如图 8-5 所示。

【Step02】在弹出的下拉列表中选择“正片叠底”选项，此时文字图层的效果将发生变化，如图 8-6 所示。

图 8-4 填充前景色

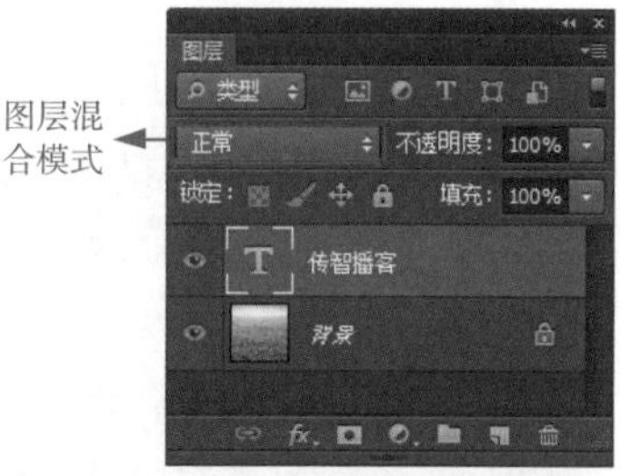

图 8-5 图层混合模式

图 8-6 正片叠底

【Step03】选中“传智播客”文字图层，右击选择“栅格化文字”命令。

【Step04】按【Ctrl+T】组合键调出定界框，右击选择“透视”命令，调整文字效果，效果如图 8-7 所示。

【Step05】双击“传智播客”图层，在弹出的“图层样式”对话框中选择“内阴影”选项，单击“确定”按钮。接着，在“图层”面板中调整“不透明度”为 80%，效果如图 8-8 所示。

图 8-7 透视

图 8-8 内阴影

知识点讲解

1. 认识图层混合模式

图 8-9　设置图层的混合模式

为了实现一些绚丽的效果，在进行图像合成时，有时需要对多个图层进行颜色的融合，这时就需要使用“图层混合模式”。在“图层”面板中，单击“图层混合模式”下拉按钮，如图 8-9 所示，在弹出的“图层混合模式”下拉列表中选择要设置的模式即可。

常用的“图层混合模式”有“正片叠底”“叠加”“滤色”等。由于混合模式用于控制上、下两个图层在叠加时所显示的整体效果，因此通常为上方的图层设置混合模式。

2. 正片叠底

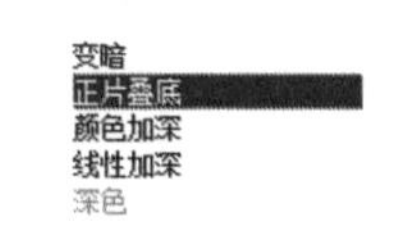

图 8-10　正片叠底

“正片叠底”是 Photoshop 中最常用的图层混合模式之一，通过“正片叠底”模式可以将图像的原有颜色与混合色复合，得到较暗的结果色。单击“图层混合模式”下拉按钮，在下拉列表中可选择“正片叠底”模式，如图 8-10 所示。

在“正片叠底”模式下，任何颜色与黑色混合产生黑色，如图 8-11 所示。与白色混合保持不变，如图 8-12 所示。与其他颜色混合会得到结果色较暗的图像，如图 8-13 所示。因此，在进行图像合成时，常用“正片叠底”来添加阴影或保留图像中的深色部分，如图 8-14 所示的图像，就是应用“正片叠底”模式制作的。

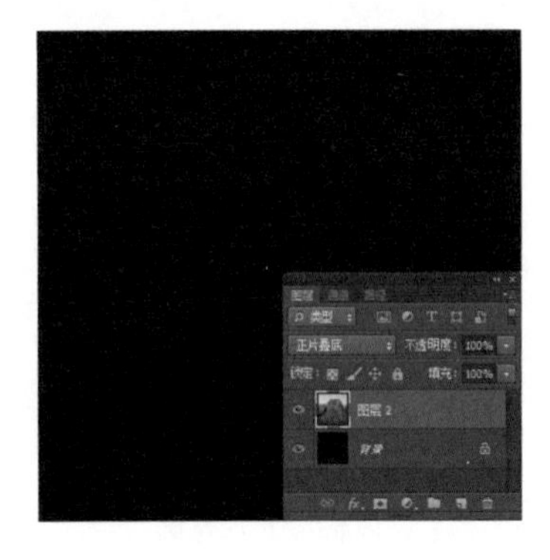

图 8-11　黑色背景

图 8-12　白色背景

图 8-13　红色背景

混合模式为“正常”

混合模式为“正片叠底”

图 8-14　应用“正片叠底”模式制作的图像

8.2 【案例26】闪电效果

通过上一节的学习，相信读者已经对“图层混合模式”有了一定的认识，本节将继续使用“图层混合模式”中常用的“叠加”和“滤色”制作“闪电效果”，其效果如图 8-15 所示。通过本案例的学习，读者能够掌握“滤色”和“叠加”两种混合模式的运用方法。

图 8-15 “闪电效果”效果展示

实现步骤

1．制作背景

【Step01】打开素材图像“天空 .jpg”，如图 8-16 所示。

【Step02】按【Ctrl+Shift+S】组合键，以名称“【案例 26】闪电效果 .psd”保存图像。

【Step03】按【Ctrl+Shift+Alt+N】组合键新建“图层 1”。选择“渐变工具”，在“图层 1”中绘制蓝色（RGB：1、140、248）到透明的径向渐变，如图 8-17 所示。

【Step04】在“图层”面板中，设置“图层 1”的“图层混合模式”为叠加。

【Step05】按【Ctrl+J】组合键，复制得到“图层 1 副本”。按【Shift+Ctrl+Delete】组合键锁定透明图层填充白色背景色，如图 8-18 所示。

【Step06】按【Ctrl+J】组合键，复制“图层 1 副本”，得到“图层 1 副本 2”，使显示效果更明显。按【Ctrl+T】组合键调出定界框，调整图层对象至合适大小，按【Enter】键确认自由变换，如图 8-19 所示。

图 8-16　素材图像“天空”

图 8-17　径向渐变

图 8-18　复制图层

图 8-19　再次复制图层

2．调整闪电素材

【Step01】打开素材图像“闪电 .jpg”，如图 8-20 所示。

【Step02】选择“移动工具”，将其拖动到“【案例 26】闪电效果 .psd”所在的画布中，并移动到合适的位置，得到“图层 2”，如图 8-21 所示。

【Step03】在“图层”面板中，设置“图层 2”的“图层混合模式”为滤色，这时“图层 2”上会出现一个半透明的边框，如图 8-22 所示。

图 8-20　素材图像“闪电”

图 8-21　闪电素材

图 8-22　“滤色”效果

【Step04】按【Ctrl+M】组合键，在弹出的“曲线”对话框中拖动曲线向下弯曲，如图 8-23 所示，直到“图层 2”上的边框消失，单击“确定”按钮。

【Step05】按【Ctrl+U】组合键，弹出的“色相 / 饱和度”对话框，选择“着色”复选框。单击“确定”按钮，此时闪电将变为浅蓝色，如图 8-24 所示。

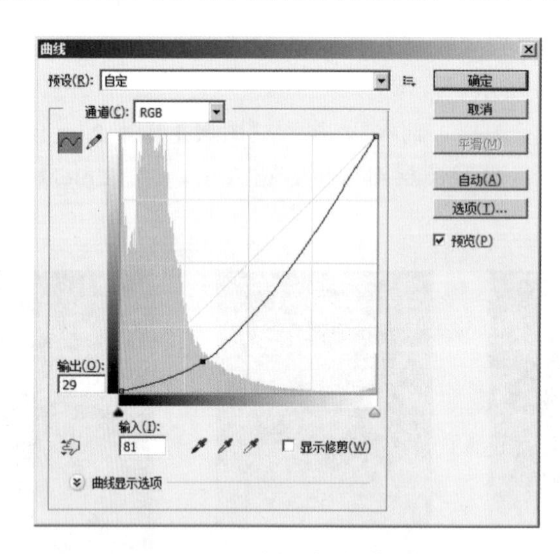

图 8-23　“曲线”对话框

图 8-24　“色相 / 饱和度”效果

知识点讲解

1. 叠加

“叠加”是“正片叠底”和“滤色”的组合模式。采用此模式合并图像时，图像的中间调会发生变化，高色调和暗色调基本保持不变，如图 8-25 所示。

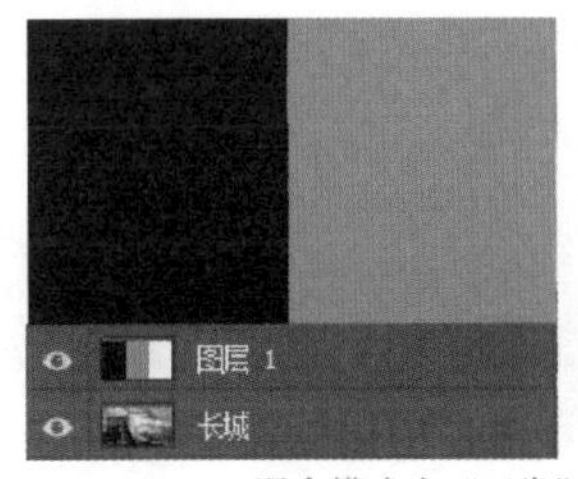

混合模式为“正常”

混合模式为“叠加”

图 8-25　叠加对比图

通过图 8-25 容易看出，当选择“叠加”模式后，图像的高色调和暗色调区域，如“黑色”“白色”等没有变化，但图像的中间调区域，如“褐色”“蓝色”等都发生了或明或暗的变化。

鉴于“叠加”的这种特性，通常运用“叠加”来制作图像中的高光、亮色部分，如图 8-26 所示。

图 8-26　高光背景

2．滤色

“滤色”模式与“正片叠底”模式相反，应用“滤色”模式的合成图像，其结果色将比原有颜色更淡。因此“滤色”通常会用于加亮图像或去掉图像中的暗调色部分，如图 8-27 所示。

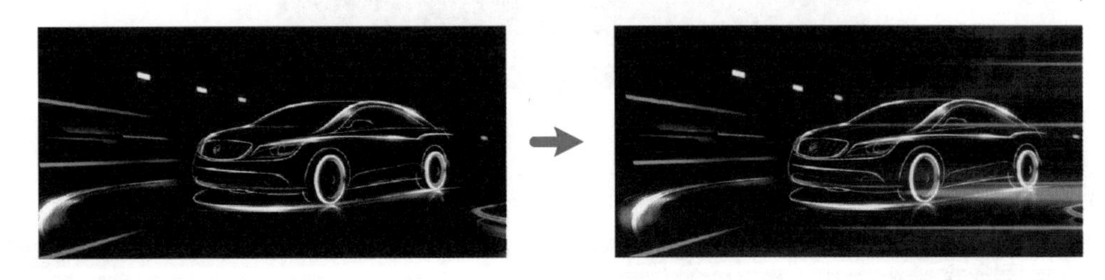

图 8-27　滤色

通过图 8-27 中的对比，可见“滤色”就是保留两个图层中较白的部分，并且遮盖较暗部分的一种图层混合模式。

3．其他图层混合模式

除了上述几种图层混合模式，在使用 Photoshop CS6 进行图像合成时，还会用到其他的图层混合模式，对它们的详细解释，具体如下。

· 正常：默认的图层混合模式，用当前图层像素的颜色叠加下层颜色。当图层的不透明度为 100% 时，显示最顶层图层像素的颜色，如图 8-28 所示。

· 溶解：编辑或绘制每个像素使其成为结果色。根据像素位置的不透明度，结果色由基色或混合色的像素随机替换，如图 8-29 所示。

图 8-28　正常

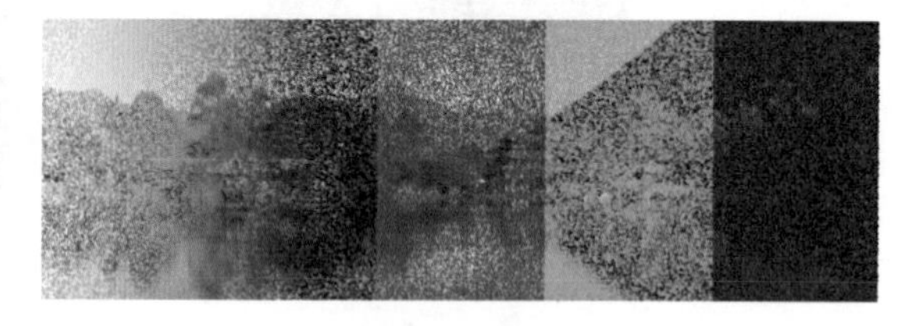

图 8-29　溶解

· 变暗：在混合时将绘制的颜色与底色之间的亮度进行比较，亮于底色的颜色都被替换，暗于底色的颜色保持不变，如图 8-30 所示。

· 颜色加深：用于查看每个通道的颜色信息，通过像素对比度，使底色变暗，从而显示当前图层的绘图色，如图 8-31 所示。

图 8-30　变暗

图 8-31　颜色加深

· 线性加深：同样用于查看每个通道的颜色信息，不同的是它是通过降低其亮度使底色变暗来反衬当前图层颜色的，如图 8-32 所示。

图 8-32　线性加深

· 深色和浅色：二者模式相反，分别如图 8-33、图 8-34 所示。

图 8-33　深色

图 8-34　浅色

· 变亮：与变暗模式相反。使用“变亮”模式，混合时取绘图色与底色中较亮的颜色，底色中较暗的像素将被绘图色中较亮的像素取代，而底色中较亮的像素保持不变，如图 8-35 所示。

· 颜色减淡：主要用于查看每个通道的颜色信息，通过增加对比度来使底色变亮，从而显示当前图层的颜色，如图 8-36 所示。

图 8-35 变亮

图 8-36 颜色减淡

· 线性减淡（添加）：用于查看每个通道的颜色信息，然后通过降低其他颜色的亮度来反映当前图层的颜色，如图 8-37 所示。

· 柔光：是根据图像的明暗程度来决定图像的最终效果是变亮还是变暗，如图 8-38 所示。

图 8-37 线性减淡（添加）

图 8-38 柔光

· 强光：同柔光一样，是根据图像的明暗程度来决定图像的最终效果是变亮还是变暗。此外，选择“强光”模式还可以产生类似聚光灯照射图像的效果，如图 8-39 所示。

· 亮光：通过增减对比度来加深或减淡图像的颜色，如图 8-40 所示。

图 8-39 强光

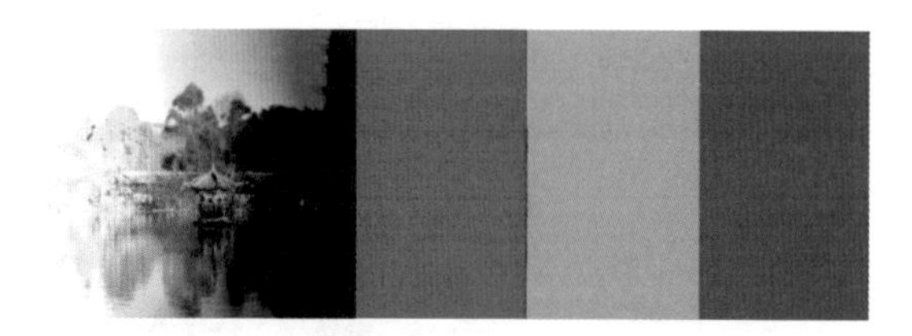

图 8-40 亮光

· 线性光：通过增加或降低当前图层颜色亮度来加深或减淡颜色，如图 8-41 所示。

· 点光：根据当前图层的亮度来替换颜色，如图 8-42 所示。

图 8-41 线性光

图 8-42 点光

· 实色混合：将两个图层叠加，且当前图层产生很强的硬边性边缘，如图 8-43 所示。

· 差值：将当前图层的颜色与其下方图层颜色的亮度进行对比，用较亮颜色的像素值减去较暗颜色的像素值，所得差值就是最后效果的像素值，如图 8-44 所示。

· 排除：该模式和“差值”模式效果类似，但是比“差值”模式的效果要柔和，如图 8-45 所示。

· 减去：查看每个通道中的颜色信息，并从基色中减去混合色，如图 8-46 所示。

图 8-43 实色混合

图 8-44 差值

图 8-45 排除

图 8-46 减去

· 划分：查看每个通道中的颜色信息，并从基色中划分混合色，如图 8-47 所示。

· 色相：选择下方图层颜色的亮度和饱和度值与当前图层的色相值进行混合从而创建结果色，混合后的亮度即饱和度取决于底色，但是色相则取决于当前图层的颜色，如图 8-48 所示。

图 8-47 划分

图 8-48 色相

· 饱和度: 混合后的色相及明度与底色相同。而饱和度则与绘制的颜色相同，如图 8-49 所示。

图 8-49 饱和度

注意： 在饱和度为 0% 的情况下，选择此模式绘画将不发生变化。

· 颜色：使用底色的明度及绘图色的色相和饱和度来创建结果颜色。这样可以保护图像的灰色色调，但是混合后的整体颜色由当前绘制颜色决定，如图 8-50 所示。

· 明度：使用底色的色相和饱和度来创建最终的结果色，如图 8-51 所示。

图 8-50 颜色

图 8-51 明度

8.3 【案例27】播放器图标

在使用 Photoshop CS6 进行图像合成时，“蒙版”可以隔离和保护选区之外的未选中区域，使其不被编辑，极大地方便了图像的编辑和修改。本节将综合运用前面所学的知识及“蒙版”绘制一款“播放器图标”，其效果如图 8-52 所示。通过本案例的学习，读者能够掌握“蒙版”的基本应用。

图 8-52 “播放器图标”效果展示

实现步骤

1．绘制播放器背景

【Step01】按【Ctrl+N】组合键，在弹出的对话框中设置“宽度”为 800 像素、“高度”为 800 像素、“分辨率”为 72 像素 / 英寸、“颜色模式”为 RGB 颜色、“背景内容”为白色，单击“确定”按钮。

【Step02】按【Ctrl+Shift+S】组合键，以名称“【案例 27】播放器图标 .psd”保存图像。

【Step03】设置前景色为蓝色（RGB：9、73、158），按【Alt+Delete】组合键填充前景色，如图 8-53 所示。

【Step04】打开素材图像“纹理 .jpg”。选择“移动工具”，将素材拖到蓝色背景中，并移动使素材铺满整个背景，如图 8-54 所示。

【Step05】在“图层”面板中，设置“纹理”的“图层混合模式”为正片叠底，画面效果如图 8-55 所示。

【Step06】按【Ctrl+Shift+Alt+N】组合键新建“图层 1”。选择“渐变工具”，在“图层 1”中绘制蓝色（RGB：9、73、158）到透明的径向渐变，如图 8-56 所示。

图 8-53 填充前景色

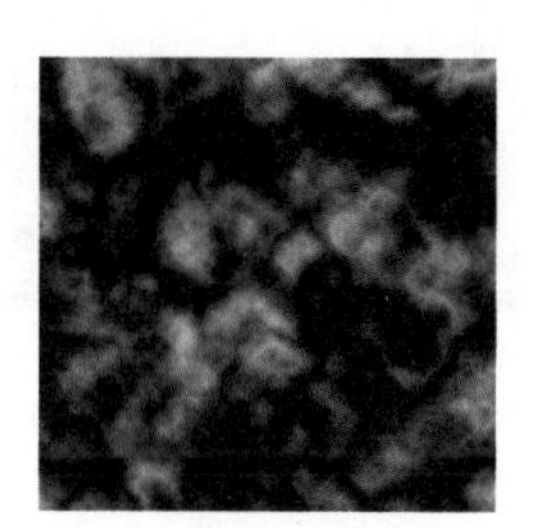

图 8-54 素材图像“纹理”

图 8-55 正片叠底

图 8-56 径向渐变

【Step07】选择“椭圆工具”，在画布中绘制一个正圆形状，得到“椭圆 1”图层。设置“填充”为无颜色、“描边”为白色、“描边宽度”为 1 点、实线，效果如图 8-57 所示。

【Step08】在“图层”面板中，设置“椭圆 1”的“图层混合模式”为叠加，效果如图 8-58 所示。

【Step09】选中背景部分的所有图层，按【Ctrl+G】组合键对图层对象进行编组，命名为“播放器背景”。

2．绘制播放器基本形状

【Step01】选择“椭圆工具”，在画布中绘制一个正圆，命名为“外框 4”，将其填充颜色设置为浅蓝色（RGB：176、216、254），如图 8-59 所示。

【Step02】按【Ctrl+J】组合键，复制“外框 4”，将复制的图层命名为“外框 3”并将其填充为白色。

【Step03】按【Ctrl+T】组合键调出定界框，调整“外框 3”至合适大小，效果如图 8-60 所示。

图 8-57　椭圆工具

图 8-58　叠加模式

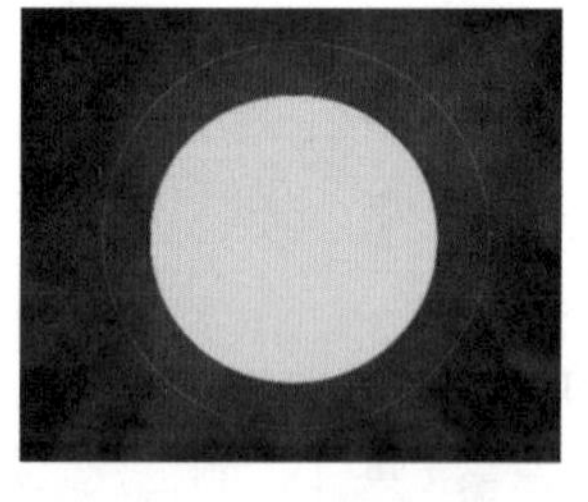

图 8-59　绘制椭圆

图 8-60　调整“外框 3”图层

【Step04】按【Ctrl+J】组合键，复制“外框 3”，将复制的图层命名为“外框 2”并填充为深蓝色（RGB：8、64、139）。然后，通过自由变换将其调整至合适大小，如图 8-61 所示。

【Step05】选择“自定形状工具”，在其选项栏中单击“形状”右侧下拉按钮，弹出如图 8-62 所示的下拉面板。

【Step06】单击面板右侧的按钮，在弹出的下拉菜单中选择“全部”，如图 8-63 所示。在弹出的对话框中，单击“确定”按钮。

【Step07】选择面板中的“圆角三角形”，如图 8-64 所示，按住鼠标左键不放，在画布中拖动，即可绘制一个圆角三角形。将得到的新图层命名为“中心按钮”。

图 8-61　复制图层

图 8-62　下拉面板

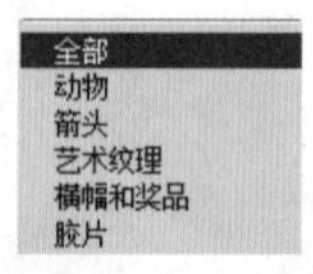

图 8-63　全部形状

图 8-64　圆角三角形

【Step08】设置前景色为橙黄色（RGB：255、132、0），按【Alt+Delete】组合键为“圆角三角形”填充前景色。按【Ctrl+T】组合键调出定界框，将“圆角三角形”适当旋转，效果如图 8-65 所示。

【Step09】选中播放器基本形状的所有图层，按【Ctrl+G】组合键对图层对象进行编组，命名为“播放器形状”。

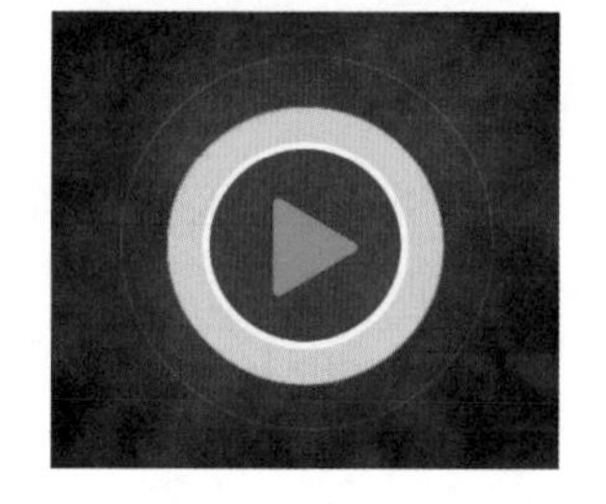

图 8-65　填充前景色

3．添加图层样式

【Step01】双击“外框 4”图层空白处，在弹出的“图层样式”

对话框中选择“斜面浮雕”选项，设置“斜面大小”为 27 像素、阴影模式的“颜色”为浅蓝色（RGB：152、184、219），具体设置如图 8-66 所示。

【Step02】选择“渐变叠加”选项，设置浅蓝色（RGB: 173、215、255）到白色的线性渐变、“渐变角度”为 135 度，如图 8-67 所示。单击“确定”按钮，“外框 4”的最终效果如图 8-68 所示。

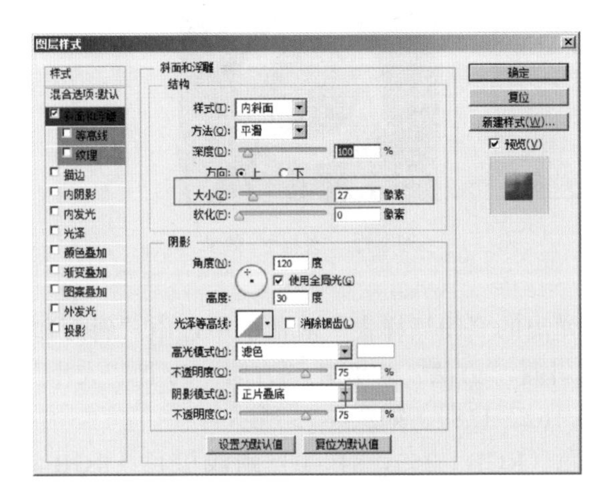

图 8-66 斜面和浮雕参数设置

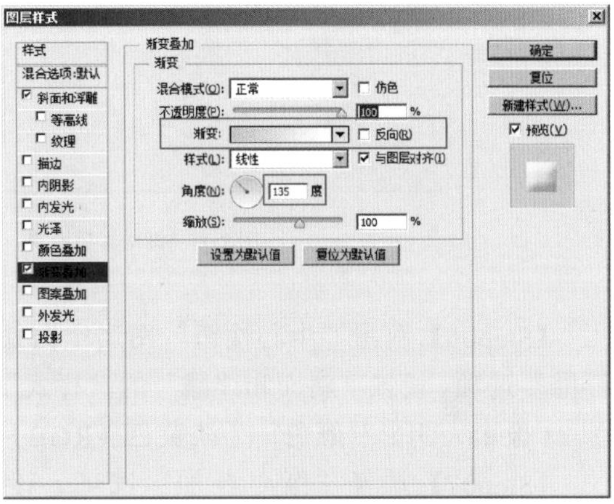

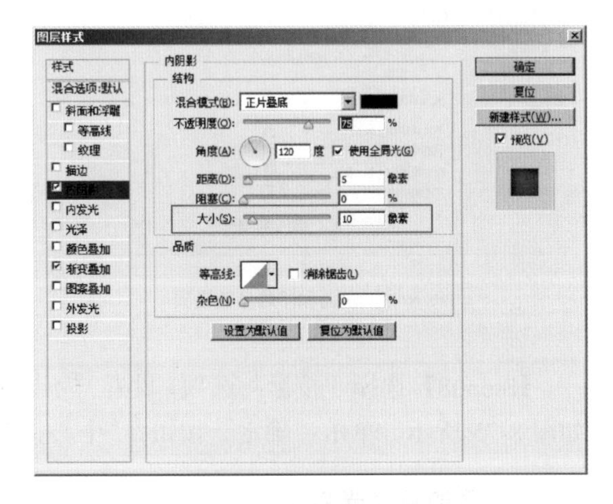

图 8-67 斜面和浮雕参数设置

【Step03】双击“外框 3”图层空白处，在弹出的“图层样式”对话框中选中“投影”选项，设置阴影颜色为深蓝色（RGB：8、68、147），单击“确定”按钮，效果如图 8-69 所示。

【Step04】双击“外框 2”图层空白处，在弹出的“图层样式”对话框中选中“内阴影”选项，设置内阴影“大小”为 10 像素，如图 8-70 所示。

图 8-68 “外框 4”效果

图 8-69 投影

图 8-70 内阴影参数设置

【Step05】选择“渐变叠加”选项，设置深蓝（RGB：7、65、139）到浅蓝（RGB：16、104、216）的线性渐变、“渐变角度”为 120 度，如图 8-71 所示。单击“确定”按钮，“外框 2”的最终效果如图 8-72 所示。

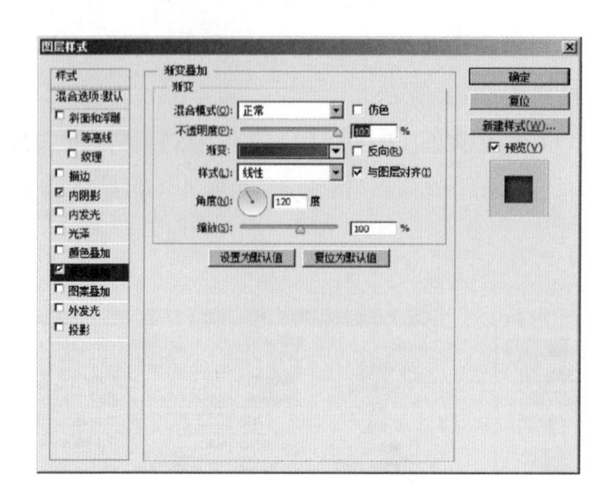

图 8-71　渐变参数设置　　　　图 8-72　“外框 2”效果

【Step06】双击“中心按钮”图层空白处，在弹出的“图层样式”对话框中选中“斜面和浮雕”选项，设置“斜面和浮雕”的“样式”为内斜面、“方法”为平滑、“方向”为上、“大小”为 21 像素、阴影“颜色”为淡黄色（RGB：214、162、128），如图 8-73 所示。

【Step07】选择“渐变叠加”选项，设置橙色（RGB：255、84、0）到浅橙色（RGB：255、132、0）的线性渐变、“渐变角度”为 90 度，如图 8-74 所示。

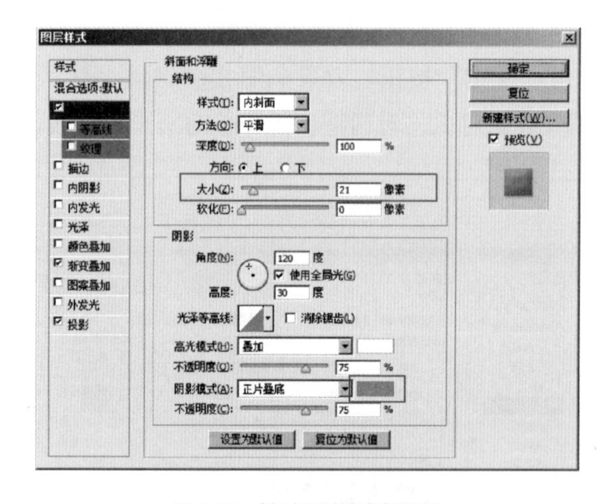

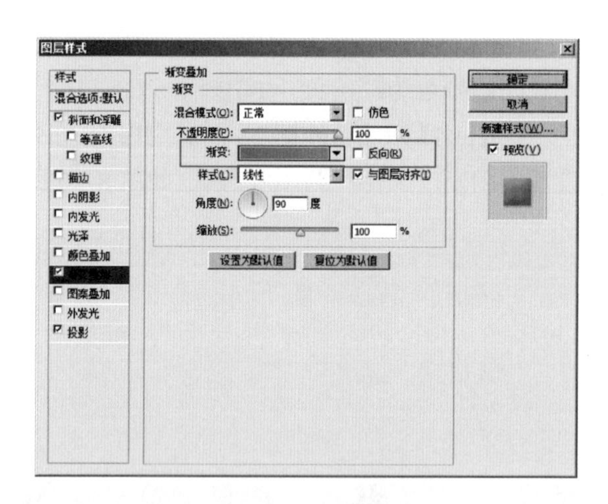

图 8-73　斜面和浮雕参数设置　　　　图 8-74　渐变叠加参数设置

【Step08】选择“投影”选项，设置“不透明度”为 20%、“距离”和“大小”均为 2 像素，如图 8-75 所示。单击“确定”按钮，“中心按钮”的最终效果如图 8-76 所示。

4．添加基本光效

【Step01】按【Ctrl+Shift+Alt+N】组合键新建“图层 2”，选择“渐变工具”，在新建图层中绘制白色到透明的径向渐变，如图 8-77 所示。

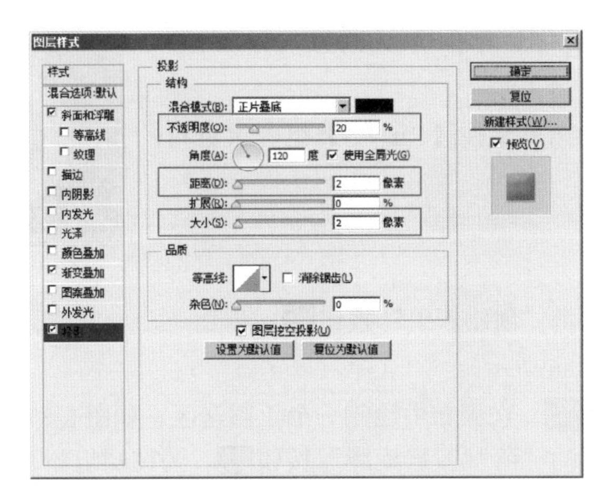

图 8-75 投影参数设置

图 8-76 “中心按钮”效果

【Step02】按【Ctrl+T】组合键调出定界框，右击选择“透视”命令，调整“图层 2”的形状，如图 8-78 所示。按【Enter】键，确认变换操作。

【Step03】在“图层”面板中,设置“图层 2”的“图层混合模式”为叠加。然后按【Ctrl+T】组合键，旋转图层对象至合适位置，效果如图 8-79 所示。

【Step04】按【Ctrl+J】组合键复制“图层 2”，使受光面更加突出，如图 8-80 所示。

图 8-77 径向渐变

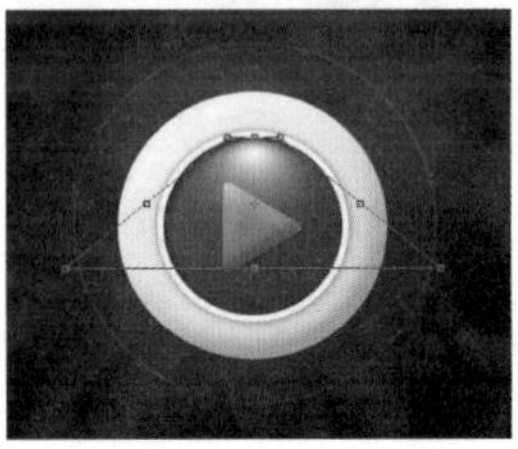

图 8-78 透视

图 8-79 叠加

图 8-80 复制图层

【Step05】按【Ctrl+Shift+Alt+N】组合键新建“图层 3”。选择“椭圆选框工具”，在选项栏中设置“羽化”为 1 像素，在“图层 3”中绘制一个椭圆选区，并填充白色，如图 8-81 所示。按【Ctrl+D】组合键，取消选区。

【Step06】运用“移动工具”和自由变换,移动旋转“图层 3”至合适位置,效果如图 8-82 所示。

【Step07】重复运用【Step05】和【Step06】中的方法，新建“图层 4”并再次绘制一个高光点，如图 8-83 所示。

【Step08】按【Ctrl+Shift+Alt+N】组合键，新建“图层 5”，选择“渐变工具”，在新建图层中绘制白色到透明的径向渐变，如图 8-84 所示。

图 8-81 绘制椭圆选区

图 8-82 移动和旋转

图 8-83 重复操作

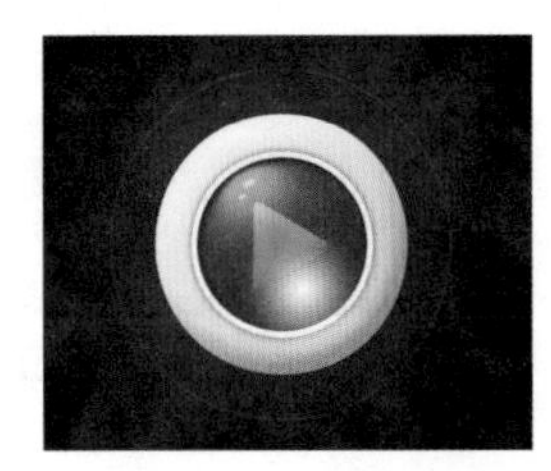

图 8-84 径向渐变

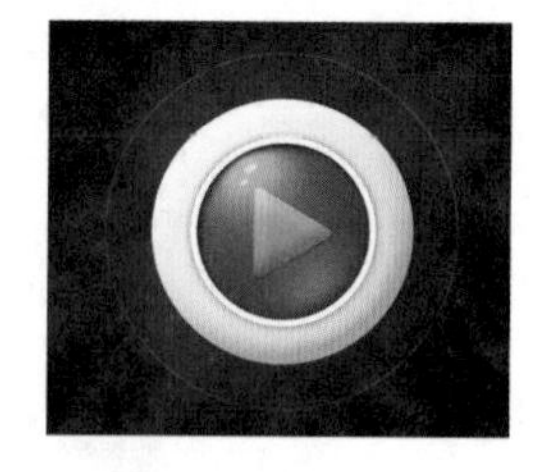
图 8-85　绘制反光区域

【Step09】按照【Step02】和【Step03】中的方法调整“图层 5”，得到反光区域，效果如图 8-85 所示。

【Step10】选中样式和光效部分的图层，按【Ctrl+G】组合键进行编组，命名为“样式和光效”。

5．制作蒙版光效

【Step01】在“图层”面板中，单击“创建新组”按钮，创建一个组并重命名为“蒙版光效”，如图 8-86 所示。

【Step02】选择“椭圆选框工具”，在画布中绘制一个正圆选区，如图 8-87 所示。

【Step03】单击“图层”面板底部的“添加图层蒙版”按钮，为图层组添加一个蒙版，如图 8-88 所示，此时画面中的选区会消失。

【Step04】按住【Ctrl】键不放，单击“图层”面板中的图层蒙版缩览图，将其载入选区。按【Ctrl+Shift+Alt+N】组合键新建“图层 6”，为选区填充白色，如图 8-89 所示。

图 8-86　创建图层组

图 8-87　椭圆选框工具

图 8-88　为组添加蒙版

图 8-89　载入选区

【Step05】按【Shift+F6】组合键，在弹出的“羽化选区”对话框中设置“羽化”为 5 像素，单击“确定”按钮，如图 8-90 所示。

【Step06】通过【↓】【→】方向键，移动选区至合适位置，如图 8-91 所示。

【Step07】按【Delete】键，删除选区中的内容。按【Ctrl+D】组合键，取消选区，设置“图层 6”的“图层混合模式”为叠加，效果如图 8-92 所示。

【Step08】按【Ctrl+J】组合键，复制得到“图层 6 副本”。将“图层 6 副本”旋转至合适位置，如图 8-93 所示。

图 8-90　“羽化选区”对话框

图 8-91　移动选区

图 8-92　叠加

图 8-93　复制图层

知识点讲解

1. 认识蒙版

在墙体上喷绘一些广告标语时，常会用一些挖空广告内容的板子遮住墙体，然后在上面喷色。将板子拿下后，广告标语就工整地印在墙体上了，这个板子就起到了“蒙版”的作用。“蒙版”可以理解为“蒙在上面的板子”，通过这个“板子”可以保护图层对象中未被选中的区域，使其不被编辑，如图 8-94 所示。

图 8-94 蒙版效果

在图 8-94 中，只显示了“环境保护”4 个字作为可编辑区域，不需要显示的部分则可以通过“蒙版”隐藏。当取消“蒙版”时，整个墙体将作为可编辑区域，全部显示在画布中，如图 8-95 所示。

图 8-95 取消蒙版

在“蒙版”中，“黑色”为“蒙版”的保护区域，可隐藏不被编辑的图像，“白色”为“蒙版”的编辑区域，用于显示需要编辑的图像部分，“灰色”为“蒙版”的部分显示区域，在此区域的图像会显示半透明状态，如图 8-96 所示。

图 8-96 蒙版中的颜色

在 Photoshop CS6 中，主要的蒙版类型有图层蒙版、剪贴蒙版、快速蒙版和矢量蒙版。

2. 图层蒙版

简单地说，“图层蒙版”就是在图层上直接建立的蒙版，通过对蒙版进行编辑、隐藏、链接、删除等操作完成图层对象的编辑。

（1）添加图层蒙版

在“图层”面板中单击“添加图层蒙版”按钮，即可为选中的图层添加一个“图层蒙版”，如图 8-97 所示。

（2）显示和隐藏图层蒙版

按住【Alt】键不放，单击“图层”面板中的图层蒙版缩览图，画布中的图像将被隐藏，只显示蒙版图像，如图 8-98 所示。按住【Alt】键不放，再次单击图层蒙版缩览图，将恢复画布中的图像效果。

图 8-97　添加图层蒙版

图 8-98　显示蒙版图像

（3）图层蒙版的链接

在“图层”面板中，图层缩览图和图层蒙版缩览图之间存在“链接图标”，用来关联图像和蒙版，当移动图像时，蒙版会同步移动。单击“链接图标”时，将不再显示此图标，此时可以分别对图像与蒙版进行操作。

（4）停用和恢复图层蒙版

执行“图层→图层蒙版→停用”命令（或按住【Shift】键不放，单击图层蒙版缩览图），可停用被选中的图层蒙版，此时图像将全部显示，如图 8-99 所示。再次单击图层蒙版缩览图，将恢复图层蒙版效果。

图 8-99　停用图层蒙版

（5）删除图层蒙版

执行“图层→图层蒙版→删除”命令（或在图层蒙版缩览图上右击，在弹出的快捷菜单中选择“删除图层蒙版”命令），即可删除被选中的图层蒙版，如图 8-100 所示。

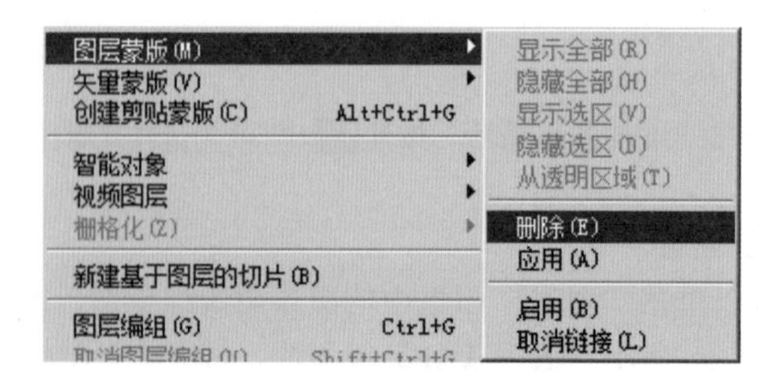

图 8-100　删除图层蒙版

多学一招　创建遮盖图层全部的蒙版

执行“图层→图层蒙版→隐藏全部”命令（或按住【Alt】键不放单击“添加图层蒙版”按钮），可创建一个遮盖图层全部的蒙版，如图 8-101 所示。

此时图层中的图像将会被蒙版全部隐藏，设置前景色为白色，选择“画笔工具”，在画布中涂抹。即可以显示涂抹区域中的图像，如图 8-102 所示。

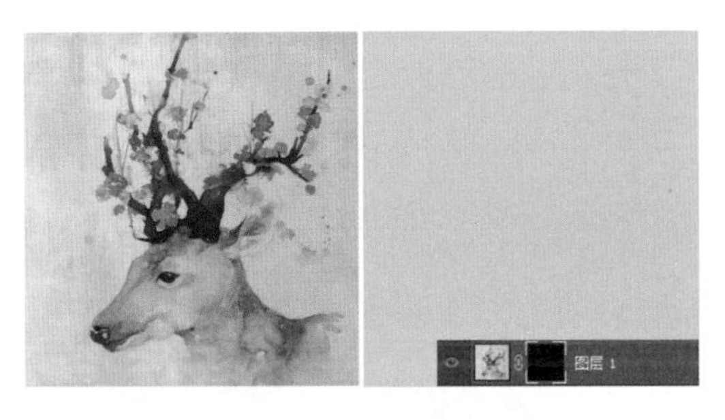

图 8-101　遮盖图层全部的蒙版

图 8-102　显示图像

8.4 【案例28】游戏海报

“剪贴蒙版”是 Photoshop 中一个非常特别、非常有趣的蒙版，用它可以制作出两个图层“上颜色、下形状”的特殊效果。和“图层蒙版”类似，“剪贴蒙版”也可以隔离和保护选区之外的未选中区域。本节将综合运用前面所学的知识绘制一款“游戏海报”，其效果如图 8-103 所示。

图 8-103 “游戏海报”效果展示

实现步骤

1．拼合素材

【Step01】按【Ctrl+N】组合键，在弹出的对话框中设置“宽度”为 700 像素、“高度”为 1 000 像素、“分辨率”为 72 像素 / 英寸、“颜色模式”为 RGB 颜色、“背景内容”为白色，单击“确定”按钮。

【Step02】按【Ctrl+Shift+S】组合键，以名称“【案例 28】游戏海报 .psd”保存图像。

【Step03】打开素材图像“乌云 .jpg”，如图 8-104 所示。

【Step04】选择“移动工具”，将“乌云”拖到“【案例 28】游戏海报 .psd”所在的画布中，移至画布的顶端，如图 8-105 所示。然后，将图层重命名为“乌云”。

【Step05】选中“乌云”图层，单击“图层”面板底部的“添加图层蒙版”按钮。选择“画笔工具”，设置一个较柔和的笔尖，设置前景色为黑色，在“乌云”的下部进行涂抹，使其过渡自然，效果如图 8-106 所示。

图 8-104　素材图像“乌云”

图 8-105　置入素材

图 8-106　添加图层蒙版

【Step06】分别打开素材图像“主城 .jpg”（如图 8-107 所示）和“战场 .jpg”（如图 8-108 所示）。

图 8-107　素材图像“主城”

图 8-108　素材图像“战场”

【Step07】重复【Step04】和【Step05】的操作，为素材图片“主城”和“战场”添加“图层蒙版”。然后，根据画面调整各个素材之间的位置和大小，效果如图 8-109 所示。

图 8-109　拼合素材

2．调整素材细节

【Step01】打开素材图像“旗帜 .jpg”，如图 8-110 所示。

【Step02】选择“移动工具”，将“旗帜”拖到“【案例 28】游戏海报 .psd”所在的画布的适当位置，并在“图层”面板中将其置于顶层，效果如图 8-111 所示。然后，将图层重命名为“旗帜”。

【Step03】在“图层”面板中，单击“图层混合模式”下拉按钮选择“正片叠底”选项，效果如图 8-112 所示。

图 8-110 素材图像“旗帜”

图 8-111 置入素材图像“旗帜”

图 8-112 “正片叠底”效果

【Step04】打开素材图像“雷电 .jpg”，如图 8-113 所示。

【Step05】选择“移动工具”，将“雷电”拖到“【案例 28】游戏海报 .psd”所在的画布的适当位置，效果如图 8-114 示。然后，将图层重命名为“雷电”。

【Step06】在“图层”面板中，单击“图层混合模式”下拉按钮选择“滤色”选项，效果如图 8-115 所示。

图 8-113 素材图像“雷电”

图 8-114 拼合素材“雷电”

图 8-115 “滤色”效果

【Step07】按【Ctrl+Shift+U】组合键，将“雷电”去色，效果如图 8-116 所示。

【Step08】按【Ctrl+M】组合键，在弹出的“曲线”对话框中拖动曲线向下弯曲，直到“雷电”的背景消失，单击“确定”按钮，效果如图 8-117 所示。

【Step09】单击“图层”面板底部的“添加图层蒙版”按钮。选择“画笔工具”，设置一个较柔和的笔尖，在“雷电”的周围进行涂抹，使其过度自然，效果如图 8-118 所示。

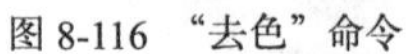

图 8-116 “去色”命令　　图 8-117　调整“曲线”　　图 8-118　图层蒙版

3. 调整背景色调

【Step01】按【Ctrl+Shift+Alt+N】组合键，新建“图层 1”。选择“画笔工具”，设置一个较柔和的笔尖和较大的笔尖大小，在“图层 1”的周围进行涂抹，为海报画面渲染气氛，如图 8-119 所示。

【Step02】按【Ctrl+Shift+Alt+E】组合键，将所有可见图层盖印，得到“图层 2”。按【Ctrl+Shift+U】组合键，将“图层 2”去色。

【Step03】按【Ctrl+L】组合键，在弹出的“色阶”对话框中，选择“通道”为红，然后将“输入色阶”的中间滑块向右拖动，具体设置如图 8-120 所示。单击“确定”按钮，效果如图 8-121 所示。

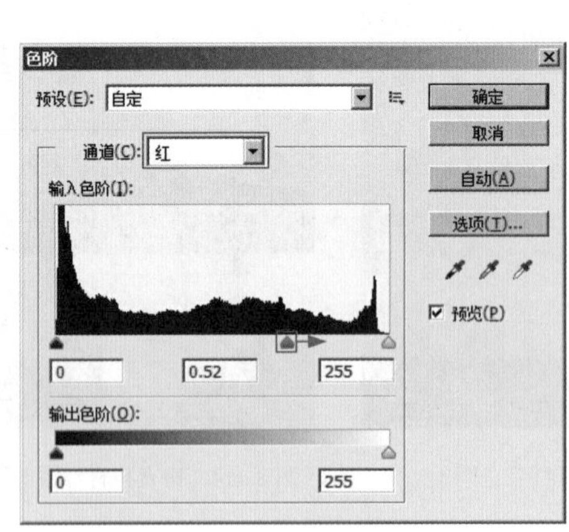

图 8-119　绘制画面气氛　　图 8-120　“色阶”对话框　　图 8-121　“色阶”效果

【Step04】按【Ctrl+Shift+Alt+N】组合键，新建“图层 3”。选择“画笔工具”，设置前景色为白色。在“雷电”上进行涂抹，绘制一个白色的过渡，效果如图 8-122 所示。

【Step05】在“图层”面板中，单击“图层混合模式”下拉按钮选择“叠加”选项，效果如图 8-123 所示。

【Step06】按【Ctrl+Shift+Alt+N】组合键，新建“图层 4”。选择“画笔工具”，再次在“雷电”上进行涂抹，绘制略小的白色的过渡，效果如图 8-124 所示。

【Step07】在“图层”面板中，单击“图层混合模式”下拉按钮选择“叠加”选项，效果如图 8-125 所示。

图 8-122　绘制白色过渡

图 8-123　“叠加”效果

图 8-124　再次绘制白色过渡

图 8-125　“叠加”效果

4．制作文字效果

【Step01】打开素材图像“字体 .png”，如图 8-126 所示。

【Step02】选择“移动工具”，将“字体”拖到“【案例 28】游戏海报 .psd”所在的画布的适当位置，效果如图 8-127 示。然后，将图层重命名为“字体”。

图 8-126　素材图像“文字”

图 8-127　素材图像“文字”

【Step03】按【Ctrl+Shift+Alt+N】组合键，新建“图层 5”。执行“图层→创建剪贴蒙版”命令（或按【Ctrl+Alt+G】组合键），即可为“文字”层创建剪贴蒙版，效果如图 8-128 所示。

【Step04】选择“画笔工具”，设置前景色为暗红色（RGB：142、5、4）。在“文字”中部进行涂抹，为文字着色，效果如图 8-129 所示。

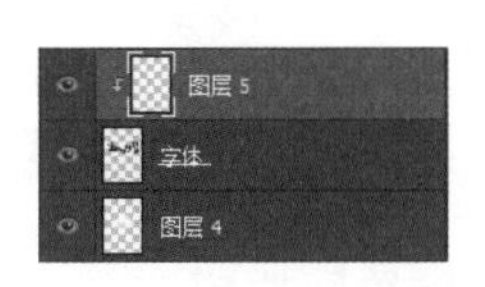

图 8-128　创建剪贴蒙版

图 8-129　文字着暗红色

【Step05】设置前景色为亮橘色（RGB：249、98、27）。在“文字”下部进行涂抹着色，效果如图 8-130 所示。

【Step06】在“图层”面板中，选中“图层 3”。然后，打开素材图像“血迹 .png”，如图 8-131 所示。

图 8-130　文字着亮橘色

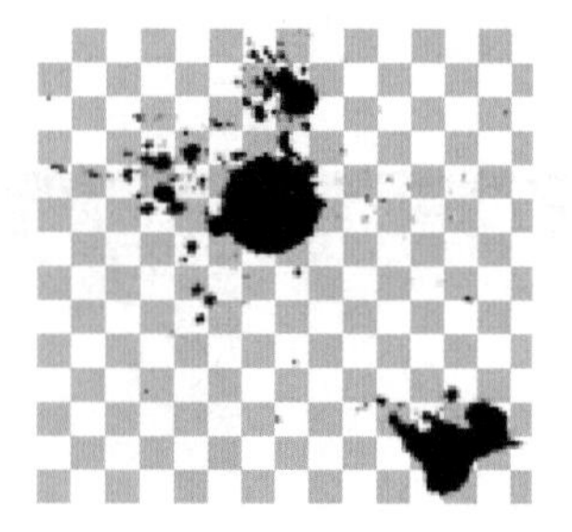

图 8-131　素材图像“血迹”

【Step07】选择“移动工具”，将“血迹”拖到“【案例 28】游戏海报 .psd”所在的画布的适当位置，效果如图 8-132 所示。然后，将图层重命名为“血迹”。

【Step08】选择“套索工具”，选出下面的血迹，如图 8-133 所示。然后，选择“移动工具”，将其移动到文字下方，如图 8-134 所示。按【Ctrl+D】组合键，取消选择。

图 8-132　置入素材图像“血迹”

图 8-133　选出部分血迹

图 8-134　绘制选区

【Step09】按【Ctrl+Shift+Alt+N】组合键，新建“图层 6”。选择“画笔工具”，设置前景色为暗红色（RGB：142、5、4）。在“血迹”上进行局部涂抹，效果如图 8-135 所示。

【Step10】按【Ctrl+Alt+G】组合键，将“图层 6”创建为“血迹”的剪贴蒙版，效果如图 8-136 所示。

图 8-135　绘制血迹

图 8-136　创建剪贴蒙版

【Step11】打开素材图像“笔触 .jpg”，如图 8-137 所示。

【Step12】选择“魔棒工具”，在其选项栏中选择“连续”选项。在“笔触”的白色背景处单击，选中所有白色背景。按【Ctrl+Shift+I】组合键，将选区反向选择。选择“移动工具”，将选区拖动到“【案例 28】游戏海报 .psd”画布中的文字下方，如图 8-138 所示。然后，将图层重命名为“笔触”。

图 8-137 素材图像“笔触”

图 8-138 置入素材图像“笔触”

【Step13】按【Ctrl+T】组合键，调整其大小和位置，效果如图 8-139 所示。

【Step14】双击图层“笔触”空白处，为其添加“图层样式”。在弹出的“图层样式”对话框中，选择“颜色叠加”选项，设置“叠加颜色”为深红色（RGB：92、3、3），单击“确定”按钮，效果如图 8-140 所示。

图 8-139 调整素材“笔触”

图 8-140 “颜色叠加”效果

【Step15】选择“横排文字工具” T，设置选项栏“字体样式”为微软雅黑、“字体大小”为 16 点、“字体颜色”为白色，在“笔触”上输入文字信息“传智播客网页平面 UI 学院出品”，效果如图 8-141 所示。

图 8-141 输入文字信息

剪贴蒙版

剪贴蒙版是通过下方图层的形状来限制上方图层的显示范围，达到一种剪贴画效果的蒙版，如图 8-142 所示的“树皮文字”就是应用“剪贴蒙版”制作的。剪贴蒙版的最大优点是可以通过一个图层来控制多个图层的可见内容，而图层蒙版和矢量蒙版都只能控制一个图层。

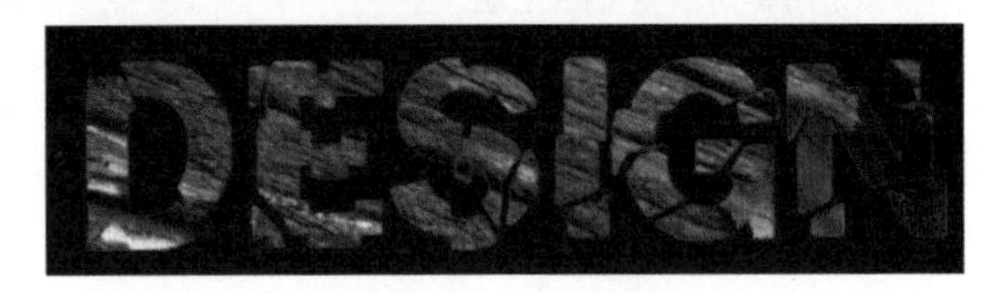

图 8-142 剪贴蒙版效果

在 Photoshop 中，至少需要两个图层才能创建“剪贴蒙版”，通常把位于下面的图层叫“基底图层”，位于上面的图层叫“剪贴层”。图 8-142 中所示的剪贴蒙版效果就是由一个“文字”基底图层和一个“树皮纹理”的剪贴层组成的，如图 8-143 所示。

选中要作为“剪贴层”的图层，执行“图层→创建剪贴蒙版”命令（或按快捷键【Ctrl+Alt+G】)，即可用下方相邻图层作为“基底图层”，创建一个剪贴蒙版。“基底图层”的图层名称下会带一条下画线，如图 8-144 所示。

此外，按住【Alt】键不放，将鼠标指针移动到“剪贴层”和“基底图层”之间单击，也可以创建剪贴蒙版，如图 8-145 所示。

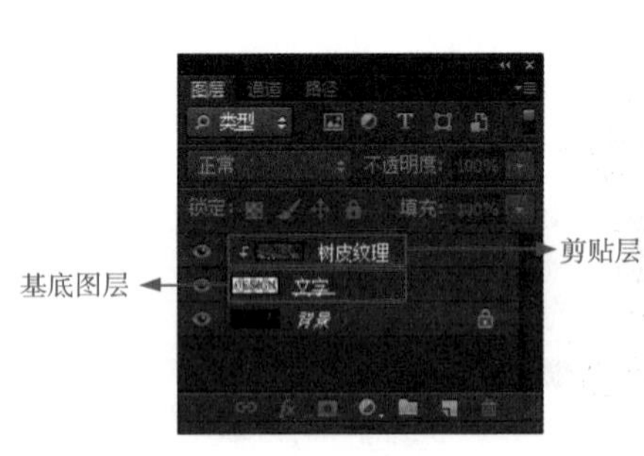

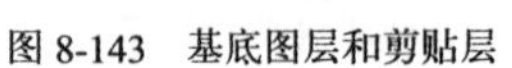
图 8-143　基底图层和剪贴层

图 8-144　基底图层

图 8-145　创建剪贴蒙版

对于不需要的剪贴蒙版可以将其释放掉。选择“基底图层”上方的“剪贴层”，执行“图层→释放剪贴蒙版”命令（或按【Ctrl+Alt+G】组合键）即可释放剪贴蒙版。

注意：可以用一个“基底图层”来控制多个“剪贴层”，但是这些“剪贴层”必须是相邻且连续的。

动手实践

学习完前面的内容，下面来动手实践一下吧。

请使用图 8-146、图 8-147 所示素材，应用本章所学的知识合成如图 8-148 所示图像。

保护水源

图 8-146　文字

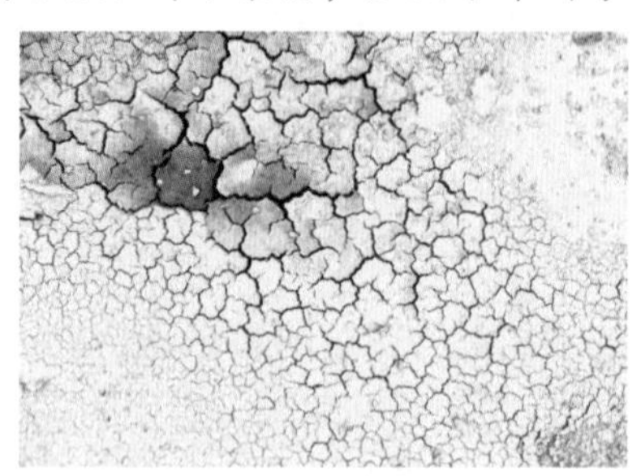
图 8-147　干涸的土地

图 8-148　合成图像

第9章 滤镜

学习目标

- ◆ 掌握滤镜库的基本操作，会制作蜡笔画图像效果。
- ◆ 掌握模糊滤镜的基本操作，会使用高斯模糊和动感模糊。
- ◆ 掌握扭曲滤镜的基本操作，会使用扭曲滤镜打造特殊效果。
- ◆ 掌握液化滤镜的基本操作，会使用液化滤镜处理图像。

滤镜是Photoshop中最具吸引力的功能之一，它就像是一个神奇的魔术师，随手一变，就能让普通的图像呈现出令人惊叹的视觉效果。滤镜不仅用于制作各种特效，还能模拟素描、油画、水彩等绘画效果，本章将对各种滤镜的特点及使用方法进行详细讲解。

9.1 【案例29】蜡笔画效果

“滤镜库”是滤镜的重要组成部分，在“滤镜库”对话框中，不仅可以查看滤镜预览效果，而且能够设置多种滤镜效果的叠加。本节将使用“滤镜库”及一些常见的滤镜效果，对图9-1中所示的“风景”进行处理，制作一幅带有磨砂质感的蜡笔画，其效果如图9-2所示。

图9-1 素材图像“风景”

图9-2 “蜡笔画效果”效果展示

实现步骤

1. 制作蜡笔画效果

【Step01】打开素材图片“风景.jpg”，如图9-3所示。

【Step02】按【Ctrl+Shift+S】组合键，以名称“【案例 29】蜡笔画效果 .psd”保存图像。

【Step03】按【Ctrl+J】组合键，复制“背景”图层，得到“图层 1”。执行“滤镜→滤镜库”命令，弹出“滤镜库”对话框，如图 9-4 所示。

图 9-3　素材图片“风景”

图 9-4　“滤镜库”对话框

【Step04】选择对话框中间的“纹理”滤镜选项，单击“纹理化”效果，如图 9-5 所示。设置其右侧参数，如图 9-6 所示。此时，画面效果如图 9-7 所示。

图 9-5　选择“纹理化”效果

【Step05】单击对话框右下方的“新建效果图层”按钮，创建一个新的效果图层，如图 9-8 所示。然后，选择“艺术效果”滤镜中的“粗糙蜡笔”选项，如图 9-9 所示。

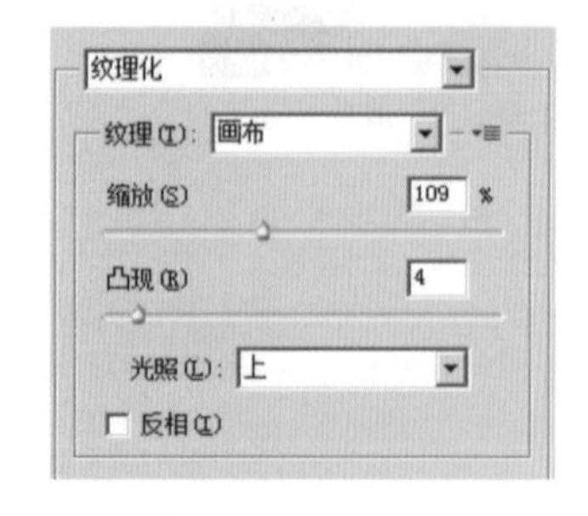

图 9-6　设置参数

图 9-7　“纹理化”效果

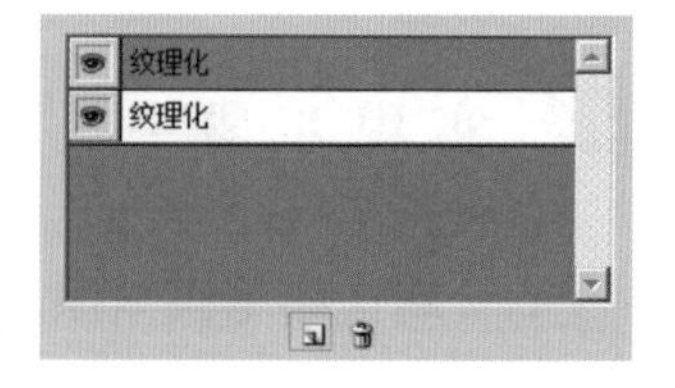

图 9-8　新建效果图层

【Step06】设置右侧参数，如图 9-10 所示。设置完成后，单击“确定”按钮，效果如图 9-11 所示。

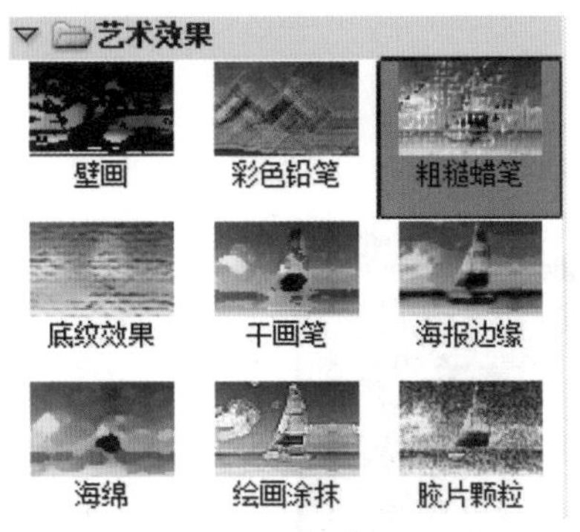

图 9-9　选择“粗糙蜡笔”选项

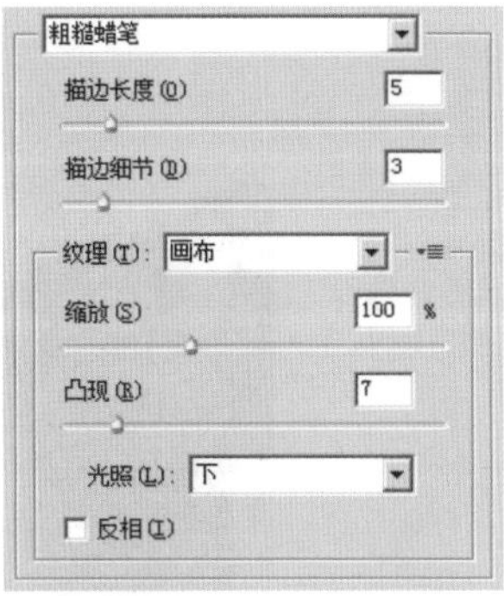

图 9-10　参数设置

图 9-11　“粗糙蜡笔”效果

2. 调整颜色

【Step01】按【Ctrl+U】组合键，弹出“色相 / 饱和度”对话框。选择“全图”下拉列表中的“黄色”模式。然后拖动滑块设置色相值，如图 9-12 所示。单击“确定”按钮，效果如图 9-13 所示。

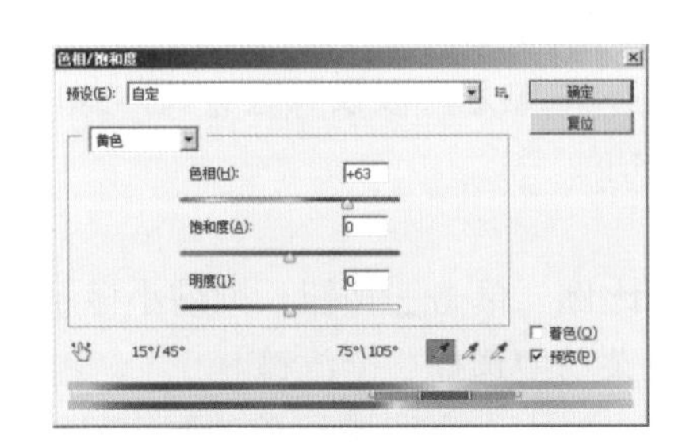

图 9-12　设置色相值

图 9-13　调整色相后效果

【Step02】按【Ctrl+M】组合键，弹出“曲线”对话框。在“通道”下拉列表中选择“蓝”选项，拖动曲线向上弯曲，将该通道调亮，如图 9-14 所示。单击“确定”按钮，效果如图 9-15 所示。

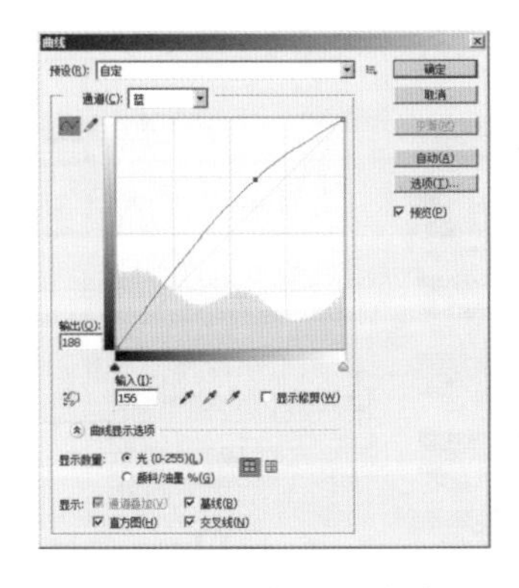

图 9-14　将“蓝”通道调亮

图 9-15　调整后的效果

【Step03】再次按【Ctrl+M】组合键,弹出“曲线”对话框。在“通道”下拉列表中选择“绿”选项，拖动曲线向上弯曲，将该通道调亮，如图 9-16 所示。单击“确定”按钮，效果如图 9-17 所示。

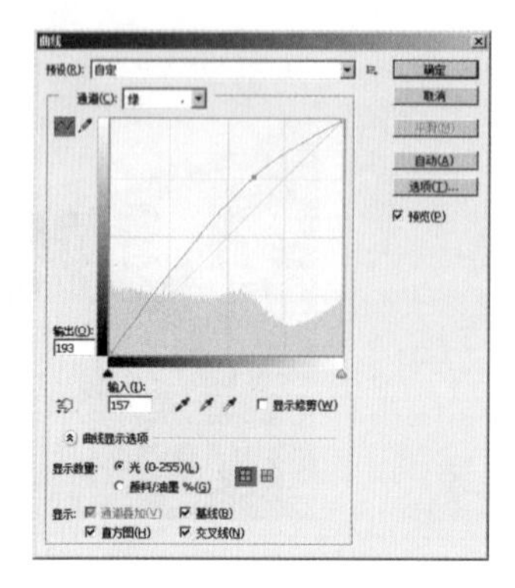

图 9-16　将“绿”通道调亮

图 9-17　最终效果

知识点讲解

1．滤镜库

滤镜库是一个整合了“风格化”、“画笔描边”、“扭曲”、“素描”等多个滤镜组的对话框。打开素材图像“小女孩 .jpg”，执行“滤镜→滤镜库”命令，即可打开“滤镜库”对话框。对话框的左侧是预览区，中间是 6 组可供选择的滤镜，右侧是参数设置区，具体如图 9-18 所示。

对“滤镜库”对话框，对其中各选项的解释如下。

· 预览区：用于预览滤镜效果。

· 缩放区：单击⊞按钮，可放大预览区的显示比例，单击⊟按钮，则缩小显示比例。

· 弹出式菜单：单击▼按钮，可在打开的下拉菜单中选择一个滤镜。

· 参数设置区：“滤镜库”中共包含 6 组滤镜，单击一个滤镜组前的▷按钮，可以展开该滤镜组，单击滤镜组中的一个滤镜即可使用该滤镜，与此同时，右侧的参数设置区内会显示该滤镜的参数选项。

· 当前使用的滤镜：显示了当前使用的滤镜。

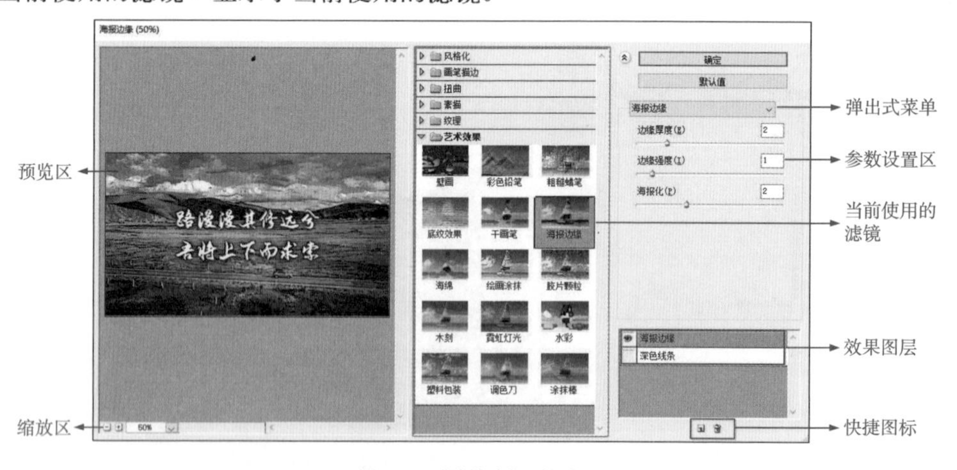

图 9-18　“滤镜库”对话框

· 效果图层：显示当前使用的滤镜列表，单击“指示效果图层可见性”图标，可以隐藏或显示滤镜。

· 快捷图标：单击“新建效果图层”按钮，可以创建效果图层。添加效果图层后，可以选取要应用的其他滤镜，从而为图像添加两个或多个滤镜。单击“删除效果图层”按钮，可删除效果图层。

在“滤镜库”中，选择一个滤镜选项后，该滤镜的名称就会出现在对话框右下方的滤镜列表中。例如，单击“颗粒”选项，并设置其参数，如图 9-19 所示。

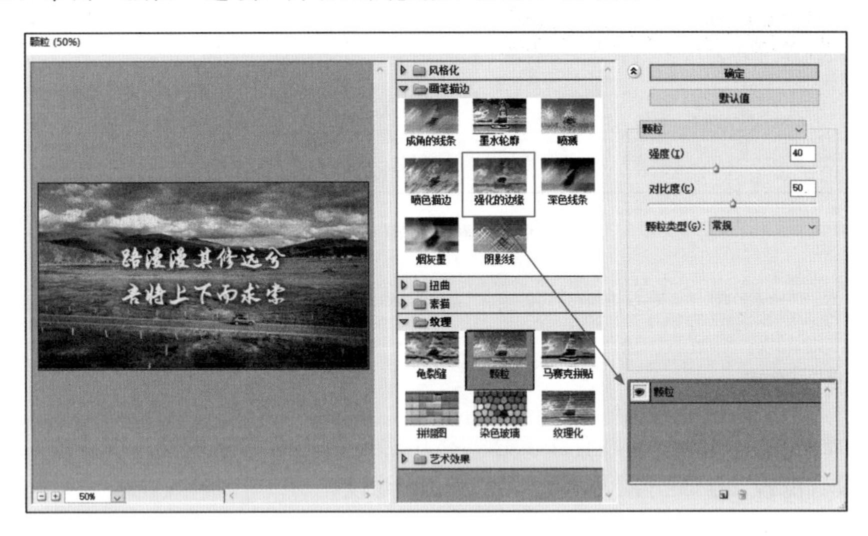

图 9-19 颗粒参数设置

单击对话框右下方“新建效果图层”按钮，可以创建一个新的效果图层。然后，选择需要的滤镜效果，即可将该滤镜应用到创建的效果图层中，如图 9-20 所示。重复此操作可以添加多个滤镜，图像效果也会变得更加丰富。

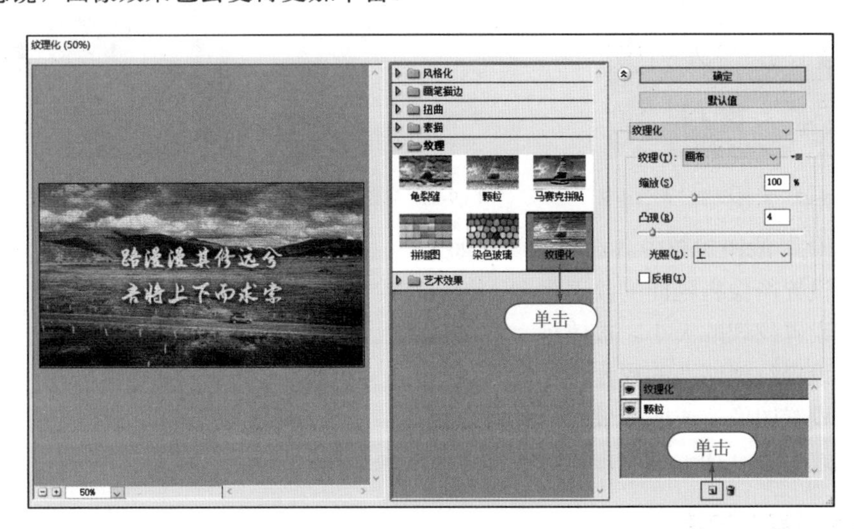

图 9-20 创建效果图层

值得一提的是，滤镜效果图层与图层的编辑方法相同，上下拖动效果图层可以调整它们的顺序，滤镜效果也会发生改变，如图 9-21 所示。

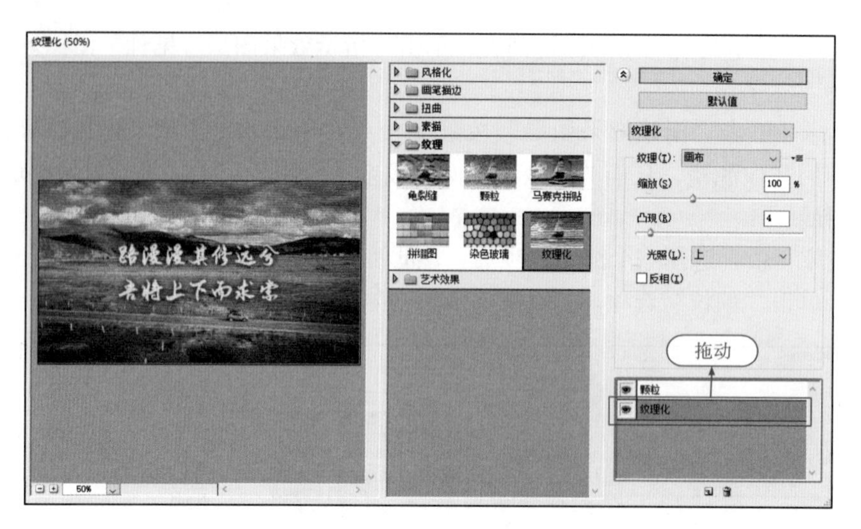

图 9-21 调整效果图层顺序

注意：在“滤镜库”对话框中，单击“删除效果图层”按钮，可以删除效果图层。

2.“纹理”滤镜

“纹理”滤镜可为图像增加具有深度感、材质感或组织结构的外观。该滤镜组中包含 6 种不同风格的纹理滤镜，下面介绍常用的“纹理化”滤镜。

“纹理化”滤镜可在图像上应用所选或创建的纹理。打开素材图像“黄色小猪 .jpg”，如图 9-22 所示。在“滤镜库”的“纹理”滤镜组中选择“纹理化”滤镜，设置右侧参数，如图 9-23 所示。单击“确定”按钮，效果如图 9-24 所示。

图 9-22 素材图像“黄色小猪”

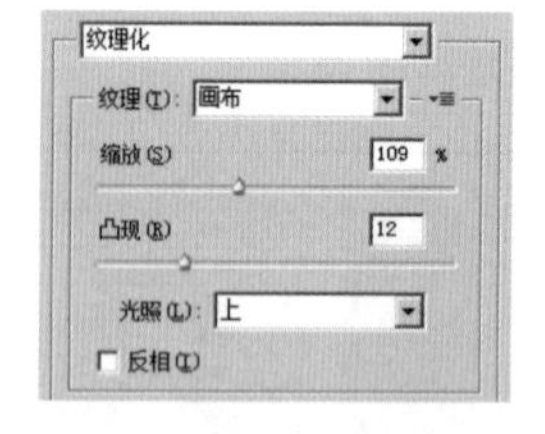

图 9-23 参数设置

图 9-24 “纹理化”效果

对“纹理化”滤镜参数中各选项的解释如下。

- 纹理：设置图像粗糙面的纹理类型，包括“砖形”“粗麻布”“画布”和“砂岩”4 种。
- 缩放：设置纹理的大小。数值越大，纹理越大，反之则越小。
- 凸现：设置纹理凹凸的程度。
- 光照：设置图像造成阴影效果的光照方向。
- 反相：选中该复选框可将图像凹凸部分的纹理颠倒。

3.“艺术效果”滤镜

“艺术效果”滤镜可以对图像进行多种艺术处理，表现出绘画或天然的感觉。该滤镜组中包含 15 种不同的滤镜效果，下面介绍常用的“粗糙蜡笔”滤镜。

“粗糙蜡笔”滤镜可以制作出使用蜡笔在有质感的画纸上绘制的效果。打开素材图像“桃子.jpg”，如图 9-25 所示。在“滤镜库”的“艺术效果”滤镜组中选择“粗糙蜡笔”滤镜，设置右侧参数，如图 9-26 所示。单击“确定”按钮，效果如图 9-27 所示。

对“粗糙蜡笔”滤镜参数中常用选项的解释如下。

· 描边长度：设置蜡笔描边的长度，值越大，笔触越长。

· 描边细节：设置笔触的细腻程度，数值越大，图像效果越粗糙。

图 9-25　素材图像“桃子”

图 9-26　参数设置

图 9-27　“粗糙蜡笔”效果

9.2 【案例30】水墨画效果

Photoshop CS6 中提供了多种多样的滤镜，使用这些滤镜可以快捷地制作出具有梦幻色彩的艺术效果。本节将综合使用“智能滤镜”以及“风格化”滤镜，对图 9-28 中所示的“江南水乡”进行处理，制作一幅色彩浓郁的水墨画，其效果如图 9-29 所示。

图 9-28　素材图像“江南水乡”

图 9-29　“水墨画效果”效果展示

实现步骤

1. 调整颜色

【Step01】打开素材图像“江南水乡.jpg”，如图 9-30 所示。

【Step02】按【Ctrl+Shift+S】组合键，以名称“【案例30】水墨画效果.psd”保存图像。

【Step03】按【Ctrl+J】组合键，复制“背景”图层，得到“图层 1”。

图 9-30　素材图像“江南水乡”

【Step04】选中“图层 1”，选择“画笔工具”，在选项栏中选择一个柔和的画笔笔尖，并设置合适的不透明度，如图 9-31 所示。然后，设置前景色为蓝色，使用画笔工具将天空涂抹为蓝色，效果如图 9-32 所示。

图 9-31 “画笔工具”选项栏

【Step05】选中“图层 1”，按【Ctrl+B】组合键，弹出“色彩平衡”对话框。拖动滑块调节图像的色彩平衡值，如图 9-33 所示。单击“确定”按钮，效果如图 9-34 所示。

图 9-32 涂抹天空

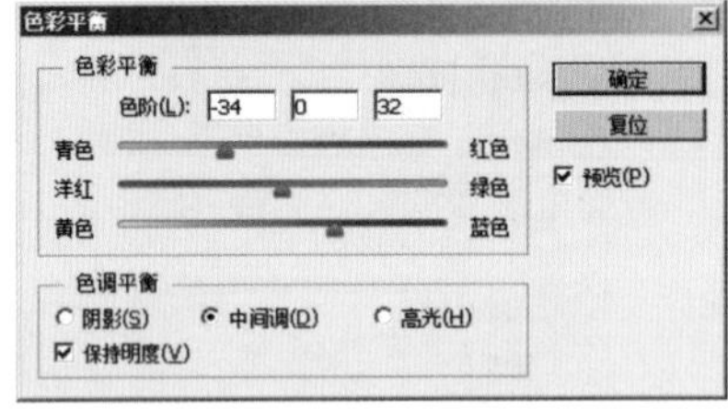

图 9-33 “色彩平衡”对话框

图 9-34 “色彩平衡”效果

【Step06】选择“套索工具”，设置其选项栏中的“羽化”为 10 像素，如图 9-35 所示。然后，使用“套索工具”选取水面所在的选区，如图 9-36 所示。

图 9-35 “套索工具”选项栏

【Step07】按【Ctrl+M】组合键，打开“曲线”对话框。在“通道”下拉列表中选择“蓝”，拖动曲线向上弯曲，如图 9-37 所示，单击“确定”按钮。按【Ctrl+D】组合键，取消选区，效果如图 9-38 所示。

图 9-36 选取水面选区

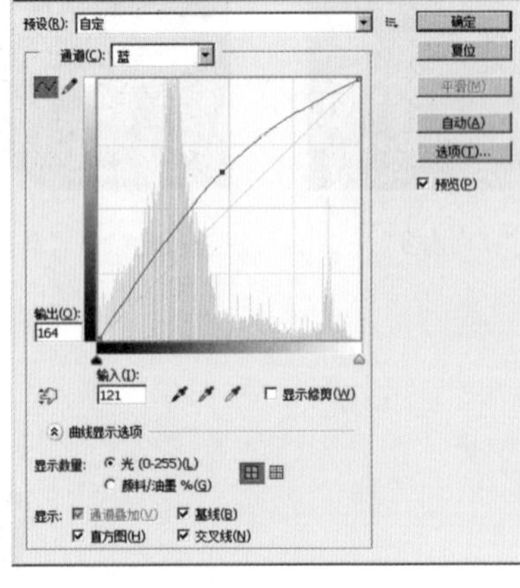

图 9-37 “曲线”对话框

图 9-38 调节后的效果

2. 添加滤镜效果

【Step01】按【Ctrl+J】组合键，复制“图层 1”，得到“图层 1 副本”。执行“滤镜→转换为智能滤镜”命令，将弹出提示框，如图 9-39 所示。单击“确定”按钮，即可把图层转换为智能对象，如图 9-40 所示。

图 9-39 弹出提示框

图 9-40 转换为智能对象

【Step02】执行“滤镜→滤镜库”命令，打开“滤镜库”对话框。选择“艺术效果”滤镜下的“水彩”滤镜，如图 9-41 所示。设置其右侧参数，如图 9-42 所示。

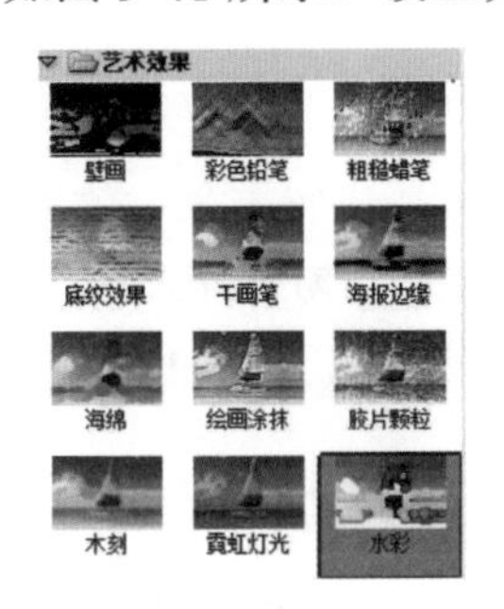

图 9-41 选择“水彩”滤镜

图 9-42 设置参数

【Step03】单击对话框右下方的“新建效果图层”按钮，创建一个新的效果图层，如图 9-43 所示。然后，选择“艺术效果”滤镜中的“粗糙蜡笔”滤镜，如图 9-44 所示。

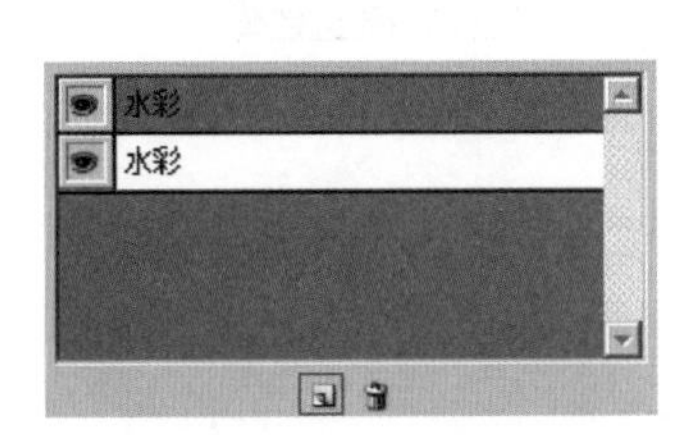

图 9-43 新建效果图层

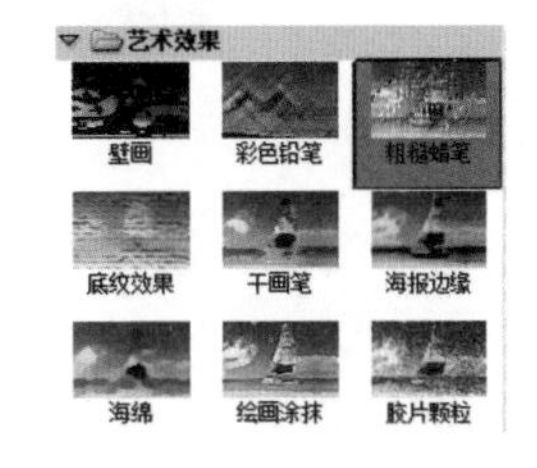

图 9-44 选择“粗糙蜡笔”命令

【Step04】设置右侧参数，如图 9-45 所示。设置完成后，单击“确定”按钮，效果如图 9-46 所示。

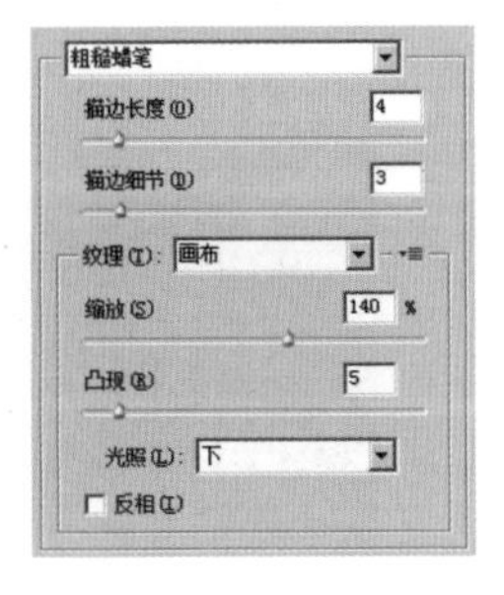

图 9-45 设置参数

图 9-46 “粗糙蜡笔”效果

【Step05】在“图层”面板中，选中“图层 1”，并将其置于顶层。执行“滤镜→风格化→等高线”命令，弹出“等高线”对话框，设置各项参数，如图 9-47 所示。单击“确定”按钮，效果如图 9-48 所示。

图 9-47 “等高线”对话框

图 9-48 应用“等高线”效果

【Step06】按【Ctrl+Shift+U】组合键，对“图层 1”进行去色，效果如图 9-49 所示。

【Step07】在“图层”面板中，设置“图层混合模式”为正片叠底，效果如图 9-50 所示。

【Step08】单击“添加矢量蒙版”按钮，给“图层 1”添加蒙版，如图 9-51 所示。

图 9-49 “去色”效果

图 9-50 设置混合模式

图 9-51 给“图层 1”添加蒙版

【Step09】设置前景色为黑色，选择“画笔工具”，并设置合适的笔尖大小，涂抹图像中不需要的像素，如图 9-52 所示。

【Step10】选中“图层 1 副本”,并单击“图层 1 副本”下“智能滤镜”的缩览图,如图 9-53 所示。

【Step11】选择“画笔工具”，设置合适的笔尖大小，涂抹图像招牌上的文字和灯笼，使其变得清晰，效果如图 9-54 所示。

图 9-52 涂抹不需要的像素

图 9-53 选择“智能蒙版”

图 9-54 最终效果

1．智能滤镜

智能滤镜是一种非破坏性的滤镜，可以达到与普通滤镜完全相同的效果，但却不会真正改变图像中的像素，并可以随时进行修改。

（1）转换为智能滤镜

选择应用智能滤镜的图层，如图 9-55 所示。执行“滤镜→转换为智能滤镜”命令，把图层转换为智能对象，效果如图 9-56 所示。然后选择相应的滤镜，应用后的滤镜会像“图层样式”一样显示在“图层”面板上，如图 9-57 所示。双击图层中的图标，弹出“混合选项”对话框，用于设置滤镜效果选项，如图 9-58 所示。

图 9-55　选择应用智能滤镜的图层

图 9-56　转换为智能对象

图 9-57　“智能滤镜”图层

（2）排列智能滤镜

当对一个图层应用了多个智能滤镜后，如图 9-59 所示。通过在智能滤镜列表中上下拖动滤镜，可以重新排列它们的顺序，如图 9-60 所示。Photoshop 会按照由下而上的顺序应用滤镜，图像效果也会发生改变。

图 9-58　“混合选项”对话框

图 9-59　应用多个智能滤镜的图层

图 9-60　调整智能滤镜的顺序

（3）遮盖智能滤镜

智能滤镜包含一个智能蒙版，编辑蒙版可以有选择性地遮盖智能滤镜，使滤镜只影响图像的一部分。智能蒙版操作原理与图层蒙版完全相同，即使用黑色来隐藏图像，白色来显示图像，而灰色则产生一种半透明效果，如图 9-61 所示。应用智能蒙版后的图片效果如图 9-62 所示。

（4）显示与隐藏智能滤镜

如果要隐藏单个滤镜，可以单击该智能滤镜旁边的眼睛图标，如图 9-63 所示。如果要隐藏应用于智能对象图层的所有智能滤镜，则单击“智能滤镜”图层旁边的眼睛图标（或者执行“图层→智能滤镜→停用智能滤镜”命令），如图 9-64 所示。如果要重新显示智能滤镜，可在滤镜的眼睛图标处单击。

图 9-61 智能蒙版

图 9-62 应用智能蒙版后的效果

图 9-63 隐藏单个滤镜

图 9-64 隐藏所有滤镜

2.“风格化”滤镜

“风格化”滤镜通过置换图像像素并查找和增加图像中的对比度，产生各种不同的作画风格效果。此滤镜组中包括 9 种不同风格的滤镜。下面介绍常用的两个“风格化”滤镜。

（1）“等高线”滤镜

“等高线”滤镜主要用于查找亮度区域的过度，使其产生勾画边界的线条效果。打开素材图像“卡通长颈鹿.jpg”，如图 9-65 所示。执行“滤镜→风格化→等高线”命令，弹出“等高线”对话框，如图 9-66 所示。

在该对话框中，“色阶”用于设置边缘线的色阶值；“边缘”用于设置图像边缘的位置，包括“较低”和“较高”两个选项。单击“确定”按钮，效果如图 9-67 所示。

图 9-65 素材图像“卡通长颈鹿”

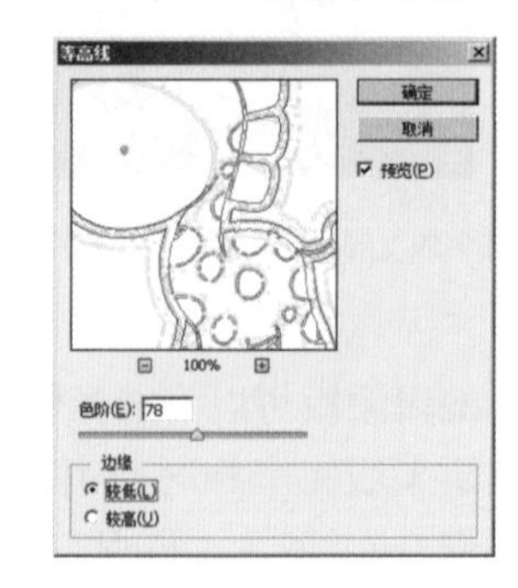

图 9-66 “等高线”对话框

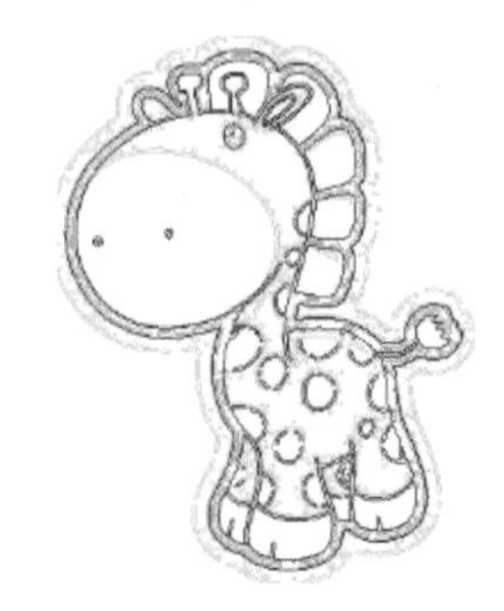
图 9-67 效果图

（2）“风”滤镜

“风”滤镜可以使图像产生细小的水平线，以达到不同“风”的效果。打开素材图像“欢

乐的海景 .jpg”，如图 9-68 所示。执行“滤镜→风格化→风”命令，弹出“风”对话框，如图 9-69 所示。

在该对话框中，“方法”用于设置风的作用形式，包括“风”、“大风”和“飓风”3 种形式。“方向”用于设置风源的方向，包括“从右”和“从左”两个方向。单击“确定”按钮，效果如图 9-70 所示。

图 9-68 素材图像“欢乐的海景”

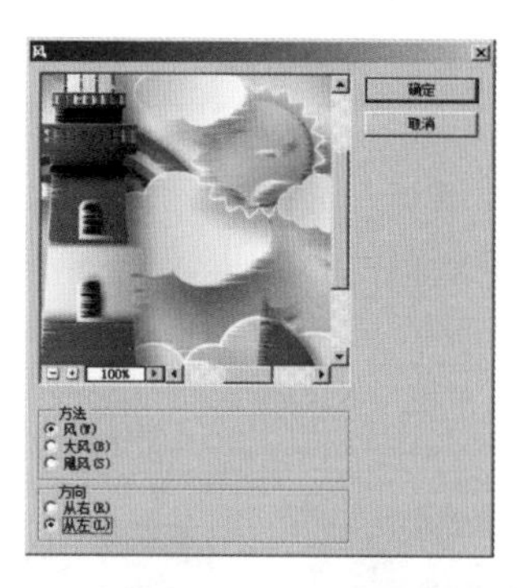

图 9-69 “风”对话框

图 9-70 效果图

9.3 【案例31】烟雨江南

滤镜不仅可以对图像中的像素进行操作，也可以模拟一些特殊的光照效果或带有装饰性的绘画艺术效果。本节将综合使用“画笔描边”滤镜及“其他”滤镜，制作“烟雨江南”效果。素材图像如图 9-71 所示，最终效果如图 9-72 所示。

图 9-71 素材图像“江南”

图 9-72 “烟雨江南”效果展示

实现步骤

1．调整背景图片

【Step01】打开素材图像“江南 .jpg”，如图 9-73 所示。

【Step02】按【Ctrl+Shift+S】组合键，以名称“【案例 31】江南水乡 .psd”保存图像。

【Step03】按【Ctrl+J】组合键，复制“背景”图层，得到“图层 1”。按【Ctrl+L】组合键，调出“色阶”面板，选择“设置白场”吸管，如图 9-74 所示。

图 9-73　素材图像“江南”

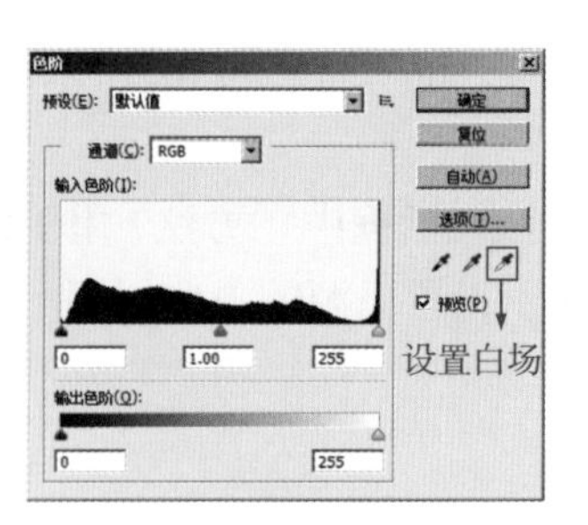

图 9-74　色阶 1

【Step04】在画布中单击水面的浅绿色区域，即如图 9-75 所示的红框标注部分。提亮画面，单击“确定”按钮，效果如图 9-76 所示。

图 9-75　点击区域

图 9-76　画面效果

【Step05】再次按【Ctrl+L】组合键，调出“色阶”面板，选择“设置黑场”吸管，如图 9-77 所示。

【Step06】在画布中单击房屋的黑色区域，即如图 9-78 所示的红框标注部分。提亮画面，单击“确定”按钮，效果如图 9-79 所示。

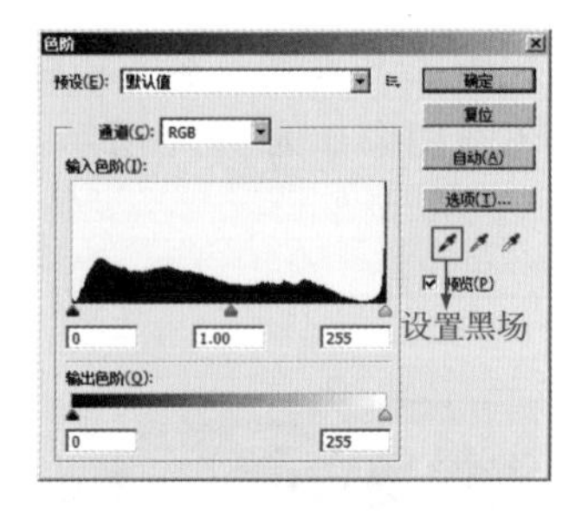

图 9-77　色阶 2

图 9-78　点击区域

图 9-79　画面效果

2. 制作水墨效果

【Step01】按【Ctrl+J】组合键，复制“图层 1”得到“图层 1 副本”。

【Step02】按【Ctrl+Shift+U】组合键，去掉“图层 1 副本”图层的颜色，效果如图 9-80 所示。

图 9-80 画面效果

【Step03】按【Ctrl+L】组合键,调出“色阶”面板,调整图片的色阶,使黑白对比更加明显。具体参数设置如图 9-81 所示。单击“确定”按钮，效果如图 9-82 所示。

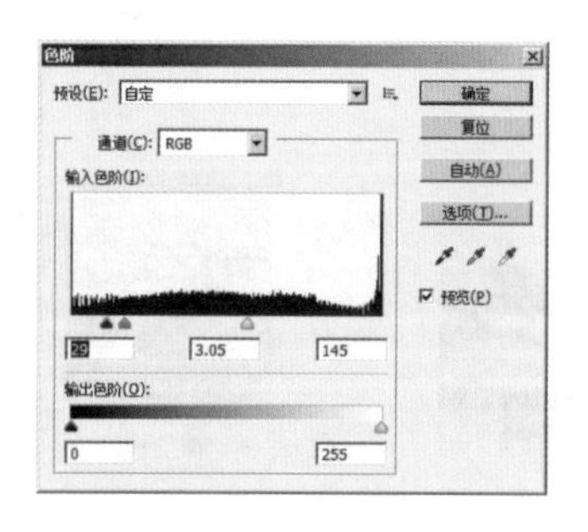

图 9-81 色阶

图 9-82 调整效果

【Step04】执行“滤镜→模糊→高斯模糊”命令,设置“半径”为 1.5 像素,如图 9-83 所示。单击“确定”按钮。

【Step05】执行“滤镜→滤镜库”命令,选择“画笔描边”选项中的喷溅,设置“喷溅半径”为 16，“平滑度”为 9，单击“确定”按钮，如图 9-84 所示。

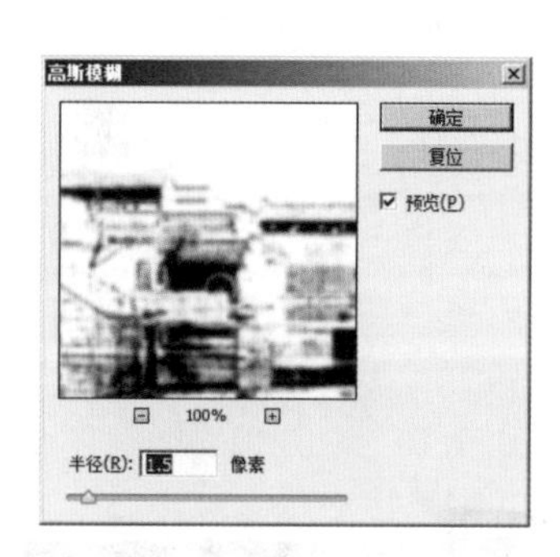

图 9-83 “高斯模糊”对话框

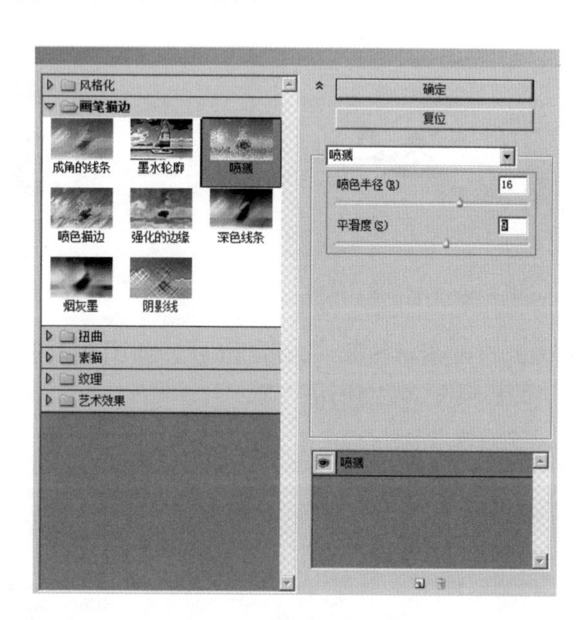

图 9-84 “画笔描边”对话框

【Step06】设置“图层混合模式”为叠加，此时效果如图 9-85 所示。

图 9-85 “叠加”效果

【Step07】选中“图层 1”，按【Ctrl+U】组合键，调整“饱和度”选项，具体参数设置如图 9-86 所示。单击“确定”按钮，效果如图 9-87 所示。

【Step08】执行“滤镜→其他→高反差保留”命令，设置“半径”为 22.3 像素，如图 9-88 所示。

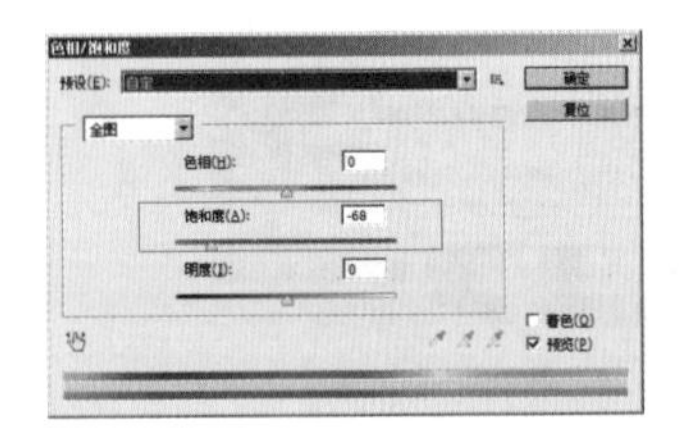

图 9-86 “色相 / 饱和度”对话框

图 9-87 “色相 / 饱和度”效果

图 9-88 “高反差保留”对话框

3. 置入素材

【Step01】打开素材图像“仙鹤 .jpg”，如图 9-89 所示。选择“移动工具”，将其拖至画布中。设置“图层混合模式”为正片叠底，并调整至图 9-90 所示位置。

图 9-89 素材图像“仙鹤”

图 9-90 置入“仙鹤”效果

【Step02】打开素材图像“大雁 .png”，如图 9-91 所示。选择“移动工具”，将其拖至画布中，并调整至图 9-92 所示位置。

图 9-91 素材图像“大雁”

图 9-92 置入“大雁”效果

【Step03】打开素材图像“毛笔字.jpg”，如图 9-93 所示。选择“移动工具”，将其拖至画布中，设置“图层混合模式”为正片叠底，并调整至图 9-94 所示效果。

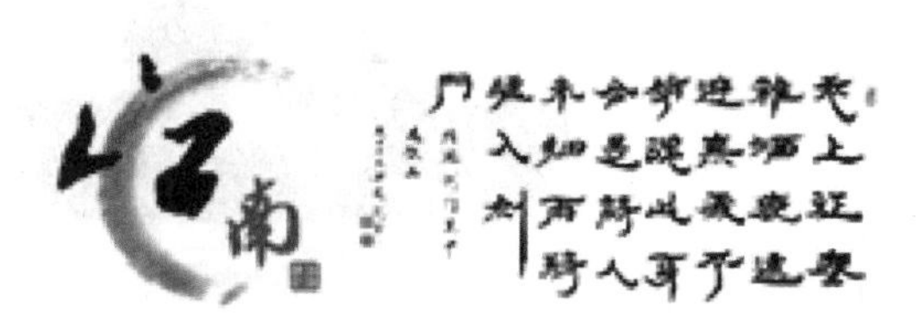

图 9-93 素材图像“毛笔字”

图 9-94 置入“毛笔字”效果

知识点讲解

1.“其他”滤镜

“其他”滤镜可用来修饰蒙版、进行快速的色彩调整和在图像内移动选区，此滤镜组中包括 5 种不同风格的滤镜。下面介绍常用的“最小值”滤镜。

“最小值”滤镜可以向外扩展图像的黑色区域并向内收缩白色区域，从而产生模糊、暗化般的效果。打开素材图片，如图 9-95 所示。执行“滤镜→其他→最小值”命令，弹出“最小值”对话框，如图 9-96 所示。在该对话框中，“半径”用来设置像素之间颜色过渡的半径区域。单击“确定”按钮，效果如图 9-97 所示。

图 9-95 素材图像“花朵”

图 9-96 “最小值”对话框

图 9-97 效果图

2.“画笔描边”滤镜

“画笔描边”滤镜使用画笔和油墨来产生特殊的绘画艺术效果，该滤镜组中包括 8 个滤镜。下面介绍常用的“深色线条”滤镜。

“深色线条”滤镜使用长的、白色的线条绘制图像中的亮区域；使用短的、密的线条绘制图像中与黑色相近的深色暗区域，从而使图像产生黑色阴影风格的效果。打开素材图片，如图 9-98 所示。在“滤镜库”对话框的“画笔描边”滤镜组中选择“深色线条”滤镜，并设置其参数，如图 9-99 所示。单击“确定”按钮，效果如图 9-100 所示。

图 9-98　素材图像“小男孩”

图 9-99　参数设置

图 9-100　效果图

9.4 【案例32】Q版人物形象

“液化”滤镜可以逼真地模拟液体流动的效果，从而更加方便地对图像进行变形、扭曲、移位等操作。本节将使用“液化”滤镜对图 9-101 中所示的“人物”进行 Q 版形象改造，其效果如图 9-102 所示。

图 9-101　素材图像“微笑人物”

图 9-102　“Q 版人物形象”效果展示

实现步骤

1. 修饰人物五官

【Step01】打开素材图片“微笑人物 .jpg”，如图 9-103 所示。

【Step02】按【Ctrl+Shift+S】组合键，在以名称“【案例32】Q 版人物形象 .psd”保存图像。

【Step03】选择“魔棒工具”，在“微笑人物”的白色背景处单击，将白色背景载入选区。按【Ctrl+Shift+I】组合键，将选区反选，得到人物的选区。

【Step04】按【Ctrl+J】组合键，拷贝图层中的人物部分，得到“图层 1”。

【Step05】执行“滤镜→液化”命令，打开“液化”对话框。在对话框右侧选择“高级模式”复选框，如图 9-104 所示。

图 9-103　素材图片“微笑人物”

图 9-104 “液化”对话框

【Step06】在“液化”对话框左侧，选择“向前变形工具”按钮。在“液化”对话框右侧的“工具选项”中，设置“画笔大小”为 45（或按【[】和【]】键控制画笔大小）。

【Step07】将光标置于人物左边嘴角，按住鼠标左键不放，向左侧拖动，沿嘴角方向进行变形操作（如果不满意变形的效果，可使用【Ctrl+Shift+Z】组合键进行撤销操作），如图 9-105 所示。

【Step08】将光标置于人物右边嘴角，按住鼠标左键不放，向右侧拖动，沿嘴角方向进行变形操作，如图 9-106 所示。

【Step09】选择对话框左侧的“冻结蒙版工具”按钮，在右侧的“工具选项”中设置“画笔大小”为 20，然后，在人物的眼睛上进行涂抹（注意将双眼皮和皱纹都涂抹上），将眼部冻结，防止后面的变形操作对其产生影响，如图 9-107 所示。

【Step10】选择对话框左侧的“向前变形工具”按钮，在右侧的“工具选项”中设置“画笔大小”为 25，将光标置于人物的眉毛处，拖动鼠标进行变形操作，效果如图 9-108 所示。

图 9-105 变化左侧嘴角

图 9-106 变化右侧嘴角

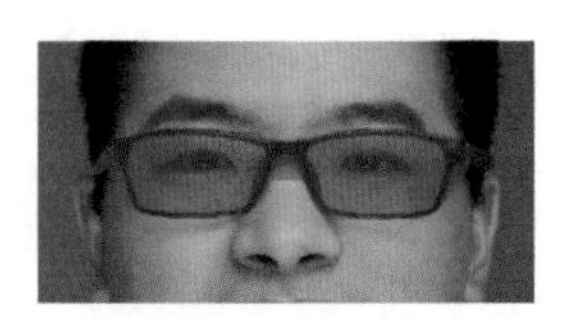

图 9-107 冻结眼部区域

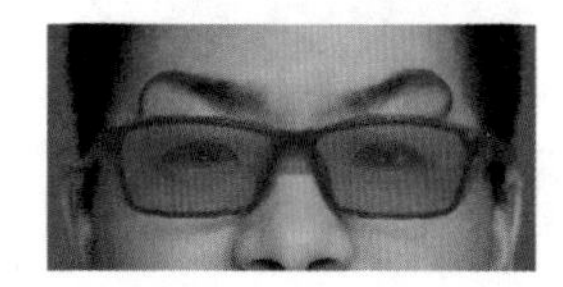

图 9-108 变化眉毛

【Step11】选择对话框左侧的“解冻蒙版工具”按钮，在人物眼部冻结的区域涂抹解冻，效果如图 9-109 所示。

2．修饰人物外轮廓

【Step01】选择对话框左侧的“冻结蒙版工具”按钮，在右侧的“工具选项”中设置“画笔大小”为 20，然后，在人物的耳朵上进行涂抹将眼部冻结，如图 9-110 所示。

【Step02】选择对话框左侧的“向前变形工具”按钮，在右侧的“工具选项”中设置“画笔大小”为 150，沿人物的脸部拖动鼠标向内拖动，对人物外轮廓依次进行变形操作，效果如图 9-111 所示。

图 9-109　将涂抹区域解冻

图 9-110　冻结耳朵区域

图 9-111　变化面部

【Step03】选择对话框左侧的“解冻蒙版工具”按钮，在人物耳朵冻结的区域涂抹解冻。

【Step04】择对话框左侧的“冻结蒙版工具”按钮，在人物的面部五官进行涂抹将其冻结，如图 9-112 所示。

【Step05】在对话框右侧，勾选“显示蒙版”选项，隐藏“蒙版”，如图 9-113 所示。

【Step06】选择对话框左侧的“膨胀工具”，在右侧的“工具选项”中设置“画笔大小”为 70，在脸颊两侧均匀单击，使脸颊更大，如图 9-114 所示。单击“确定”按钮，完成“液化”命令。

【Step07】在“图层”面板中，选中“背景”层，按【Ctrl+Shift+Alt+N】组合键新建“图层 2”，并为“图层 2”填充灰色（RGB：115、114、120），效果如图 9-115 所示。

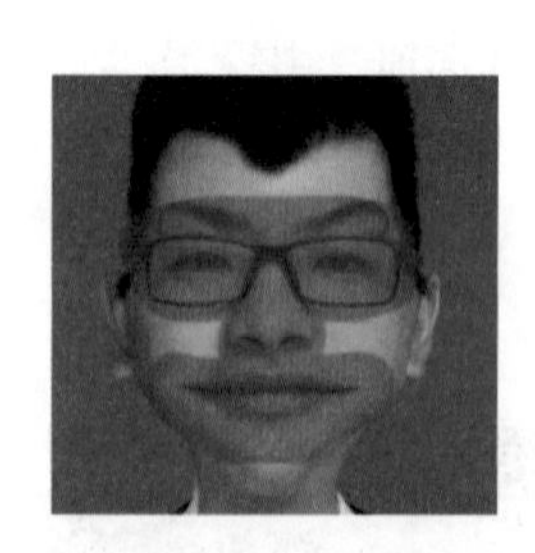

图 9-112　冻结五官

图 9-113　隐藏蒙版

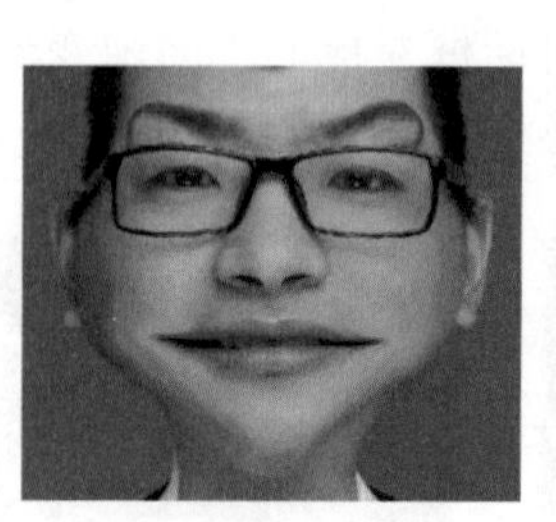

图 9-114　面部变形

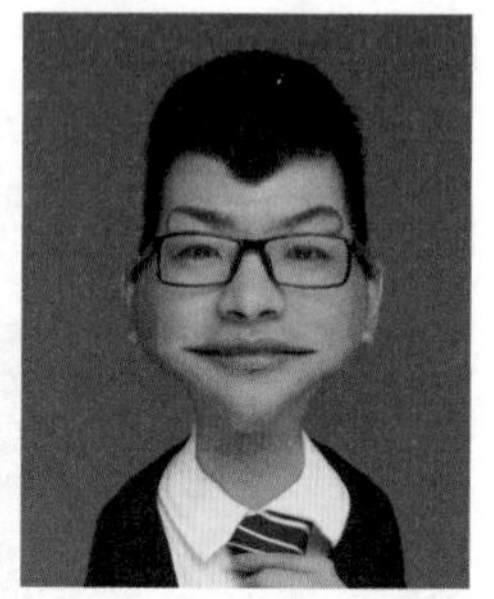

图 9-115　填充图层

3．制作油画效果

【Step01】在“图层”面板中，选中“图层 1”。按【Ctrl+Shift+Alt+N】组合键，在“图层 1”之上新建“图层 3”。

【Step02】选择“画笔工具”![brush], 在选项栏中选择一个柔和的画笔笔尖，设置前景色为橘红色（RGB: 250、100、25），使用画笔工具将人物头顶的头发涂抹为橘红色，如图 9-116 所示。

【Step03】在“图层”面板中，设置“图层 3”的“图层混合模式”为叠加，效果如图 9-117 所示。

【Step04】按【Ctrl+Shift+Alt+E】组合键，盖印所有可见图层，得到“图层 4”。

【Step05】执行“滤镜→油画”命令，打开“油画”对话框。单击“确定”按钮，效果如图 9-118 示。

【Step06】在“图层”面板中，设置“图层 4”的“不透明度”为 30%，效果如图 9-119 所示。

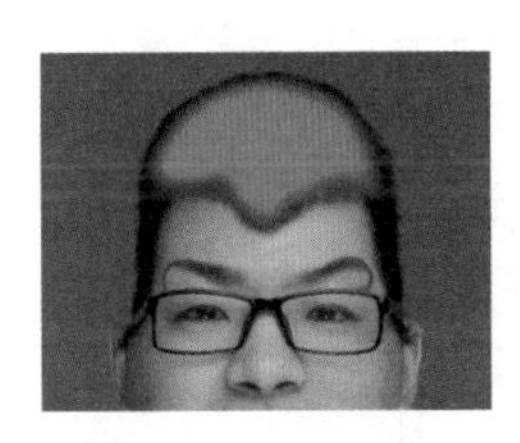

图 9-116 绘制橘红色

图 9-117 “叠加”效果

图 9-118 “油画”效果

图 9-119 “不透明度”设置

知识点讲解

1. “液化”滤镜

“液化”滤镜具有强大的变形及创建特效的功能。执行“滤镜→液化”命令（或按快捷键【Shift+Ctrl+X】），弹出“液化”对话框。在对话框右侧选择“高级模式”复选框，如图 9-120 所示。

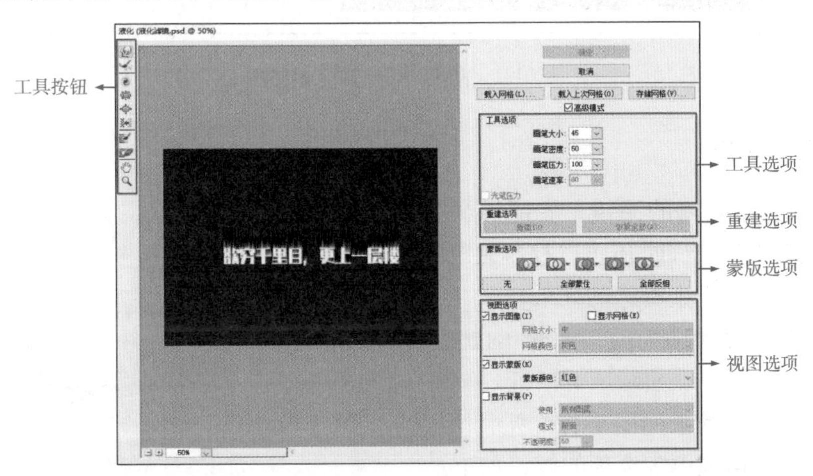

图 9-120 “液化”对话框

对“液化”对话框中各选项的解释如下。

· 工具按钮：包括执行液化的各种工具。其中“向前变形工具”通过在图像上拖动，向前推动图像而产生变形；“重建工具”通过绘制变形区域，能够部分或全部恢复图像的原始状态；“冻结蒙版工具” 将不需要液化的区域创建为冻结的蒙版；“解冻蒙版工具” 可以擦除冻结的蒙版区域。

· 工具选项：用于设置当前选择工具的各种属性。

· 重建选项：通过下拉列表可以选择重建液化的方式。其中，可以通过“重建”按钮将未冻结的区域逐步恢复为初始状态；“恢复全部”可以一次性恢复全部未冻结的区域。

· 蒙版选项：设置蒙版的创建方式。其中，单击“全部蒙住”按钮冻结整个图像；单击“全部反相”按钮反相所有的冻结区域。

· 视图选项：定义当前图像、蒙版以及背景图像的显示方式。

使用“液化”可以方便地对图像进行变形和扭曲，选择对话框中的“显示网格”复选框可以更清晰地显示扭曲效果，如图 9-121 所示。

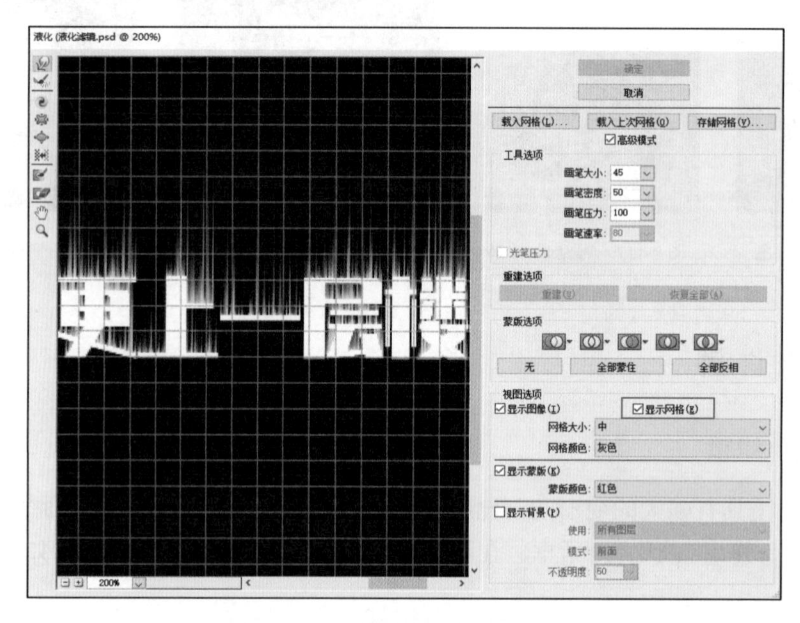

图 9-121 选择“显示网格”复选框

2. “油画”滤镜

“油画”滤镜是新增的滤镜，它能够快速让作品呈现出油画般的肌理效果，同时还可以控制画笔的样式以及光线的方向和亮度，以产生质感的效果。

打开素材图像“漂流瓶.jpg”，如图 9-122 所示。执行“滤镜→油画”命令，弹出“油画”对话框，如图 9-123 所示。单击“确定”按钮，效果如图 9-124 所示。

图 9-122 素材图像“漂流瓶”

对“油画”对话框中各选项的解释如下。

· 样式化：用来调整笔触样式，根据数值的变化样式也有所变化。

· 清洁度：用来设置纹理的柔化程度。

· 缩放：用来对纹理进行缩放。

· 硬毛刷细节：用来设置画笔细节的丰富度，该值越高，毛刷纹理约清晰。

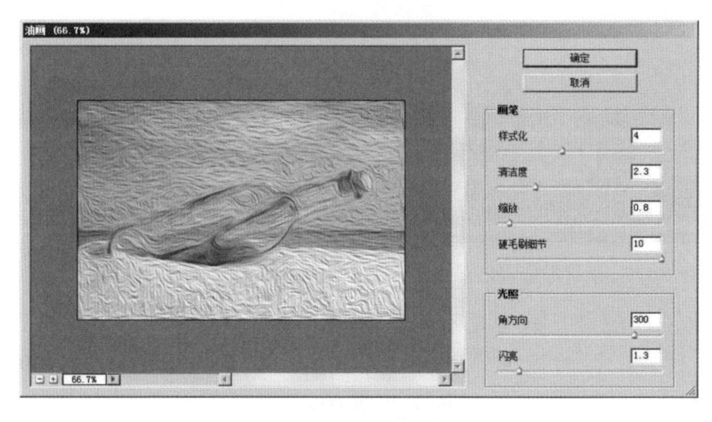

图 9-123 “油画”对话框

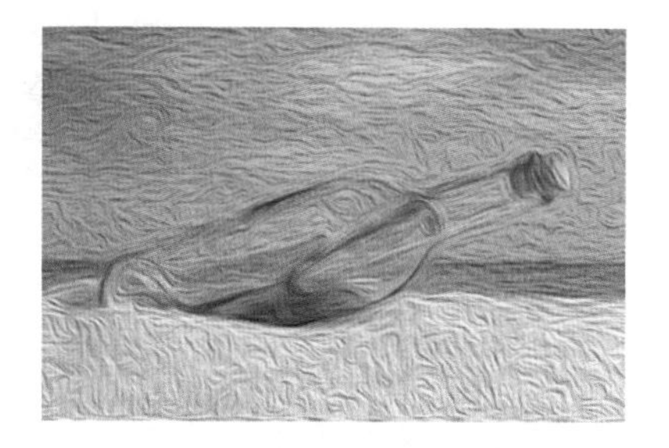

图 9-124 效果图

· 角方向：用来设置光线的照射角度。

· 闪亮：可以提高纹理的清晰程度，产生锐化效果。

9.5 【案例33】暮光之城

“渲染”滤镜组作为 Photoshop CS6 中比较常用的滤镜，常用来绘制“光晕”及“云彩”特效。本节将使用其中的“镜头光晕”滤镜对图 9-125 所示的“城市”进行处理，最后得到图 9-126 所示的“暮光之城”效果。通过本案例的学习，读者能够掌握“镜头光晕”滤镜的基本应用。

图 9-125 素材图像“城市”

图 9-126 “暮光之城”效果展示

1. 绘制阳光

【Step01】打开素材图像“城市 .jpg”，如图 9-127 所示。

【Step02】按【Ctrl+Shift+S】组合键，以名称“【案例 33】暮光之城 .psd”保存图像。

【Step03】按【Ctrl+Shift+Alt+N】键新建“图层 1”。将前景色设置为黑色，按【Alt+Delete】组合填充。

图 9-127　素材图像“城市”

【Step04】选中“图层 1”,执行“滤镜→渲染→镜头光晕”命令,弹出的“镜头光晕”对话框,拖动图像缩略图中的十字线至合适的位置，同时设置“亮度”为 100，“镜头类型”为 50-300 毫米变焦，如图 9-128 所示。单击“确定”按钮，此时画面效果如图 9-129 所示。

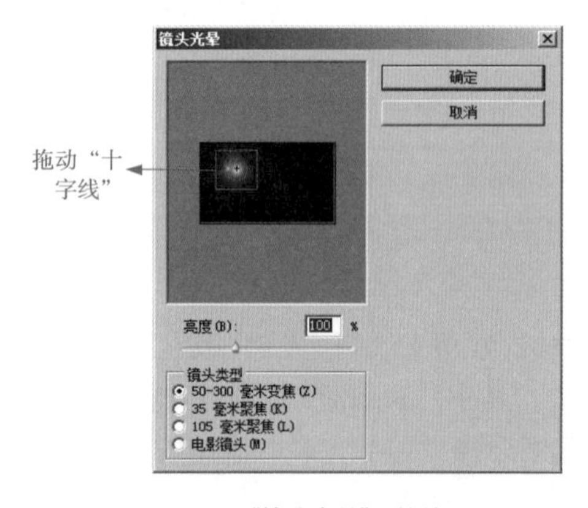

图 9-128　“镜头光晕”对话框

图 9-129　“镜头光晕”效果

【Step05】在“图层”面板中，将“图层 1”的“图层混合模式”设置为颜色减淡，此时画面中将出现阳光，效果如图 9-130 所示。

【Step06】按【Ctrl+T】组合键,调出定界框。将鼠标指针置于定界框角点处,按【Alt+Shift】组合键,将“图层 1”缩放至合适的大小,并旋转一定的角度。接着选择“移动工具”,将“图层 1”移动至合适的位置，效果如图 9-131 所示。

图 9-130　颜色减淡

图 9-131　移动及缩放“图层 1”

【Step07】在“图层”面板中,为“图层 1”添加图层蒙版。将前景色设置为黑色,选择“画笔工具”,在其选项栏中设置“笔尖形状”为柔边圆、“笔刷大小”为 250 像素、“硬度”为 0%、“不透明度”为 100%、“流量”为 100%，在画面中涂抹，如图 9-132 所示，以擦除不需要的光照，效果如图 9-133 所示。

图 9-132 涂抹画面

图 9-133 光照效果

2. 为天空上色

【Step01】选择“背景”图层，按【Ctrl+Shift+Alt+N】组合键，在“背景”图层之上新建“图层 2”。

【Step02】将前景色设置为棕黄色（RGB：218、196、146）。选择“画笔工具”，在其选项栏中设置“笔尖形状”为柔边圆、“笔刷大小”为 300 像素、“硬度”为 0%、“不透明度”为 58%、“流量”为 100%，在画面中涂抹，为天空上色，使光照更加突出，效果如图 9-134 所示。

【Step03】在“图层”面板中将“图层 2”的图层的混合模式设置为正片叠底，效果如图 9-135 所示。

图 9-134 为天空上色

图 9-135 正片叠底

3. 添加云层

【Step01】将素材图像“云层”导入画面中，效果如图 9-136 所示。

【Step02】按【Ctrl+T】组合键调出定界框，将“云层”缩放至合适的大小，并按【Enter】键确认自由变换，效果如图 9-137 所示。

图 9-136 拖入云层

图 9-137 缩放云层

【Step03】在“云层”缩览图上右击，对其执行“栅格化图层”命令。

【Step04】按【Ctrl+U】组合键调出“色相/饱和度”对话框，拖动“饱和度”滑块，将“饱和度”设置为-100，对“云层”进行去色，效果如图9-138所示。

图9-138　将“云层”去色

【Step05】按下【Ctrl+M】组合键，弹出“曲线”对话框，拖动曲线向下弯曲，如图9-139所示，使云层中的暗色调部分更暗，效果如图9-140所示。

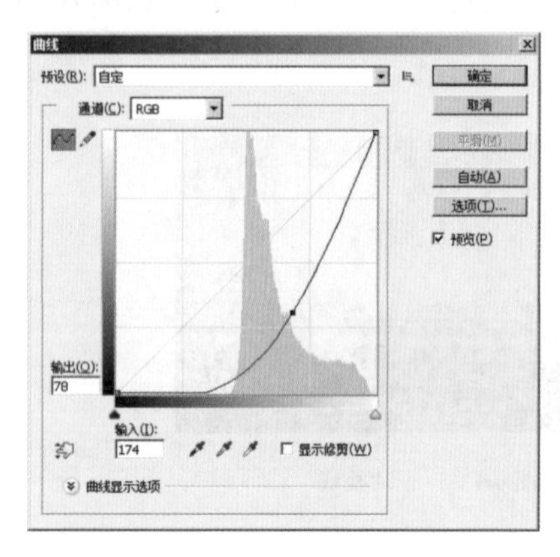

图9-139　“曲线”对话框

图9-140　调整云层的暗部色调

【Step06】在“图层”面板中将“云层”的图层混合模式设置为滤色，可去掉云层中的暗色调部分，效果如图9-141所示。

【Step07】对“云层”应用图层蒙版。将前景色设置为黑色，选择“画笔工具”，在其选项栏中设置“笔尖形状”为柔边圆、“笔刷大小”为300像素、“硬度”为0%、“不透明度”为58%、“流量”为100%，在画面中涂抹，擦除右边多余的云彩，效果如图9-142所示。

图9-141　“滤色”效果

图9-142　擦除多余云彩

4. 整体调整画面

【Step01】选择“图层 1”(即“阳光”),按【Ctrl+T】组合键调出定界框,对“阳光”进行旋转,并使用移动工具将其移动至合适的位置，效果如图 9-143 所示。

图 9-143　旋转并移动阳光

【Step02】选择“背景”图层，按【Ctrl+J】组合键对其进行复制，得到“背景副本”图层。

【Step03】选择“背景副本”图层，按【Ctrl+B】组合键，弹出“色彩平衡”对话框，将“青色 / 红色”之间的滑块向“红色”方向稍微拖动，将“黄色 / 蓝色”之间的滑块向“黄色”方向稍微拖动，如图 9-144 所示，为画面增加一些红色和黄色调。单击“确定”按钮，效果如图 9-145 所示。

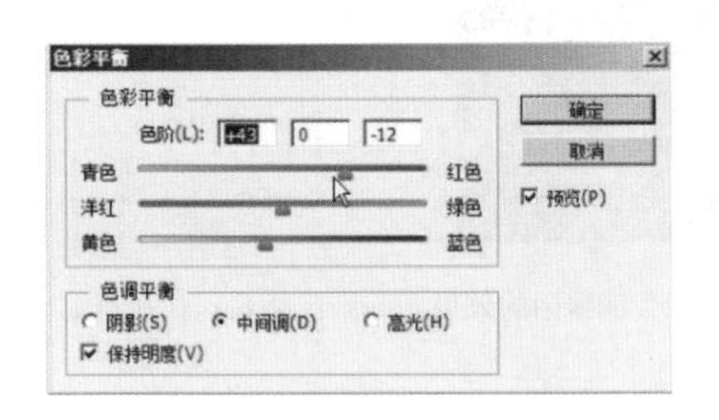

图 9-144　“色彩平衡”对话框

图 9-145　调整背景后的效果

【Step04】选择“图层 2”,按【Ctrl+U】组合键打开“色相 / 饱和度”对话框。分别拖动“色相”与“饱和度”滑块至适当的位置，如图 9-146 所示，对天空的色调和饱和度稍作调整。单击“确定”按钮，效果如图 9-147 所示。

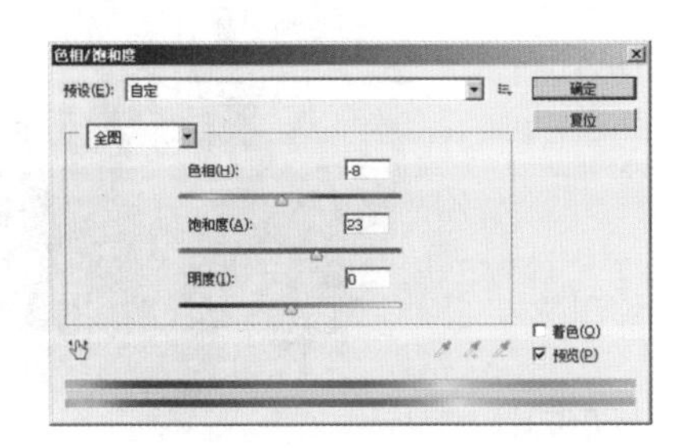

图 9-146　“色相饱和度”对话框

图 9-147　调整“图层 2”后的效果

知识点讲解

“渲染”滤镜

“渲染”滤镜组中包含5种滤镜，它们可以在图像中创建云彩形状的图案，设置照明效果或通过镜头产生光晕效果。下面介绍常用的两个“渲染”滤镜。

(1)“镜头光晕”滤镜

“镜头光晕”滤镜可以模拟亮光照射到相机镜头所产生的折射，常用来表现玻璃、金属等反射的反射光，或用于增强日光和灯光效果。执行“滤镜→渲染→镜头光晕”命令，弹出“镜头光晕”对话框，如图9-148所示。

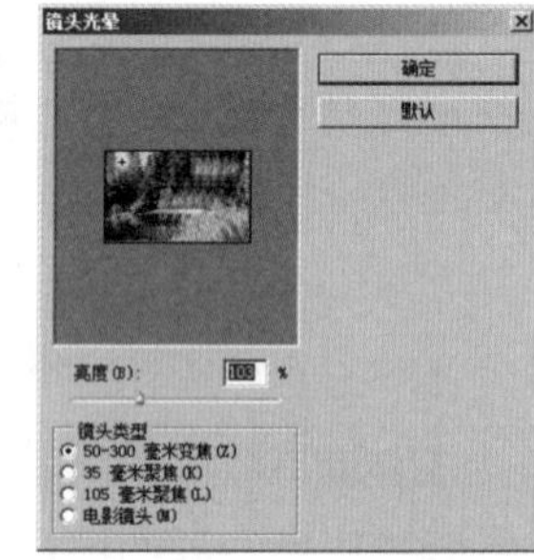

图9-148 “镜头光晕”对话框

在图9-148所示的对话框中，通过单击图像缩略图或直接拖动十字线，可以指定光晕中心的位置；拖动“亮度”滑块，可以控制光晕的强度；在“镜头类型”选项区中，可以选择不同的镜头类型。

图9-149和图9-150所示为使用“镜头光晕”滤镜前后的对比效果。

(2)“云彩”滤镜

“云彩”滤镜可以使用介于前景色与背景色之间的随机值生成柔和的云彩图案。执行“滤镜→渲染→云彩”命令即可创建云彩图案。图9-151所示即为使用“云彩”滤镜生成的图像。

图9-149 素材图像“河边”

图9-150 使用“镜头光晕”滤镜后的效果

图9-151 “云彩”滤镜效果

9.6 【案例34】老唱片图标

在前面几个小节中，学习了通过“滤镜”对图片进行处理以得到一些特殊效果。值得一提的是，“滤镜”还常常用于绘制一些纹理和质感，例如木纹肌理、粗布纹理、皮革纹理等。本节将通过光盘图标的绘制，使读者掌握常用的杂色滤镜与模糊滤镜。案例效果如图9-152所示。

图9-152 “老唱片图标”效果展示

实现步骤

1. 制作唱片外形效果

【Step01】按【Ctrl+N】组合键，在弹出“新建”对话框中设置“宽度”为600像素、“高度”为600像素、“分辨率”为

72 像素 / 英寸、“颜色模式”为 RGB 颜色、“背景内容”为白色，单击“确定”按钮。

【Step02】按【Ctrl+Shift+S】组合键，以名称“【案例 34】老唱片图标 .psd”保存图像。

【Step03】设置前景色为灰色（RGB：190、190、190），按【Alt+Delete】组合键，为“背景”层填充灰色。

【Step04】按【Ctrl+Shift+Alt+N】组合键，新建“图层 1”。选择“椭圆选框工具”，按住【Shift+Alt】组合键不放，在画布中心绘制一个正圆选区，并填充选区为黄色（RGB：253、255、52），如图 9-153 所示。按【Ctrl+D】组合键，取消选区。

【Step05】按【Ctrl+Shift+Alt+N】组合键，新建“图层 2”并为“图层 2”填充黑色。

【Step06】执行“滤镜→杂色→添加杂色”命令，弹出“添加杂色”对话框，设置“数量”为 15%、“分布”为高斯分布，选择“单色”复选框，如图 9-154 所示，单击“确定”按钮，效果如图 9-155 所示。

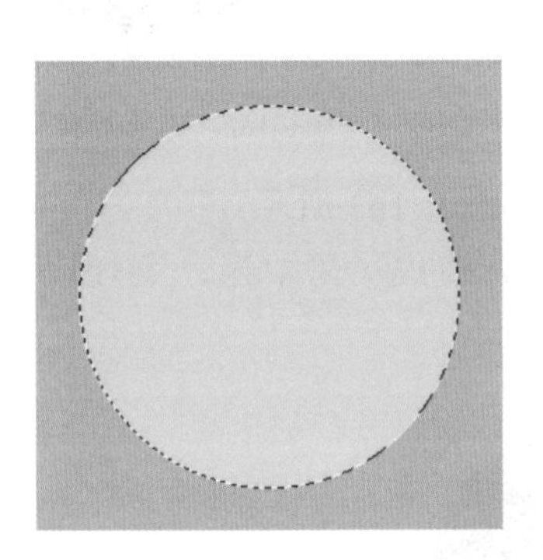

图 9-153　绘制正圆选区并填充

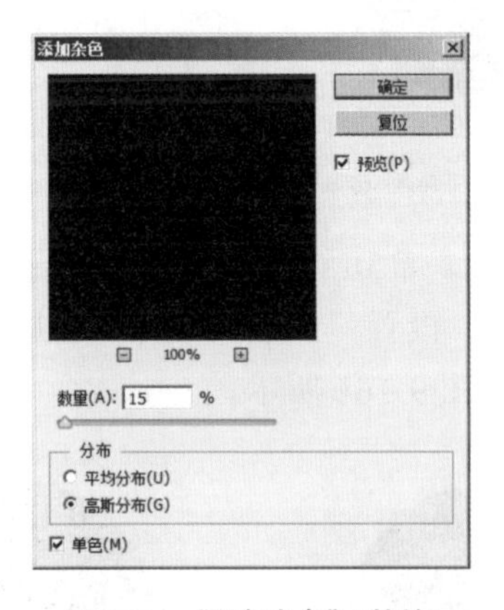

图 9-154　“添加杂色”对话框

图 9-155　“添加杂色”效果

【Step07】执行“滤镜→模糊→径向模糊”命令，弹出“径向模糊”对话框，设置“数量”为 100、“模糊方法”为旋转、“品质”为最好，如图 9-156 所示，单击“确定”按钮，效果如图 9-157 所示。

【Step08】在“图层”面板中，按住【Ctrl】键不放，单击“图层 1”的缩览图，将其载入选区。

【Step09】按【Ctrl+Shift+I】组合键，将选区反选，按【Delete】键，删除“图层 2”中多余部分，效果如图 9-158 所示。

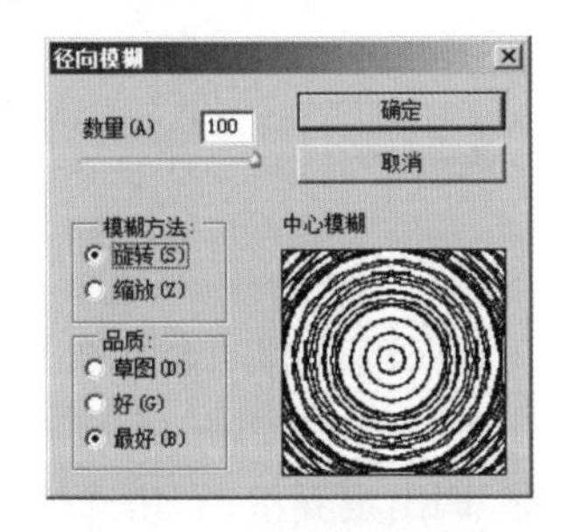

图 9-156　“径向模糊”对话框

图 9-157　“径向模糊”效果

图 9-158　删除多余选区

2. 制作唱片光效

【Step01】再次按【Ctrl+Shift+I】组合键，将选区反向。按【Ctrl+Shift+Alt+N】组合键，

新建“图层 3”。

【Step02】执行“滤镜→渲染→云彩”命令，效果如图 9-159 所示。

【Step03】执行“滤镜→渲染→分层云彩”命令（可按【Ctrl+F】组合键多次，直到得到满意的效果），效果如图 9-160 所示。

【Step04】执行“滤镜→模糊→径向模糊”命令，弹出“径向模糊”对话框，设置“数量”为 100、“模糊方法”为缩放、“品质”为最好，如图 9-161 所示，单击“确定”按钮，效果如图 9-162 所示。

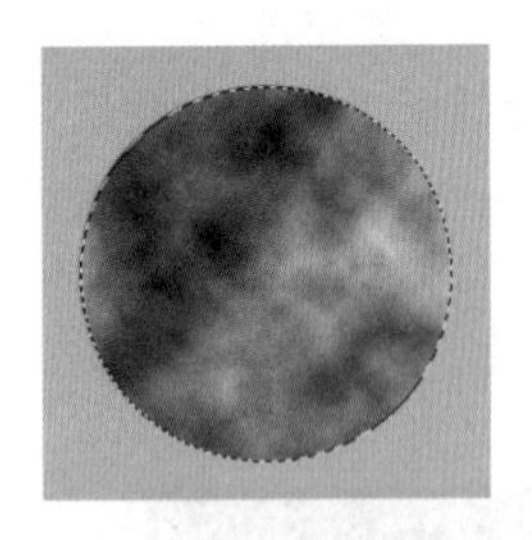

图 9-159 “云彩”效果

图 9-160 “分层云彩”效果

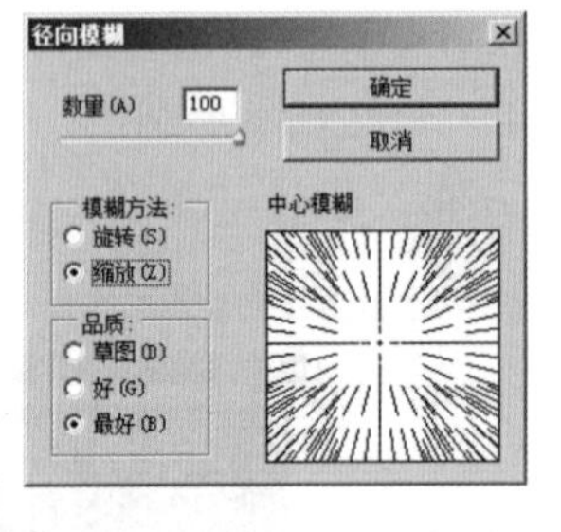

图 9-161 “径向模糊”对话框

图 9-162 “径向模糊”效果

【Step05】按【Ctrl+F】组合键，重复“径向模糊”效果，如图 9-163 所示。

【Step06】在“图层”面板中，设置“图层 3”的“图层混合模式”为柔光、“不透明度”为 50%、“填充”为 80%，效果如图 9-164 所示。

图 9-163 重复“径向模糊”

图 9-164 设置“图层”面板

【Step07】设置前景色为白色。选择“渐变工具”，打开“渐变编辑器”，设置一个两边透明中间白色的渐变，如图 9-165 所示。

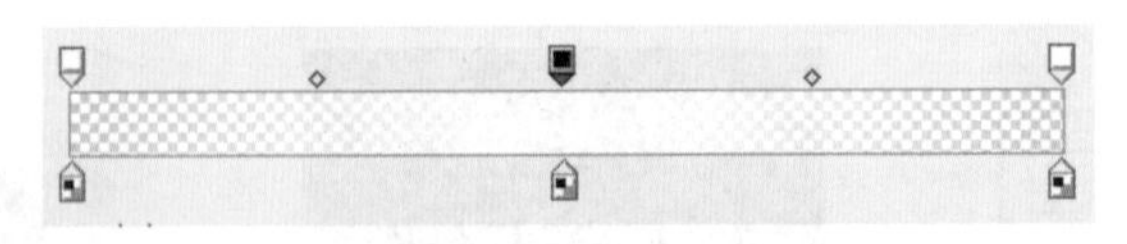

图 9-165 设置渐变

【Step08】按【Ctrl+Shift+Alt+N】组合键，新建“图层 4”。在选区内绘制一个如图 9-166 所示的线性渐变。

【Step09】按【Ctrl+D】组合键，取消选区。按【Ctrl+T】组合键，调出定界框，右击选择“透视”命令，按住【Shift】键不放，将左上角点拉到左下角点位置处，得到交叉高光，效果如图 9-167 所示。按【Enter】键，确定自由变换。

【Step10】在“图层”面板中，设置“图层 4”的“图层混合模式”为柔光、“填充”为 50%，效果如图 9-168 所示。

【Step11】按【Ctrl+J】组合键，复制“图层 4”得到“图层 4 副本”，并设置“填充”为 70%。按【Ctrl+T】组合键，调出定界框，将“图层 4 副本”旋转至适当位置，如图 9-169 所示。

图 9-166 绘制高光

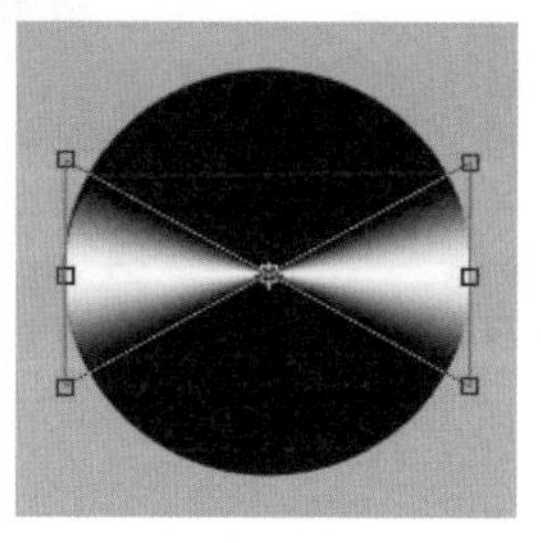
图 9-167 “透视”命令

图 9-168 设置“图层”面板

图 9-169 复制“图层 4”并设置

【Step12】在“图层”面板中，按住【Ctrl】键不放，单击“图层 1”的缩览图，将其载入选区。

【Step13】重复【Step08】-【Step09】的操作，在新建的“图层 5”中绘制一个小高光，如图 9-170 所示。执行“透视”命令后效果如图 9-171 所示。

【Step14】在“图层”面板中，设置“图层 5”的“图层混合模式”为柔光、“不透明度”为 50%，效果如图 9-172 所示。

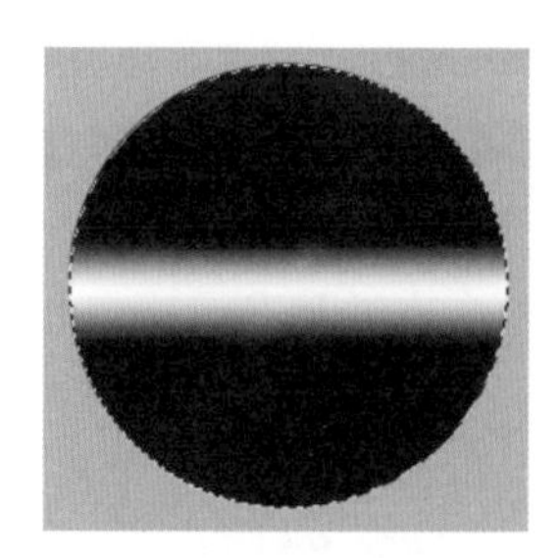
图 9-170 绘制小高光

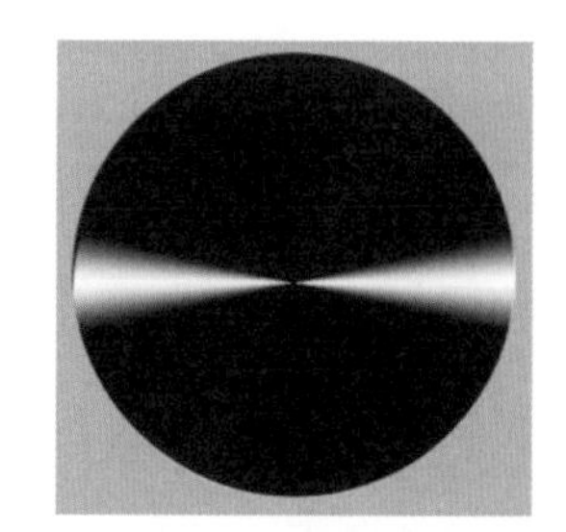
图 9-171 “透视”命令

图 9-172 设置“图层”面板

3. 制作万圣节效果

【Step01】在“图层”面板中，选中除“背景”层和“图层 1”以外的所有图层，按【Ctrl+Alt+E】组合键，复制合并选中图层，得到“图层 5（合并）”。然后，隐藏所有刚选中的图层，如图 9-173 所示。

【Step02】打开素材图片“城堡 .png”，如图 9-174 所示。选择“移动工具”，将其拖动到“【案例 34】老唱片图标 .psd”所在的画布中的适当位置，如图 9-175 所示，并调整其图层顺序在“图层 5（合并）”之下。

【Step03】按住【Alt】键不放，在“图层 5（合并）”与“城堡”之间单击，建立剪贴蒙版，效果如图 9-176 所示。

【Step04】在“图层”面板中，按住【Ctrl】键不放，单击“图层 1”的缩览图，将其载入选区。

【Step05】在“图层”面板中，选中“城堡”图层，单击底部的“添加图层蒙版”按钮，效果如图 9-177 所示。

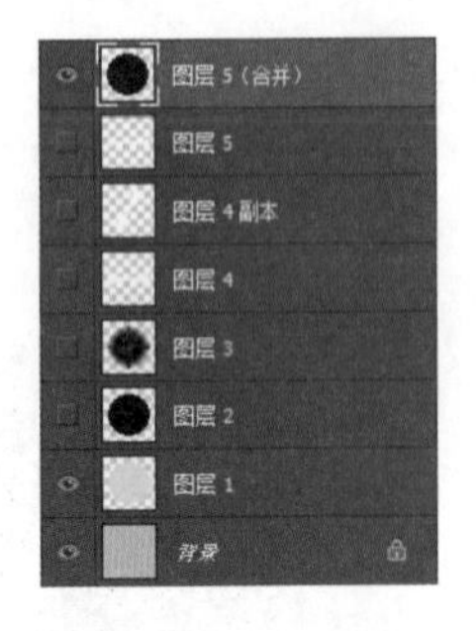

图 9-173　盖印并隐藏图层

图 9-174　素材图片“城堡”

图 9-175　置入画布

图 9-176　剪贴蒙版效果

图 9-177　图层蒙版效果

4．绘制唱片修饰部分

【Step01】选中“图层”面板中，最顶部的图层。选择“椭圆工具” ，按住【Shift+Alt】组合键不放，在画布中心绘制一个橘黄色（RGB：135、61、2）正圆形状，如图 9-178 所示。

【Step02】按【Ctrl+J】组合键，复制并缩小“椭圆 1”。填充为浅橘色（RGB：208、98、11），效果如图 9-179 所示。

【Step03】执行“滤镜→杂色→添加杂色”命令，在弹出的对话框中单击“确定”按钮。在“添加杂色”对话框中，设置“数量”为 3、“分布”为高斯分布，选择“单色”复选框，如图 9-180 所示，单击“确定”按钮，效果如图 9-181 所示。

图 9-178　绘制正圆形状

图 9-179　复制缩小并填充

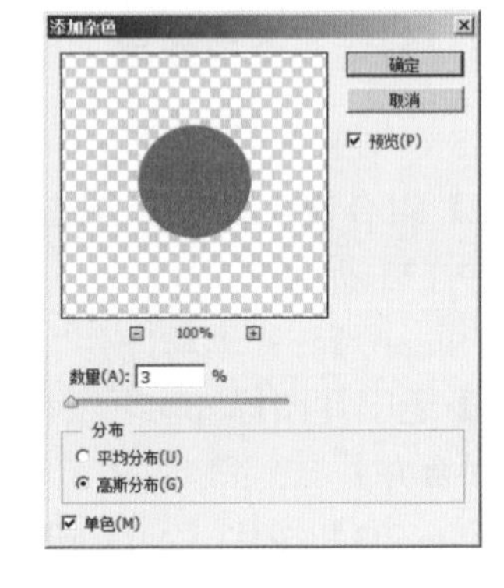

图 9-180　“添加杂色”命令

【Step04】双击“图层 1”，为其添加“图层样式”。在弹出的“图层样式”对话框中，选择“投影”选项，设置“距离”为 14 像素、“大小”为 43 像素，如图 9-182 所示。单击“确定”按钮，效果如图 9-183 所示。

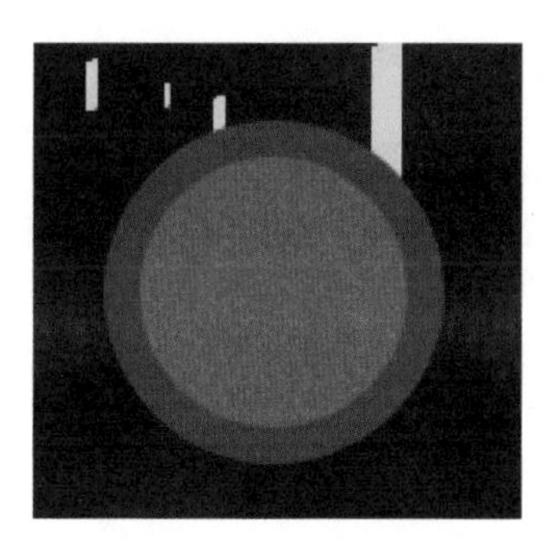

图 9-181 “添加杂色”效果

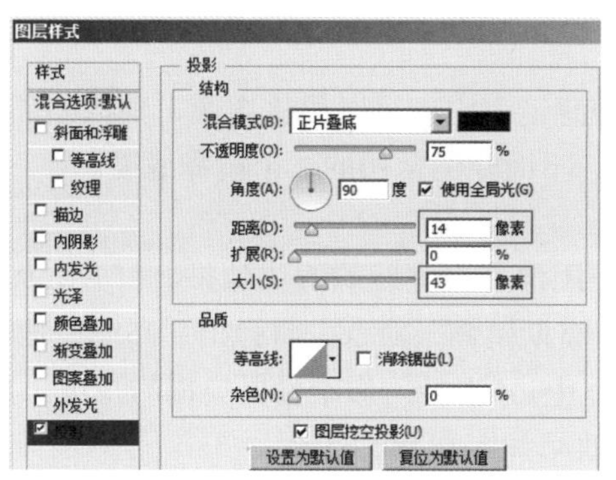

图 9-182 “投影”选项设置

图 9-183 “投影”效果

知识点讲解

1. “杂色”滤镜

“杂色”滤镜组中包含 5 种滤镜，它们可以添加或去除杂色，以创建特殊的图像效果。下面介绍常用的“添加杂色”滤镜。

执行“滤镜→杂色→添加杂色”命令，弹出“添加杂色”对话框，如图 9-184 所示。该滤镜可以在图像中添加一些细小的颗粒，以产生杂色效果，效果如图 9-185 所示。

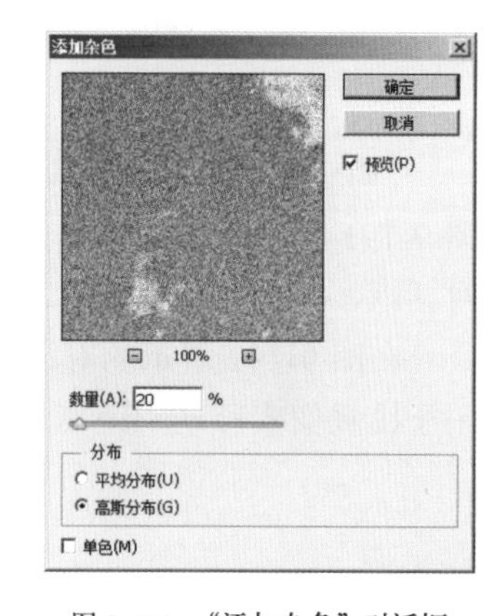

图 9-184 “添加杂色”对话框

对“添加杂色”对话框中的“数量”“分布”及“单色”选项的解释如下。

· 数量：用于设置杂色的数量。

· 分布：用于设置杂色的分布方式。选择“平均分布”，会随机地在图像中加入杂点，效果比较柔和；选择“高斯分布”，会沿一条钟形曲线分布的方式来添加杂点，杂点较强烈。

· 单色：选择该项复选框，如图 9-186 所示，杂点只影响原有像素的亮度，像素的颜色不会改变，如图 9-187 所示。

图 9-185 “添加杂色”效果

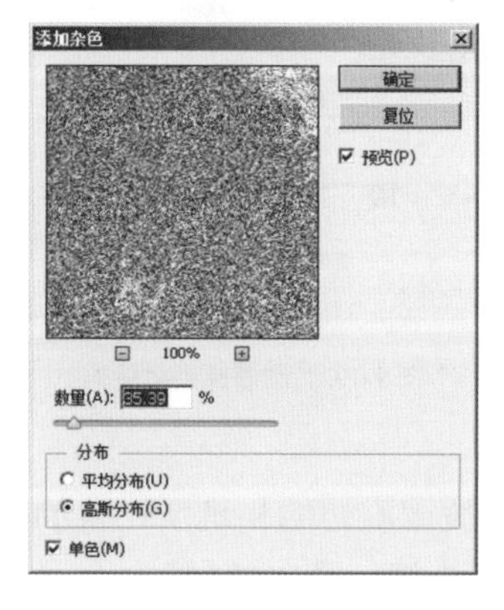

图 9-186 选择“杂色”复选框

图 9-187 “添加杂色”效果

2. “模糊”滤镜

模糊滤镜组中包含 14 种滤镜，它们可以柔化图像、降低相邻像素之间的对比度，使图像产生柔和、平滑的过渡效果。下面介绍常用的 3 个模糊滤镜。

（1）“高斯模糊”滤镜

“高斯模糊”滤镜可以使图像产生朦胧的雾化效果。打开如图 9-188 所示的素材图像“洋娃娃”，执行“滤镜→模糊→高斯模糊”命令，将弹出“高斯模糊”对话框，如图 9-189 所示。

在图 9-189 所示的对话框中，“半径”用于设置模糊的范围，数值越大，模糊效果越强烈。应用“高斯模糊”后的画面效果如图 9-190 所示。

图 9-188　素材图像“洋娃娃”

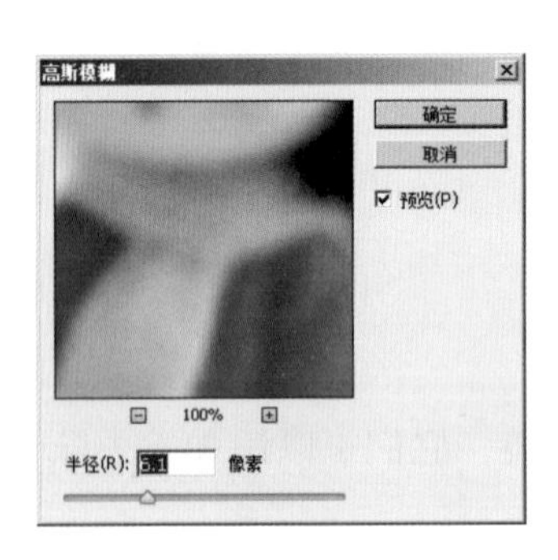

图 9-189　“高斯模糊”对话框

图 9-190　“高斯模糊”效果

（2）“动感模糊”滤镜

“动感模糊”滤镜可以使图像产生速度感效果，类似于给一个移动的对象拍照。打开如图 9-191 所示的素材图像“滑雪人物.jpg”，执行“滤镜→模糊→动感模糊”命令，弹出“动感模糊”对话框，如图 9-192 所示。

在图 9-192 所示的对话框中，“角度”用于设置模糊的方向，可拖动指针进行调整；“距离”用于设置像素移动的距离。应用“动感模糊”后的画面效果如图 9-193 所示。

图 9-191　素材图像“滑雪人物”

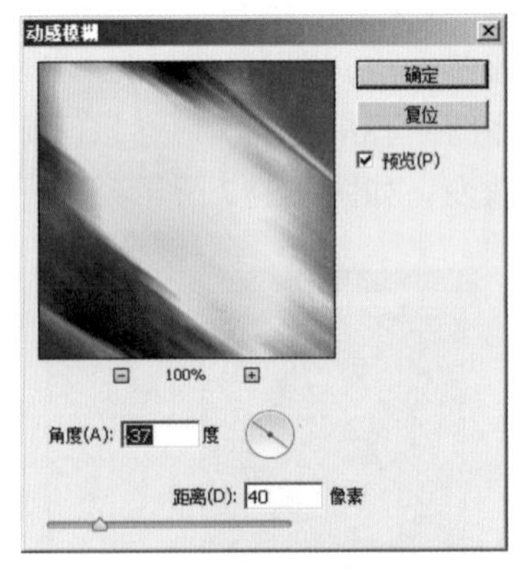

图 9-192　动感模糊对话框

图 9-193　“动感模糊”效果

（3）径向模糊

“径向模糊”滤镜可以模拟缩放或旋转的相机所产生的效果。打开如图 9-194 所示的素材图像“多肉植物.jpg”，执行“滤镜→模糊→径向模糊”命令，弹出“径向模糊”对话框，如图 9-195 所示。

图 9-194 素材图像“多肉植物”

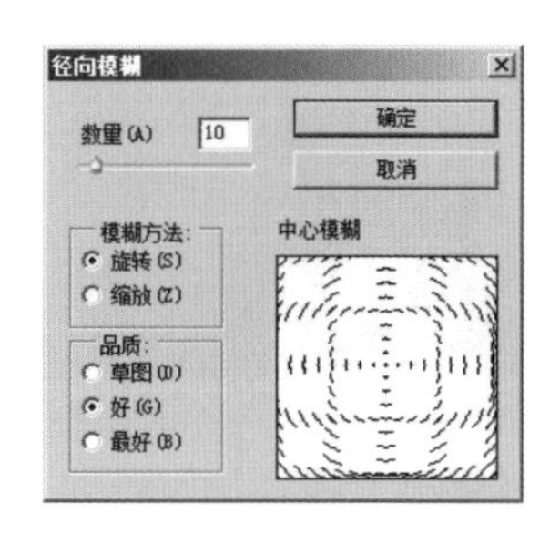

图 9-195 “径向模糊”对话框

在图 9-195 所示的对话框中，“数量”用于设置模糊的强度，数值越大，模糊效果越强烈。模糊方法有“旋转”和“缩放”两种。其中，“旋转”是围绕一个中心形成旋转的模糊效果，如图 9-196 所示；“缩放”是以模糊中心向四周发射的模糊效果，如图 9-197 所示。

图 9-196 “旋转”效果

图 9-197 “缩放”效果

9.7 【案例35】炫色光环

“扭曲”滤镜组常用来对图像进行几何变形，创建 3D 或其他扭曲效果。本节将使用其中的“波浪”滤镜及“旋转扭曲”滤镜绘制一款“炫色光环”。案例效果如图 9-198 所示。

图 9-198 “炫色光环”效果展示

1. 绘制光环

【Step01】按【Ctrl+N】组合键，在“新建”对话框中设置“宽度”为 800 像素、“高度”为 800 像素、“分辨率”为 72 像素 / 英寸、“颜色模式”为 RGB 颜色、“背景内容”为白色，单击“确定”按钮。

【Step02】按【Ctrl+Shift+S】组合键，以名称“【案例 35】炫色光环 .psd”保存图像。

【Step03】将前景色设置为黑色，按【Alt+Delete】组合键为“背景”图层填充为黑色。

【Step04】按【Ctrl+J】组合键，复制“背景”图层得到“图层 1”。

【Step05】执行“滤镜→渲染→镜头光晕”命令，弹出“镜头光晕”对话框。拖动图像缩览图中的十字线至图像中心（几个光圈重合）位置，同时设置“亮度”为 100、“镜头类型”为 50-300 毫米变焦，如图 9-199 所示。单击“确定”按钮，效果如图 9-200 所示。

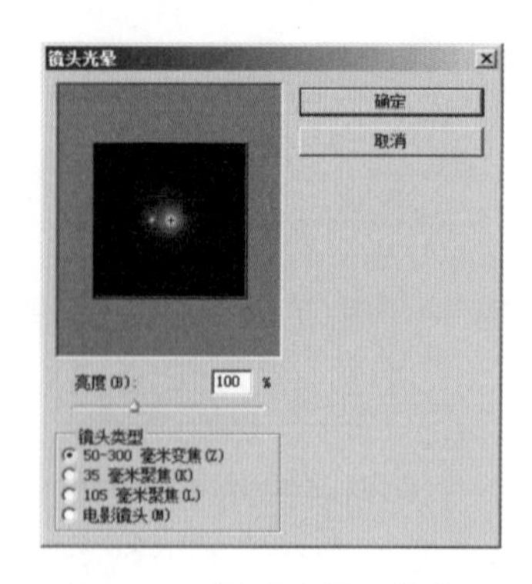

图 9-199 “镜头光晕”对话框

图 9-200 “镜头光晕”效果

【Step06】执行“滤镜→滤镜库”命令,打开“滤镜库”。在“艺术效果”滤镜组中选择“塑料包装”滤镜，将“高光强度”“细节”“平滑度”均设置为最大值，如图 9-201 所示。此时画面效果如预览区中所示，单击“确定”按钮。

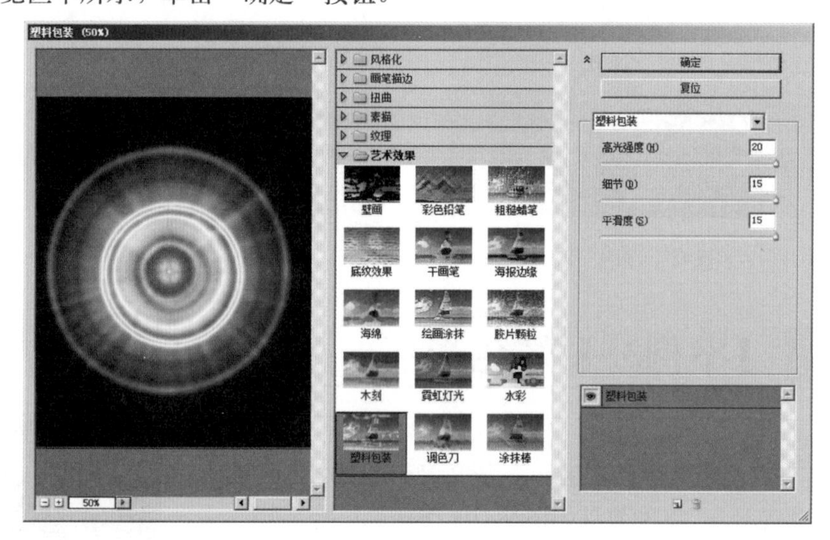

图 9-201 “塑料包装”滤镜

【Step07】执行“滤镜→扭曲→波浪”命令，在“波浪”对话框中设置“生成器数”为 1、“波长”最小为 24、“波长”最大为 19、“波幅”最小为 1、最大为 2,其他参数保持默认值不变，如图 9-202 所示。单击“确认”按钮，此时画面会出现一些细微的变化，如图 9-203 所示。

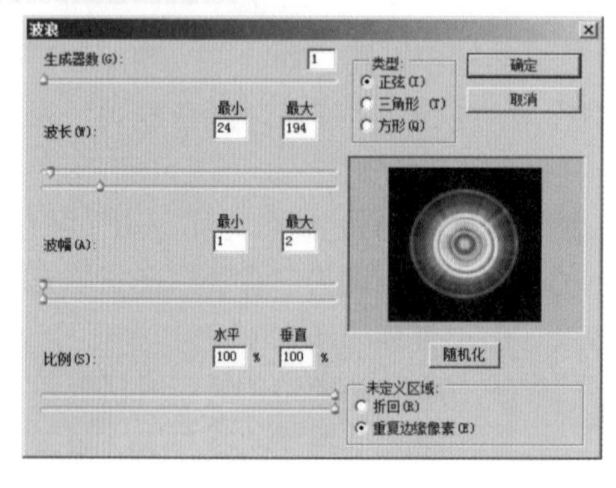

图 9-202 “波浪”对话框

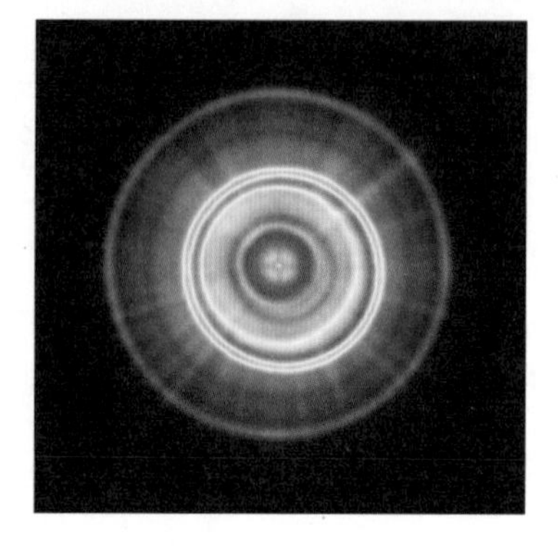

图 9-203 “波浪”效果

【Step08】执行“滤镜→扭曲→旋转扭曲”命令，在“旋转扭曲”对话框中，将“角度”设置为最大值，如图 9-204 所示。单击“确定”按钮，此时画面效果如图 9-205 所示。

【Step09】对“图层 1”应用图层蒙版。将前景色设置为黑色，选择“画笔工具”，在其选项栏中设置“笔尖形状”为柔边圆、“笔刷大小”为 300 像素、“硬度”为 0%、“不透明度”为 100%、“流量”为 100%。在画面中涂抹，擦除“图层 1”的中间部分，得到光环效果，如图 9-206 所示。

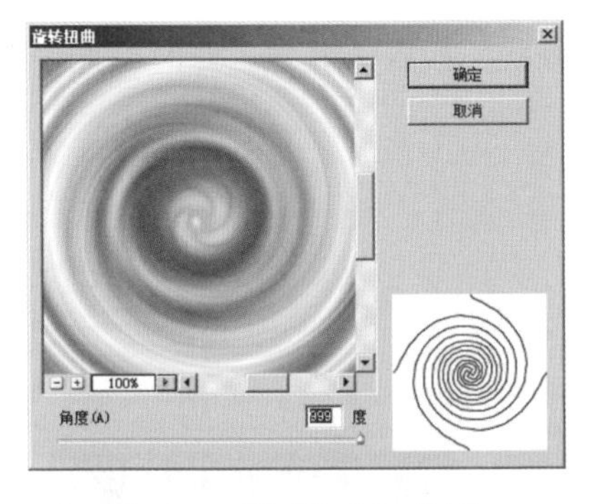

图 9-204 “旋转扭曲”对话框

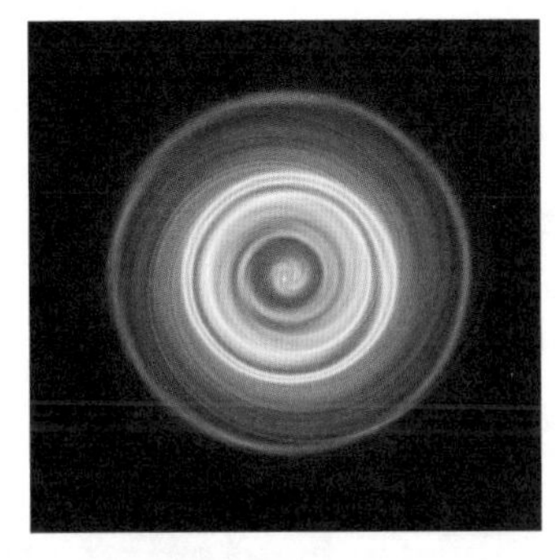

图 9-205 “旋转扭曲”效果

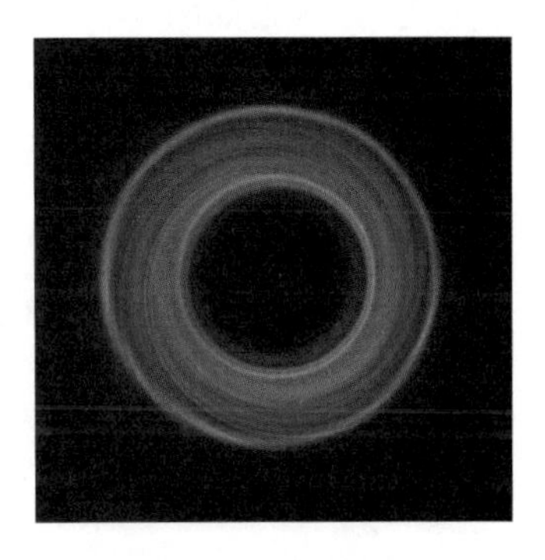

图 9-206 蒙版擦除

【Step10】在选项栏中，将画笔的“不透明度”设置为 36%，在画面的光环部分涂抹，如图 9-207 所示，使光环更加自然，效果如图 9-208 所示。

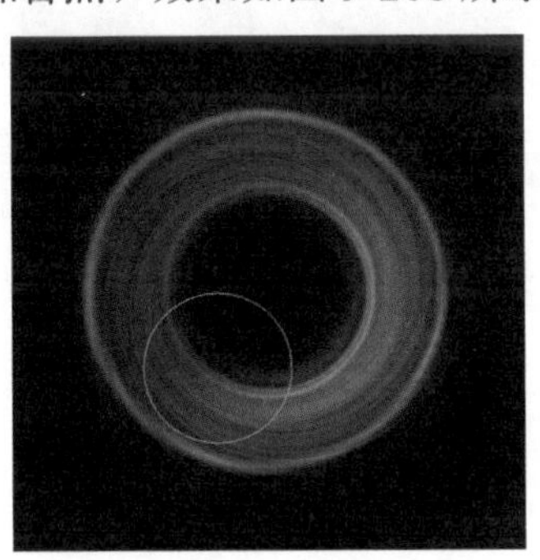

图 9-207 画笔涂抹

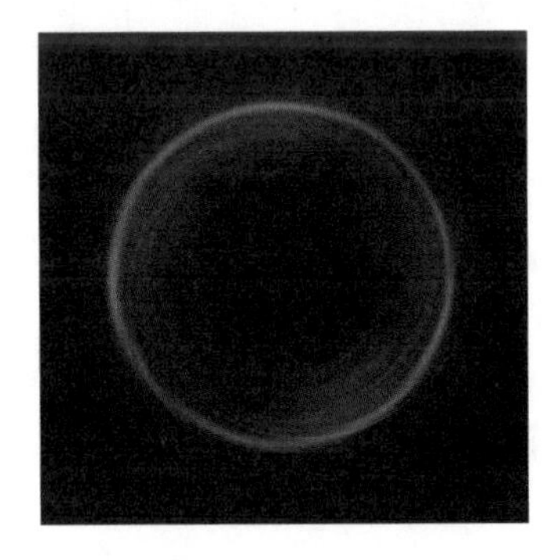

图 9-208 自然光环效果

【Step11】按【Ctrl+M】组合键，弹出“曲线”对话框，拖动曲线，如图 9-209 所示，使光环效果更明显，单击“确定”按钮，效果如图 9-210 所示。

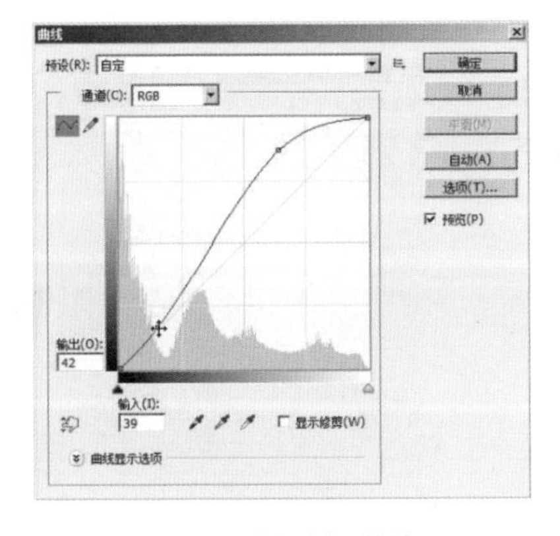

图 9-209 “曲线”对话框

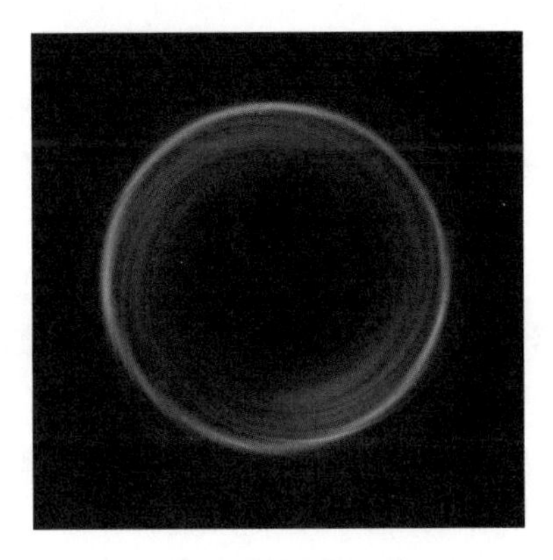

图 9-210 光环效果更加明显

2．打造炫色效果

【Step01】按【Ctrl+Shift+Alt+N】组合键，新建“图层 2”。

【Step02】选择“渐变工具”，在选项栏中选择“线性渐变”按钮。单击渐变颜色条，弹出的“渐变编辑器”对话框，在“预览”栏中，选择“色谱”，如图 9-211 所示。

【Step03】将鼠标指针移至画布左边，按住【Shift】键的同时，向右拖动，为“图层 2”添加“七彩渐变”，效果如图 9-212 所示。

【Step04】在“图层”面板中，将“图层 2”的“图层混合模式”设置为叠加，此时画面中将出现七彩的光环，效果如图 9-213 所示。

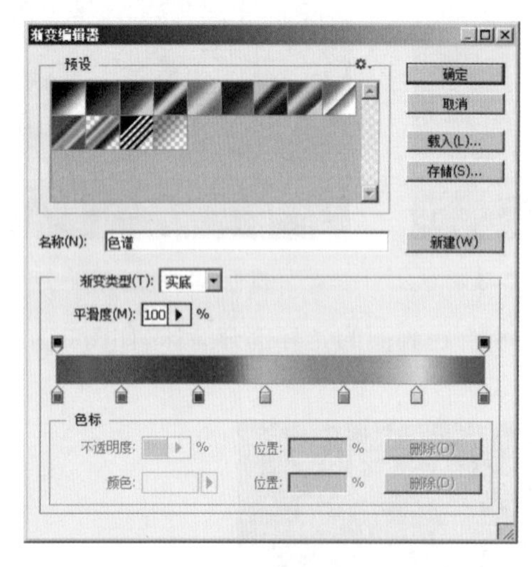

图 9-211 “渐变编辑器”对话框

图 9-212 七彩渐变

图 9-213 七彩光环

“扭曲”滤镜

“扭曲”滤镜组中包含 9 种滤镜，它们可以对图像进行几何变形，创建 3D 或其他扭曲效果。下面介绍常用的 4 个“扭曲”滤镜。

（1）“波浪”滤镜

“波浪”滤镜可以在图像上创建波状起伏的图案，生成波浪效果。执行“滤镜→扭曲→波浪”命令，弹出“波浪”对话框，如图 9-214 所示。

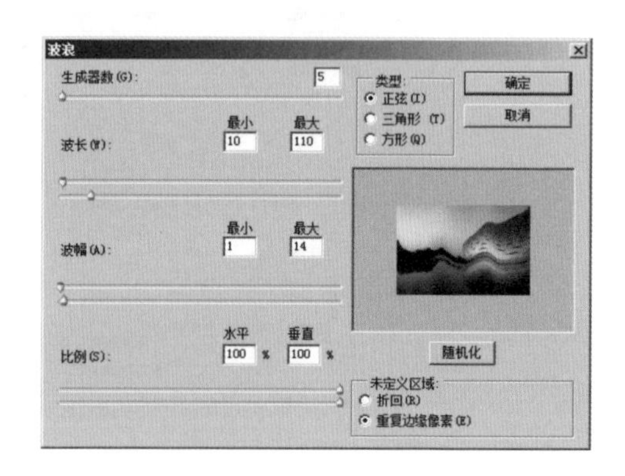

图 9-214 “波浪”对话框

对“波浪”对话框中常用选项的解释如下。

· 生成器数：用来设置波的多少，数值越大，图像越复杂。

· 波长：用来设置相邻两个波峰的水平距离。

· 波幅：用来设置最大和最小的波幅。

· 比例：用来控制水平和垂直方向的波动幅度。

· 类型：用来设置波浪的形态，包括“正弦”、“角形”、“方形”。

设置好“波浪”滤镜的相应参数后，单击“确定”按钮，画面中即可出现“波浪”效果。图 9-215 与图 9-216 所示为使用“波浪”滤镜前后的对比效果。

图 9-215 素材图像“湖面”

图 9-216 “波浪”效果

（2）“波纹”滤镜

“波纹”滤镜与“波浪”滤镜的工作方式相同，但提供的选项较少，只能控制波纹的数量和波纹大小，如图 9-217 和图 9-218 所示。

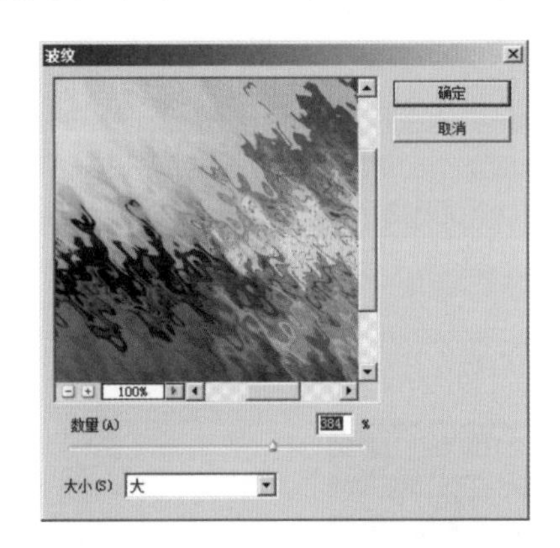

图 9-217 “波纹”对话框

图 9-218 “波纹”效果

（3）“极坐标”滤镜

“极坐标”滤镜以坐标轴为基准，可以将图像从平面坐标转换为极坐标，或从极坐标转换为平面坐标。执行“滤镜→扭曲→极坐标”命令，弹出“极坐标”对话框，如图 9-219 所示。

选择“平面坐标到极坐标”选项，可以将图像从平面坐标转换为极坐标。转换前后的效果分别如图 9-220 与图 9-221 所示。

图 9-219 “极坐标”对话框

图 9-220 素材图像“夕阳河滩”

图 9-221 “极坐标”效果

（4）“旋转扭曲”滤镜

“旋转扭曲”滤镜可以使图像产生旋转的风轮效果，旋转围绕图像中心进行，且中心旋转的程度比边缘大。执行“滤镜→扭曲→旋转扭曲”命令，弹出“旋转扭曲”对话框，如图 9-222 所示。

拖动“角度”滑块，可控制“旋转扭曲”的程度。图 9-223 与图 9-224 所示为使用“旋转扭曲”滤镜前后的对比效果。

图 9-222 “旋转扭曲”对话框

图 9-223 素材图像“风车”

图 9-224 “旋转扭曲”效果

动手实践

学习完前面的内容，下面来动手实践一下吧。

请运用滤镜和剪贴蒙版绘制如图 9-225 所示的黑板字效果。

图 9-225 黑板字

第10章 综合实例

扫一扫

没有实践就
没有发言权

学习目标

◆ 掌握素材分析的方法，能够综合运用素材表现主题。

◆ 掌握工具的综合运用，能够使用适当的工具表达预期的效果。

前面9章详细讲解了Photoshop CS6的基本工具及相关操作。为了及时有效地巩固所学的知识，本章将以"素材分析""案例制作"的形式实现两个商业实例。通过本章的学习，读者可以将Photoshop操作技能与平面设计理念完美结合，更加深入地领会平面设计的创作思路及流程。

10.1 【综合实例1】游戏主题页面

主题页面的制作是根据特定的主题来构思画面、组织素材、创作作品的。主题内容一般由图片信息和文字信息组成，在设计时，既要考虑主题内容的组织形式，又要体现主题的风格。本节将根据指定主题内容设计一款主题为"游戏"的页面，效果如图10-1所示。

图10-1 "游戏主题页面"效果展示

素材分析

表10-1所示的图片信息和文字信息为即将设计的主题页面中的主题内容。

表 10-1　主 题 内 容

类　　型	主 题 内 容
图片	
文字内容	• 游戏名称：天影之城 • 网址：www.itcast.cn

通过表 10-1 中的图片和文字内容，可以看出该作品的主题为“游戏”。图中“勇士”无畏的形象，为页面提供了形象基础，可以想象这款游戏充满力量和正义，并兼具科幻色彩。“勇士”的动作看似“从天而降”，使画面极具空间感和立体感，如若配合一定的光影和光效，定会增加画面的视觉冲击力。“勇士”的“红色”着装为整体画面奠定了色调基础，根据这一色调，可将画面色调控制在红色、黑色与黄色之中。同时，这几种颜色在色相和明度上的对比，会使画面在视觉上更绚丽、对比更加强烈。

本主题页面的文字信息内容较少，仅为“游戏名称”和“网址”。一般这类信息需要使受众直观迅速地接受，所以在视觉上可使文字占据一部分重心。同时，文字的颜色和字体也需要和“勇士”的形象匹配。

案例制作

1. 绘制背景底纹

【Step01】按【Ctrl+N】组合键，在弹出“新建”对话框中设置“宽度”为 1200 像素、“高度”为 700 像素、“分辨率”为 72 像素 / 英寸、“颜色模式”为 RGB 颜色、“背景内容”为白色，单击“确定”按钮，完成画布的创建。

【Step02】按【Ctrl+Shift+S】组合键，以名称“【综合实例 1】游戏主题页面 .psd”保存图像。

【Step03】按【Alt+Delete】组合键，为画布填充黑色前景色。

【Step04】按【Ctrl+Shift+Alt+N】组合键，新建“图层 1”。设置前景色为白色，选择“渐变工具”，为画布填充白色到透明色的径向渐变，填充效果如图 10-2 所示。

【Step05】按【Ctrl+T】组合键调出定界框，调整“图层 1”至合适大小，效果如图 10-3 所示。

【Step06】按【Ctrl+Shift+Alt+N】组合键新建“图层 2”。选择“矩形选框工具”，在画布中绘制一个合适大小的矩形选区，并填充白色。按【Ctrl+D】组合键，取消选区，效果如图 10-4 所示。

图 10-2 径向渐变填充

图 10-3 调整图像

图 10-4 绘制矩形

【Step07】执行“滤镜→扭曲→波纹”命令，弹出“波纹”对话框，设置“数量”为 275%、“大小”为中，如图 10-5 所示。单击“确定”按钮，此时“图层 2”的显示效果如图 10-6 所示。

【Step08】按住【Ctrl】键不放，在“图层”面板中单击“图层 2”的图层缩览图，将其载入选区。然后单击“指示图层可见性”按钮，隐藏“图层 2”，此时图像编辑窗口会显示一个波纹化的选区，如图 10-7 所示。

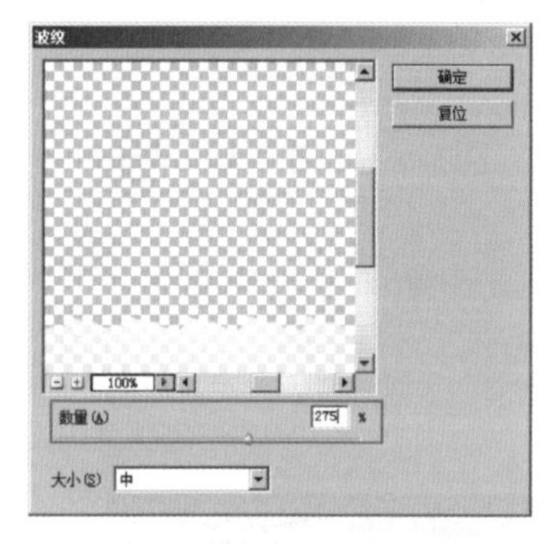

图 10-5 “波纹”对话框

图 10-6 波纹效果

图 10-7 载入选区和隐藏图层

【Step09】在“图层”面板中选中“图层 1”，按【Delete】键，删除选区中的图像部分，按【Ctrl+D】组合键，取消选区，效果如图 10-8 所示。

【Step10】在“图层”面板中单击“添加图层蒙版”按钮，为“图层 1”添加一个蒙版。设置前景色为黑色，选择柔边画笔在蒙版中涂抹，隐藏部分图像，效果如图 10-9 所示。

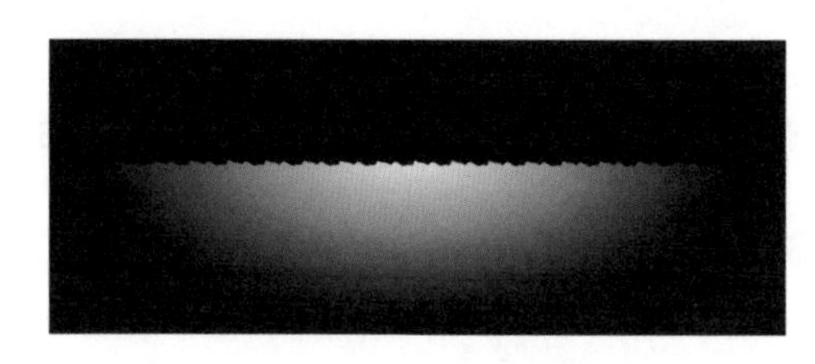

图 10-8 删除选区后的图像

图 10-9 图层蒙版

2. 添加网址和碎片

【Step01】选择“横排文字工具”，在其选项栏中设置“字体”为 Impact、“字号”为 99 点、“字体颜色”为白色，如图 10-10 所示。

图 10-10 “文字工具”选项栏

【Step02】在画布中单击，输入传智播客网址“WWW.ITCAST.CN”，如图 10-11 所示。将其图层名称重命名为“网址”。

【Step03】在“图层”面板中，单击“添加矢量蒙版”按钮（和创建图层蒙版的按钮相同），为“网址”图层添加一个“矢量蒙版”，如图 10-12 所示。

图 10-11　添加文字

图 10-12　添加矢量蒙版

【Step04】在选中“矢量蒙版”的状态下，设置前景色为黑色，选择“画笔工具”，使用不同的笔触和不透明度，涂抹文字至图 10-13 所示样式。

【Step05】按【Ctrl+Shift+Alt+N】组合键，新建“图层 3”。选择“多边形套索工具”，在画布中绘制一个不规则四边形，并填充深灰色（RGB：91、91、91），如图 10-14 所示。

图 10-13　涂抹文字

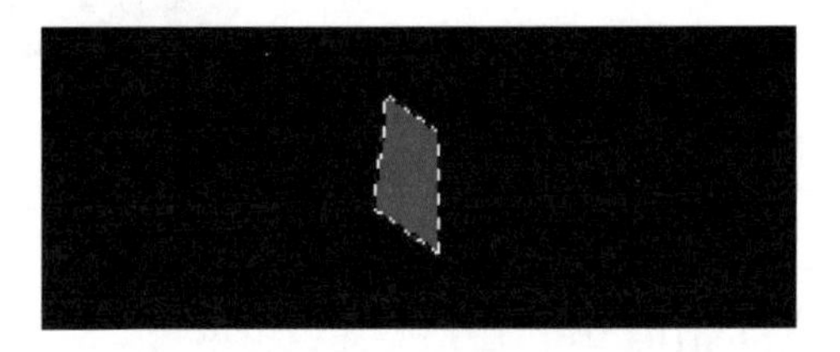
图 10-14　绘制不规则四边形

【Step06】执行“编辑→定义画笔预设”命令，在弹出“画笔名称”对话框中，将“名称”定义为散布样式，如图 10-15 所示，单击“确定”按钮。然后，按【Ctrl+D】组合键，取消选区。

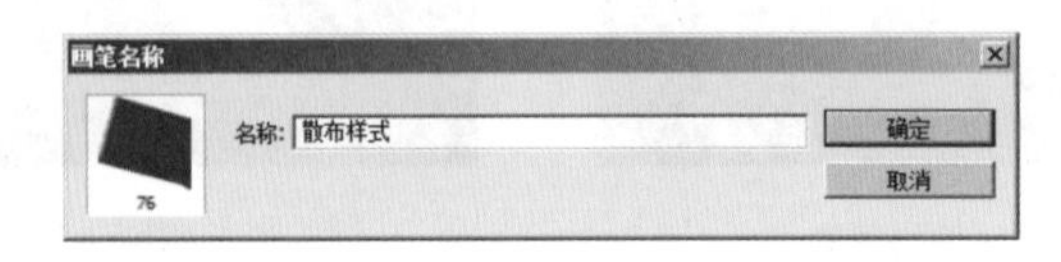

图 10-15　定义画笔预设

【Step07】选择“画笔工具”，按【F5】键调出“画笔”面板。在“画笔笔触显示框”中选择【Step06】中预设的画笔样式，设置“间距”为 400%，如图 10-16 所示。

【Step08】选择“形状动态”选项，设置“大小抖动”为 100%、“角度抖动”为 60%，如图 10-17 所示。

【Step09】选择“散布”选项，勾选“两轴”复选框，设置“散布”为 795%、“数量”为 2，如图 10-18 所示。

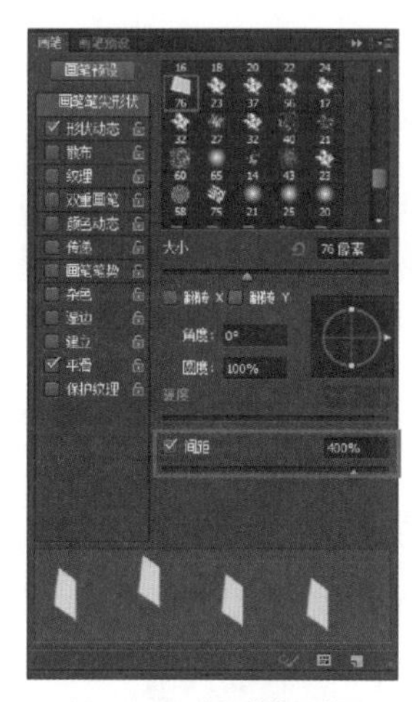

图 10-16 “画笔”面板

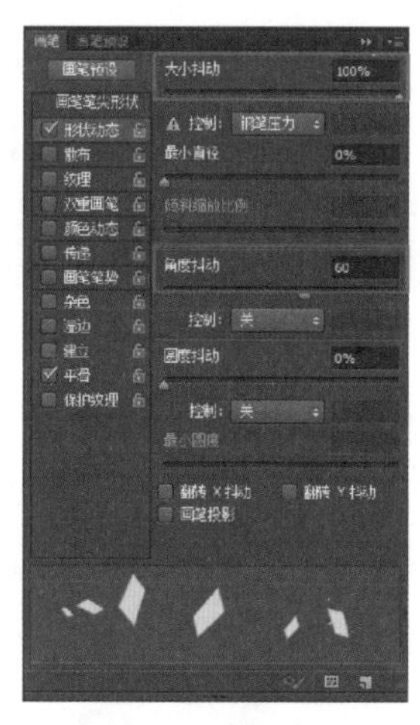

图 10-17 形状动态设置

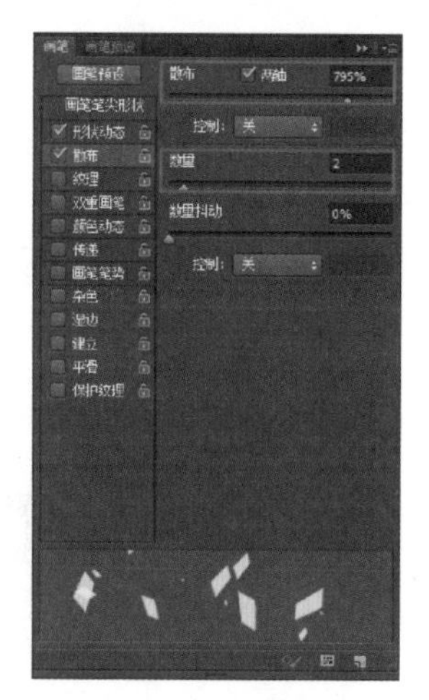

图 10-18 散布设置

【Step10】在“图层”面板中单击“图层 3”前面的“指示图层可见性”按钮，隐藏图层 3。

【Step11】按【Ctrl+Shift+Alt+N】组合键，新建“图层 4”。选择“画笔工具”，在画布中绘制如图 10-19 所示样式。

3. 添加背景光晕

【Step01】按【Ctrl+Shift+Alt+N】组合键，新建“图层 5”。设置前景色为白色，选择“渐变工具”，在画布中绘制白色到透明色的径向渐变，如图 10-20 所示。

【Step02】选择“涂抹工具”，在图层对象上拖动，调整图层至合适样式，如图 10-21 所示。

图 10-19 绘制散布样式

图 10-20 径向渐变

图 10-21 涂抹工具

【Step03】为“图层 5”添加图层蒙版，将前景色设置为黑色。选择“画笔工具”，用大小不同的柔边笔触涂抹图像至半透明状态，如图 10-22 所示。

【Step04】按【Ctrl+J】组合键，复制“图层 5”，得到“图层 5 副本”图层。按【Ctrl+T】组合键，在定界框上右击，选择“水平翻转”命令并将其移至合适的位置，如图 10-23 所示。按【Enter】键，确认自由变换。

图 10-22 涂抹蒙版

图 10-23 水平翻转图像

4．添加背景光线

【Step01】按【Ctrl+Shift+Alt+N】组合键，新建“图层 6”，并填充白色 。

【Step02】执行“滤镜→杂色→添加杂色”命令，在弹出的对话框中设置“数量”为 400、勾选“高斯分布”和“单色”复选框，如图 10-24 所示。单击“确定”按钮，此时“图层 6”的效果如图 10-25 所示。

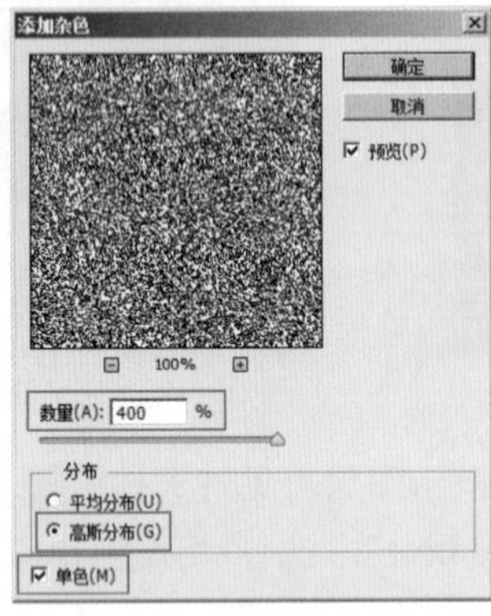

图 10-24 “添加杂色”对话框

图 10-25 “添加杂色”效果

【Step03】执行“滤镜→模糊→动感模糊”命令，设置“角度”为 90 度、“距离”为 250 像素，如图 10-26 所示。此时“图层 6”的效果如图 10-27 所示。

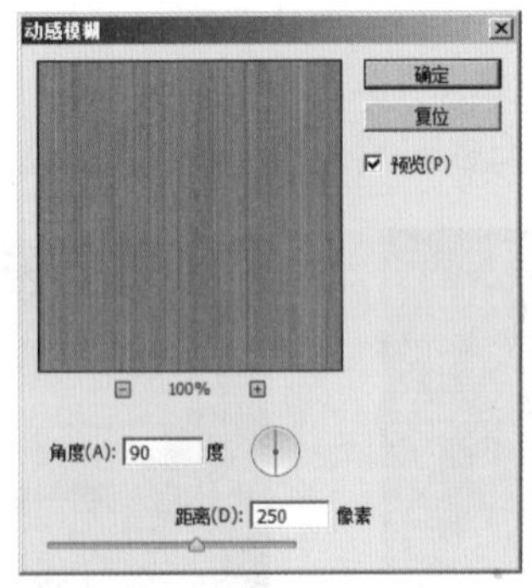

图 10-26 “动感模糊”对话框

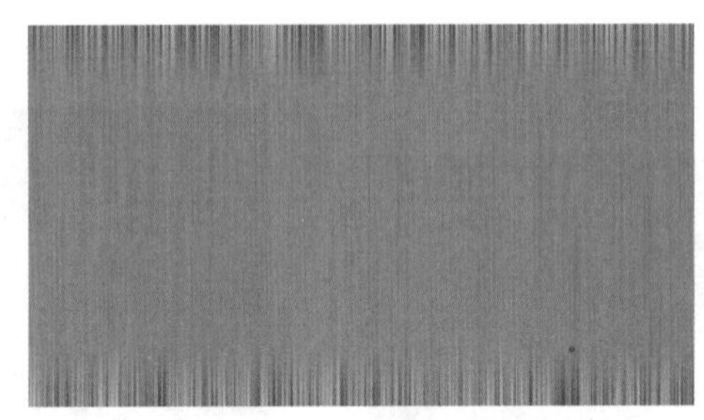

图 10-27 “动感模糊”效果

【Step04】在“图层”面板中，设置“图层 6”的“图层混合模式”为叠加，并使用“自由变换”命令旋转“图层 6”至合适角度，如图 10-28 所示。按【Enter】键，确认“自由变换”命令。

【Step05】按【Ctrl+Shift+Alt+N】组合键，新建“图层 7”。设置前景色为白色，选择“渐变工具”，在画布中绘制白色到透明色的径向渐变，如图 10-29 所示。

【Step06】再次执行“滤镜→杂色→添加杂色”命令，设置“数量”为 400、勾选“高斯分布”和“单色”复选框，如图 10-30 所示，单击“确定”按钮。

图 10-28 更改图层混合模式并旋转图像

图 10-29 绘制径向渐变

【Step07】执行“滤镜→模糊→径向模糊”命令，设置“模糊方法”为缩放、“品质”为好、“数量”为 100，如图 10-31 所示。单击“确定”按钮，此时“图层 7”的效果如图 10-32 所示。

【Step08】反复按【Ctrl+F】组合键，叠加“径向模糊”至合适效果，如图 10-33 所示。

【Step09】按【Ctrl+J】组合键，复制“图层 7”，得到“图层 7 副本”，使显示效果更强烈，如图 10-34 所示。按【Ctrl+E】组合键合并“图层 7”和“图层 7 副本”，将合并后的图层重命名为“强光”。

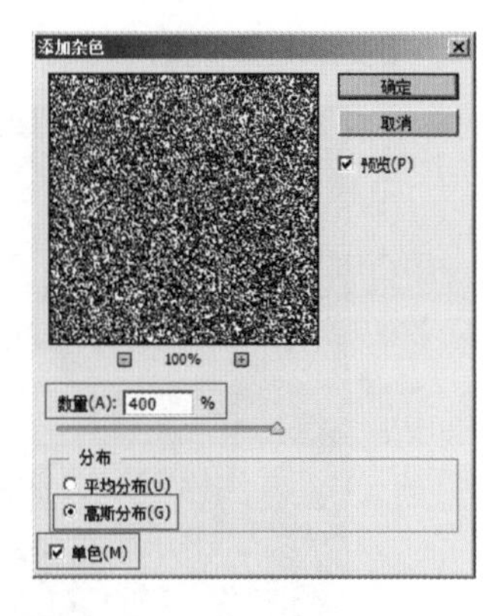

图 10-30 “添加杂色”对话框

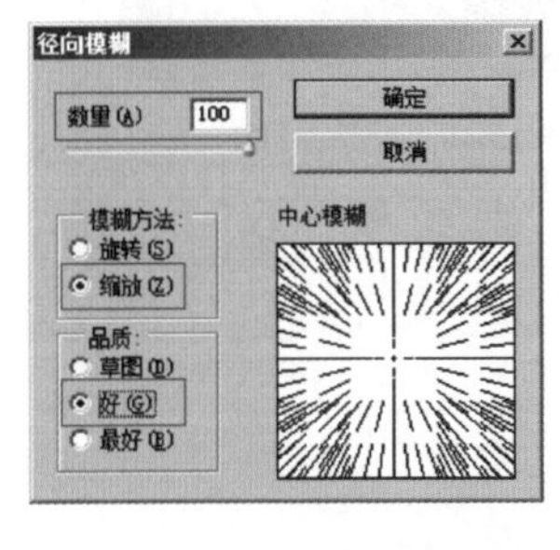

图 10-31 “径向模糊”对话框

图 10-32 “径向模糊”效果

图 10-33 “叠加滤镜”效果

【Step10】按【Ctrl+T】组合键，在定界框上右击，使用“透视”命令调整“强光”至合适大小，如图 10-35 所示。按【Enter】键确认自由变换。

【Step11】按【Ctrl+J】组合键，复制“强光”，得到“强光 副本”。按【Ctrl+T】组合键调出定界框，调整“强光副本”图层的大小并适当旋转，移动至合适的位置，如图 10-36 所示。按【Enter】键，确认自由变换。

图 10-34 复制和拼合图层

图 10-35 调整强光

图 10-36 调整大小并旋转

【Step12】重复运用 Step11 中的方法，在画布的右侧制作一束强光，并运用“自由变换”旋转调整至合适大小，如图 10-37 所示。

【Step13】在“图层”面板中，选中“强光”“强光副本”和“强光副本 1”图层，按【Ctrl+E】组合键，拼合图层。选择“橡皮擦工具”，擦除较硬的边缘。

图 10-37 继续制作光束

5. 调整背景颜色

【Step01】单击“图层”面板中的“创建新填充或调整图层”按钮，在弹出的下拉菜单中选择“曲线”，这时会弹出曲线“属性”面板，如图 10-38 所示。

【Step02】单击“RGB”下拉按钮，在弹出的下拉列表中选择“红”选项，如图 10-39 所示。

【Step03】此时曲线会变成红色，调整曲线向上弯曲，如图 10-40 所示。

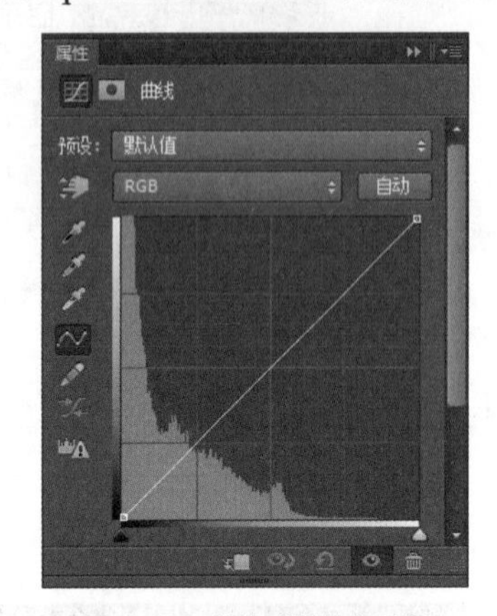

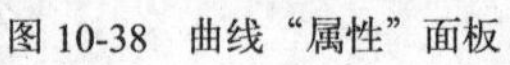

图 10-38 曲线“属性”面板

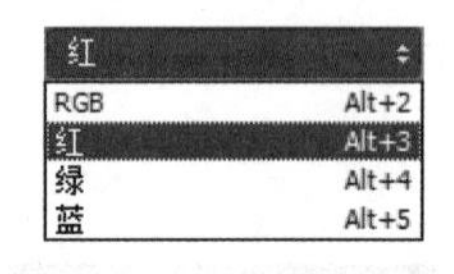

图 10-39 RGB 下拉列表

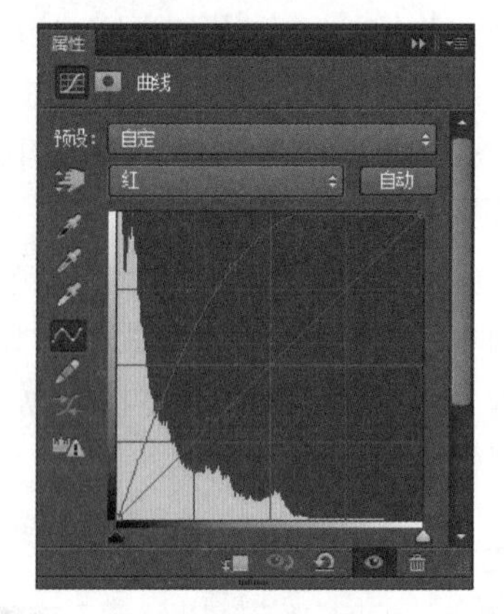

图 10-40 调整曲线 1

【Step04】运用【Step02】和【Step03】中的方法调整“绿”曲线和“蓝”曲线，如图 10-41 和图 10-42 所示，此时画面效果如图 10-43 所示。

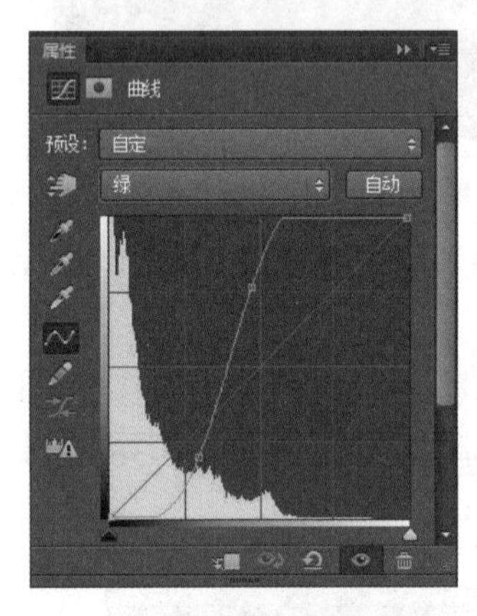

图 10-41 调整曲线 2

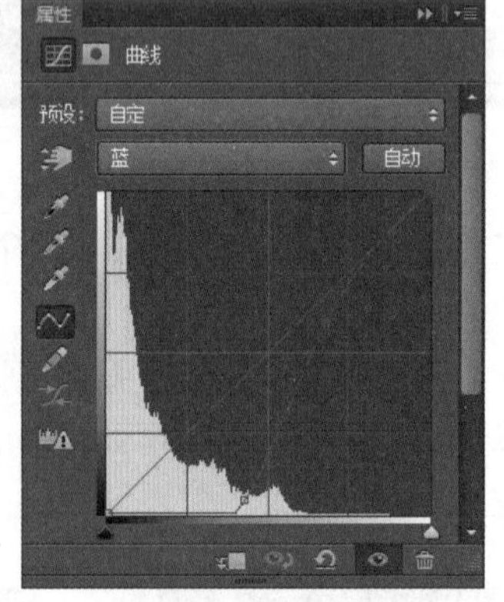

图 10-42 调整曲线 3

图 10-43 最终效果

【Step05】选择“橡皮擦工具”擦除背景中较硬的边缘，使背景过渡的更自然。

6. 修饰人物素材

【Step01】打开素材图片“勇士”，如图 10-44 所示。

【Step02】选择“钢笔工具”，沿人物的轮廓绘制路径。按【Ctrl+Enter】组合键，将路径转化为选区，如图 10-45 所示。

图 10-44 原图像

图 10-45 路径转化为选区

【Step03】选择“移动工具”，将“勇士”移至“【综合实例 1】游戏主题页面 .psd”中，得到“图层 7”，如图 10-46 所示。

【Step04】选择“矩形选框工具”在画布中绘制一个矩形选区（选区要紧贴文字的上边缘），如图 10-47 所示。

【Step05】在“图层”面板中单击“添加图层蒙版”按钮，遮挡住不需要的部分，效果如图 10-48 所示。

图 10-46　调入素材

图 10-47　矩形选区

图 10-48　蒙版效果

7. 制作立体文字效果

【Step01】选择“横排文字工具”，在选项栏中设置“字体”为微软雅黑、“字号”为 136 点、“文字颜色”为白色，如图 10-49 所示。

图 10-49　“文字工具”选项栏

【Step02】在画布中单击，创建一个文字图层，输入“天影之城”，如图 10-50 所示。

【Step03】在“图层”面板中，双击“天影之城”，在弹出的“图层样式”对话框中选择“斜面和浮雕”选项，设置“大小”为 1 像素，如图 10-51 所示。

图 10-50　创建文字图层

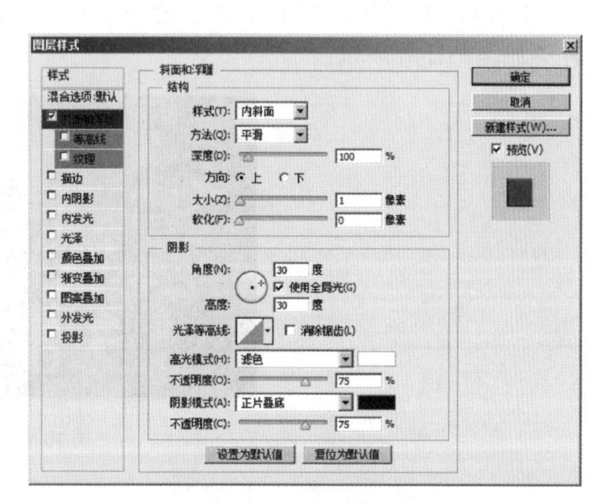

图 10-51　“斜面和浮雕”参数设置

【Step04】选择“渐变叠加”选项，设置“渐变角度”为 90 度，如图 10-52 所示。设置橙色（RGB：171、61、7）→黄色（RGB：247、239、14）→白色的线性渐变，如图 10-53 所示。

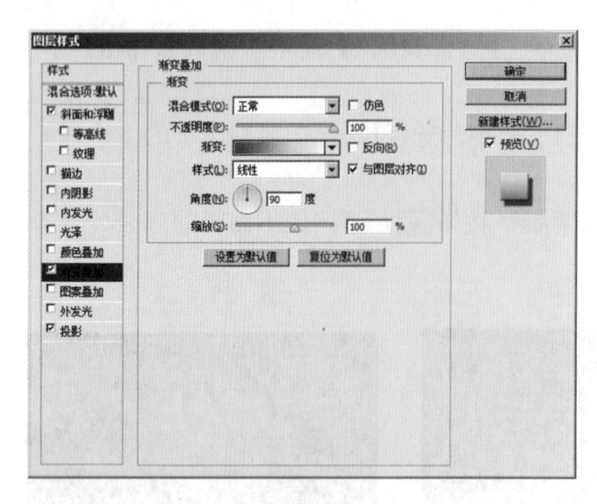

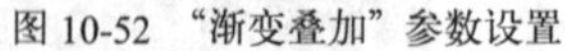

图 10-52 “渐变叠加”参数设置

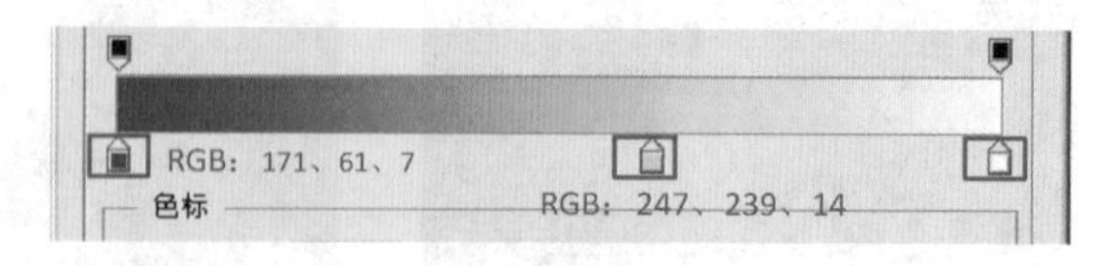

图 10-53 “渐变”参数设置

【Step05】选择“投影”选项,设置“角度”为 120 度、“距离”为 7 像素,“大小”为 1 像素,如图 10-54 所示。单击“确定”按钮，文字效果如图 10-55 所示。

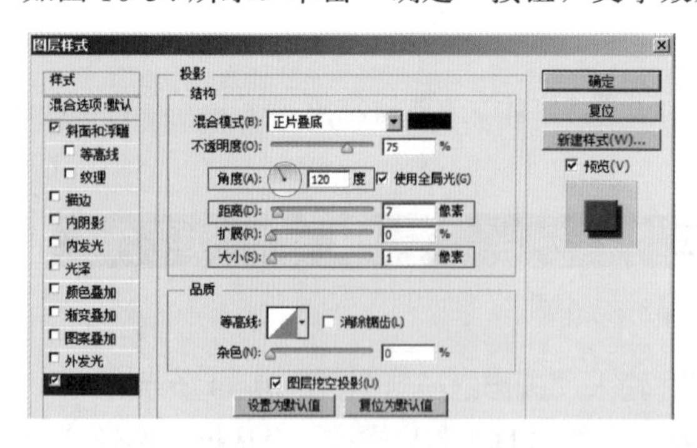

图 10-54 “投影”参数设置

图 10-55 文字效果

【Step06】通过图层的不透明度,调整一些显示过于突兀的图层,即可完成整个页面的设计,效果如图 10-56 所示。

图 10-56 效果微调

10.2 【综合实例2】手机Banner

通过前面章节的学习，相信读者对 Banner 已经有了一定的认识。Banner 作为互联网广告中最基本的广告形式，一般由图片信息和文字信息组成，但是由于其篇幅的局限性，在设计

Banner 时，应力求用最简洁的文字表达最直观的主题，做到主题鲜明、产品突出。本节将根据指定的广告标语和素材设计一个“手机 Banner”，效果如图 10-57 所示。

图 10-57 “手机 Banner”效果展示

素材分析

表 10-2 所示的图片信息和文字信息为即将设计的手机 Banner 的主题内容。

表 10-2 主 题 内 容

类　型	主 题 内 容
图片	
文字内容	•主题文字：震撼 3D、谁来掌控 •商品介绍：5.1 英寸全高清炫丽屏 · 1600 万像素摄像头 · 指纹识别 •IP67 级防尘防水 · 4G 网络加速下载 · 超级省电模式

通过表 10-2 中的图片和主题文字可以看出，该 Banner 的宣传商品为手机，因此可以用彰显科技与睿智的蓝色调作为 Banner 的主色调。

对于商品素材“手机”，由于它已经具备一定的空间和层次关系，我们只需为其添加一些光影效果，让画面的立体感更强、产品更加突出即可。Banner 的主题为“震撼 3D、谁来掌控”，旨在突出手机的 3D 效果，在视觉上需要突出、醒目，便于迅速地被受众接受。

另外，还可以选择一些比较灵动的元素，使画面的整体风格更加活泼。

案例制作

1．排列素材

【Step01】按【Ctrl+N】组合键，在对话框中设置“宽度”为 900 像素、“高度”为 350 像素、“分辨率”为 72 像素 / 英寸、“颜色模式”为 RGB 颜色、“背景内容”为白色，单击“确定”按钮，完成画布的创建。

【Step02】按【Ctrl+Shift+S】组合键，以名称“【综合实例 2】手机 Banner.psd”保存图像。

【Step03】按【Ctrl+Shift+Alt+N】组合键，新建“图层 1”。设置前景色为浅蓝色（RGB: 7、126、238），按【Alt+Delete】组合键填充“图层 1”。

【Step04】打开素材图片“手机”，如图 10-58 所示。

【Step05】选择“钢笔工具”，沿手机的轮廓绘制路径。按【Ctrl+Enter】组合键，将路径转化为选区，如图 10-59 所示。

图 10-58 素材图片

图 10-59 路径转化为选区

【Step06】选择“移动工具”，将“手机”素材移至“【综合实例 2】手机 Banner.psd”所在的画布中，将得到的图层命名为“手机”。

【Step07】按【Ctrl+T】组合键，调整“手机”图层至合适的大小，如图 10-60 所示。按【Enter】键，确认自由变换。

【Step08】打开素材图片“LOGO”，如图 10-61 所示。

图 10-60 自由变换

图 10-61 素材图片

【Step09】选择“移动工具”，将“LOGO”素材移至“【综合实例 2】手机 Banner.psd”所在的画布中，将得到的新图层命名为“LOGO”。此时画面效果如图 10-62 所示。

【Step10】选择“横排文字工具”，在画布中创建两个文字图层，分别输入“主题文字”的内容和“商品介绍”的内容，如图 10-63 所示。

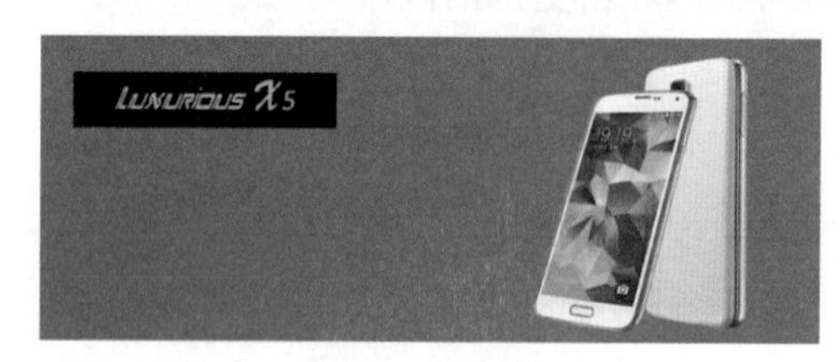

图 10-62 导入素材

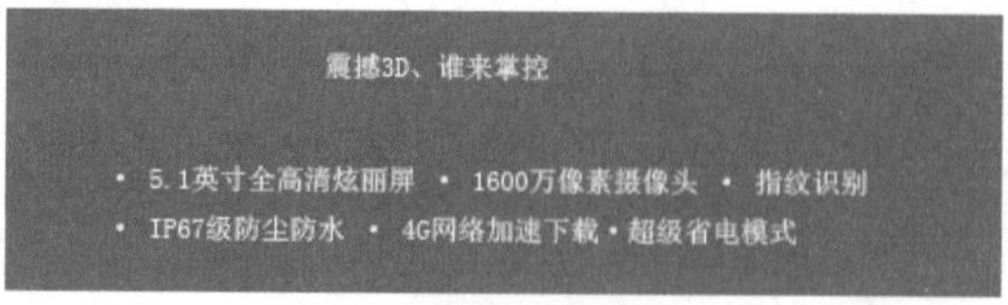

图 10-63 输入文字

【Step11】按【Ctrl+T】组合键，调整文字的大小。选择“移动工具”将各个元素移至合适的位置，效果如图 10-64 所示。

【Step12】选中“手机”、“LOGO”和两个文字图层，按【Ctrl+G】组合键进行编组，将所得到的图层组命名为“素材”。单击“指示图层可见性”按钮，隐藏“素材”图层组。

图 10-64 排列素材

2. 绘制背景

【Step01】选中“图层 1”，按【Ctrl+Shift+Alt+N】组合键，在其上新建“图层 2”，并填充深蓝色（RGB：9、107、198）。

【Step02】在“图层”面板中，双击“图层 2”的空白处，在弹出的“图层样式”对话框中，选择“内阴影”选项。设置“不透明度”为 100%、阴影“大小”为 155 像素，具体参数设置如图 10-65 所示。单击“确定”按钮，此时“图层 2”的效果如图 10-66 所示。

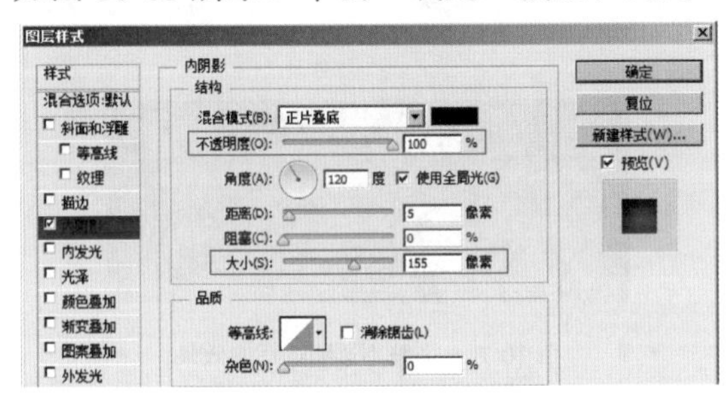

图 10-65 “内阴影”对话框

图 10-66 “图层 2”的效果

【Step03】按【Ctrl+N】组合键，弹出“新建”对话框。设置“宽度”为 2 像素、“高度”为 4 像素、“分辨率”为 72 像素 / 英寸、“颜色模式”为 RGB 颜色、“背景内容”为透明，如图 10-67 所示，单击“确定”按钮，完成画布的创建。

【Step04】选择“缩放工具”，将画布放大到最大视图模式。

【Step05】选择“矩形选框工具”，在画布中绘制如图 10-68 所示的方形选区。

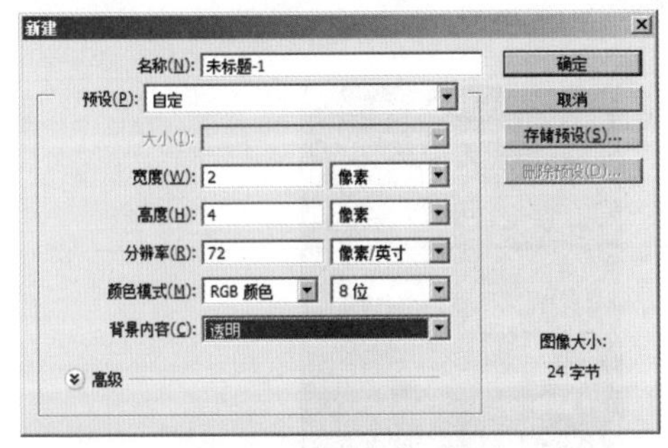

图 10-67 再次新建画布

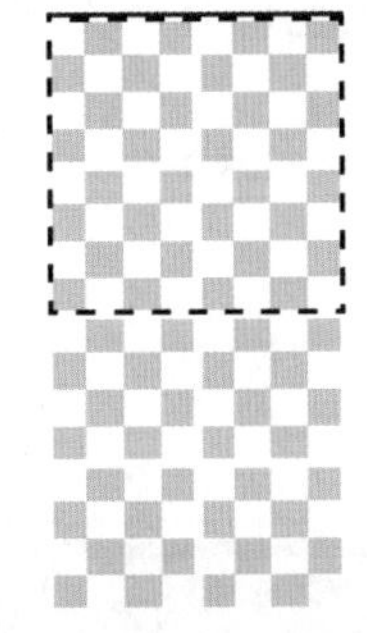

图 10-68 绘制方形选区

【Step06】为方形选区填充白色，按【Ctrl+D】组合键，取消选区。

【Step07】执行“编辑→定义图案”命令，弹出“图案名称”对话框，单击“确定”按钮保存图案，如图 10-69 所示。

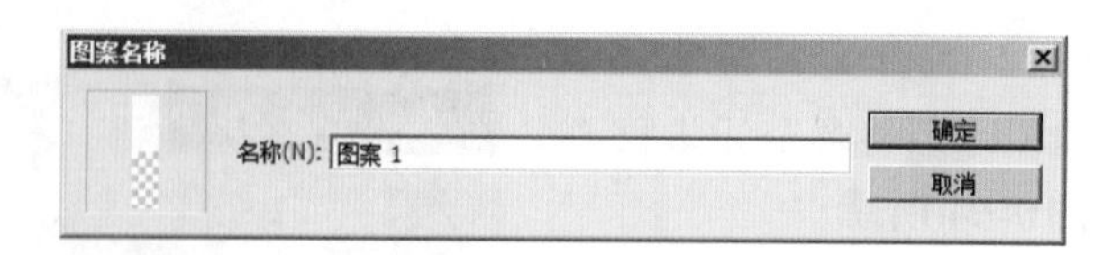

图 10-69　定义图案

【Step08】回到“【综合实例 2】手机 Banner.psd”所在的画布中，按【Ctrl+Shift+Alt+N】组合键，新建“图层 3”。

【Step09】选择“油漆桶工具”，在其选项栏中设置填充类型为“图案”。单击下拉按钮，在弹出的下拉面板中选择【Step07】自定义的“图案 1”，如图 10-70 所示。

【Step10】在画布中单击，即可填充预设的图案，效果如图 10-71 所示。将“图层 3”的“不透明度”调整为 10%，此时画面效果如图 10-72 所示。

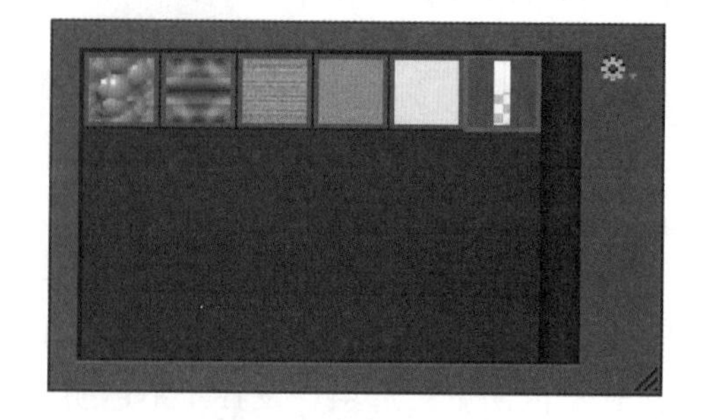

图 10-70　选择定义的图案

图 10-71　填充图案

图 10-72　调整不透明度后的效果

3．调整 Logo 和文字

【Step01】单击“素材”图层组前面的“指示图层可见性”按钮，显示“素材”图层组，效果如图 10-73 所示。

【Step02】在“图层”面板中，选中“LOGO”并设置“图层混合模式”为滤色，连续按两次【Ctrl+[】组合键，向下移动“LOGO”图层至“图层 3”上方，如图 10-74 所示。此时“LOGO”图层的黑色部分消失，如图 10-75 所示。

图 10-73　显示“素材”图层组

图 10-74　调整图层顺序

图 10-75　更改图层混合模式后的效果

【Step03】选中“主题文字”所在的图层，选择“横排文字工具” ，在其选项栏中设置“字体”为造字工房版黑、“字号”为 58 点，“消除锯齿方法”为浑厚，如图 10-76 所示。此时“主题文字”效果如图 10-77 所示。

图 10-76 “文工具”选项栏

震撼3D、谁来掌控

图 10-77 显示效果

【Step04】双击“主题文字”所在的图层，为其添加“图层样式”。在“图层样式”对话框中，选择“投影”选项，设置“不透明度”为 32%、阴影“大小”为 3 像素，如图 10-78 所示。

【Step05】选择“矩形工具” ，在画布中绘制一个白色矩形，得到“矩形 1”，如图 10-79 所示。

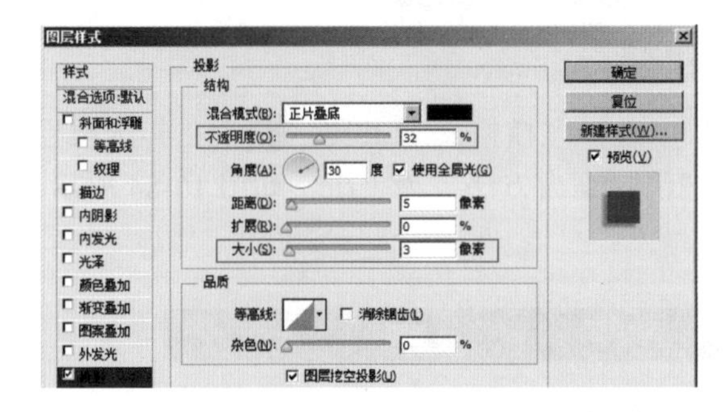

图 10-78 “投影”参数设置

图 10-79 绘制矩形

【Step06】设置“矩形 1”的“图层混合模式”为叠加。连续按【Ctrl+[】组合键，将“矩形 1”图层移至“LOGO”图层上方，如图 10-80 所示。此时画面效果如图 10-81 所示。

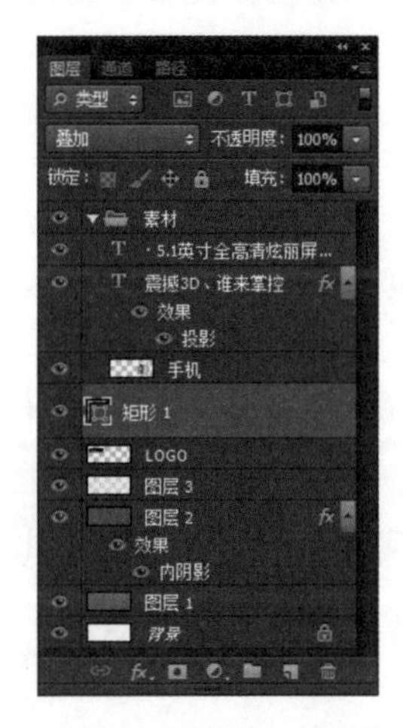

图 10-80 调整图层顺序

图 10-81 画面效果

【Step07】在“图层”面板中，设置“矩形 1”的“填充”为 20%。

【Step08】双击“矩形 1”，弹出“图层样式”对话框，选择“描边”选项。设置“大小”为 1 像素、“位置”为内部、“混合模式”为叠加、“颜色”为白色，如图 10-82 所示。此时“矩形 1”的效果如图 10-83 所示。

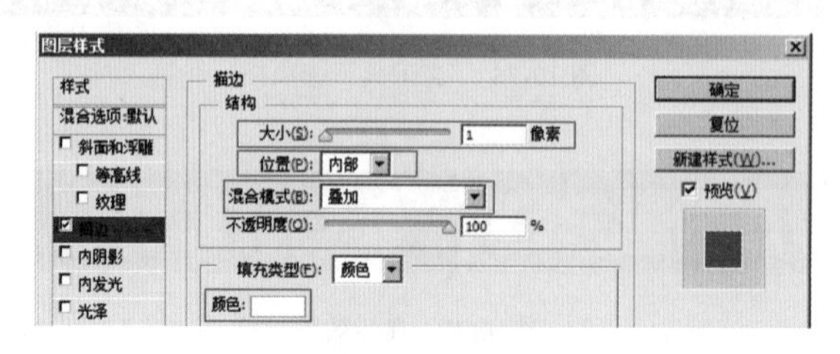

图 10-82 “描边”参数设置

图 10-83 显示效果图

【Step09】选中“商品介绍”所在的文字图层。选择“横排文字工具”，在其选项栏中设置“字体”为微软雅黑、“字号”为 17 点、“消除锯齿方法”为平滑，如图 10-84 所示。此时“商品介绍”文字的效果如图 10-85 所示。

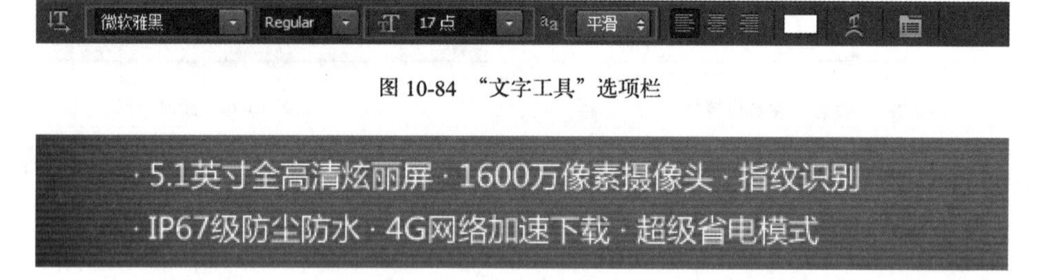

图 10-84 “文字工具”选项栏

图 10-85 显示效果

4．制作倒影和投影

【Step01】选中“手机”图层，按【Ctrl+J】组合键进行复制，将得到的新图层命名为“手机倒影”。

【Step02】按【Ctrl+T】组合键调出定界框，垂直翻转“手机倒影”图层，并将其移动至合适的位置，如图 10-86 所示。

【Step03】使用“自由变换”命令中的“斜切”调整“手机倒影”图层，使其和左边手机的底部契合。这时“手机倒影”图层中右边的手机将超出画布范围，且不可见。画面效果如图 10-87 所示。

【Step04】选中“手机”图层，选择“多边形套索工具”绘制如图 10-88 所示的选区。

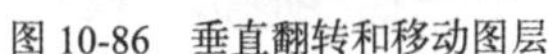

图 10-86　垂直翻转和移动图层

图 10-87　制作倒影

图 10-88　绘制选区

【Step05】按【Ctrl+J】组合键复制选区中的图像部分，将得到的新图层命名为“手机倒影 1”。然后，选择“移动工具”将其移动至合适的位置，如图 10-89 所示。

【Step06】按【Ctrl+T】组合键，右击选择“斜切”命令调整“手机倒影 1”图层，使其和右边手机的底部契合，制作出右边手机的倒影部分，如图 10-90 所示。

图 10-89　移动图层

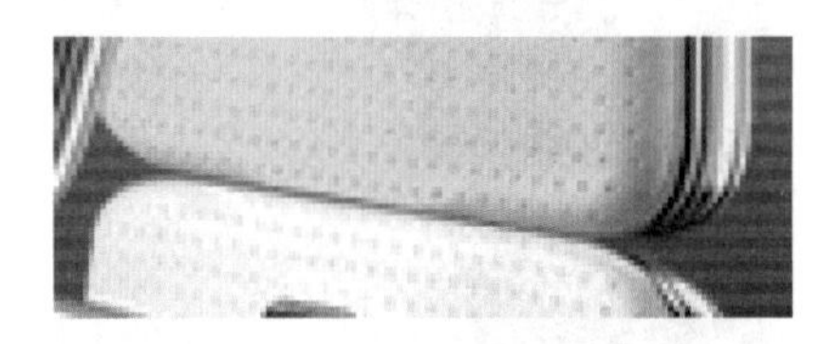

图 10-90　斜切命令

【Step07】选中“手机倒影”图层和“手机倒影 1”图层，按【Ctrl+E】组合键进行图层合并。

【Step08】按【Ctrl+[】组合键，将合并后的“手机倒影”图层的顺序调整至“手机”图层的下方。

【Step09】在“图层”面板中，单击“图层蒙版”按钮，为“手机倒影”图层添加图层蒙版。设置前景色为黑色，运用不同的画笔笔触在倒影上反复涂抹，使倒影更自然，效果如图 10-91 所示。

【Step10】选择“钢笔工具”，在画布中绘制如图 10-92 所示的路径。

图 10-91　手机倒影

图 10-92　绘制路径

【Step11】按【Ctrl+Shift+Alt+N】组合键新建图层，将得到的新图层命名为“投影”。

【Step12】按【Ctrl+Enter】组合键，将新建的路径转换为选区，并填充黑色。按【Ctrl+D】组合键取消选区，效果如图 10-93 所示。

【Step13】按【Ctrl+[】组合键，将“投影”图层的顺序调整至“手机”图层的下方。

【Step14】单击“图层蒙版”按钮，为“投影”图层添加图层蒙版。设置前景色为黑色，运用不同的画笔笔触在阴影处涂抹，使阴影更自然，效果如图 10-94 所示。

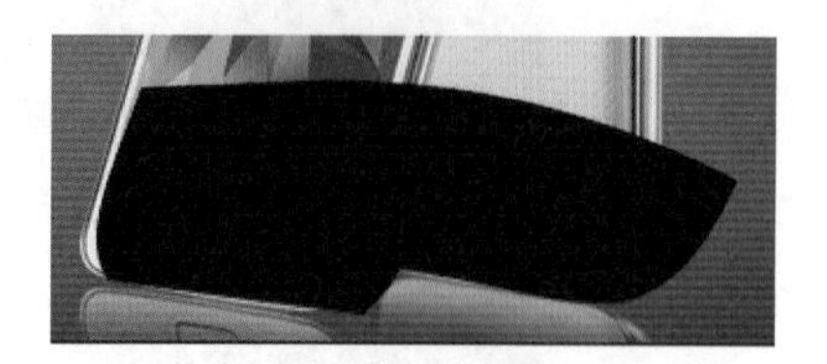

图 10-93　填充选区

图 10-94　阴影效果

5. 添加主题屏保

【Step01】选中“手机”图层，选择“钢笔工具”，在其选项栏中设置“形状”模式，绘制一个和手机屏幕吻合的四边形，得到“形状 1”，如图 10-95 所示。

【Step02】打开素材图片“森林”，如图 10-96 所示。

图 10-95　绘制形状

图 10-96　素材图片

【Step03】选择“移动工具”，将“森林”素材移至“【综合实例 2】手机 Banner.psd”所在的画布中，将得到的新图层命名为“森林”。

【Step04】按【Ctrl+T】组合键，调整“森林”图层至合适的大小，然后通过“透视”和“扭曲”，调整“森林”图层至合适的透视角度，如图 10-97 所示。按【Enter】键，确认自由变换。

【Step05】按【Ctrl+Alt+G】组合键，以“形状 1”图层作为“基底图层”，创建一个剪贴蒙版，如图 10-98 所示。此时，手机屏幕的效果如图 10-99 所示。

图 10-97　透视和扭曲图形

图 10-98　剪贴蒙版

图 10-99　手机屏幕效果

6. 置入“鹦鹉”元素

【Step01】打开素材“鹦鹉 .psd”，如图 10-100 所示。

【Step02】选择“移动工具”，将“鹦鹉”素材移至“【综合实例 2】手机 Banner.psd”所在的画布中，将得到的新图层命名为“鹦鹉”。

【Step03】按【Ctrl+T】组合键，将“鹦鹉”图层调整至合适的大小后，执行“水平翻转”命令，效果如图 10-101 所示。按【Enter】键确认自由变换。

【Step04】为“鹦鹉”图层添加“图层蒙版”，隐藏素材中不需要的部分，如图 10-102 所示。

图 10-100　素材图片

图 10-101　自由变换和水平翻转图形

图 10-102　添加图层蒙版

【Step05】单击“图层”面板中的“创建新的填充或调整图层”按钮，在弹出的下拉菜单中选择“曲线”命令，这时会在“图层”面板中新建一个“曲线 1”图层，同时会弹出曲线“属性”面板，调整曲线如图 10-103 所示。

【Step06】选中“曲线 1”图层，按【Ctrl+Alt+G】组合键，以“鹦鹉”图层为“基底图层”，创建剪贴蒙版，将“曲线 1”的控制范围限定在“鹦鹉”图层上，效果如图 10-104 所示。

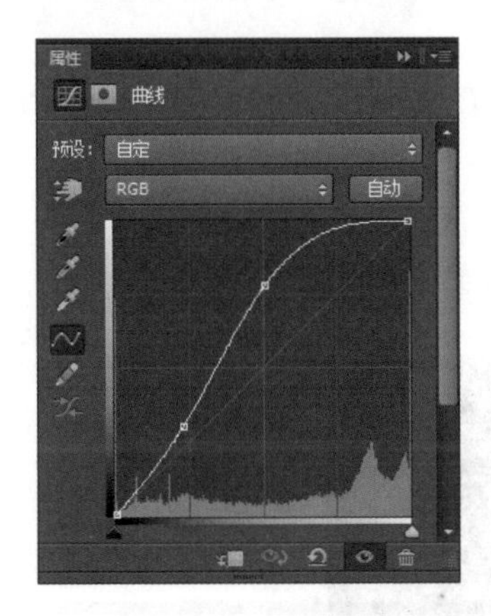

图 10-103　调整曲线

创建剪贴蒙版前

创建剪贴蒙版后

图 10-104　创建剪贴蒙版

7. 添加背景光晕

【Step01】选中“图层 3”，按【Ctrl+Shift+Alt+N】组合键，在其上方新建“图层 4”。设置“图层 4”的“图层混合模式”为叠加。

【Step02】选择“渐变工具”▢，在“图层 4”中绘制白色到透明的径向渐变，效果如图 10-105 所示。

【Step03】按【Ctrl+J】组合键复制“图层 4”，得到“图层 4 副本”。按【Ctrl+T】组合键，“图层 4 副本”的大小和位置，按【Enter】键确定自由变换，效果如图 10-106 所示。

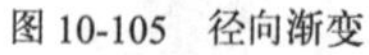

图 10-105　径向渐变

图 10-106　调整图像

【Step04】按【Ctrl+J】组合键再次复制图层，得到“图层 4 副本 2”，设置其“不透明度”为 60%。按【Ctrl+T】组合键，“图层 4 副本 2”的大小和位置，按【Enter】键确定自由变换，效果如图 10-107 所示。

图 10-107　调整图像

【Step05】按【Ctrl+Shift+Alt+N】组合键，新建“图层 5”。按【Shift+Ctrl+]】组合键，将“图层 5”移至最顶层。

【Step06】设置前景色为黑色，按【Alt+Delete】组合键，为“图层 5”填充黑色。

【Step07】执行“滤镜→渲染→镜头光晕”命令，此时画面效果如图 10-108 所示。

图 10-108　镜头光晕

【Step08】设置“图层 5”的“图层混合模式”为滤色。按【Ctrl+T】组合键，调整其的大小和角度，并移动至合适的位置，如图 10-109 所示。按【Enter】键确认自由变换。

【Step09】按【Ctrl+M】组合键，弹出“曲线”对话框，调整曲线，如图 10-110 所示，直至“图层 5”的浅白色外边消失，单击“确定”按钮。

图 10-109 调整图像

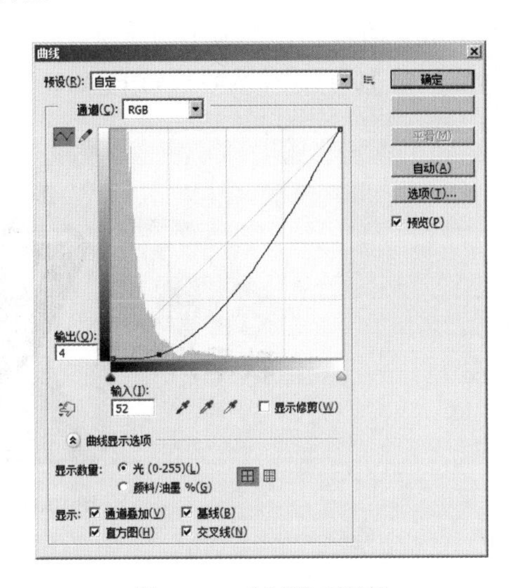

图 10-110 “曲线”对话框

【Step10】按【Ctrl+U】组合键，弹出“色相 / 饱和度”对话框，勾选“着色”复选框，设置“色相”为 180、“饱和度”为 25，如图 10-111 所示。

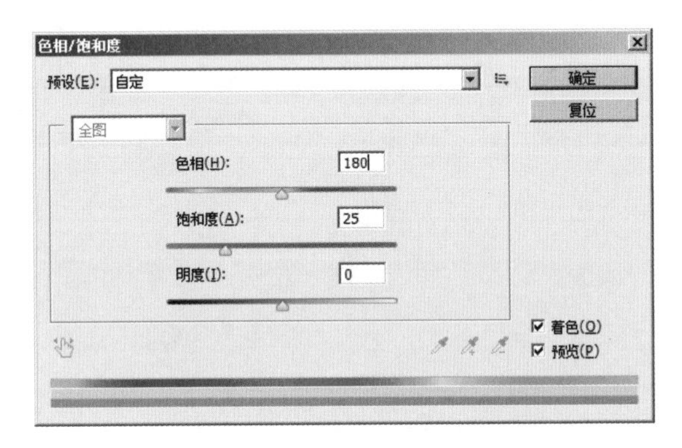

图 10-111 “色相 / 饱和度”对话框

【Step11】选择“移动工具”，将“图层 5”移动至合适位置，此时画面效果如图 10-112 所示。

图 10-112 最终效果

动手实践

学习完前面的内容，下面来动手实践一下吧。

请制作如图 10-113 所示的促销 Banner。

图 10-113　促销 Banner